U0371216

电工布线一学就会

黄海平　黄鑫　编著

科学出版社
北　京

内 容 简 介

本书精选了多个电工技术人员实际工作中经常遇到的电路，分别对电工工作原理、实际布线、元器件安装排列等内容进行讲解，试图于细微深处，以朴实、易懂的方式解析电工电路布线的方法和妙趣。

本书共 10 章，主要内容包括电动机单向运转控制电路、电动机降压启动电路、电动机制动电路、电动机直接启动特殊电路、电动机可逆控制电路、电动机保护电路、供排水控制电路、电动机保护器应用电路、得电延时头及失电延时头应用电路及其他实用电工电路。

本书内容实用性强，图文并茂，具有一定的指导性和参考性。

本书适合作为各级院校电工、电子及相关专业师生的参考用书，同时可供广大电工技术人员、初级电工参考阅读。

图书在版编目（CIP）数据

电工布线一学就会/黄海平，黄鑫 编著.—北京：科学出版社，2015.3（2020.1重印）

ISBN 978-7-03-042351-1

Ⅰ.电…　Ⅱ.①黄…　②黄…　Ⅲ.电路-布线-基本知识　Ⅳ.TM05

中国版本图书馆CIP数据核字（2014）第253901号

责任编辑：孙力维　杨　凯 / 责任制作：魏　谨

责任印制：师艳茹 / 封面设计：杨安安

北京东方科龙图文有限公司 制作

http://www.okbook.com.cn

科 学 出 版 社 出版

北京东黄城根北街16号

邮政编码：100717

http://www.sciencep.com

天津市新科印刷有限公司 印刷

科学出版社发行　各地新华书店经销

*

2015年3月第 一 版　开本：A5（890×1240）

2020年1月第七次印刷　印张：13 1/2

字数：410 000

定价：46.00元

（如有印装质量问题，我社负责调换）

前言

对于广大电工技术人员和许多初级电工人员来说，识读电路的电气原理图并不难，但是完成一个电路的现场布线和配电箱的安装布线，也就是进行现场实际操作，却有一定的困难。他们不知从何下手，不知如何把电气原理图转换成现场实际布线图。为此，笔者总结多年工作经验，结合目前电工操作领域的实际情况，精选出多个电工常用电路，将电路的电气原理图与现场布线图、元器件安装排列图和端子图一一对应，指导读者快速完成电工电路的现场布线，并从中学习电路布线的方法和技巧，举一反三，大大提高电工技术人员现场操作的速度和技能水平。

本书精选了多个电工技术人员实际工作中经常遇到的电路，分别对电路工作原理、实际布线、元器件安装排列等内容进行讲解，试图于细微深处，以朴实、易懂的方式解析电工电路布线的方法和妙趣。

本书共 10 章，主要内容包括电动机单向运转控制电路、电动机降压启动电路、电动机制动电路、电动机直接启动特殊电路、电动机可逆控制电路、电动机保护电路、供排水控制电路、电动机保护器应用电路、得电延时头及失电延时头应用电路及其他实用电工电路。

本书图文并茂、通俗易懂、直观可查。适合各级院校电工、电子及相关专业师生参考阅读,同时也适合作为广大电工技术人员的参考资料。

本书在编写过程中，得到了许多同行的大力支持和帮助，参加本书编写的还有黄鑫、李志平、李燕、黄海静、李雅茜、李志安等同志，在此表示衷心的感谢。

由于作者水平有限，编写时间仓促，书中不足之处在所难免，敬请专家同仁赐教，以便修订改之。

黄海平

2014 年 10 月于山东威海福德花园

目 录 CONTENTS

·第 1 章 电动机单向运转控制电路

1.1 单向点动控制电路 ······ 2
1.2 单按钮控制电动机启停电路（一） ······ 4
1.3 单按钮控制电动机启停电路（二） ······ 7
1.4 单按钮控制电动机启停电路（三） ······ 10
1.5 单按钮控制电动机启停电路（四） ······ 13
1.6 单按钮控制电动机启停电路（五） ······ 16
1.7 启动、停止、点动混合电路（一） ······ 19
1.8 启动、停止、点动混合电路（二） ······ 22
1.9 启动、停止、点动混合电路（三） ······ 25
1.10 启动、停止、点动混合电路（四） ······ 28
1.11 启动、停止、点动混合电路（五） ······ 31
1.12 启动、停止、点动混合电路（六） ······ 34
1.13 启动、停止、点动混合电路（七） ······ 37
1.14 启动、停止、点动混合电路（八） ······ 40
1.15 启动、停止、点动混合电路（九） ······ 43
1.16 单向启动、停止电路 ······ 46
1.17 两台电动机联锁控制电路 ······ 49
1.18 甲乙两地同时开机控制电路 ······ 52
1.19 多台电动机可预选启动控制电路 ······ 55
1.20 三地控制的启动、停止、点动电路 ······ 61
1.21 四地启动、一地停止控制电路 ······ 64
1.22 用两只按钮控制电动机启停及点动电路 ······ 67
1.23 低速脉动控制电路 ······ 70

1.24 效果理想的顺序自动控制电路 …… 73
1.25 电动机多地控制电路 …… 76
1.26 多条皮带运输原料控制电路 …… 79
1.27 两只按钮同时按下启动、分别按下停止的单向启停控制电路… 82
1.28 交流接触器在低电压情况下启动电路（一） …… 85
1.29 交流接触器在低电压情况下启动电路（二） …… 88

·第 2 章 电动机降压启动电路

2.1 手动串联电阻器启动控制电路（一） …… 92
2.2 手动串联电阻器启动控制电路（二） …… 95
2.3 定子绕组串联电阻器启动自动控制电路（一） …… 98
2.4 定子绕组串联电阻器启动自动控制电路（二） …… 101
2.5 电动机串电抗器启动自动控制电路 …… 104
2.6 延边三角形降压启动自动控制电路 …… 107
2.7 自耦变压器手动控制降压启动电路 …… 110
2.8 自耦变压器自动控制降压启动电路 …… 113
2.9 频敏变阻器启动控制电路 …… 116
2.10 频敏变阻器手动启动控制电路 …… 119
2.11 频敏变阻器自动启动控制电路（一） …… 122
2.12 频敏变阻器自动启动控制电路（二） …… 125
2.13 Y－△降压启动手动控制电路 …… 128
2.14 Y－△降压启动自动控制电路 …… 131
2.15 电动机△－Y启动自动控制电路 …… 134
2.16 用两只接触器完成Y－△降压自动启动控制电路 …… 137

·第 3 章 电动机制动电路

3.1 单向运转反接制动控制电路 …… 142

3.2 不用速度继电器的单向运转反接制动控制电路（一）……145
3.3 不用速度继电器的单向运转反接制动控制电路（二）……148
3.4 不用速度继电器的单向运转反接制动控制电路（三）……151
3.5 直流能耗制动控制电路……154
3.6 单管整流能耗制动控制电路……157
3.7 全波整流单向能耗制动控制电路……160
3.8 双向运转反接制动控制电路……163
3.9 采用不对称电阻器的单向运转反接制动控制电路……166
3.10 电磁抱闸制动控制电路……169
3.11 改进的电磁抱闸制动控制电路……172

· 第 4 章 电动机直接启动特殊电路

4.1 短暂停电自动再启动电路（一）……176
4.2 短暂停电自动再启动电路（二）……179
4.3 采用安全电压控制电动机启停电路……182
4.4 电接点压力表手动 / 自动控制电路……185
4.5 电动机加密控制电路……188
4.6 电动机间歇运行控制电路（一）……191
4.7 电动机间歇运行控制电路（二）……194

· 第 5 章 电动机可逆控制电路

5.1 具有三重互锁保护的正反转控制电路……198
5.2 用电弧联锁继电器延长转换时间的正反转控制电路……201
5.3 接触器、按钮双互锁的可逆启停控制电路……204
5.4 只有按钮互锁的可逆启停控制电路……207
5.5 只有接触器辅助常闭触点互锁的可逆启停控制电路……210
5.6 仅用一只行程开关实现自动往返控制电路……213

5.7 JZF-01 正反转自动控制器应用电路…………216
5.8 可逆点动与启动混合控制电路…………219
5.9 防止相间短路的正反转控制电路（一）…………222
5.10 防止相间短路的正反转控制电路（二）…………225
5.11 自动往返循环控制电路…………228
5.12 利用转换开关预选的正反转启停控制电路…………231
5.13 接触器、按钮双互锁的可逆点动控制电路…………234
5.14 只有按钮互锁的可逆点动控制电路…………237
5.15 只有接触器辅助常闭触点互锁的可逆点动控制电路…………240

·第 6 章 电动机保护电路

6.1 电动机过电流保护电路…………244
6.2 电动机绕组过热保护电路…………247
6.3 电动机断相保护电路…………250
6.4 用三只欠电流继电器作电动机断相保护电路…………253
6.5 开机信号预警电路（一）…………256
6.6 开机信号预警电路（二）…………259
6.7 开机信号预警电路（三）…………262
6.8 开机信号预警电路（四）…………265
6.9 开机信号预警电路（五）…………268

·第 7 章 供排水控制电路

7.1 防止抽水泵空抽保护电路…………272
7.2 供排水手动 / 定时控制电路…………275
7.3 排水泵故障时备用泵自投电路…………278
7.4 可任意手动启停的自动补水控制电路…………281
7.5 具有手动 / 自动控制功能的排水控制电路…………284

7.6 具有手动操作定时、自动控制功能的供水控制电路 …………… 287
7.7 具有手动操作定时、自动控制功能的排水控制电路 …………… 290
7.8 供水泵手动 / 自动控制电路 ……………………………………… 293
7.9 排水泵手动 / 自动控制电路 ……………………………………… 296

·第 8 章 电动机保护器应用电路

8.1 SSPORR 固态断相继电器应用电路 ………………………………… 300
8.2 XJ11 系列断相与相序保护继电器应用电路…………………………… 303
8.3 XJ3 系列断相与相序保护继电器应用电路 ………………………… 306
8.4 XJ2 断相与相序保护继电器应用电路 ……………………………… 309
8.5 JD-5 电动机综合保护器应用电路 ………………………………… 312
8.6 CDS11 系列电动机保护器应用电路 ……………………………… 315
8.7 CDS8 系列电动机保护器应用电路 ………………………………… 318
8.8 普乐特 MAM-A 系列电动机微电脑保护器应用电路 …………… 321

·第 9 章 得电延时头及失电延时头应用电路

9.1 得电延时头配合接触器控制电抗器降压启动电路 ………………… 326
9.2 得电延时头配合接触器完成延边三角形降压启动控制电路 …… 329
9.3 得电延时头配合接触器完成双速电动机自动加速控制电路 …… 332
9.4 得电延时头配合接触器式继电器完成开机预警控制电路 ……… 335
9.5 得电延时头配合接触器完成自耦减压启动控制电路 …………… 338
9.6 得电延时头配合接触器完成重载启动控制电路（一） ………… 341
9.7 得电延时头配合接触器完成重载启动控制电路（二） ………… 344
9.8 得电延时头配合接触器控制频敏变阻器启动电路 ……………… 347
9.9 得电延时头配合接触器控制电动机串电阻器启动电路 ………… 350
9.10 得电延时头配合接触器控制电动机Y－△启动电路……………… 353
9.11 得电延时头配合接触器实现电动机定时停机控制电路 ………… 356

9.12 得电延时头配合接触器控制电动机间歇运转电路 ……………359
9.13 失电延时头配合接触器控制电动机单向能耗制动电路 ………362
9.14 失电延时头配合接触器完成短暂停电自动再启动电路 ………365
9.15 失电延时头配合接触器实现可逆四重互锁保护控制电路 ……368

·第 10 章 其他实用电工电路

10.1 异地同时开机控制电路 ……………………………………………372
10.2 卷扬机控制电路（一） ……………………………………………375
10.3 卷扬机控制电路（二） ……………………………………………378
10.4 电动机固定转向控制电路 …………………………………………381
10.5 电动门控制电路（一） ……………………………………………384
10.6 电动门控制电路（二） ……………………………………………387
10.7 重载设备启动控制电路（一） ……………………………………390
10.8 重载设备启动控制电路（二） ……………………………………393
10.9 重载设备启动控制电路（三） ……………………………………396
10.10 重载设备启动控制电路（四） …………………………………399
10.11 重载设备启动控制电路（五） …………………………………402
10.12 重载设备启动控制电路（六） …………………………………405
10.13 重载设备启动控制电路（七） …………………………………408
10.14 双路熔断器启动控制电路 ………………………………………411
10.15 简易限电器应用电路 ……………………………………………414

第1章

电动机单向运转控制电路

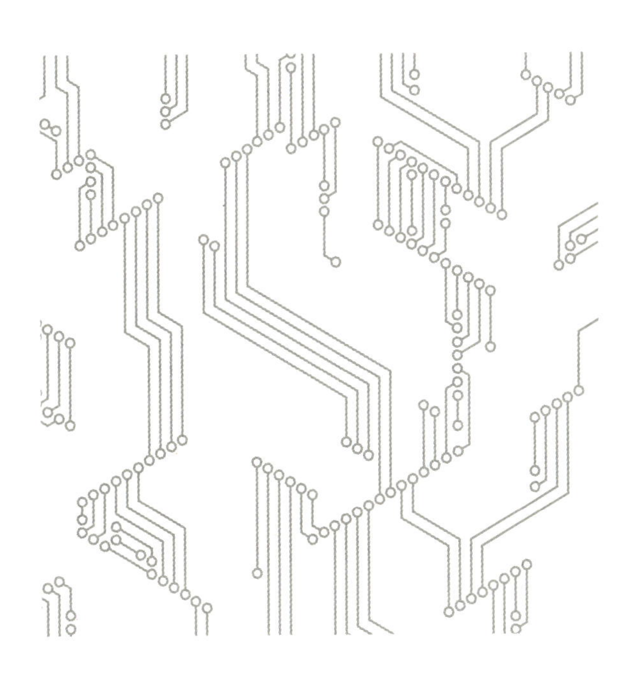

1.1 单向点动控制电路

工作原理（图 1.1）

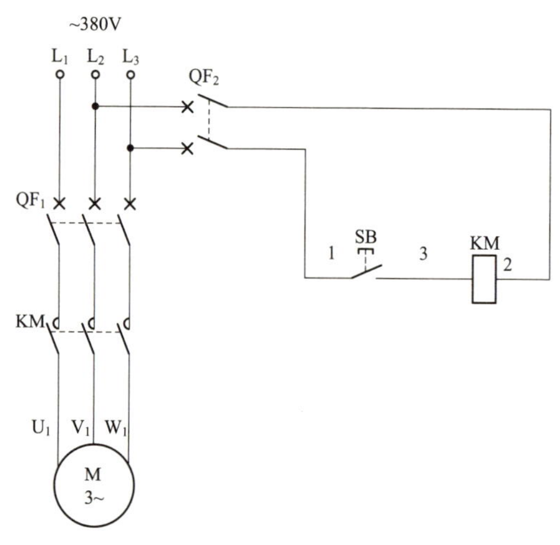

图 1.1　单向点动控制电路原理图

按下点动按钮 SB(1-3)，交流接触器 KM 线圈得电吸合，KM 三相主触点闭合，电动机得电启动运转，按住点动按钮的时间即电动机点动运转的时间；松开点动按钮 SB(1-3)，交流接触器 KM 线圈断电释放，KM 三相主触点断开，电动机失电停止运转。

电路布线图（图 1.2）

图 1.2 中 XT 为接线端子排，通过端子排 XT 来区分电气元件的安装位置，XT 的上方为放置在配电箱内底板上的电气元件，XT 的下方为外接或引至配电箱门面板上的电气元件。

从端子排 XT 上看，共有 8 个接线端子。其中，L_1、L_2、L_3 这 3 根线为由外引入配电箱的三相交流 380V 电源，并穿管引入；U_1、V_1、W_1 这 3 根线为电动机线，穿管接至电动机接线盒内的 U_1、V_1、W_1 上；1、3 这 2 根线为控制线，接至配电箱门面板上的按钮开关 SB 上。

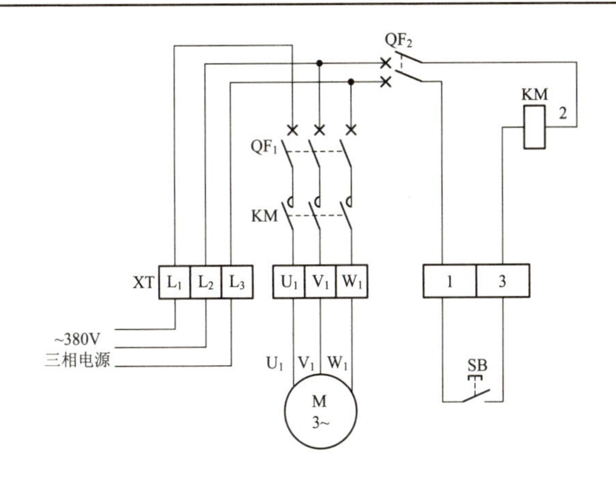

图 1.2 单向点动控制电路布线图

元器件安装排列图及端子图（图 1.3）

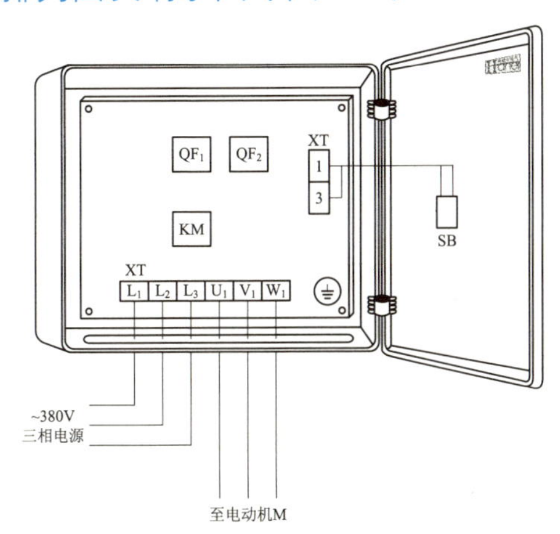

图 1.3 单向点动控制电路元器件安装排列图及端子图

从图 1.3 中可以看出，断路器 QF_1、QF_2 及交流接触器 KM 安装在配电箱内底板上；按钮开关 SB 安装在配电箱门面板上。

通过端子 L_1、L_2、L_3 将三相交流 380V 电源接入配电箱中。

端子 U_1、V_1、W_1 接至电动机接线盒中的 U_1、V_1、W_1 上。

端子 1、3 将配电箱内的器件与配电箱门面板上的按钮开关 SB 连接起来。

1.2 单按钮控制电动机启停电路（一）

工作原理（图 1.4）

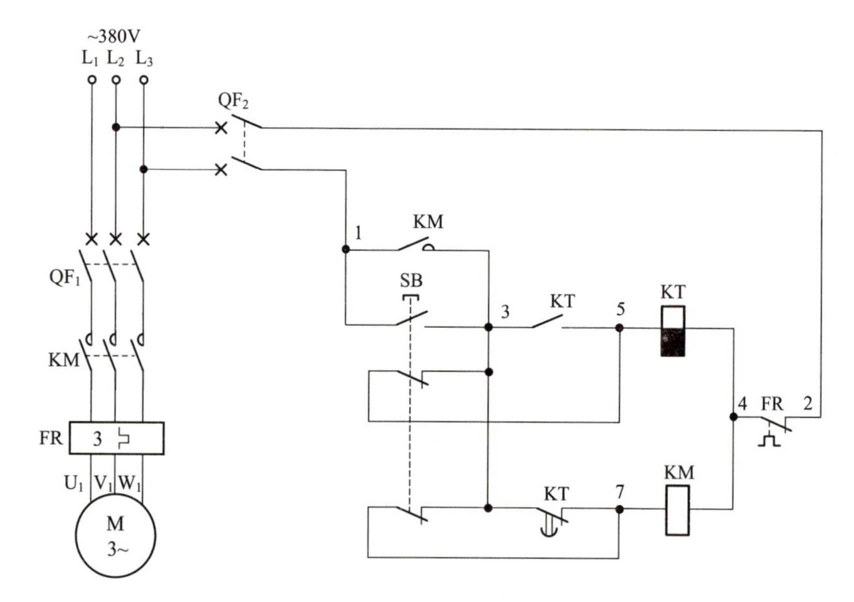

图 1.4　单按钮控制电动机启停电路（一）原理图

奇次按下按钮 SB，其两组常闭触点 (3-5、3-7) 断开，常开触点 (1-3) 闭合，使得交流接触器 KM 线圈得电吸合且 KM 辅助常开触点 (1-3) 闭合自锁，KM 三相主触点闭合，电动机得电启动运转；松开按钮 SB，其所有触点恢复原始状态，失电延时时间继电器 KT 线圈得电吸合，KT 不延时瞬动常开触点 (3-5) 闭合，KT 失电延时闭合的常闭触点 (3-7) 立即断开，为停止时（偶次按下按钮 SB）允许 SB 常闭触点 (3-7) 断开、切断 KM 线圈回路做准备。

偶次按下按钮 SB，其两组常闭触点 (3-5、3-7) 断开，常开触点 (1-3) 闭合，SB 的一组常闭触点 (3-7) 断开，切断了交流接触器 KM 线圈的回路电源，KM 线圈断电释放，KM 自锁辅助常开触点 (1-3) 断开，切断了失电延时时间继电器 KT 线圈的回路电源，KT 线圈断电释放，并开始延时。与此同时，KT 失电延时闭合的常闭触点 (3-7) 开始延时，恢复原始常闭状态。在 KT 的延时触点未恢复常闭期间，松开按钮 SB，SB 的一组常闭触点 (3-7) 能可靠断开，可以保证 KM 线圈可靠地断电释放，也就是说，电动机可靠地失电停止运转。在 KM 线圈断电释放时，KM 三相主触点断开，电动机失电停止运转。

需要提醒的是，偶次按下按钮 SB 的时间不要超出 KT 的延时时间，否则 KM 会重新自动启动工作。也就是说，偶次按下 SB 的操作为按下立即松开就行了。

电路布线图（图 1.5）

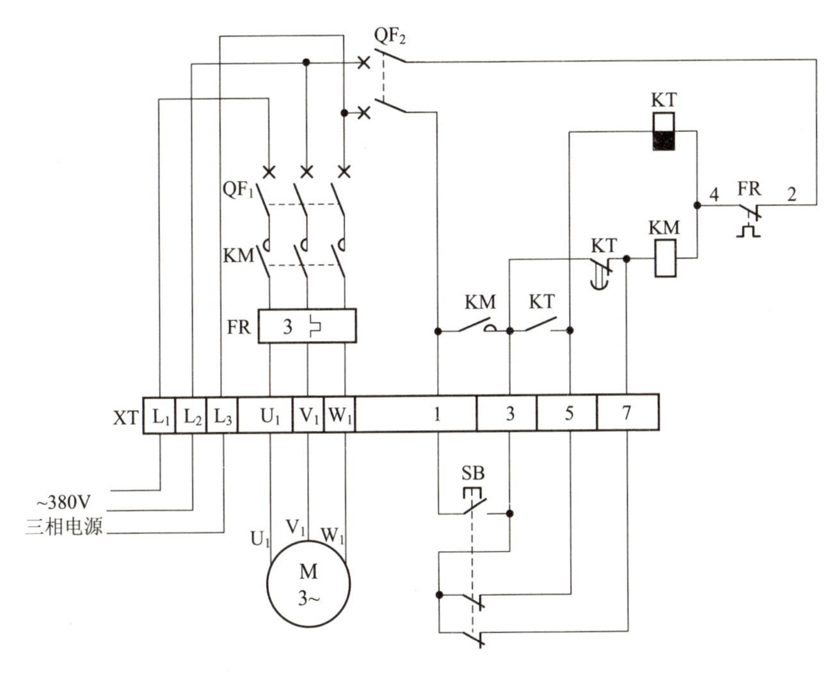

图 1.5 单按钮控制电动机启停电路（一）布线图

从图 1.5 中可以看出，XT 为接线端子排，通过端子排 XT 来区分电气元件的安装位置，XT 的上方为放置在配电箱内底板上的电气元件，XT 的下方为外接或引至配电箱门面板上的电气元件。

从端子排 XT 上看，共有 10 个接线端子。其中，L_1、L_2、L_3 这 3 根线为由外引入配电箱的三相交流 380V 电源，并穿管引入；U_1、V_1、

W_1 这 3 根线为电动机线，穿管接至电动机接线盒内的 U_1、V_1、W_1 上；1、3、5、7 这 4 根线为控制线，接至配电箱门面板上的按钮开关 SB 上。

元器件安装排列图及端子图（图 1.6）

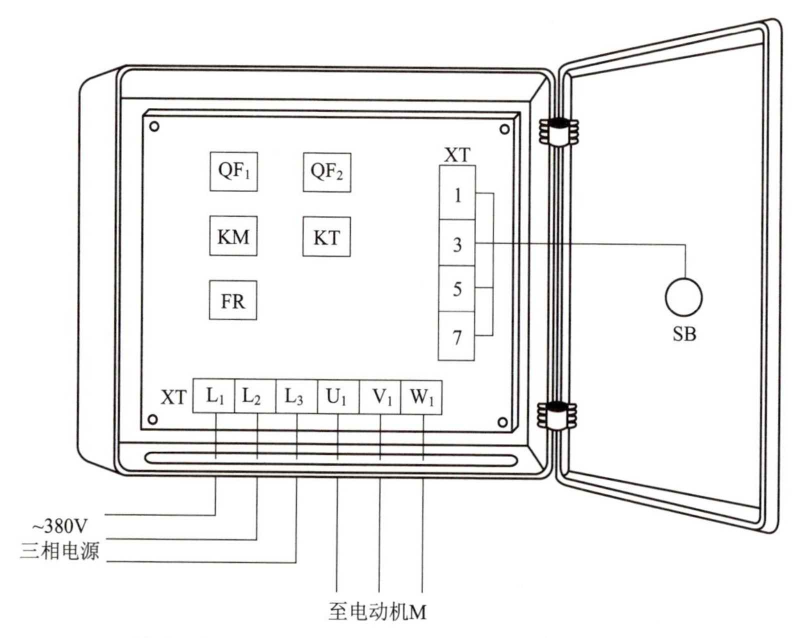

图 1.6　单按钮控制电动机启停电路（一）元器件安装排列图及端子图

从图 1.6 中可以看出，断路器 QF_1、QF_2，交流接触器 KM，失电延时时间继电器 KT，热继电器 FR 安装在配电箱内底板上；按钮开关 SB 安装在配电箱门面板上。

通过端子 L_1、L_2、L_3 将三相交流 380V 电源接入配电箱中。

端子 U_1、V_1、W_1 接至电动机接线盒中的 U_1、V_1、W_1 上。

端子 1、3、5、7 将配电箱内的器件与配电箱门面板上的按钮开关 SB 连接起来。

1.3 单按钮控制电动机启停电路(二)

工作原理(图 1.7)

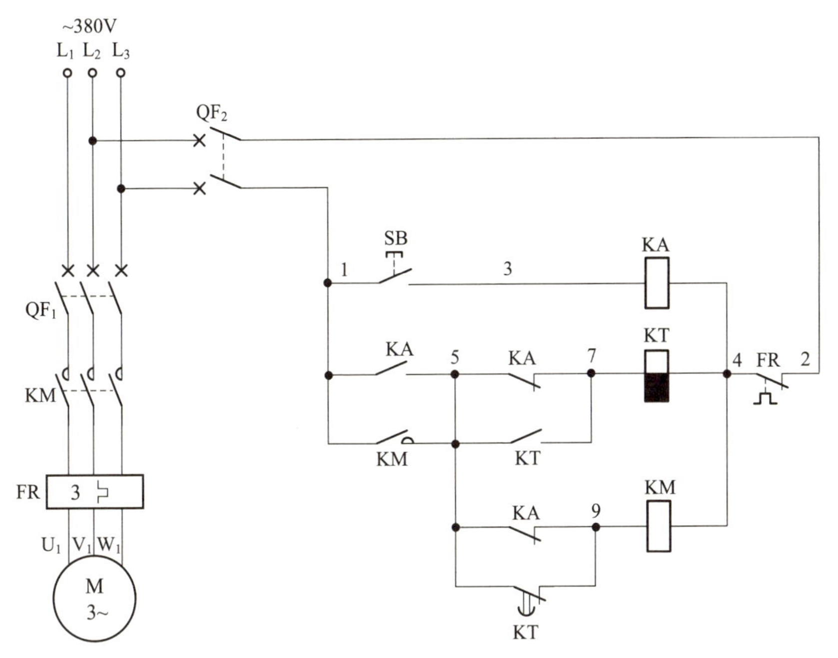

图 1.7 单按钮控制电动机启停电路(二)原理图

奇次按下按钮 SB(1-3),中间继电器 KA 线圈得电吸合,KA 的两组常闭触点 (5-7、5-9) 均断开,KA 的常开触点 (1-5) 闭合,使得交流接触器 KM 线圈得电吸合且 KM 辅助常开触点 (1-5) 闭合自锁,KM 三相主触点闭合,电动机得电启动运转;松开按钮 SB(1-3),中间继电器 KA 线圈断电释放,KA 的所有触点恢复原始状态,此时失电延时时间继电器 KT 线圈在 KA 常闭触点 (5-7) 的作用下得电吸合,且 KT 不延时瞬动常开触点(5-7)闭合自锁,KT失电延时闭合的常闭触点(5-9)立即断开,为偶次按下按钮 SB(1-3) 时 KA 常闭触点 (5-9) 断开、切断交流接触器 KM 线圈回路提供条件。

偶次按下按钮 SB(1-3),中间继电器 KA 线圈得电吸合,KA 的两

组常闭触点 (5-7、5-9) 断开，其中 KA 的一组常闭触点 (5-9) 断开，切断交流接触器 KM 线圈的回路电源，KM 线圈断电释放，KM 自锁触点 (1-5) 断开；KA 的另一组常闭触点 (5-7) 断开，在 KM 自锁辅助常开触点 (1-5) 的作用下使 KT 线圈也断电释放且 KT 开始延时，与此同时，KM 三相主触点断开，电动机失电停止运转。

在 KT 延时时间内松开按钮 SB(1-3)，中间继电器 KA 线圈断电释放，其所有触点恢复原始状态。KT 的延时时间应能保证在偶次按下按钮 SB 时，KT 失电延时闭合的常闭触点 (5-9) 恢复闭合的时间大于 KA 常闭触点 (5-9) 的动作时间，使 KM 线圈能可靠动作。

注意，偶次按下按钮 SB(1-3) 的时间必须小于 KT 的延时时间，否则会出现 KM 线圈重新得电吸合动作的情况。

电路布线图（图 1.8）

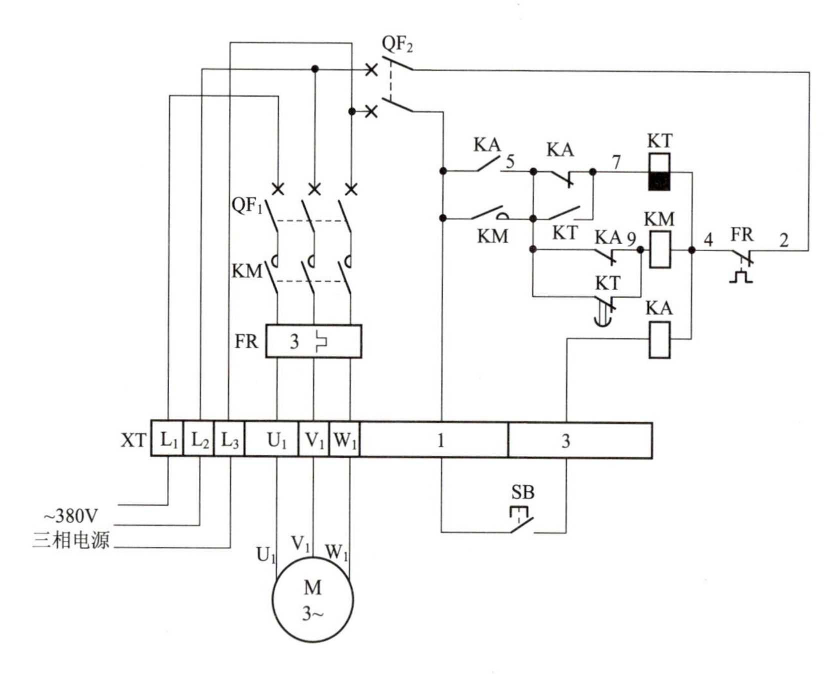

图 1.8　单按钮控制电动机启停电路（二）布线图

从图 1.8 中可以看出，XT 为接线端子排，通过端子排 XT 来区分

电气元件的安装位置，XT 的上方为放置在配电箱内底板上的电气元件，XT 的下方为外接或引至配电箱门面板上的电气元件。

从端子排 XT 上看，共有 8 个接线端子。其中，L_1、L_2、L_3 这 3 根线为由外引入配电箱的三相交流 380V 电源，并穿管引入；U_1、V_1、W_1 这 3 根线为电动机线，穿管接至电动机接线盒内的 U_1、V_1、W_1 上；1、3 这 2 根线为控制线，接至配电箱门面板上的按钮开关 SB 上。

元器件安装排列图及端子图（图 1.9）

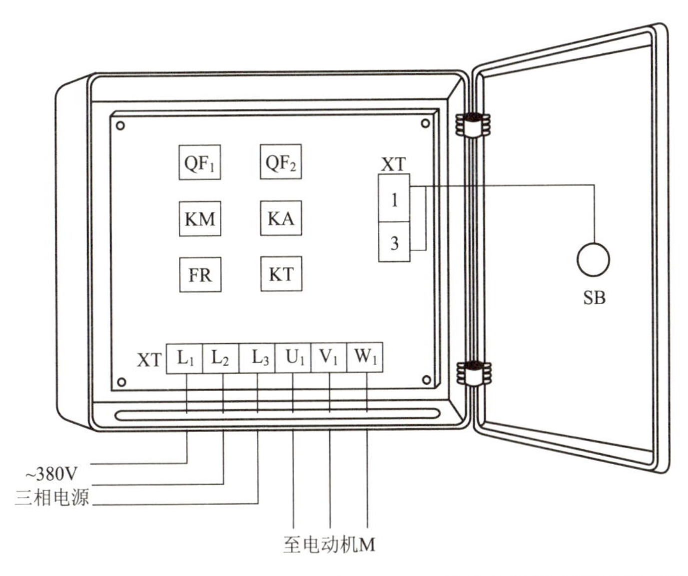

图 1.9 单按钮控制电动机启停电路（二）元器件安装排列图及端子图

从图 1.9 中可以看出，断路器 QF_1、QF_2，交流接触器 KM，中间继电器 KA，失电延时时间继电器 KT，热继电器 FR 安装在配电箱内底板上；按钮开关 SB 安装在配电箱门面板上。

通过端子 L_1、L_2、L_3 将三相交流 380V 电源接入配电箱中。

端子 U_1、V_1、W_1 接至电动机接线盒中的 U_1、V_1、W_1 上。

端子 1、3 将配电箱内的器件与配电箱门面板上的按钮开关 SB 连接起来。

1.4 单按钮控制电动机启停电路（三）

工作原理（图 1.10）

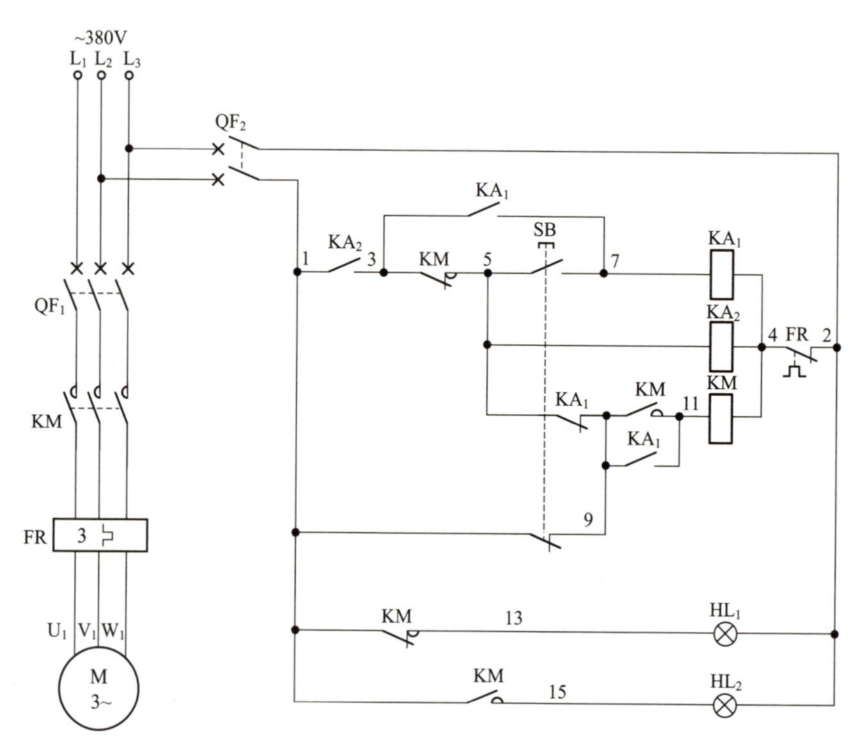

图 1.10　单按钮控制电动机启停电路（三）原理图

启动时，按下按钮 SB 不松手，SB 的一组常闭触点 (1-9) 断开，先限制交流接触器 KM 线圈吸合，同时 SB 的另一组常开触点 (5-7) 闭合，中间继电器 KA_1 线圈得电吸合且 KA_1 辅助常开触点 (3-7) 闭合自锁。此时松开被按下的按钮 SB，SB 的一组常开触点 (5-7) 断开，SB 的另一组常闭触点 (1-9) 闭合，使得交流接触器 KM 线圈得电吸合且 KM 辅助常开触点 (9-11) 闭合自锁，KM 三相主触点闭合，电动机得电启动运转。同时 KM 辅助常闭触点 (1-13) 断开，指示灯 HL_1 灭，KM 辅助常开触点 (1-15) 闭合，指示灯 HL_2 亮，说明电动机已得电启动运转了。

停止时再次按下按钮 SB，SB 的一组常闭触点 (1-9) 断开，切断交流接触器 KM 线圈回路电源，使其断电释放，KM 三相主触点断开，电动机失电停止运转。同时 KM 辅助常开触点 (1-15) 断开，指示灯 HL_2 灭，KM 辅助常闭触点 (1-13) 闭合，指示灯 HL_1 亮，说明电动机已停止运转了。

电路布线图（图 1.11）

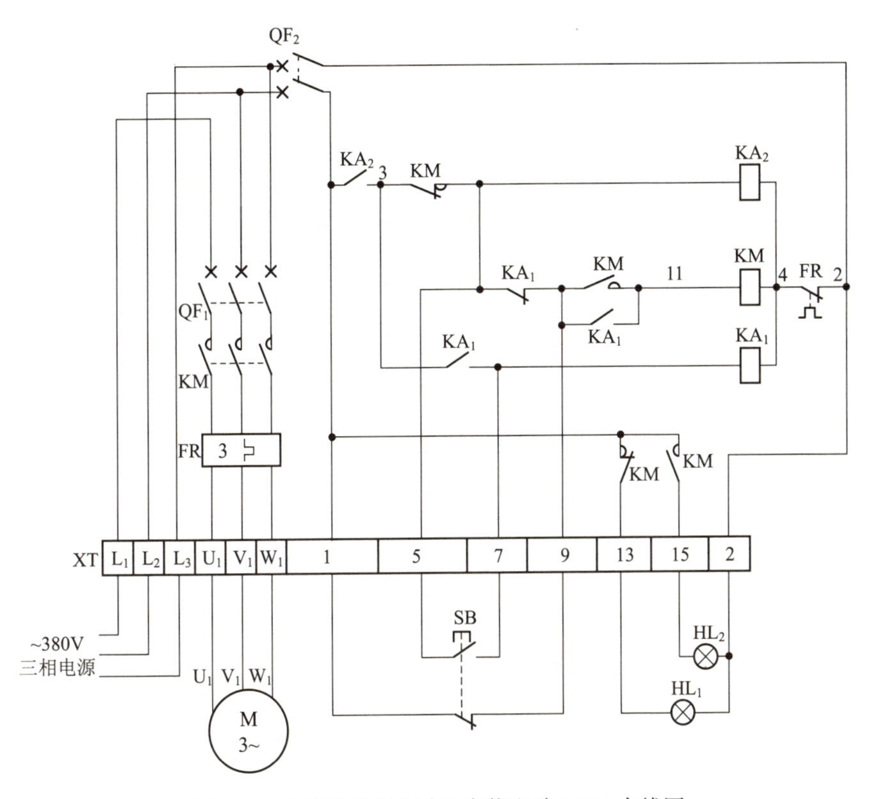

图 1.11 单按钮控制电动机启停电路（三）布线图

从图 1.11 中可以看出，XT 为接线端子排，通过端子排 XT 来区分电气元件的安装位置，XT 的上方为放置在配电箱内底板上的电气元件，XT 的下方为外接或引至配电箱门面板上的电气元件。

从端子排 XT 上看，共有 13 个接线端子。其中，L_1、L_2、L_3 这 3 根线为由外引入配电箱的三相交流 380V 电源，并穿管引入；U_1、V_1、

W_1 这 3 根线为电动机线，穿管接至电动机接线盒内的 U_1、V_1、W_1 上；1、5、7、9、13、15、2 这 7 根线为控制线，接至配电箱门面板上的按钮开关 SB 及指示灯 HL_1、HL_2 上。

元器件安装排列图及端子图（图 1.12）

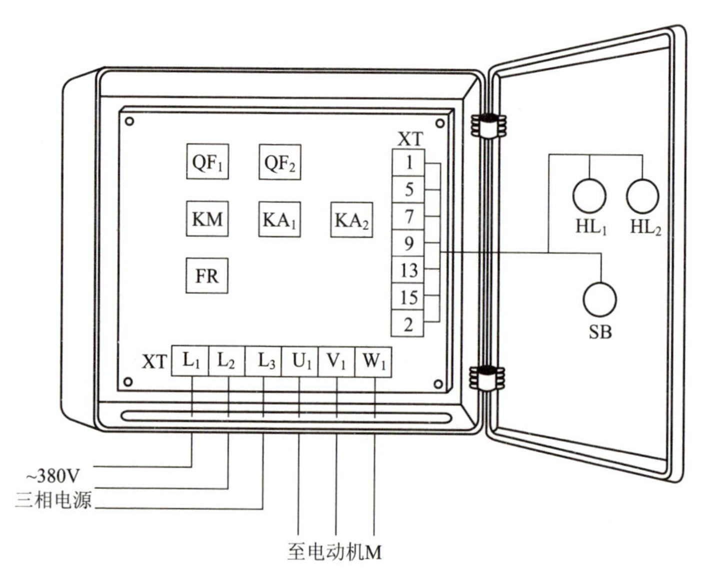

图 1.12　单按钮控制电动机启停电路（三）元器件安装排列图及端子图

从图 1.12 中可以看出，断路器 QF_1、QF_2，交流接触器 KM，中间继电器 KA_1、KA_2，热继电器 FR 安装在配电箱内底板上；按钮开关 SB，指示灯 HL_1、HL_2 安装在配电箱门面板上。

通过端子 L_1、L_2、L_3 将三相交流 380V 电源接入配电箱中。

端子 U_1、V_1、W_1 接至电动机接线盒中的 U_1、V_1、W_1 上。

端子 1、5、7、9、13、15、2 将配电箱内的器件与配电箱门面板上的按钮开关 SB，指示灯 HL_1、HL_2 连接起来。

1.5 单按钮控制电动机启停电路（四）

工作原理（图 1.13）

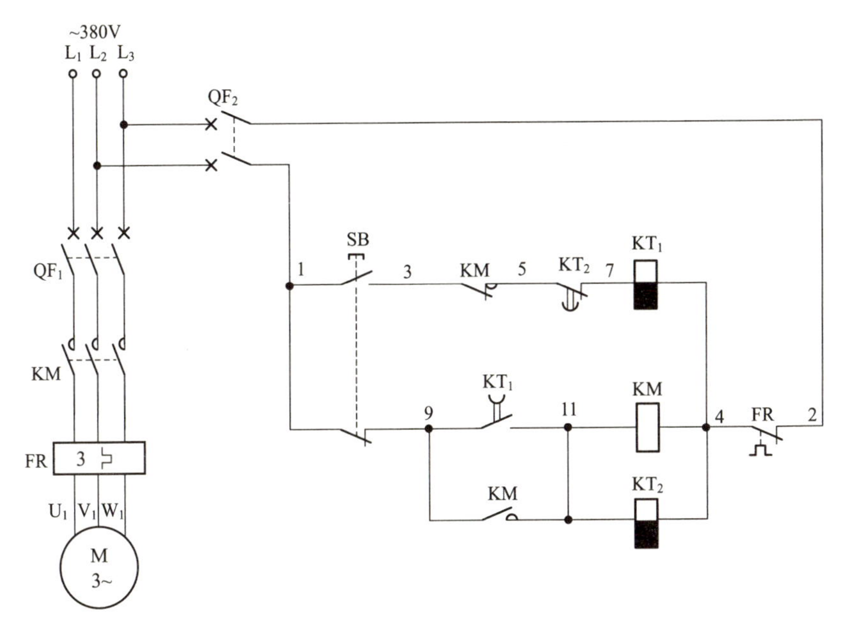

图 1.13 单按钮控制电动机启停电路（四）原理图

奇次按下按钮 SB，SB 的一组常闭触点 (1-9) 断开，切断交流接触器 KM 和失电延时时间继电器 KT_2 线圈的回路电源，使 KM 和 KT_2 不能得电工作，SB 的另一组常开触点 (1-3) 闭合，接通了失电延时时间继电器 KT_1 线圈的回路电源，KT_1 线圈得电吸合，KT_1 失电延时断开的常开触点 (9-11) 立即闭合，为接通交流接触器 KM 和失电延时时间继电器 KT_2 线圈的回路电源做准备。松开按钮 SB，SB 的一组常开触点 (1-3) 断开，切断失电延时时间继电器 KT_1 线圈的回路电源，KT_1 开始延时；SB 的另一组常闭触点 (1-9) 闭合，此时 KM 和 KT_2 线圈均得电吸合且 KM 辅助常开触点 (9-11) 闭合自锁，KM 三相主触点闭合，电动机得电启动运转。与此同时，KM 辅助常闭触点 (3-5)、KT_2 失电延时闭合的常闭触点 (5-7) 立即断开，起互锁作用。经 KT_1 一段时间延时后，KT_1 失电延时断开的常开触点 (9-11) 断开，启动结束。KT_1 的延时时间是保证按下再松开按钮 SB 时，电路中 KM 线圈仍然闭合工作。

偶次按下按钮 SB，SB 的一组常闭触点 (1-9) 断开，切断交流接触器 KM 和失电延时时间继电器 KT_2 线圈的回路电源，KM 和 KT_2 线圈断电释放，KT_2 开始延时。KM 三相主触点断开，电动机失电停止运转。经 KT_2 一段时间延时后，KT_2 失电延时闭合的常闭触点 (5-7) 闭合，以保证在 KT_2 延时时间内 SB 恢复原始状态。

需注意的是，偶次按下再松开按钮 SB 的时间必须小于 KT_2 的延时时间，否则 KT_2 失电延时闭合的常闭触点 (5-7) 闭合，电动机将会自动启动工作。

电路布线图（图 1.14）

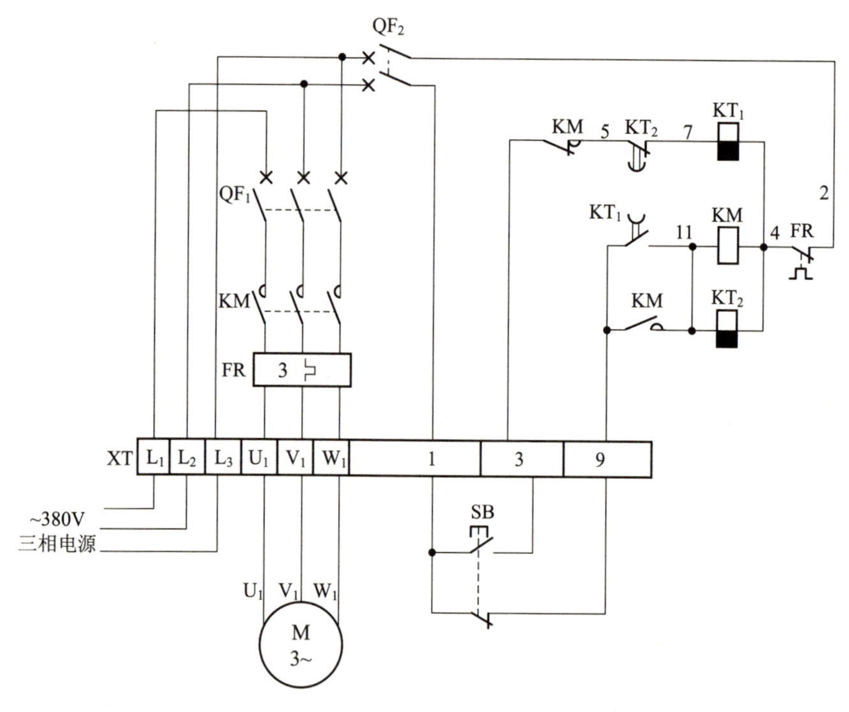

图 1.14　单按钮控制电动机启停电路（四）布线图

从图 1.14 中可以看出，XT 为接线端子排，通过端子排 XT 来区分

电气元件的安装位置，XT 的上方为放置在配电箱内底板上的电气元件，XT 的下方为外接或引至配电箱门面板上的电气元件。

从端子排 XT 上看，共有 9 个接线端子。其中，L_1、L_2、L_3 这 3 根线为由外引入配电箱的三相交流 380V 电源，并穿管引入；U_1、V_1、W_1 这 3 根线为电动机线，穿管接至电动机接线盒内的 U_1、V_1、W_1 上；1、3、9 这 3 根线为控制线，接至配电箱门面板上的按钮开关 SB 上。

元器件安装排列图及端子图（图 1.15）

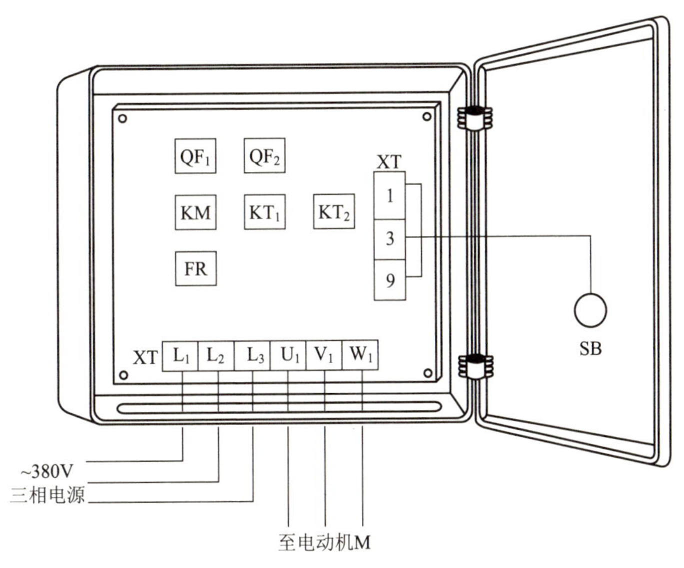

图 1.15 单按钮控制电动机启停电路（四）元器件安装排列图及端子图

从图 1.15 中可以看出，断路器 QF_1、QF_2，交流接触器 KM，失电延时时间继电器 KT_1、KT_2，热继电器 FR 安装在配电箱内底板上；按钮开关 SB 安装在配电箱门面板上。

通过端子 L_1、L_2、L_3 将三相交流 380V 电源接入配电箱中。

端子 U_1、V_1、W_1 接至电动机接线盒中的 U_1、V_1、W_1 上。

端子 1、3、9 将配电箱内的器件与配电箱门面板上的按钮开关 SB 连接起来。

1.6 单按钮控制电动机启停电路（五）

工作原理（图 1.16）

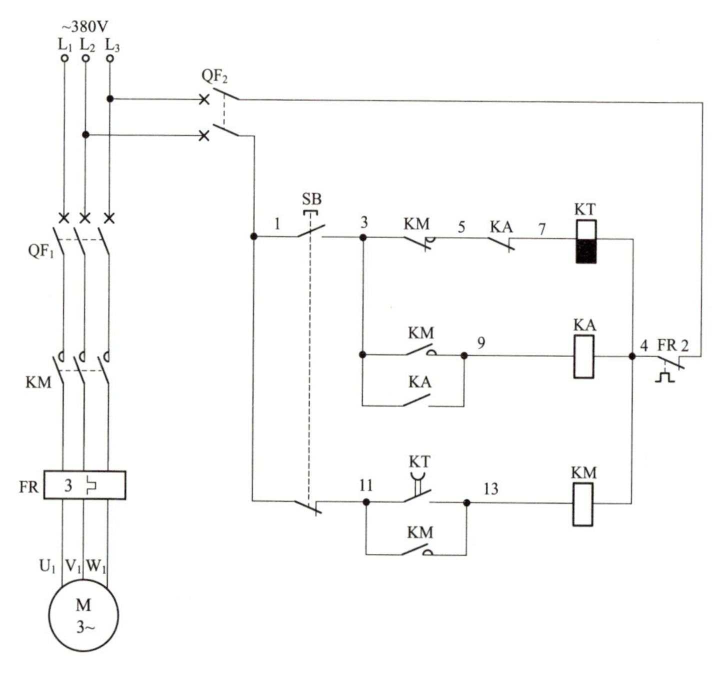

图 1.16　单按钮控制电动机启停电路（五）原理图

启动时，按住按钮开关 SB 不放手，其一组常闭触点 (1-11) 先断开，起到互锁作用，同时 SB 的另一组常开触点 (1-3) 闭合，使得失电延时时间继电器 KT 线圈得电吸合，KT 失电延时断开的常开触点 (11-13) 立即闭合，以保证在松开按钮开关 SB 后，KT 触点仍闭合 1s 后才断开，起到启动作用；松开被按住的按钮开关 SB，其常闭触点 (1-11) 闭合，交流接触器 KM 线圈得电吸合且 KM 辅助常开触点 (11-13) 闭合自锁，SB 的另一组常开触点 (1-3) 断开，失电延时时间继电器 KT 线圈断电释放，KT 开始延时，经 KT_1 延时 1s 后，KT 失电延时断开的常开触点 (11-13) 断开，启动过程结束。KM 三相主触点闭合，电动机得电启动运转。此时，KM 辅助常闭触点 (3-5) 断开，保证在停止后再次按下 SB 时回路不能得电工作；KM 辅助常开触点 (3-9) 闭合，为停止时回路工作提供准备条件。

停止时，再次按下按钮开关 SB，SB 的一组常开触点 (1-3) 闭合，接通中间继电器 KA 线圈的回路电源，KA 线圈得电吸合且 KA 常开触点 (3-9) 闭合自锁，KA 常闭触点 (5-7) 断开，以保证在 KM 辅助常闭触点 (3-5) 恢复常闭状态时，KT 线圈回路不能得电工作；同时，SB 的另一组常闭触点 (1-11) 断开，切断交流接触器 KM 线圈的回路电源，KM 线圈断电释放，KM 三相主触点断开，电动机失电停止运转。

电路布线图(图 1.17)

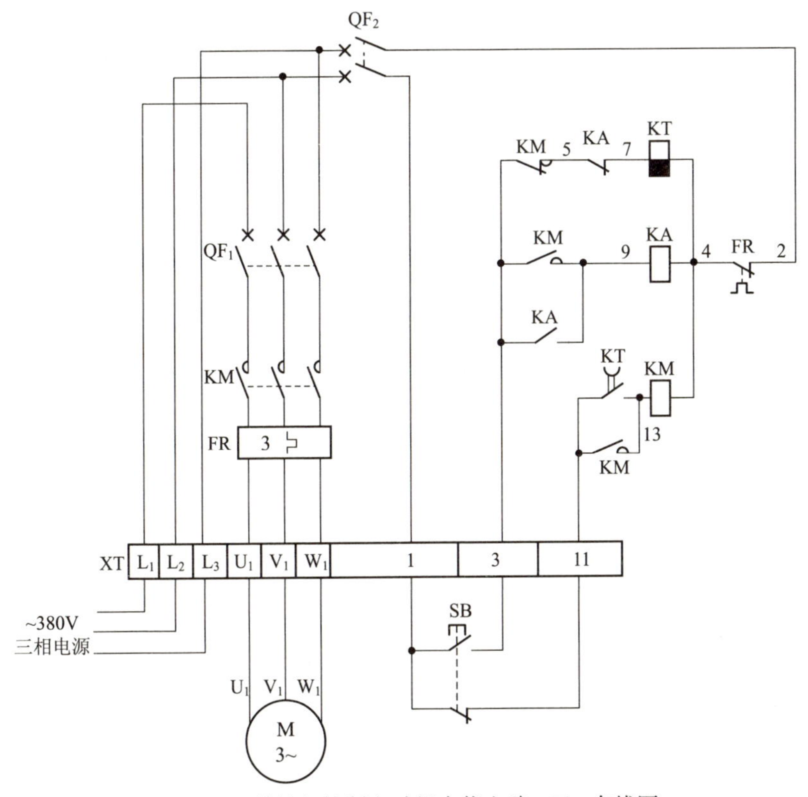

图 1.17 单按钮控制电动机启停电路(五)布线图

从图 1.17 中可以看出，XT 为接线端子排，通过端子排 XT 来区分

电气元件的安装位置，XT 的上方为放置在配电箱内底板上的电气元件，XT 的下方为外接或引至配电箱门面板上的电气元件。

从端子排 XT 上看，共有 9 个接线端子。其中，L_1、L_2、L_3 这 3 根线为由外引入配电箱的三相交流 380V 电源，并穿管引入；U_1、V_1、W_1 这 3 根线为电动机线，穿管接至电动机接线盒内的 U_1、V_1、W_1 上；1、3、11 这 3 根线为控制线，接至配电箱门面板上的按钮开关 SB 上。

元器件安装排列图及端子图（图 1.18）

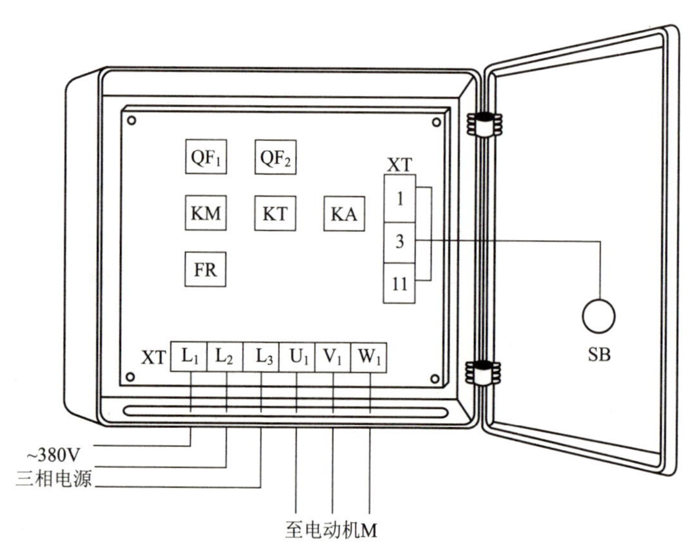

图 1.18 单按钮控制电动机启停电路（五）元器件安装排列图及端子图

从图 1.18 中可以看出，断路器 QF_1、QF_2，交流接触器 KM，失电延时时间继电器 KT，中间继电器 KA，热继电器 FR 安装在配电箱内底板上；按钮开关 SB 安装在配电箱门面板上。

通过端子 L_1、L_2、L_3 将三相交流 380V 电源接入配电箱中。

端子 U_1、V_1、W_1 接至电动机接线盒中的 U_1、V_1、W_1 上。

端子 1、3、11 将配电箱内的器件与配电箱门面板上的按钮开关 SB 连接起来。

1.7 启动、停止、点动混合电路(一)

工作原理(图 1.19)

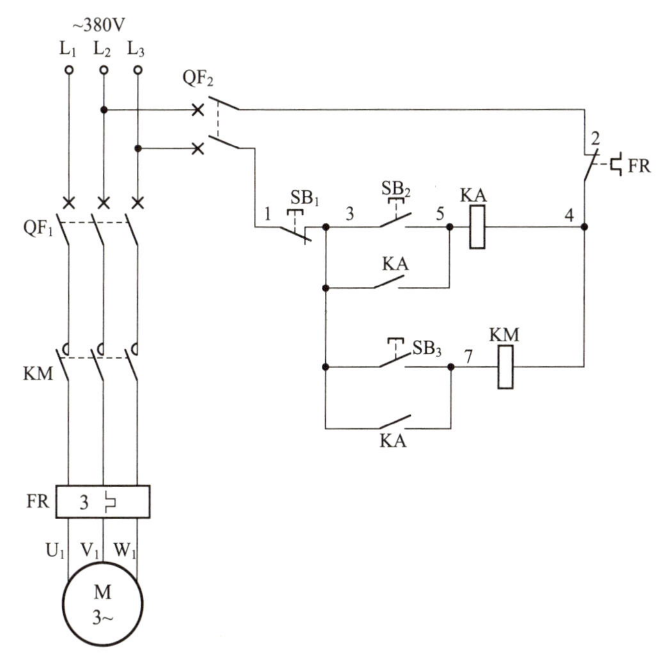

图 1.19 启动、停止、点动混合电路(一)原理图

首先合上主回路断路器 QF_1、控制回路断路器 QF_2，为电路工作提供准备条件。

启动时，按下启动按钮 SB_2(3-5)，中间继电器 KA 线圈得电吸合且 KA 常开触点 (3-5) 闭合自锁，KA 常开触点 (3-7) 闭合，接通交流接触器 KM 线圈回路电源，KM 三相主触点闭合，电动机得电启动运转，拖动设备工作。

停止时，按下停止按钮 SB_1(1-3)，中间继电器 KA 线圈断电释放，KA 常开触点 (3-5、3-7) 断开，交流接触器 KM 线圈断电释放，KM 三相主触点断开，电动机失电停止运转，拖动设备停止工作。

点动控制时，按下点动按钮 SB_3(3-7) 不松手，交流接触器 KM 线圈得电吸合，KM 三相主触点闭合，电动机得电启动运转，拖动设备工作；松开点动按钮 SB_3(3-7)，交流接触器 KM 线圈断电释放，KM 三相主触点断开，电动机失电停止运转，拖动设备点动停止工作。

电路布线图（图 1.20）

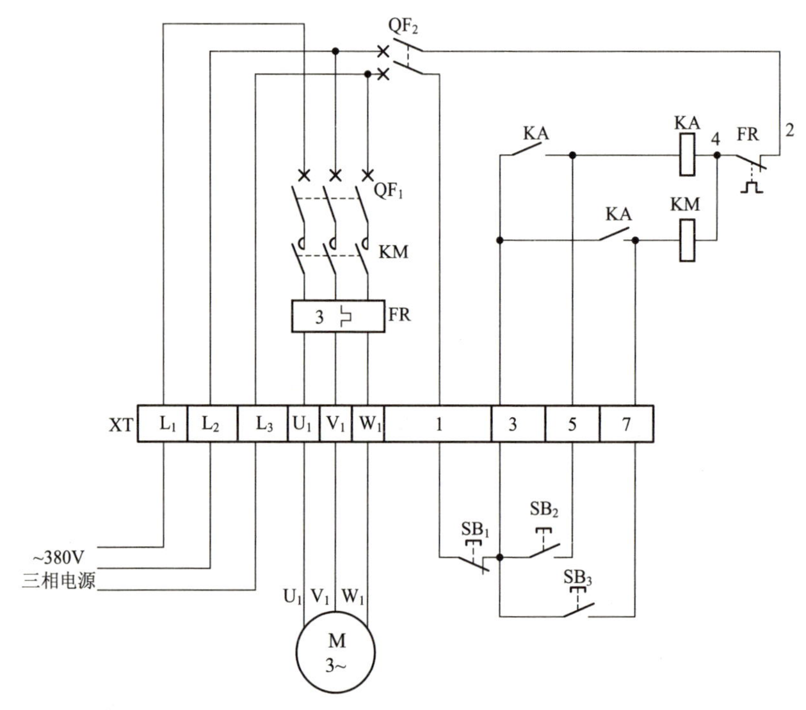

图 1.20　启动、停止、点动混合电路 (一) 布线图

从图 1.20 中可以看出，XT 为接线端子排，通过端子排 XT 来区分电气元件的安装位置，XT 的上方为放置在配电箱内底板上的电气元件，XT 的下方为外接或引至配电箱门面板上的电气元件。

从端子排 XT 上看，共有 10 个接线端子。其中，L_1、L_2、L_3 这 3 根线为由外引入配电箱的三相交流 380V 电源，并穿管引入；U_1、V_1、W_1 这 3 根线为电动机线，穿管接至电动机接线盒内的 U_1、V_1、W_1 上；1、3、5、7 这 4 根线为控制线，接至配电箱门面板上的按钮开关 SB_1、SB_2、SB_3 上。

元器件安装排列图及端子图（图 1.21）

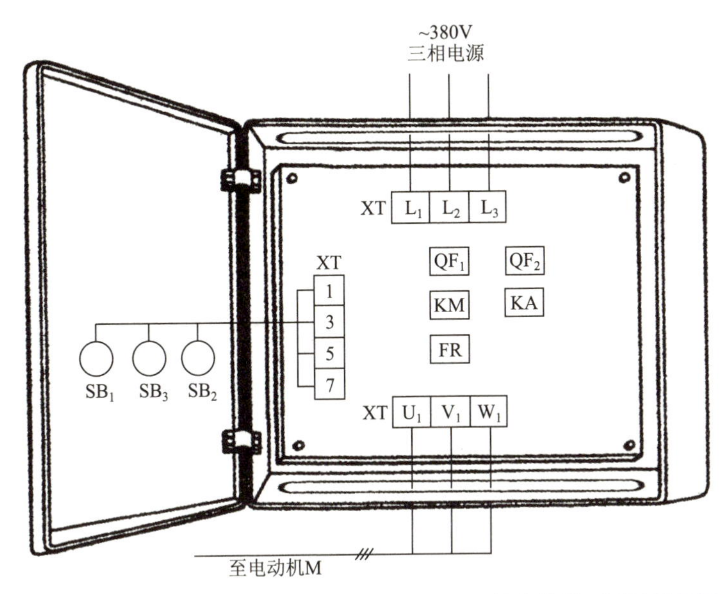

图 1.21 启动、停止、点动混合电路（一）元器件安装排列图及端子图

从图 1.21 中可以看出，断路器 QF_1、QF_2，交流接触器 KM，中间继电器 KA，热继电器 FR 安装在配电箱内底板上；按钮开关 SB_1、SB_2、SB_3 安装在配电箱门面板上。

通过端子 L_1、L_2、L_3 将三相交流 380V 电源接入配电箱中。

端子 U_1、V_1、W_1 接至电动机接线盒中的 U_1、V_1、W_1 上。

端子 1、3、5、7 将配电箱内的器件与配电箱门面板上的按钮开关 SB_1、SB_2、SB_3 连接起来。

1.8 启动、停止、点动混合电路(二)

工作原理(图 1.22)

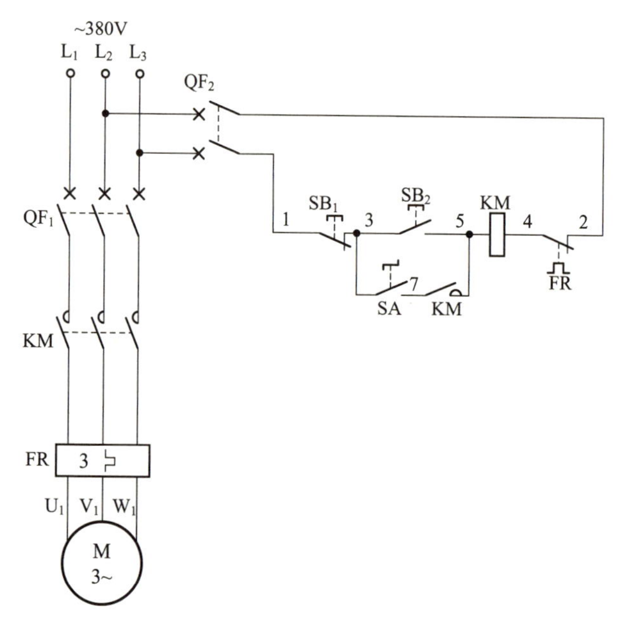

图 1.22　启动、停止、点动混合电路(二)原理图

首先合上主回路断路器 QF_1、控制回路断路器 QF_2，为电路工作提供准备条件。

启动时，将转换开关 SA(3-7) 合上，接通自锁回路，为自锁回路工作做准备。按下启动按钮 SB_2(3-5)，交流接触器 KM 线圈得电吸合且 KM 辅助常开触点 (5-7) 闭合自锁，KM 三相主触点闭合，电动机得电启动运转，拖动设备工作。

停止时，按下停止按钮 SB_1(1-3)，交流接触器 KM 线圈断电释放，KM 三相主触点断开，电动机失电停止运转，拖动设备停止工作。

点动控制时，将转换开关 SA(3-7) 断开，切断自锁回路，解除自锁。按下启动按钮 SB_2(3-5) 不松手，交流接触器 KM 线圈得电吸合，KM 三相主触点闭合，电动机得电启动运转，拖动设备工作；松开启动按钮

SB_2(3-5)，交流接触器KM线圈断电释放，KM三相主触点断开，电动机失电停止运转，拖动设备点动停止工作。

电路布线图(图1.23)

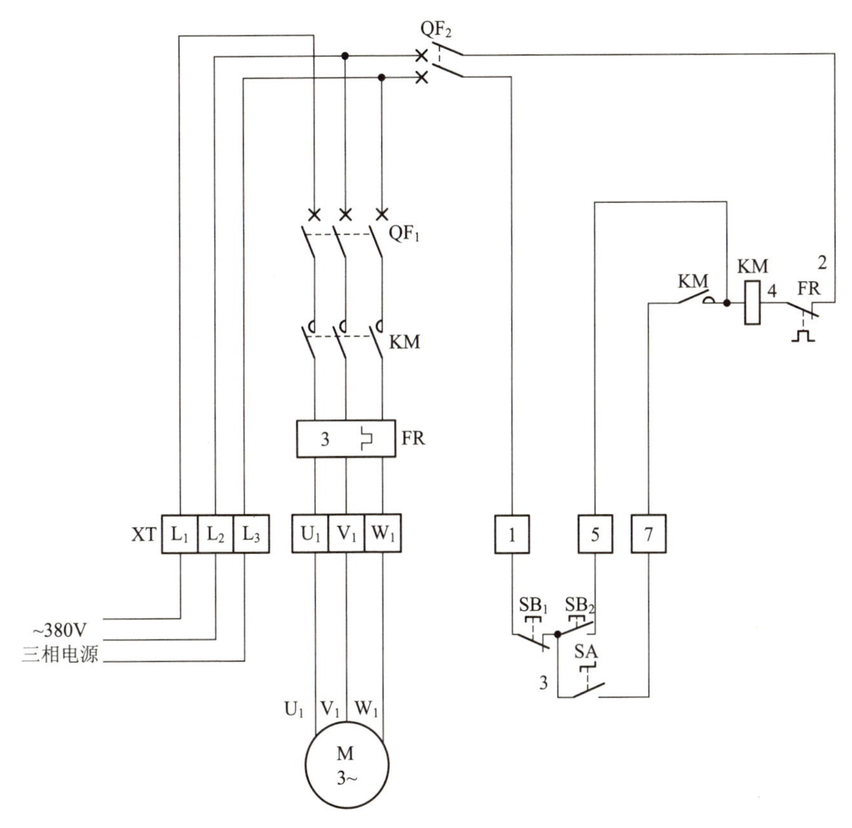

图1.23 启动、停止、点动混合电路(二)布线图

从图1.23中可以看出，XT为接线端子排，通过端子排XT来区分电气元件的安装位置。XT的上方为放置在配电箱内底板上的电气元件，XT的下方为外接或引至配电箱门面板上的电气元件。

从端子排XT上看，共有9个接线端子。其中，L_1、L_2、L_3这3根线为由外引入配电箱的三相交流380V电源，并穿管引入；U_1、V_1、W_1这3根线为电动机线，穿管接至电动机接线盒内的U_1、V_1、W_1上；1、

5、7 这 3 根线为控制线，接至配电箱门面板上的按钮开关 SB_1、SB_2 及转换开关 SA 上。

元器件安装排列图及端子图（图 1.24）

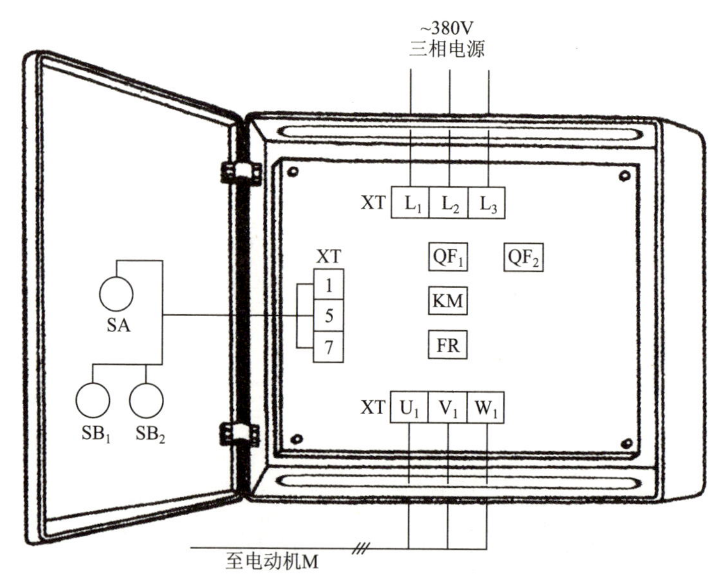

图 1.24　启动、停止、点动混合电路 (二) 元器件安装排列图及端子图

从图 1.24 中可以看出，断路器 QF_1、QF_2，交流接触器 KM，热继电器 FR 安装在配电箱内底板上；按钮开关 SB_1、SB_2，转换开关 SA 安装在配电箱门面板上。

通过端子 L_1、L_2、L_3 将三相交流 380V 电源接入配电箱中。

端子 U_1、V_1、W_1 接至电动机接线盒中的 U_1、V_1、W_1 上。

端子 1、5、7 将配电箱内的器件与配电箱门面板上的转换开关 SA 及按钮开关 SB_1、SB_2 连接起来。

1.9 启动、停止、点动混合电路(三)

工作原理(图 1.25)

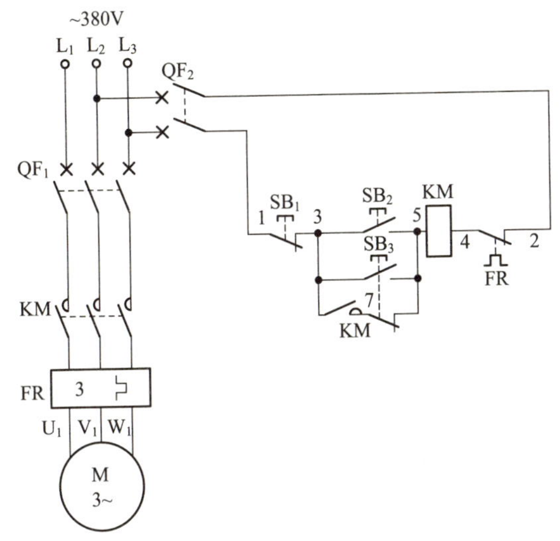

图 1.25 启动、停止、点动混合电路(三)原理图

首先合上主回路断路器 QF_1、控制回路断路器 QF_2，为电路工作提供准备条件。

启动时，按下启动按钮 SB_2(3-5)，交流接触器 KM 线圈得电吸合且 KM 辅助常开触点 (3-7) 与点动按钮 SB_3 的一组常闭触点 (5-7) 相串联组成自锁，KM 三相主触点闭合，电动机得电启动运转。

停止时，按下停止按钮 SB_1(1-3)，交流接触器 KM 线圈断电释放，KM 三相主触点断开，电动机失电停止运转。

点动控制时，按下点动按钮 SB_3，SB_3 的一组常闭触点 (5-7) 断开，解除自锁，SB_3 的另一组常开触点 (3-5) 闭合，交流接触器 KM 线圈得电吸合，KM 三相主触点闭合，电动机得电启动运转；松开点动按钮 SB_3，交流接触器 KM 线圈断电释放，KM 三相主触点断开，电动机失电停止运转。

电路布线图（图 1.26）

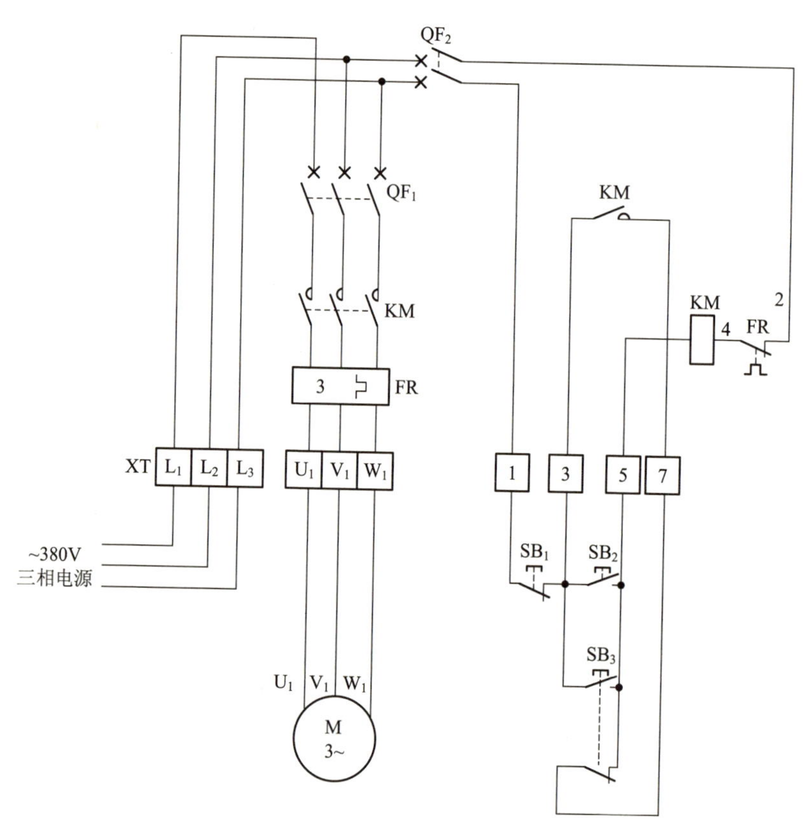

图 1.26　启动、停止、点动混合电路(三)布线图

从图 1.26 中可以看出，XT 为接线端子排，通过 XT 来区分电气元件的安装位置，XT 的上方为放置在配电箱内底板上的电气元件，XT 的下方为外接或引至配电箱门面板上的电气元件。

从端子排 XT 上看，共有 10 个接线端子。其中，L_1、L_2、L_3 这 3 根线为由外引入配电箱内的三相交流 380V 电源，并穿管引入；U_1、V_1、W_1 这 3 根线为电动机线，穿管接至电动机接线盒内的 U_1、V_1、W_1 上；1、3、5、7 这 4 根线为控制线，接至配电箱门面板上的按钮开关 SB_1、SB_2、SB_3 上。

元器件安装排列图及端子图(图 1.27)

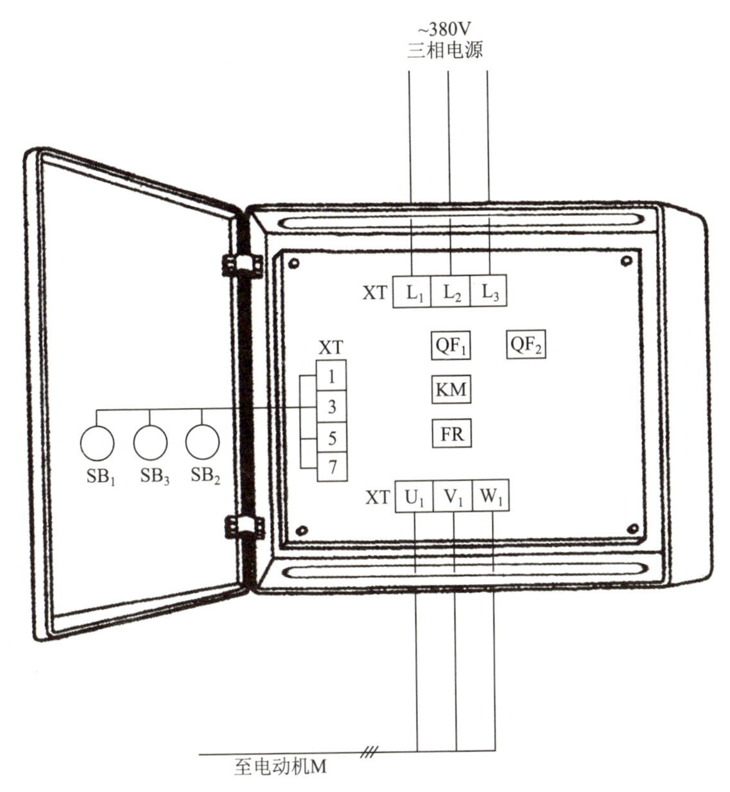

图 1.27 启动、停止、点动混合电路(三)元器件安装排列图及端子图

从图 1.27 中可以看出，断路器 QF_1、QF_2，交流接触器 KM，热继电器 FR 安装在配电箱内底板上；按钮开关 SB_1、SB_2、SB_3 安装在配电箱门面板上。

通过端子 L_1、L_2、L_3 将三相交流 380V 电源接入配电箱中。

端子 U_1、V_1、W_1 接至电动机接线盒中的 U_1、V_1、W_1 上。

端子 1、3、5、7 将配电箱内的器件与配电箱门面板上的按钮开关 SB_1、SB_2、SB_3 连接起来。

1.10 启动、停止、点动混合电路(四)

工作原理(图 1.28)

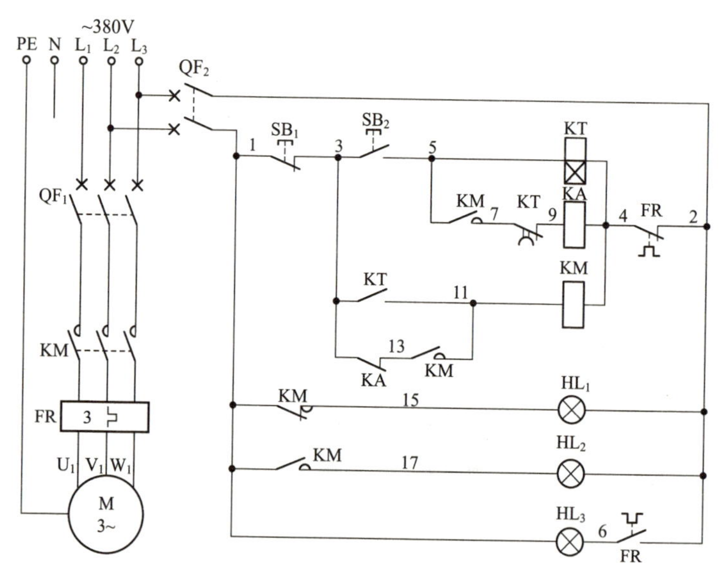

图 1.28　启动、停止、点动混合电路(四)原理图

按下启动按钮 SB_2(3-5)，得电延时时间继电器 KT 线圈得电吸合，KT 不延时瞬动常开触点 (3-11) 闭合，接通了交流接触器 KM 线圈回路电源，KM 线圈得电吸合，KM 辅助常开触点 (5-7) 闭合，接通中间继电器 KA 线圈回路电源，KA 线圈得电吸合，KA 常闭触点 (3-13) 断开，切断了 KM 自锁回路，KM 三相主触点闭合，电动机得电启动运转；松开启动按钮 SB_2(3-5)，得电延时时间继电器 KT、中间继电器 KA 线圈均断电释放，KT 不延时瞬动常开触点 (3-11) 恢复常开，KA 常闭触点 (3-13) 恢复常闭，交流接触器 KM 线圈断电释放，KM 三相主触点断开，电动机失电停止运转，变为点动控制。在 KM 线圈得电吸合的同时，指示灯 HL_1 灭、HL_2 亮，说明电动机得电运转了；在 KM 线圈断电释放的同时，指示灯 HL_2 灭、HL_1 亮，说明电动机失电停止运转了。

按下启动按钮 SB_2(3-5) 不松手，得电延时时间继电器 KT、交流接触器 KM、中间继电器 KA 线圈相继得电吸合动作，KT 开始延时。经 KT 延时 (3s) 后，松开启动按钮 SB_2(3-5)，KT 线圈断电释放，由于 KT 延时后，KT 得电延时断开的常闭触点 (7-9) 在松开按钮前已断开，切断了中间继电器 KA 线圈回路电源，KA 线圈断电释放，KA 常闭触点 (3-13) 恢复常闭，为 KM 自锁回路提供条件，此时 KM 线圈在 KA 常闭触点 (3-13)、KM 辅助常开触点 (11-13) 的作用下自锁工作，KM 三相主触点仍然闭合，电动机得电连续运转工作。同时指示灯 HL_1 灭、HL_2 亮，说明电动机已得电运转了。

停止时，按下停止按钮SB_1(1-3)，交流接触器KM线圈断电释放，KM三相主触点断开，电动机失电停止运转；同时，指示灯HL_2灭、HL_1亮，说明电动机已停止运转了。

电路布线图（图 1.29）

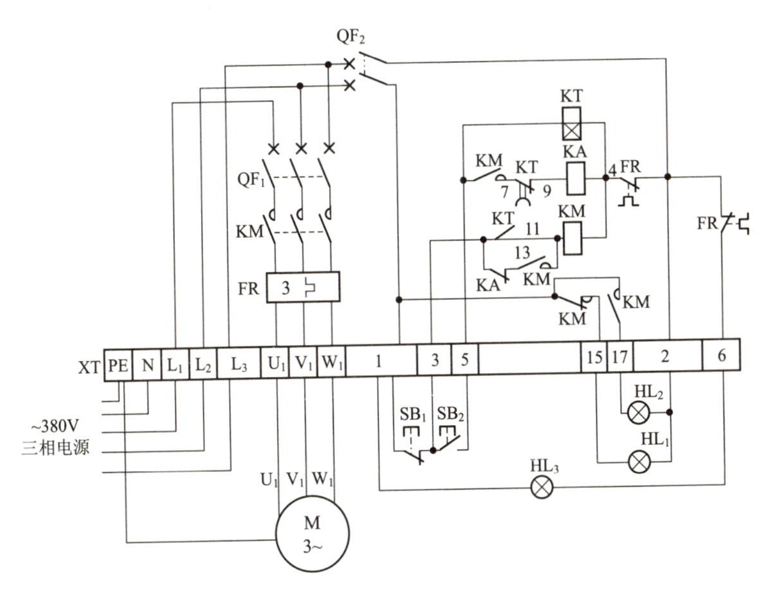

图 1.29 启动、停止、点动混合电路（四）布线图

从图 1.29 中可以看出，XT 为接线端子排，通过端子排 XT 来区分电气元件的安装位置，XT 的上方为放置在配电箱内底板上的电气元件，XT 的下方为外接或引至配电箱门面板上的电气元件。

从端子排 XT 上看，共有 15 个接线端子。其中，L_1、L_2、L_3、PE、N 这 5 根线为由外引入配电箱的三相交流 380V 电源，并穿管引入；U_1、V_1、W_1 这 3 根线为电动机线，穿管接至电动机接线盒内的 U_1、V_1、W_1 上；1、3、5、15、17、2、6 这 7 根线为控制线，接至配电箱门面板上的按钮开关 SB_1、SB_2，指示灯 HL_1、HL_2、HL_3 上。

元器件安装排列图及端子图（图 1.30）

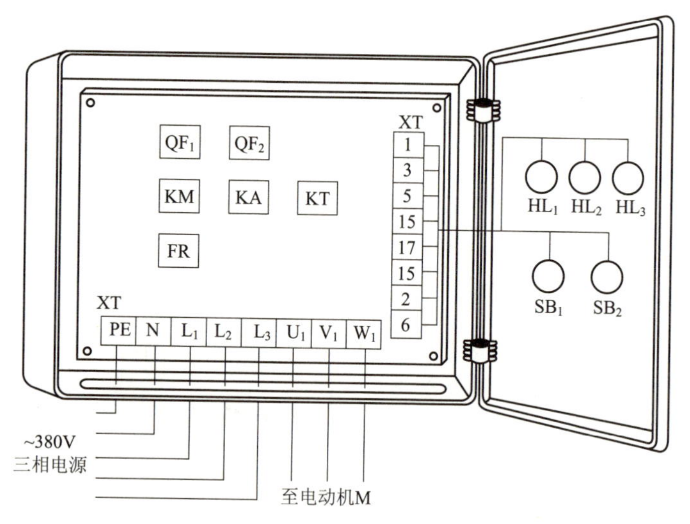

图 1.30　启动、停止、点动混合电路（四）元器件安装排列图及端子图

从图 1.30 中可以看出，断路器 QF_1、QF_2，交流接触器 KM，中间继电器 KA，得电延时时间继电器 KT，热继电器 FR 安装在配电箱内底板上；按钮开关 SB_1、SB_2，指示灯 HL_1、HL_2、HL_3 安装在配电箱门面板上。

通过端子 L_1、L_2、L_3 将三相交流 380V 电源接入配电箱中。

端子 U_1、V_1、W_1 接至电动机接线盒中的 U_1、V_1、W_1 上。

端子 1、3、5、15、17、2、6 将配电箱内的器件与配电箱门面板上的按钮开关 SB_1、SB_2，指示灯 HL_1、HL_2、HL_3 连接起来。

1.11 启动、停止、点动混合电路(五)

工作原理(图 1.31)

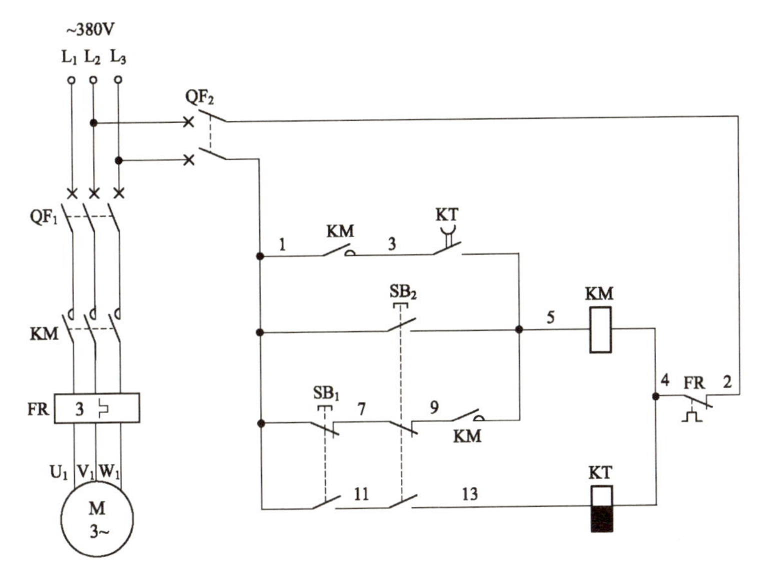

图 1.31 启动、停止、点动混合电路(五)原理图

只按下按钮 SB_2 时,实现点动操作,也就是说,在只按下按钮 SB_2 时,其常闭触点 (7-9) 断开,切断 KM 自锁回路,同时也使得失电延时时间继电器 KT 线圈不能得电吸合动作,KT 失电延时断开的常开触点 (3-5) 不能闭合。这样,KM 线圈得电吸合,KM 三相主触点闭合,电动机得电点动运转,从而实现点动操作。按下按钮 SB_2 的时间即电动机的点动运转时间。

同时按下按钮 SB_1 和 SB_2,交流接触器 KM、失电延时时间继电器 KT 线圈均得电吸合,KM 辅助常开触点 (1-3、5-9) 闭合,KT 失电延时断开的常开触点 (3-5) 立即闭合,KM 三相主触点闭合,电动机得电启动运转。松开按钮 SB_1 和 SB_2,SB_1 和 SB_2 常开触点 (1-11、11-13、1-5) 均断开,KT 线圈断电释放,KT 开始延时,SB_1 和 SB_2 的常闭触点 (1-7、7-9) 均闭合,形成自锁回路。经过 KT 延时 (1s) 后,KT 失电延时断开的常

开触点 (3-5) 断开，切除过渡自锁回路，从而完成电动机连续运转操作。

当电动机启动运转后，若需停止，可任意按下按钮 SB_1 或 SB_2，SB_1 或 SB_2 的常闭触点 (1-7、7-9) 断开，切断交流接触器 KM 线圈回路电源，KM 线圈断电释放，KM 三相主触点断开，电动机失电停止运转。

电路布线图（图 1.32）

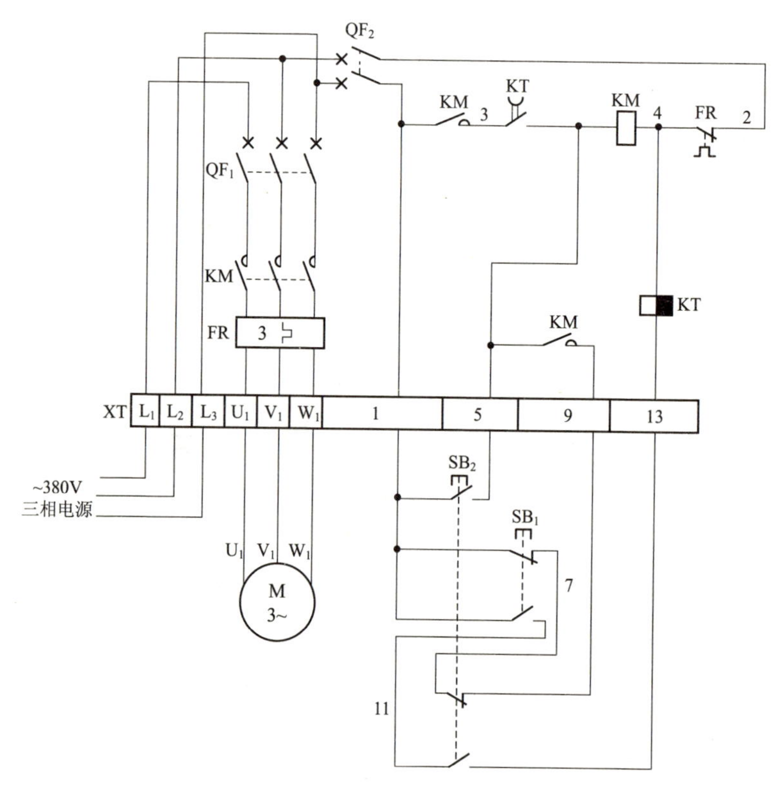

图 1.32　启动、停止、点动混合电路 (五) 布线图

从图 1.32 中可以看出，XT 为接线端子排，通过端子排 XT 来区分电气元件的安装位置，XT 的上方为放置在配电箱内底板上的电气元件，XT 的下方为外接或引至配电箱门面板上的电气元件。

从端子排 XT 上看，共有 10 个接线端子。其中，L_1、L_2、L_3 这 3 根线为由外引入配电箱的三相交流 380V 电源，并穿管引入；U_1、V_1、

W_1这3根线为电动机线，穿管接至电动机接线盒内的U_1、V_1、W_1上；1、5、9、13这4根线为控制线，接至配电箱门面板上的按钮开关SB_1、SB_2上。

元器件安装排列图及端子图（图1.33）

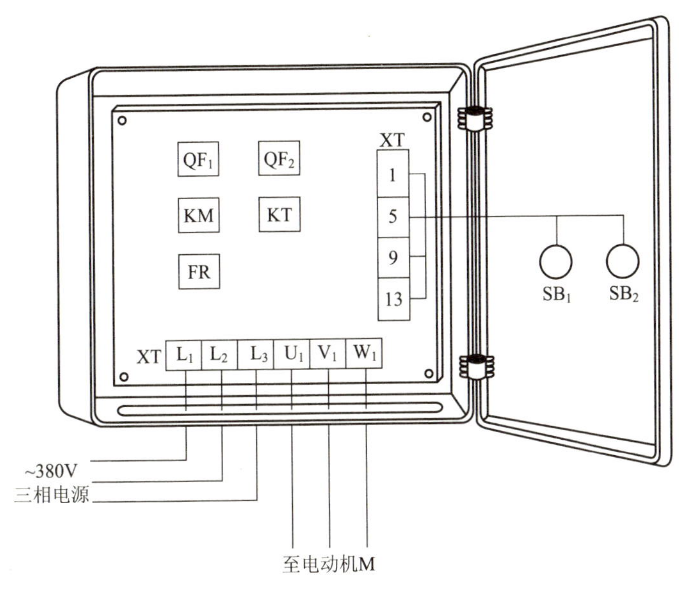

图1.33 启动、停止、点动混合电路（五）元器件安装排列图及端子图

从图1.33中可以看出，断路器QF_1、QF_2，交流接触器KM，失电延时时间继电器KT，热继电器FR安装在配电箱内底板上；按钮开关SB_1、SB_2安装在配电箱门面板上。

通过端子L_1、L_2、L_3将三相交流380V电源接入配电箱中。

端子U_1、V_1、W_1接至电动机接线盒中的U_1、V_1、W_1上。

端子1、5、9、13将配电箱内的器件与配电箱门面板上的按钮开关SB_1、SB_2连接起来。

1.12 启动、停止、点动混合电路 (六)

工作原理 (图 1.34)

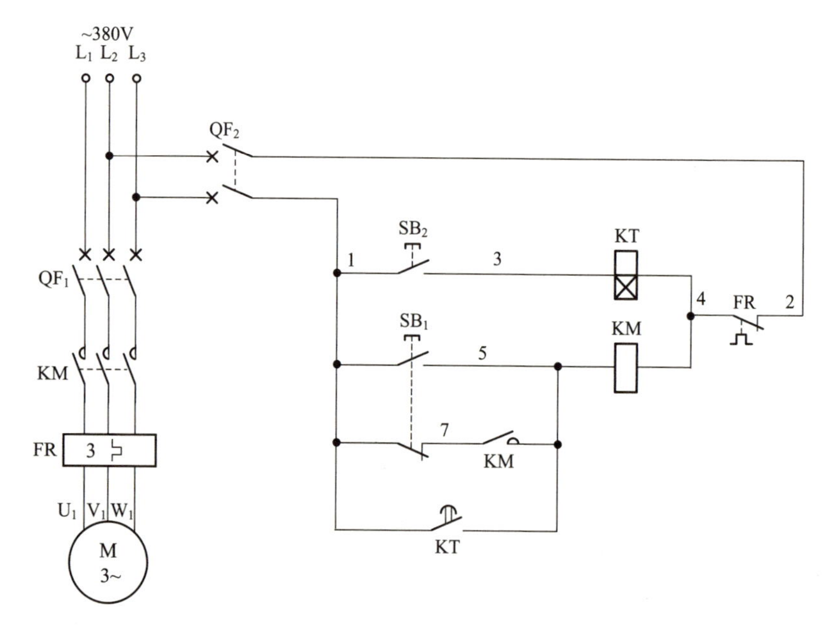

图 1.34　启动、停止、点动混合电路 (六) 原理图

点动时，按下点动按钮 SB_1 不放手，SB_1 的一组串联在 KM 自锁回路中的常闭触点 (1-7) 断开，切断 KM 的自锁回路，使 KM 线圈不能自锁；同时 SB_1 的另一组常开触点 (1-5) 闭合，接通交流接触器 KM 线圈回路电源，KM 线圈得电吸合，KM 三相主触点闭合，电动机得电启动运转。松开被按下的点动按钮 SB_1，交流接触器 KM 线圈断电释放，KM 三相主触点断开，电动机失电停止运转，从而实现点动操作。按下按钮 SB_1 到松开按钮 SB_1 的时间即电动机的断续 (点动) 运转时间。

启动时，长时间按住启动按钮 SB_2(1-3)，也就是说按下按钮 SB_2 的时间要大于 KT 的设定延时时间，得电延时时间继电器 KT 线圈得电吸合并开始延时。注意，在按下按钮 SB_2 到 KT 延时时间结束前，电动机处于停止运转状态。经 KT 一段时间 (5s) 延时后，KT 得电延时闭合的

常开触点 (1-5) 闭合，接通交流接触器 KM 线圈回路电源，KM 线圈得电吸合且 KM 辅助常开触点 (5-7) 闭合自锁，KM 三相主触点闭合，电动机得电连续启动运转。此时可松开被按下的启动按钮 SB_2(1-3)，得电延时时间继电器 KT 线圈断电释放，KT 得电延时闭合的常开触点 (1-5) 恢复原始常开状态，为停止操作做准备。

停止时，轻轻按下点动按钮 SB_1，SB_1 的一组串联在 KM 线圈自锁回路中的常闭触点 (1-7) 断开，切断了交流接触器 KM 线圈回路电源，KM 线圈断电释放，KM 三相主触点断开，电动机失电停止运转。

电路布线图（图 1.35）

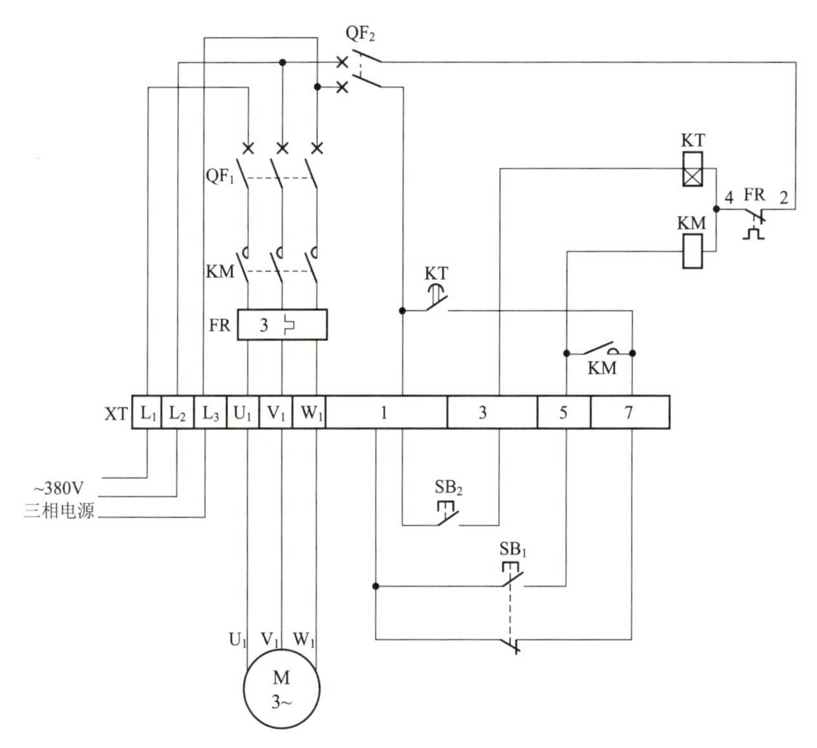

图 1.35 启动、停止、点动混合电路(六)布线图

从图 1.35 中可以看出，XT 为接线端子排，通过端子排 XT 来区分电气元件的安装位置，XT 的上方为放置在配电箱内底板上的电气元件，

XT 的下方为外接或引至配电箱门面板上的电气元件。

从端子排 XT 上看，共有 10 个接线端子。其中，L_1、L_2、L_3 这 3 根线为由外引入配电箱的三相交流 380V 电源，并穿管引入；U_1、V_1、W_1 这 3 根线为电动机线，穿管接至电动机接线盒内的 U_1、V_1、W_1 上；1、3、5、7 这 4 根线为控制线，接至配电箱门面板上的按钮开关 SB_1、SB_2 上。

元器件安装排列图及端子图（图 1.36）

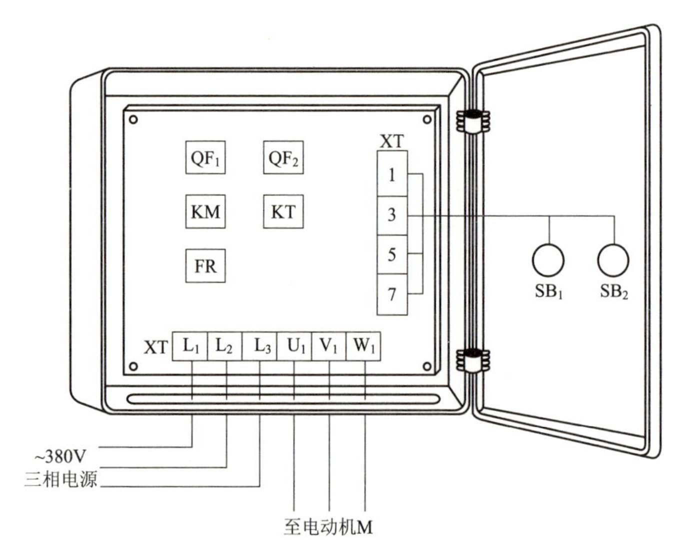

图 1.36　启动、停止、点动混合电路（六）元器件安装排列图及端子图

从图 1.36 中可以看出，断路器 QF_1、QF_2，交流接触器 KM，得电延时时间继电器 KT，热继电器 FR 安装在配电箱内底板上；按钮开关 SB_1、SB_2 安装在配电箱门面板上。

通过端子 L_1、L_2、L_3 将三相交流 380V 电源接入配电箱中。

端子 U_1、V_1、W_1 接至电动机接线盒中的 U_1、V_1、W_1 上。

端子 1、3、5、7 将配电箱内的器件与配电箱门面板上的按钮开关 SB_1、SB_2 连接起来。

1.13 启动、停止、点动混合电路（七）

工作原理（图 1.37）

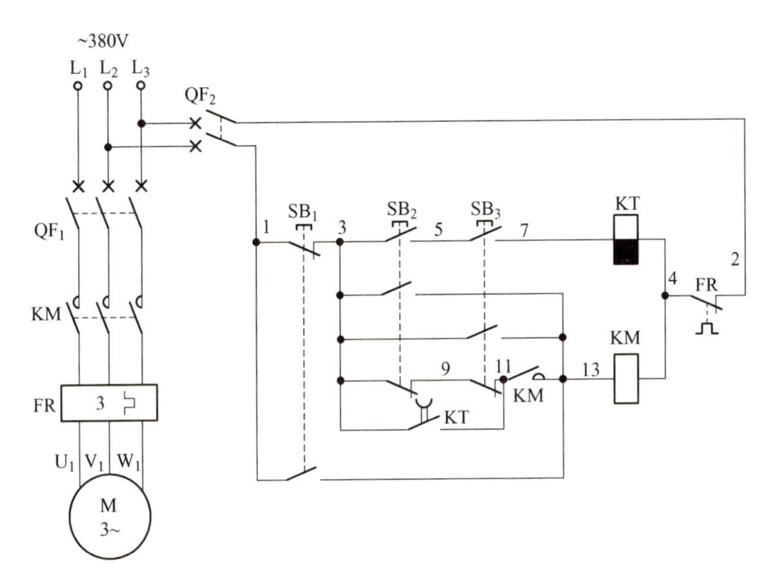

图 1.37 启动、停止、点动混合电路（七）原理图

任意按下按钮开关 SB_1、SB_2 或 SB_3，其常闭触点 SB_1(1-3)、SB_2(3-9) 或 SB_3(9-11) 断开，切断交流接触器 KM 线圈自锁回路，只能实现点动控制。此时，SB_1(1-13)、SB_2(3-13) 或 SB_3(3-13) 按钮中的任意一组常开触点闭合，交流接触器 KM 线圈得电吸合，KM 三相主触点闭合，电动机得电启动运转；松开按钮开关，交流接触器 KM 线圈断电释放，KM 三相主触点断开，电动机失电停止运转，从而实现对电动机的点动控制。

同时按下按钮开关 SB_2 和 SB_3，SB_2(3-9) 和 SB_3(9-11) 常闭触点均断开，在连续启动操作中此触点先断开是无效的，此触点只有在点动操作时先断开才有效。

SB_2 和 SB_3 相串联的两组常开触点 (3-5、5-7) 闭合，使得失电延时时间继电器 KT 线圈得电吸合，KT 失电延时断开的常开触点 (3-11) 立即闭合，为保证交流接触器 KM 自锁回路正常工作做准备；在按下按

钮开关 SB_2 和 SB_3 的同时，SB_2 和 SB_3 并联在一起的常开触点 (3-13、3-13) 闭合，接通了交流接触器 KM 线圈回路电源，且 KM 辅助常开触点 (11-13) 闭合自锁，与早已闭合的 KT 失电延时断开的常开触点 (3-11) 形成自锁回路，KM 线圈继续得电吸合，KM 三相主触点闭合，电动机得电启动运转；松开按钮开关 SB_2 和 SB_3，失电延时时间继电器 KT 线圈断电释放，KT 开始延时 (其延时时间小于 2s)。当 KT 延时结束后，KT 失电延时断开的常开触点 (3-11) 断开，以保证在松开按钮开关 SB_2 和 SB_3 后，短时间内 SB_2 和 SB_3 的常闭触点可靠连续工作；当 KT 失电延时断开的常开触点 (3-11) 恢复常开后，为停止操作提供准备条件。

轻轻按下 3 只按钮 SB_1、SB_2、SB_3 中的任意一只，都将切断交流接触器 KM 线圈的自锁回路，使交流接触器 KM 线圈断电释放，KM 三相主触点断开，电动机失电停止运转。

注意：本电路在连续启动运转控制时必须同时按下按钮开关 SB_2 和 SB_3 方可实现，具有保密操作功能。

电路布线图 (图 1.38)

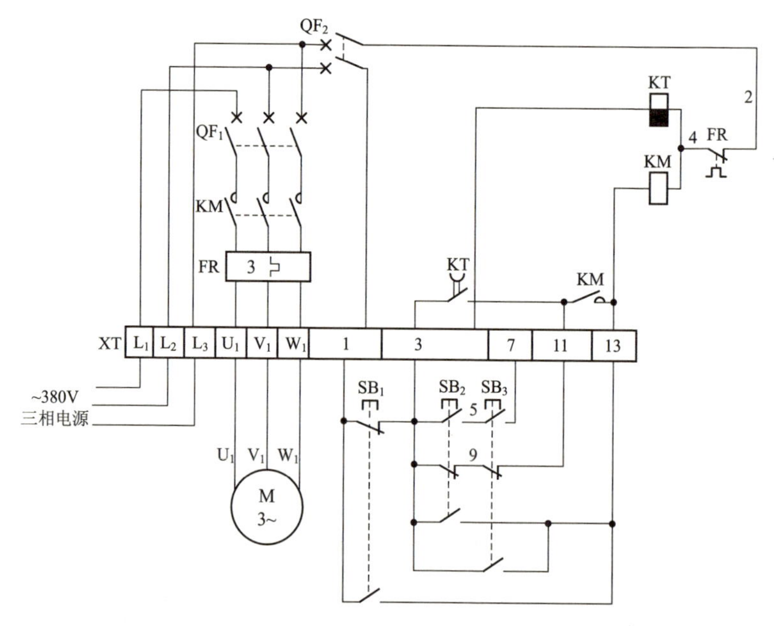

图 1.38　启动、停止、点动混合电路 (七) 布线图

从图 1.38 中可以看出，XT 为接线端子排，通过端子排 XT 来区分电气元件的安装位置，XT 的上方为放置在配电箱内底板上的电气元件，XT 的下方为外接或引至配电箱门面板上的电气元件。

从端子排 XT 上看，共有 11 个接线端子。其中，L_1、L_2、L_3 这 3 根线为由外引入配电箱的三相交流 380V 电源，并穿管引入；U_1、V_1、W_1 这 3 根线为电动机线，穿管接至电动机接线盒内的 U_1、V_1、W_1 上；1、3、7、11、13 这 5 根线为控制线，接至配电箱门面板上的按钮开关 SB_1、SB_2、SB_3 上。

元器件安装排列图及端子图（图 1.39）

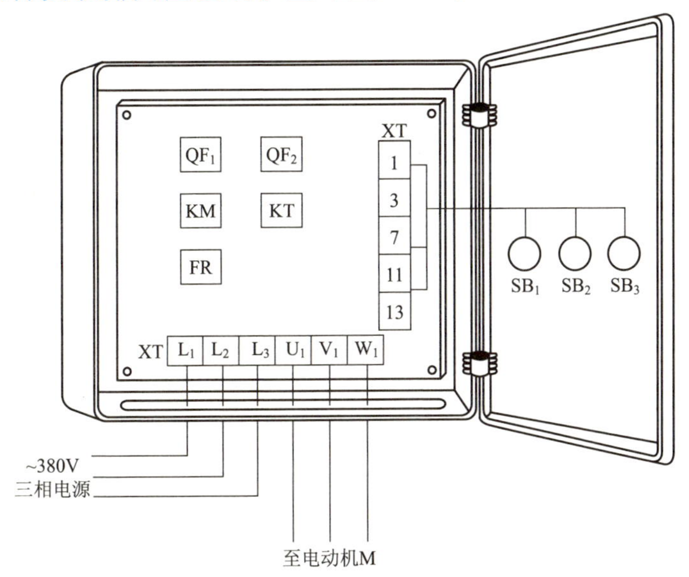

图 1.39 启动、停止、点动混合电路（七）元器件安装排列图及端子图

从图 1.39 中可以看出，断路器 QF_1、QF_2，交流接触器 KM，失电延时时间继电器 KT，热继电器 FR 安装在配电箱内底板上；按钮开关 SB_1、SB_2、SB_3 安装在配电箱门面板上。

通过端子 L_1、L_2、L_3 将三相交流 380V 电源接入配电箱中。

端子 U_1、V_1、W_1 接至电动机接线盒中的 U_1、V_1、W_1 上。

端子 1、3、7、11、13 将配电箱内的器件与配电箱门面板上的按钮开关 SB_1、SB_2、SB_3 连接起来。

1.14 启动、停止、点动混合电路 (八)

工作原理 (图 1.40)

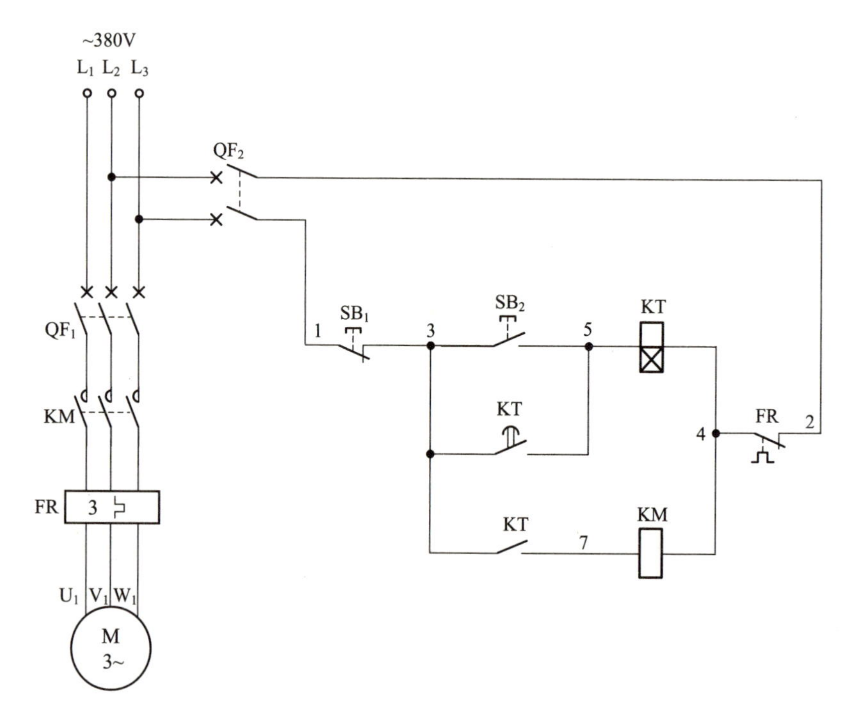

图 1.40　启动、停止、点动混合电路 (八) 原理图

短时间按住启动按钮 SB_2(3-5)(未超出 KT 的设定延时时间)，得电延时时间继电器 KT 线圈得电吸合，KT 开始延时，KT 不延时瞬动常开触点 (3-7) 闭合，交流接触器 KM 线圈得电吸合，KM 三相主触点闭合，电动机得电启动运转；在 KT 的延时时间内，松开按钮 SB_2(3-5)，KM 线圈断电释放，KM 三相主触点断开，电动机失电停止运转。按下按钮 SB_2(3-5) 的时间就是电动机的点动运转时间。

长时间按住启动按钮 SB_2(3-5) 不放，KT 线圈得电吸合并开始延时，KT 不延时瞬动常开触点 (3-7) 闭合，KM 线圈得电吸合，KM 三相主触点闭合，电动机得电启动运转。经 KT 一段时间延时后，KT 得电延时

闭合的常开触点 (3-5) 闭合，将 KT 线圈回路自锁起来，电动机连续运转，此时松开按钮 SB_2(3-5) 即可。

电路布线图（图 1.41）

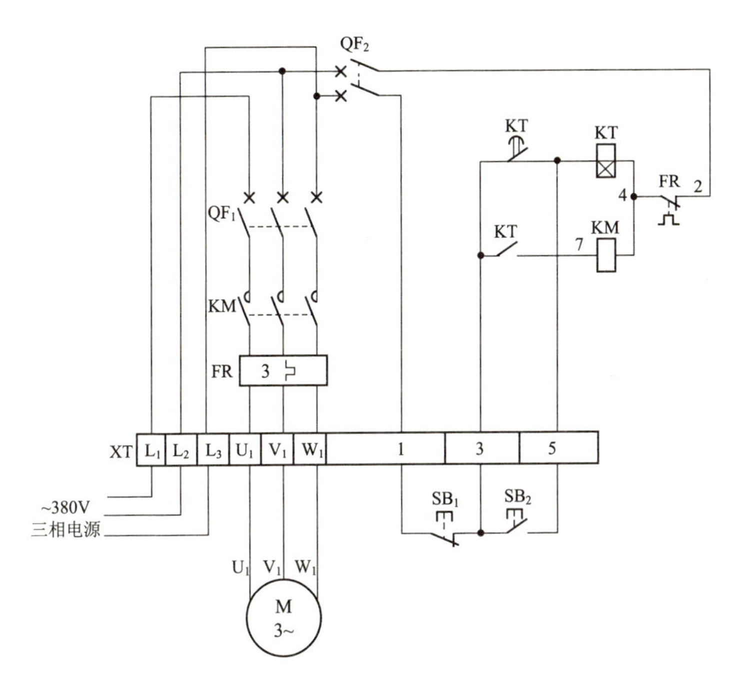

图 1.41 启动、停止、点动混合电路（八）布线图

从图 1.41 中可以看出，XT 为接线端子排，通过端子排 XT 来区分电气元件的安装位置，XT 的上方为放置在配电箱内底板上的电气元件，XT 的下方为外接或引至配电箱门面板上的电气元件。

从端子排 XT 上看，共有 9 个接线端子。其中，L_1、L_2、L_3 这 3 根线为由外引入配电箱的三相交流 380V 电源，并穿管引入；U_1、V_1、W_1 这 3 根线为电动机线，穿管接至电动机接线盒内的 U_1、V_1、W_1 上；1、3、5 这 3 根线为控制线，接至配电箱门面板上的按钮开关 SB_1、SB_2 上。

元器件安装排列图及端子图（图 1.42）

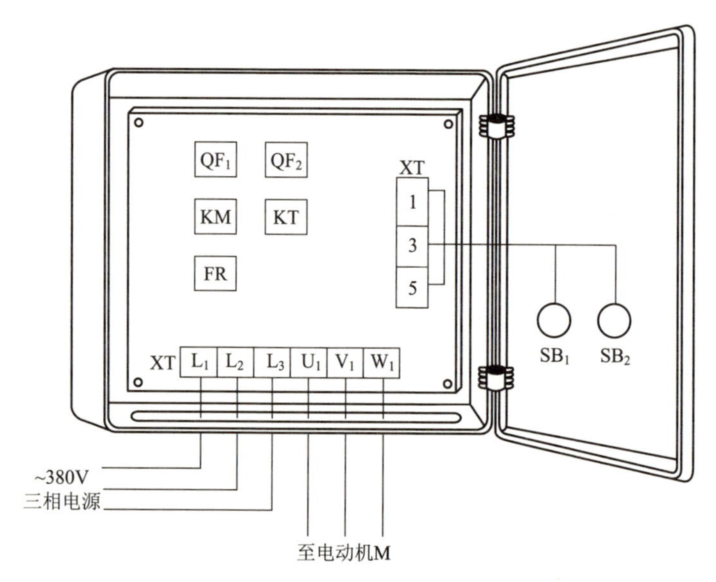

图 1.42　启动、停止、点动混合电路（八）元器件安装排列图及端子图

从图 1.42 中可以看出，断路器 QF_1、QF_2，交流接触器 KM，得电延时时间继电器 KT，热继电器 FR 安装在配电箱内底板上；按钮开关 SB_1、SB_2 安装在配电箱门面板上。

通过端子 L_1、L_2、L_3 将三相交流 380V 电源接入配电箱中。

端子 U_1、V_1、W_1 接至电动机接线盒中的 U_1、V_1、W_1 上。

端子 1、3、5 将配电箱内的器件与配电箱门面板上的按钮开关 SB_1、SB_2 连接起来。

1.15 启动、停止、点动混合电路(九)

工作原理(图 1.43)

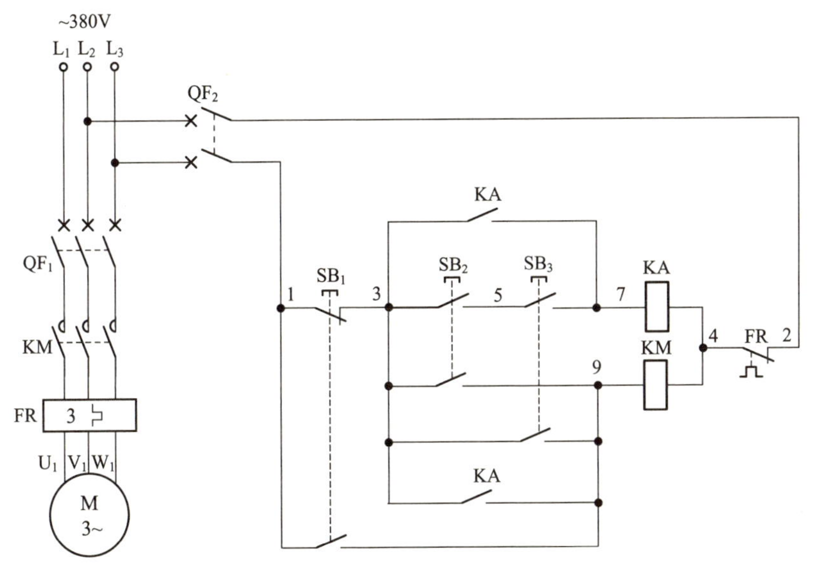

图 1.43 启动、停止、点动混合电路(九)原理图

同时按下两只按钮 SB_2 和 SB_3，为启动连续运转操作；只按下按钮 SB_2 或 SB_3，或将 SB_1 按到底，均能实现点动操作；轻轻按下按钮 SB_1 时为停止操作。

电路布线图（图 1.44）

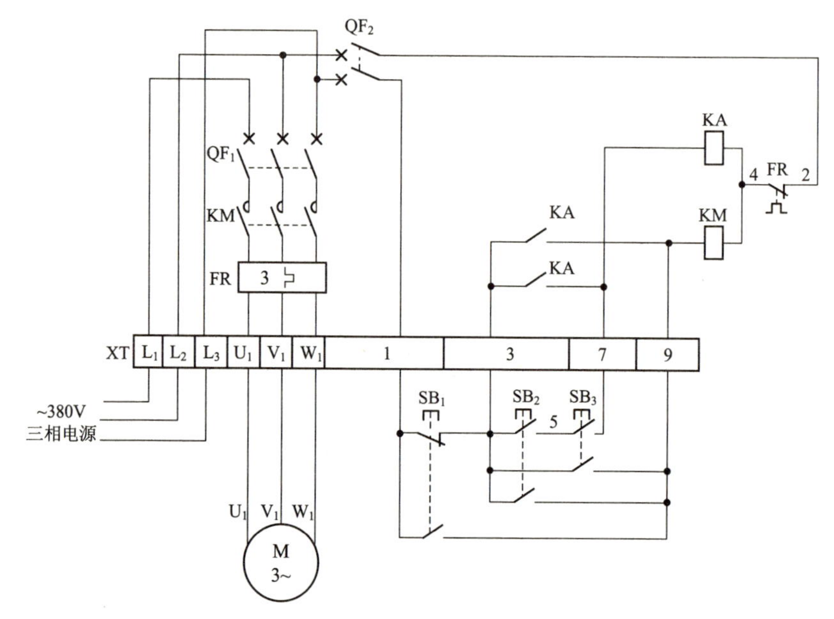

图 1.44 启动、停止、点动混合电路（九）布线图

从图 1.44 中可以看出，XT 为接线端子排，通过端子排 XT 来区分电气元件的安装位置，XT 的上方为放置在配电箱内底板上的电气元件，XT 的下方为外接或引至配电箱门面板上的电气元件。

从端子排 XT 上看，共有 10 个接线端子。其中，L_1、L_2、L_3 这 3 根线为由外引入配电箱的三相交流 380V 电源，并穿管引入；U_1、V_1、W_1 这 3 根线为电动机线，穿管接至电动机接线盒内的 U_1、V_1、W_1 上；1、3、7、9 这 4 根线为控制线，接至配电箱门面板上的按钮开关 SB_1、SB_2、SB_3 上。

元器件安装排列图及端子图(图 1.45)

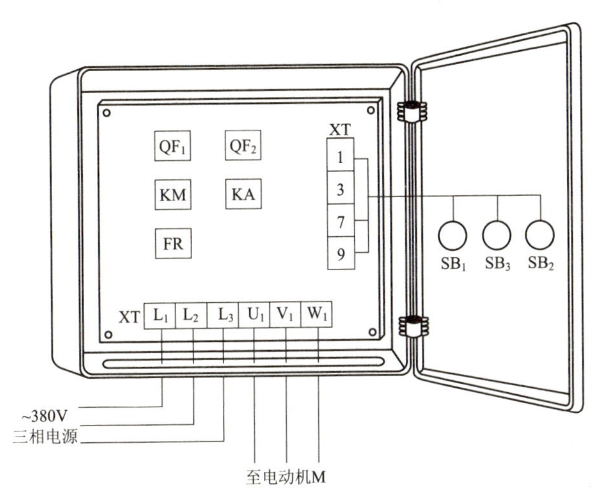

图 1.45 启动、停止、点动混合电路(九)元器件安装排列图及端子图

从图 1.45 中可以看出，断路器 QF_1、QF_2，交流接触器 KM，中间继电器 KA，热继电器 FR 安装在配电箱内底板上；按钮开关 SB_1、SB_2、SB_3 安装在配电箱门面板上。

通过端子 L_1、L_2、L_3 将三相交流 380V 电源接入配电箱中。

端子 U_1、V_1、W_1 接至电动机接线盒中的 U_1、V_1、W_1 上。

端子 1、3、7、9 将配电箱内的器件与配电箱门面板上的按钮开关 SB_1、SB_2、SB_3 连接起来。

1.16 单向启动、停止电路

工作原理（图 1.46）

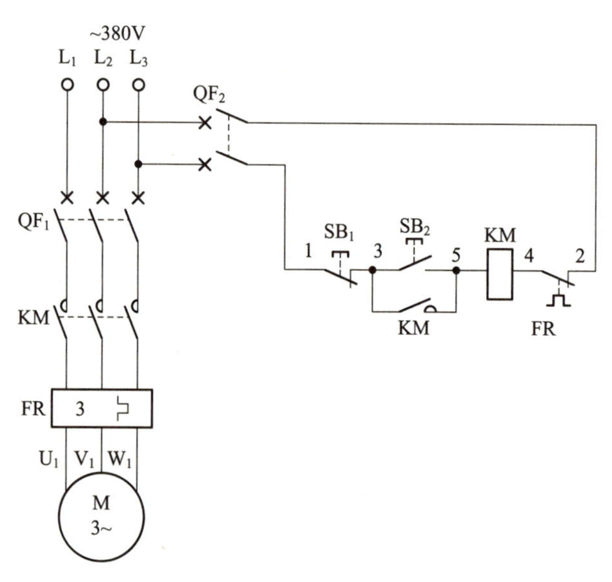

图 1.46　单向启动、停止电路原理图

首先合上主回路断路器 QF_1、控制回路断路器 QF_2，为电路工作提供准备条件。

启动时，按下启动按钮 SB_2(3-5)，交流接触器 KM 线圈得电吸合且 KM 辅助常开触点 (3-5) 闭合自锁，KM 三相主触点闭合，电动机得电启动运转，拖动设备开始工作。

停止时，按下停止按钮 SB_1(1-3)，交流接触器 KM 线圈断电释放，KM 三相主触点断开，电动机失电停止运转，拖动设备停止工作。

电路布线图（图 1.47）

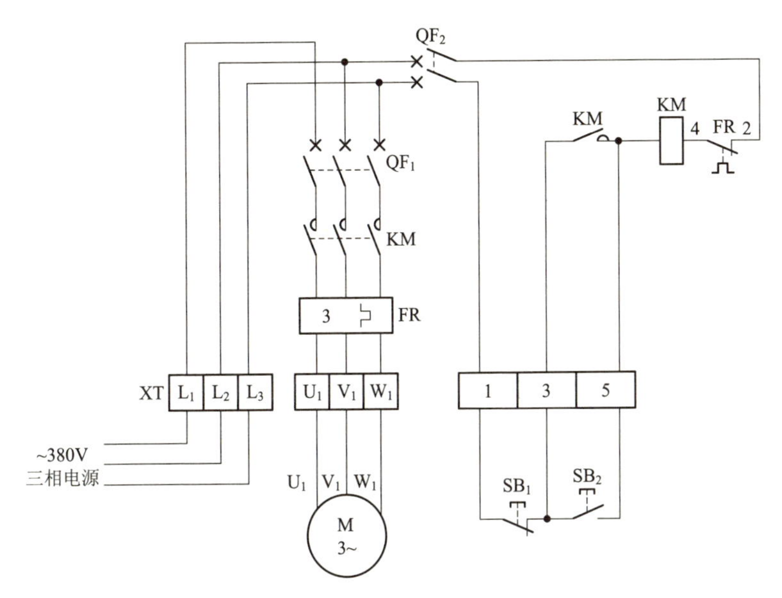

图 1.47 单向启动、停止电路布线图

从图 1.47 中可以看出，XT 为接线端子排，通过端子排 XT 来区分电气元件的安装位置，XT 的上方为放置在配电箱内底板上的电气元件，XT 的下方为外接或引至配电箱门面板上的电气元件。

从端子排 XT 上看，共有 9 个接线端子。其中，L_1、L_2、L_3 这 3 根线由外引入配电箱内的三相交流 380V 电源，并穿管引入；U_1、V_1、W_1 这 3 根线为电动机线，穿管接至电动机接线盒内的 U_1、V_1、W_1 上；1、3、5 这 3 根线为控制线，接至配电箱门面板上的按钮开关 SB_1、SB_2 上。

元器件安装排列图及端子图（图 1.48）

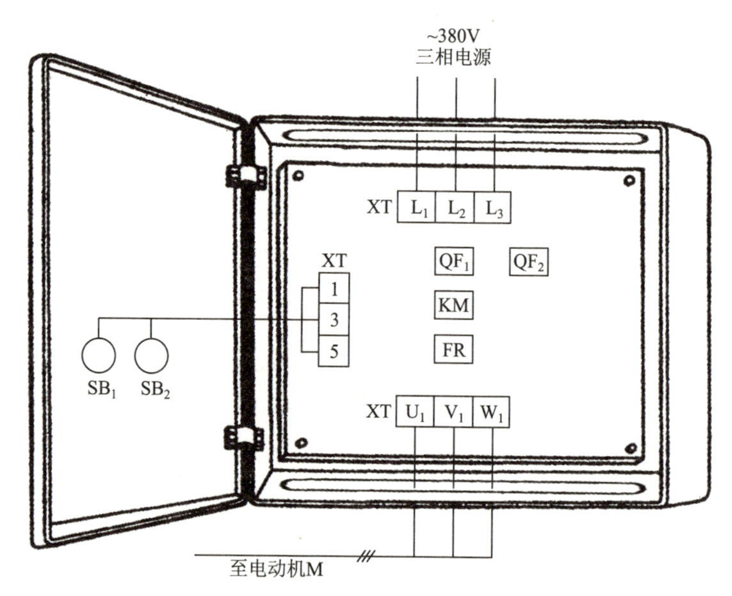

图 1.48　单向启动、停止电路元器件安装排列图及端子图

从图 1.48 中可以看出，断路器 QF_1、QF_2，交流接触器 KM，热继电器 FR 安装在配电箱内底板上；按钮开关 SB_1、SB_2 安装在配电箱门面板上。

通过端子 L_1、L_2、L_3 将三相交流 380V 电源接入配电箱中。

端子 U_1、V_1、W_1 接至电动机接线盒中的 U_1、V_1、W_1 上。

端子 1、3、5 将配电箱内的器件与配电箱门面板上的按钮开关 SB_1、SB_2 连接起来。

1.17 两台电动机联锁控制电路

工作原理（图 1.49）

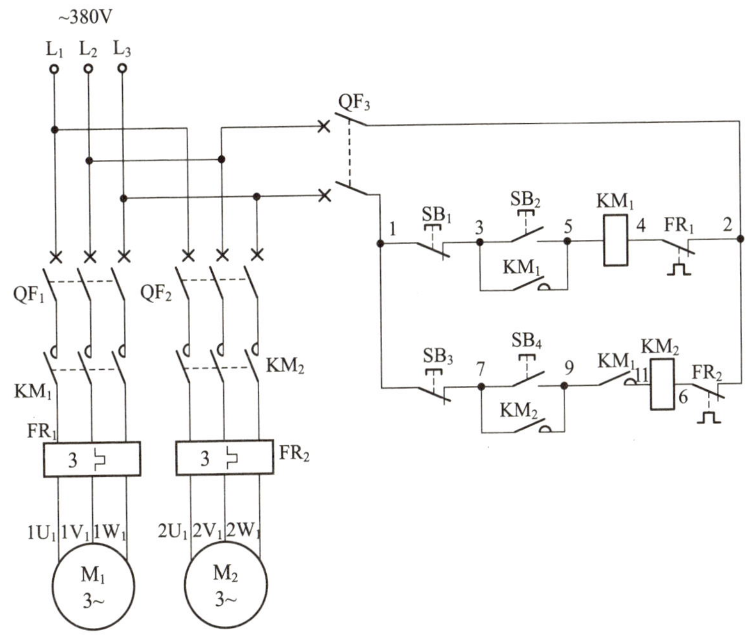

图 1.49　两台电动机联锁控制电路原理图

因 KM_2 线圈回路中串入了 KM_1 辅助常开触点 (9-11)，所以启动时必须先启动 KM_1 再启动 KM_2。启动时，先按下启动按钮 SB_2(3-5)，交流接触器 KM_1 线圈得电吸合且 KM_1 辅助常开触点 (3-5) 闭合自锁，KM_1 三相主触点闭合，电动机 M_1 先得电启动运转，拖动 1# 设备工作；在 KM_1 线圈得电工作后，KM_1 串联在 KM_2 线圈回路中的辅助常开触点 (9-11) 闭合，为启动 KM_2 做准备，再按下启动按钮 SB_4(7-9)，交流接触器 KM_2 线圈得电吸合且 KM_2 辅助常开触点 (7-9) 闭合自锁，KM_2 三相主触点闭合，电动机 M_2 后得电启动运转，拖动 2# 设备工作，从而实现两台电动机联锁控制。

若停止时先按下按钮 SB_3(1-7)，再按下按钮 SB_1(1-3)，将实现两台电动机分别停止控制；若停止时直接按下按钮 SB_1(1-3)，将会使两台电动机同时完成停止控制。

电路布线图（图 1.50）

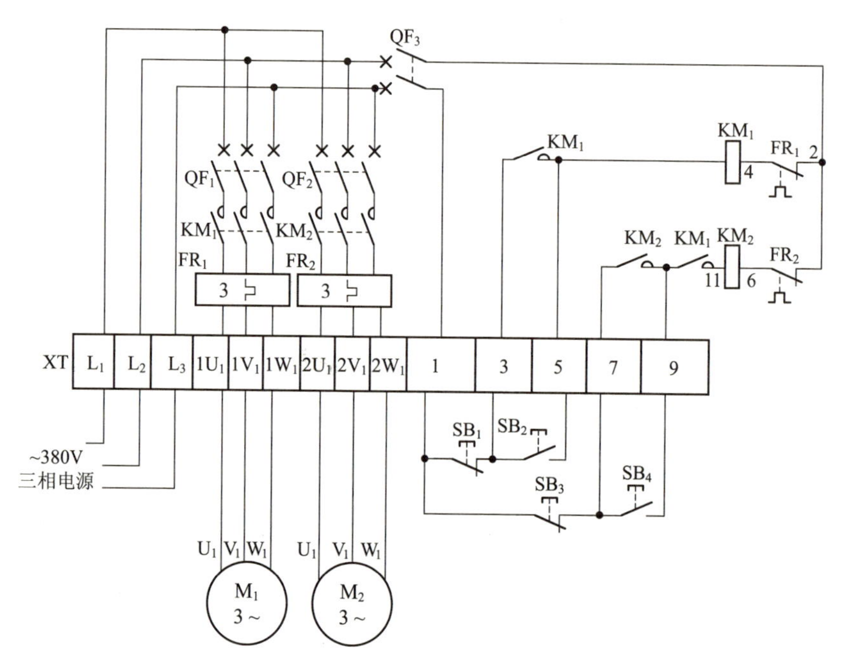

图 1.50　两台电动机联锁控制电路布线图

从图 1.50 中可以看出，XT 为接线端子排，通过端子排 XT 来区分电气元件的安装位置，XT 的上方为放置在配电箱内底板上的电气元件，XT 的下方为外接或引至配电箱门面板上的电气元件。

从端子排 XT 上看，共有 14 个接线端子。其中，L_1、L_2、L_3 这 3 根线为由外引入配电箱内的三相交流 380V 电源，并穿管引入；$1U_1$、$1V_1$、$1W_1$ 这 3 根线为电动机 M_1 的电动机线，穿管接至电动机 M_1 接线盒内的 U_1、V_1、W_1 上；$2U_1$、$2V_1$、$2W_1$ 这 3 根线为电动机 M_2 的电动机线，穿管接至电动机 M_2 接线盒内的 U_1、V_1、W_1 上；1、3、5、7、9 这 5 根线为控制线，接至配电箱门面板上的按钮开关 SB_1、SB_2、SB_3、SB_4 上。

元器件安装排列图及端子图（图 1.51）

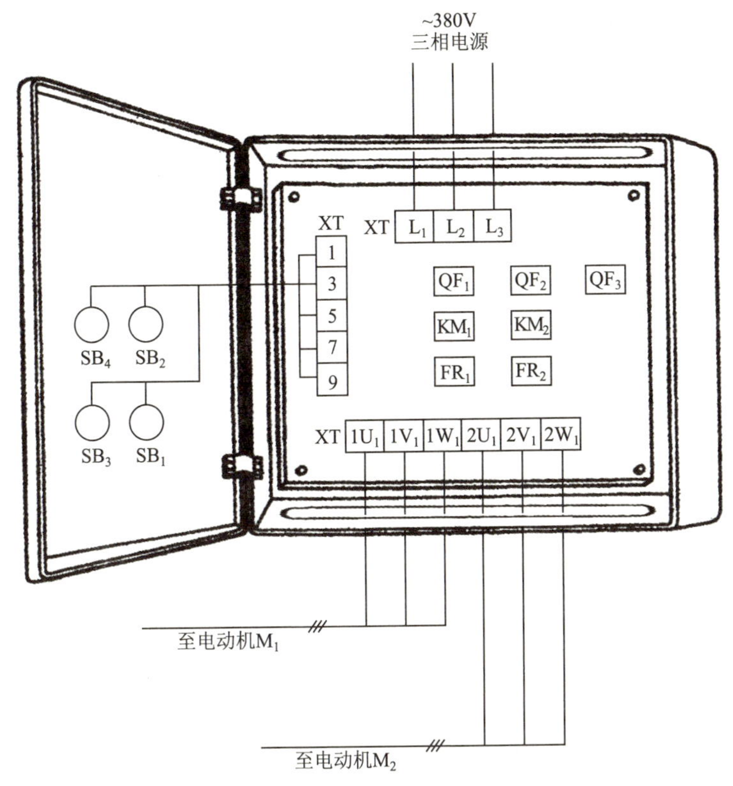

图 1.51 两台电动机联锁控制电路元器件安装排列图及端子图

从图 1.51 中可以看出，断路器 QF_1 ~ QF_3，交流接触器 KM_1、KM_2 及热继电器 FR_1、FR_2 安装在配电箱内底板上；按钮开关 SB_1 ~ SB_4 安装在配电箱门面板上。

通过端子 L_1、L_2、L_3 将三相交流 380V 电源接入配电箱中。

端子 $1U_1$、$1V_1$、$1W_1$ 接至电动机 M_1 接线盒中的 U_1、V_1、W_1 上。

端子 $2U_1$、$2V_1$、$2W_1$ 接至电动机 M_2 接线盒中的 U_1、V_1、W_1 上。

端子 1、3、5、7、9 将配电箱内的器件与配电箱门面板上的按钮开关 SB_1 ~ SB_4 连接起来。

1.18 甲乙两地同时开机控制电路

工作原理（图 1.52）

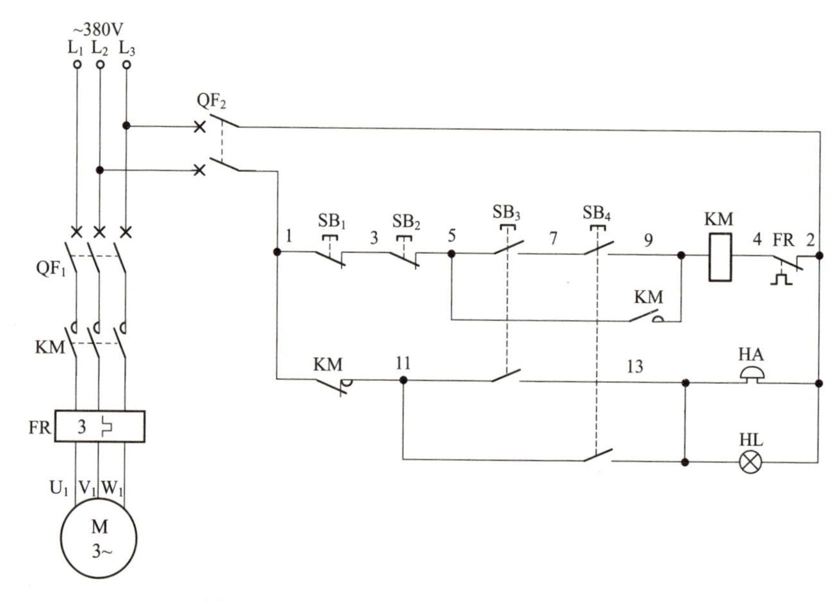

图 1.52　甲乙两地同时开机控制电路原理图

在甲地按下启动按钮 SB_3 不放手，SB_3 的一组常开触点 (5-7) 闭合，为乙地启动时按下启动按钮 SB_4 同时开机做准备；SB_3 的另一组常开触点 (11-13) 闭合，预警电铃 HA 响，预警灯 HL 亮，以告知乙地需同时开机。当乙地听到或看到甲地发出的预警信号后，按下乙地启动按钮 SB_4，SB_4 的一组常开触点 (7-9) 闭合。这样，SB_3、SB_4 的两组常开触点 (5-7、7-9) 均闭合时，才能使交流接触器 KM 线圈得电吸合且 KM 辅助常开触点 (5-9) 闭合自锁，KM 三相主触点闭合，电动机得电启动运转。

电路布线图（图 1.53）

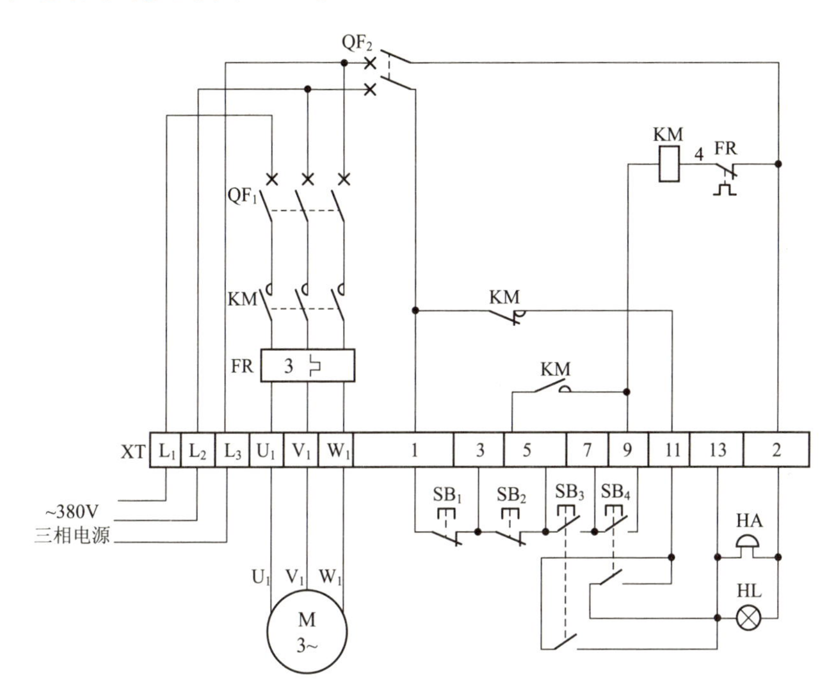

图 1.53　甲乙两地同时开机控制电路布线图

从图 1.53 中可以看出，XT 为接线端子排，通过端子排 XT 来区分电气元件的安装位置，XT 的上方为放置在配电箱内底板上的电气元件，XT 的下方为外接或引至配电箱门面板上的电气元件。

从端子排 XT 上看，共有 14 个接线端子。其中，L_1、L_2、L_3 这 3 根线为由外引入配电箱的三相交流 380V 电源，并穿管引入；U_1、V_1、W_1 这 3 根线为电动机线，穿管接至电动机接线盒内的 U_1、V_1、W_1 上；3、5、7、9、11、13 这 6 根线为乙地控制线，穿管接至乙地按钮开关 SB_2、SB_4 上；1、3、5、7、11、13、2 这 7 根线为控制线，接至配电箱门面板上的按钮开关 SB_1、SB_3，以及预警灯 HL、预警电铃 HA 上。

元器件安装排列图及端子图（图 1.54）

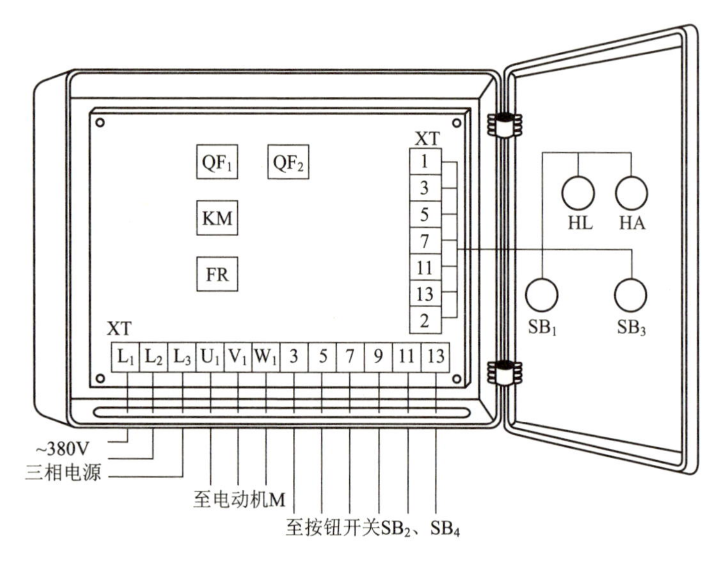

图 1.54　甲乙两地同时开机控制电路元器件安装排列图及端子图

从图 1.54 中可以看出，断路器 QF_1、QF_2，交流接触器 KM，热继电器 FR 安装在配电箱内底板上；按钮开关 SB_1、SB_3，预警灯 HL，预警电铃 HA 安装在配电箱门面板上；按钮开关 SB_2、SB_4 外接至乙地操作处。

通过端子 L_1、L_2、L_3 将三相交流 380V 电源接入配电箱中。

端子 U_1、V_1、W_1 接至电动机接线盒中的 U_1、V_1、W_1 上。

端子 3、5、7、9、11、13 接至乙地按钮开关 SB_2、SB_4 上。

端子 1、3、5、7、11、13、2 将配电箱内的器件与配电箱门面板上的按钮开关 SB_1、SB_3，预警灯 HL，预警电铃 HA 连接起来。

1.19 多台电动机可预选启动控制电路

工作原理（图 1.55）

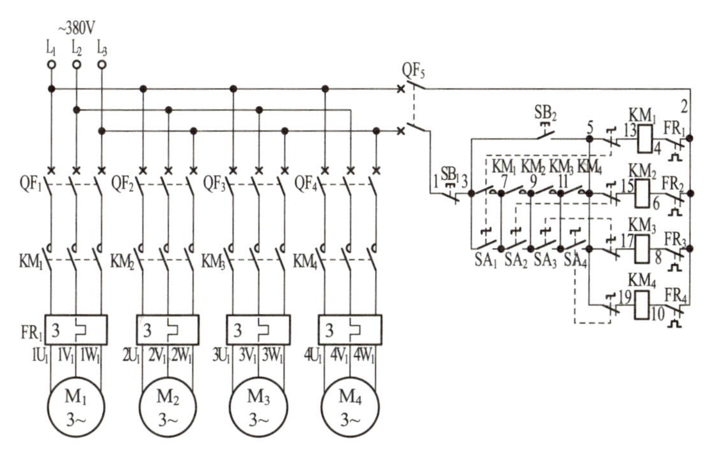

图 1.55　多台电动机可预选启动控制电路原理图

首先合上主回路断路器 QF_1、QF_2、QF_3、QF_4 及控制回路断路器 QF_5，为电路工作提供准备条件。

将复合预选开关 SA_2、SA_3、SA_4 合上，按下启动按钮 SB_2，交流接触器 KM_1 线圈得电吸合且 KM_1 辅助常开触点闭合自锁，KM_1 三相主触点闭合，电动机 M_1 得电运转。

按下停止按钮 SB_1，交流接触器 KM_1 线圈断电释放，KM_1 三相主触点断开，电动机 M_1 失电停止运转。

将复合预选开关 SA_1、SA_3、SA_4 合上，按下启动按钮 SB_2，交流接触器 KM_2 线圈得电吸合且 KM_2 辅助常开触点闭合自锁，KM_2 三相主触点闭合，电动机 M_2 得电运转。

按下停止按钮 SB_1，交流接触器 KM_2 线圈断电释放，KM_2 三相主触点断开，电动机 M_2 失电停止运转。

将复合预选开关 SA_1、SA_2、SA_4 合上，按下启动按钮 SB_2，交流接触器 KM_3 线圈得电吸合且 KM_3 辅助常开触点闭合自锁，KM_3 三相主触点闭合，电动机 M_3 得电运转。

按下停止按钮 SB_1，交流接触器 KM_3 线圈断电释放，KM_3 三相主触点断开，电动机 M_3 失电停止运转。

将复合预选开关 SA_1、SA_2、SA_3 合上，按下启动按钮 SB_2，交流接触器 KM_4 线圈得电吸合且 KM_4 辅助常开触点闭合自锁，KM_4 三相主触点闭合，电动机 M_4 得电运转。

按下停止按钮 SB_1，交流接触器 KM_4 线圈断电释放，KM_4 三相主触点断开，电动机 M_4 失电停止运转。

将复合预选开关 SA_1 ~ SA_4 置于原始状态，按下启动按钮 SB_2，交流接触器 KM_1 ~ KM_4 线圈同时得电吸合且 KM_1 ~ KM_4 辅助常开触点闭合串联自锁，KM_1 ~ KM_4 各自的三相主触点均闭合，分别接通电动机 M_1 ~ M_4 电源，电动机 M_1 ~ M_4 得电运转。

按下停止按钮 SB_1，交流接触器 KM_1 ~ KM_4 线圈同时断电释放，其各自的三相主触点 KM_1 ~ KM_4 断开，使电动机 M_1 ~ M_4 均失电停止运转。

将复合预选开关 SA_1 合上，按下启动按钮 SB_2，交流接触器 KM_2、KM_3、KM_4 线圈同时得电吸合且 KM_2、KM_3、KM_4 辅助常开触点闭合串联自锁，KM_2、KM_3、KM_4 各自的三相主触点均闭合，分别接通电动机 M_2、M_3、M_4 电源，电动机 M_2、M_3、M_4 得电运转。

按下停止按钮 SB_1，交流接触器 KM_2、KM_3、KM_4 线圈同时断电释放，其各自的三相主触点 KM_2、KM_3、KM_4 断开，使电动机 M_2、M_3、M_4 均失电停止运转。

将复合预选开关 SA_2 合上，按下启动按钮 SB_2，交流接触器 KM_1、KM_3、KM_4 线圈同时得电吸合且 KM_1、KM_3、KM_4 辅助常开触点闭合串联自锁，KM_1、KM_3、KM_4 各自的三相主触点均闭合，分别接通电动机 M_1、M_3、M_4 电源，电动机 M_1、M_3、M_4 得电运转。

按下停止按钮 SB_1，交流接触器 KM_1、KM_3、KM_4 线圈同时断电释放，其各自的三相主触点 KM_1、KM_3、KM_4 断开，使电动机 M_1、M_3、M_4 均失电停止运转。

将复合预选开关 SA_3 合上，按下启动按钮 SB_2，交流接触器 KM_1、KM_2、KM_4 线圈同时得电吸合且 KM_1、KM_2、KM_4 辅助常开触点闭合串联自锁，KM_1、KM_2、KM_4 各自的三相主触点均闭合，分别接通电动机 M_1、M_2、M_4 电源，电动机 M_1、M_2、M_4 得电运转。

按下停止按钮 SB_1，交流接触器 KM_1、KM_2、KM_4 线圈同时断电释放放，其各自的三相主触点 KM_1、KM_2、KM_4 断开，使电动机 M_1、M_2、M_4 均失电停止运转。

将复合预选开关 SA_4 合上，按下启动按钮 SB_2，交流接触器 KM_1、KM_2、KM_3 线圈同时得电吸合且 KM_1、KM_2、KM_3 辅助常开触点闭合串联自锁，KM_1、KM_2、KM_3 各自的三相主触点均闭合，分别接通电动机 M_1、M_2、M_3 电源，电动机 M_1、M_2、M_3 得电运转。

按下停止按钮 SB_1，交流接触器 KM_1、KM_2、KM_3 线圈同时断电释放，其各自的三相主触点 KM_1、KM_2、KM_3 断开，使电动机 M_1、M_2、M_3 均失电停止运转。

将复合预选开关 SA_1、SA_2 合上，按下启动按钮 SB_2，交流接触器 KM_3、KM_4 线圈同时得电吸合且 KM_3、KM_4 辅助常开触点闭合串联自锁，KM_3、KM_4 各自的三相主触点均闭合，分别接通电动机 M_3、M_4 电源，电动机 M_3、M_4 得电运转。

按下停止按钮 SB_1，交流接触器 KM_3、KM_4 线圈同时断电释放，其各自的三相主触点 KM_3、KM_4 断开，使电动机 M_3、M_4 均失电停止运转。

将复合预选开关 SA_1、SA_3 合上，按下启动按钮 SB_2，交流接触器 KM_2、KM_4 线圈同时得电吸合且 KM_2、KM_4 辅助常开触点闭合串联自锁，KM_2、KM_4 各自的三相主触点均闭合，分别接通电动机 M_2、M_4 电源，电动机 M_2、M_4 得电运转。

按下停止按钮 SB_1，交流接触器 KM_2、KM_4 线圈同时断电释放，其各自的三相主触点 KM_2、KM_4 断开，使电动机 M_2、M_4 均失电停止运转。

将复合预选开关 SA_1、SA_4 合上，按下启动按钮 SB_2，交流接触器 KM_2、KM_3 线圈同时得电吸合且 KM_2、KM_3 辅助常开触点闭合串联自锁，KM_2、KM_3 各自的三相主触点均闭合，分别接通电动机 M_2、M_3 电源，电动机 M_2、M_3 得电运转。

按下停止按钮 SB_1，交流接触器 KM_2、KM_3 线圈同时断电释放，其各自的三相主触点 KM_2、KM_3 断开，使电动机 KM_2、KM_3 断开，使电动机 M_2、M_3 均失电停止运转。

将复合预选开关 SA_2、SA_3 合上，按下启动按钮 SB_2，交流接触器 KM_1、KM_4 线圈同时得电吸合且 KM_1、KM_4 辅助常开触点闭合串联自锁，KM_1、KM_4 各自的三相主触点均闭合，分别接通电动机 M_1、M_4 电源，电动机 M_1、M_4 得电运转。

按下停止按钮 SB_1，交流接触器 KM_1、KM_4 线圈同时断电释放，其各自的三相主触点 KM_1、KM_4 断开，使电动机 M_1、M_4 均失电停止运转。

将复合预选开关 SA_2、SA_4 合上，按下启动按钮 SB_2，交流接触器 KM_1、KM_3 线圈同时得电吸合且 KM_1、KM_3 辅助常开触点闭合串联自锁，KM_1、KM_3 各自的三相主触点均闭合，分别接通电动机 M_1、M_3 电源，电动机 M_1、M_3 得电运转。

按下停止按钮 SB_1，交流接触器 KM_1、KM_3 线圈同时断电释放，其各自的三相主触点 KM_1、KM_3 断开，使电动机 M_1、M_3 均失电停止运转。

将复合预选开关 SA_3、SA_4 合上，按下启动按钮 SB_2，交流接触器 KM_1、KM_2 线圈同时得电吸合且 KM_1、KM_2 辅助常开触点闭合串联自锁，KM_1、KM_2 各自的三相主触点均闭合，分别接通电动机 M_1、M_2 电源，电动机 M_1、M_2 得电运转。

按下停止按钮 SB_1，交流接触器 KM_1、KM_2 线圈同时断电释放，其各自的三相主触点 KM_1、KM_2 断开，使电动机 M_1、M_2 均失电停止运转。

电路布线图（图 1.56）

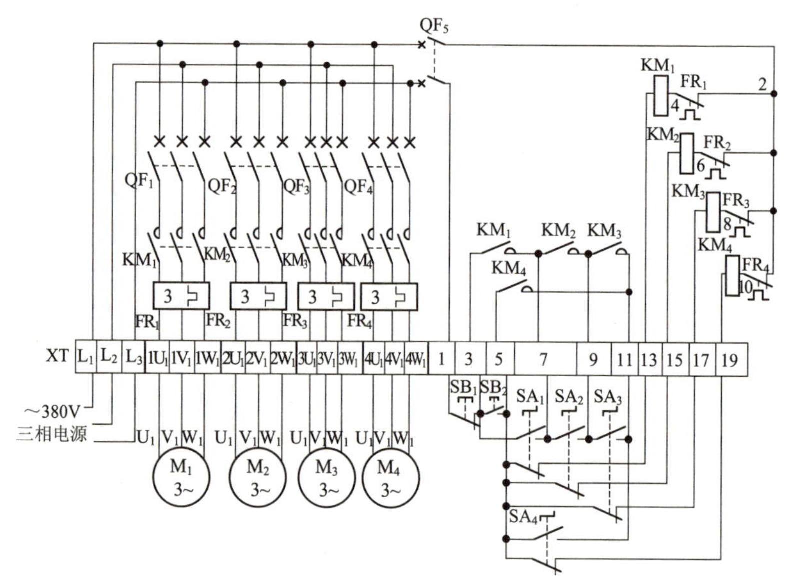

图 1.56　多台电动机可预选启动控制电路布线图

从图 1.56 中可以看出，XT 为接线端子排，通过端子排 XT 来区分电气元件的安装位置，XT 的上方为放置在配电箱内底板上的电气元件，XT 的下方为外接线引至配电箱门面板上的电气元件。

从端子排 XT 上看，共有 25 个接线端子。其中，L_1、L_2、L_3 这 3 根线为由外引入配电箱的三相交流 380V 电源，并穿管引入；$1U_1$、$1V_1$、$1W_1$ 这 3 根线为电动机 M_1 的电动机线，穿管接至电动机 M_1 接线盒内的 U_1、V_1、W_1 上；$2U_1$、$2V_1$、$2W_1$ 这 3 根线为电动机 M_2 的电动机线，穿管接至电动机 M_2 接线盒内的 U_1、V_1、W_1 上；$3U_1$、$3V_1$、$3W_1$ 这 3 根线为电动机 M_3 的电动机线，穿管接至电动机 M_3 接线盒内的 U_1、V_1、W_1 上；$4U_1$、$4V_1$、$4W_1$ 这 3 根线为电动机 M_4 的电动机线，穿管接至电动机 M_4 接线盒内的 U_1、V_1、W_1 上；1、3、5、7、9、11、13、15、17、19 这 10 根线为控制线，接至配电箱门面板上的按钮开关 SB_1、SB_2 和选择开关 SA_1、SA_2、SA_3、SA_4 上。

元器件安装排列图及端子图（图 1.57）

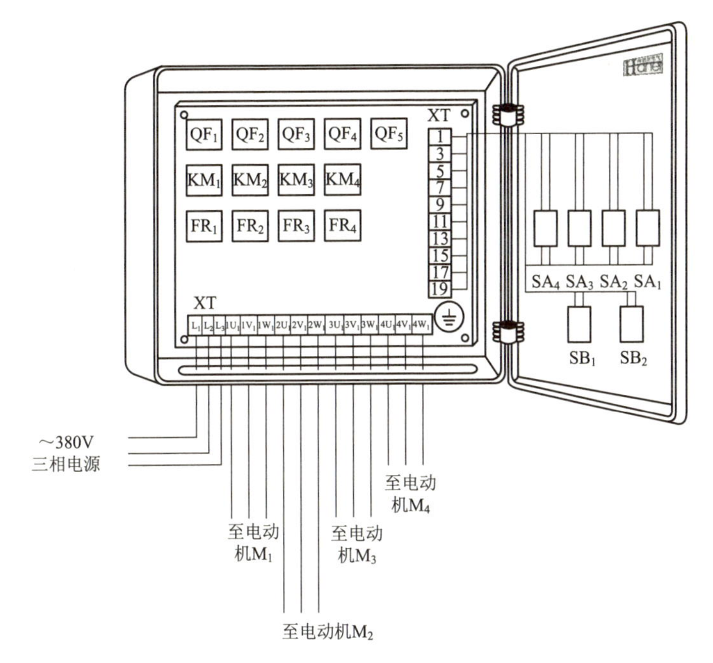

图 1.57 多台电动机可预选启动控制电路元器件安装排列图及端子图

从图 1.57 中可以看出，断路器 QF_1、QF_2、QF_3、QF_4、QF_5、交流接触器 KM_1、KM_2、KM_3、KM_4、热继电器 FR_1、FR_2、FR_3、FR_4 安装在配电箱内底板上；按钮开关 SB_1、SB_2 及预选开关 SA_1、SA_2、SA_3、SA_4 安装在配电箱门面板上。

通过端子 L_1、L_2、L_3 将三相交流 380V 电源接入配电箱中。

端子 $1U_1$、$1V_1$、$1W_1$ 接至电动机 M_1 接线盒中的 U_1、V_1、W_1 上。

端子 $2U_1$、$2V_1$、$2W_1$ 接至电动机 M_2 接线盒中的 U_1、V_1、W_1 上。

端子 $3U_1$、$3V_1$、$3W_1$ 接至电动机 M_3 接线盒中的 U_1、V_1、W_1 上。

端子 $4U_1$、$4V_1$、$4W_1$ 接至电动机 M_4 接线盒中的 U_1、V_1、W_1 上。

端子 1、3、5、7、9、11、13、15、17、19 将配电箱内的器件与配电箱门面板上的预选开关 SA_1、SA_2、SA_3、SA_4 和按钮开关 SB_1、SB_2 连接起来。

1.20 三地控制的启动、停止、点动电路

工作原理（图 1.58）

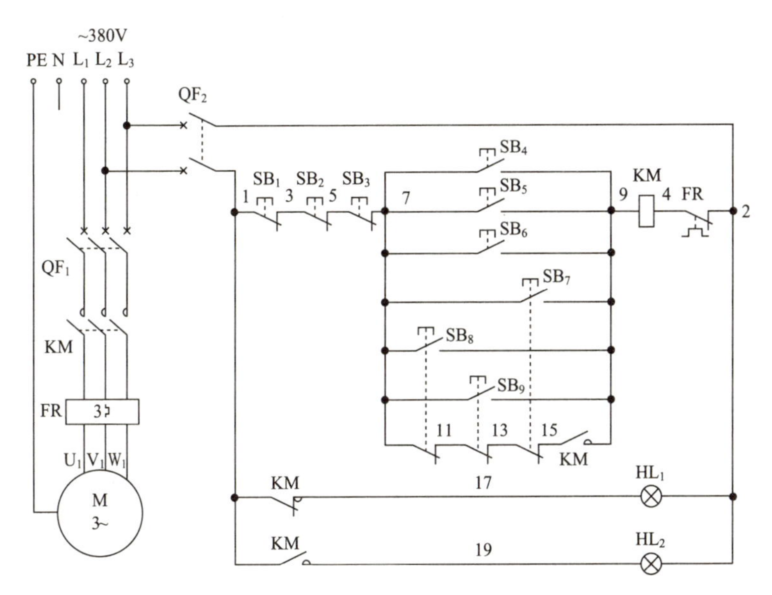

图 1.58　三地控制的启动、停止、点动电路原理图

启动时，按下三个地方的任意一只启动按钮［SB_4(7-9) 或 SB_5(7-9) 或 SB_6(7-9)］，交流接触器 KM 线圈得电吸合，KM 辅助常开触点 (9-15) 通过点动按钮 SB_8(7-11)、SB_9(11-13)、SB_7(13-15) 的常闭触点串联形成自锁，KM 三相主触点闭合，电动机得电启动运转。同时，KM 辅助常闭触点 (1-17) 断开，指示灯 HL_1 灭；KM 辅助常开触点 (1-19) 闭合，指示灯 HL_2 亮，说明电动机已启动运转。

点动时，按下三个地方的任意一只点动按钮［SB_7(7-9) 或 SB_8(7-9) 或 SB_9(7-9)］。SB_7(7-11) 或 SB_8(11-13) 或 SB_9(13-15) 三只串联的常闭触点断开，切断交流接触器 KM 自锁回路，从而实现点动控制。按下 SB_7 或 SB_8 或 SB_9 任意一只按钮开关的时间，即为电动机断续点动运转时间。

停止时，按下任意一只停止按钮［SB_1(1-3) 或 SB_2(3-5) 或 SB_3(5-7)］，均能切断交流接触器 KM 线圈的回路电源，使得 KM 线圈断电释

放，KM 三相主触点断开，电动机失电停止运转。同时，KM 辅助常开触点 (1-19) 断开，指示灯 HL_2 灭；KM 辅助常闭触点 (1-17) 闭合，指示灯 HL_1 亮，说明电动机已停止运转。

电路布线图（图 1.59）

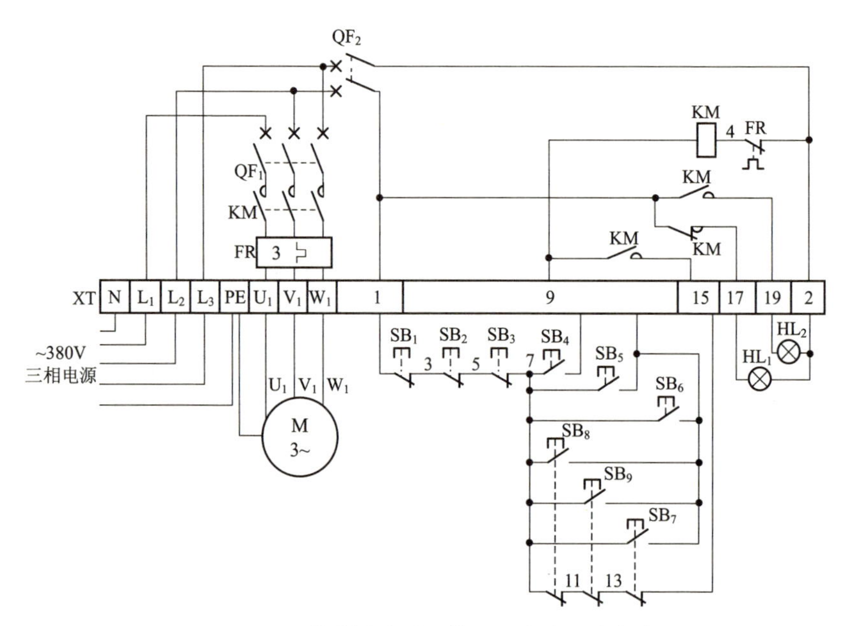

图 1.59　三地控制的启动、停止、点动电路布线图

从图 1.59 中可以看出，XT 为接线端子排，通过端子排 XT 来区分电气元件的安装位置，XT 的上方为放置在配电箱内底板上的电气元件，XT 的下方为外接或引至配电箱门面板上的电气元件。

从端子排 XT 上看，共有 14 个接线端子。其中，L_1、L_2、L_3、N、PE 这 5 根线为由外引入配电箱的三相交流 380V 电源，并穿管引入；U_1、V_1、W_1 这 3 根线为电动机线，穿管接至电动机接线盒内的 U_1、V_1、W_1 上；1、9、15、17、19、2 这 6 根线为控制线及指示灯线，接至配电箱门面板上及其他两地控制处的按钮开关 SB_1、SB_2、SB_3、SB_4、SB_5、SB_6、SB_7、SB_8、SB_9，指示灯 HL_1、HL_2 上。

元器件安装排列图及端子图（图 1.60）

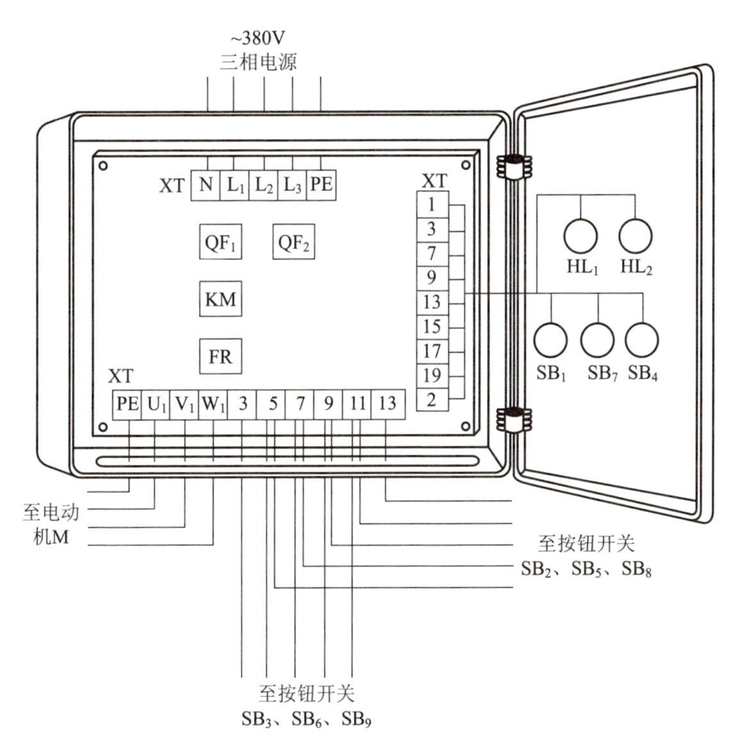

图 1.60　三地控制的启动、停止、点动电路元器件安装排列图及端子图

从图 1.60 中可以看出，断路器 QF_1、QF_2，交流接触器 KM，热继电器 FR 安装在配电箱内底板上；按钮开关 SB_2、SB_5、SB_8 外引至两地操作处；按钮开关 SB_3、SB_6、SB_9 外引至三地操作处；按钮开关 SB_1、SB_4、SB_7，指示灯 HL_1、HL_2 安装在配电箱门面板上。

通过端子 L_1、L_2、L_3 将三相交流 380V 电源接入配电箱中。

端子 U_1、V_1、W_1 接至电动机接线盒中的 U_1、V_1、W_1 上。

端子 5、7、9、11、13 接至两地操作按钮开关 SB_2、SB_5、SB_8 处。

端子 3、5、7、9、11 接至三地操作按钮开关 SB_3、SB_6、SB_9 处。

端子 1、3、7、9、13、15、17、19、2 将配电箱内的器件与配电箱门面板上的按钮开关 SB_1、SB_4、SB_7，指示灯 HL_1、HL_2 连接起来。

1.21 四地启动、一地停止控制电路

工作原理（图 1.61）

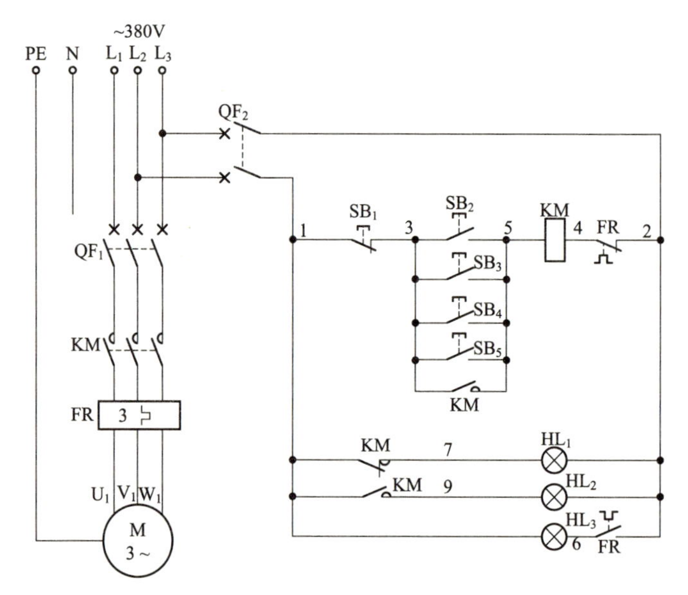

图 1.61　四地启动、一地停止控制电路原理图

启动时，按下任意一只启动按钮 SB_2 ~ SB_5(3-5)，交流接触器 KM 线圈得电吸合且 KM 辅助常开触点 (3-5) 闭合自锁，KM 三相主触点闭合，电动机通入三相交流 380V 电源启动运转。同时 KM 辅助常闭触点 (1-7) 断开，指示灯 HL_1 灭，KM 辅助常开触点 (1-9) 闭合，指示灯 HL_2 亮，说明电动机已启动运转。

停止时，按下停止按钮 SB_1(1-3)，交流接触器 KM 线圈断电释放，KM 三相主触点断开，电动机失电停止运转。同时 KM 辅助常开触点 (1-9) 恢复常开，指示灯 HL_2 灭，KM 辅助常闭触点 (1-7) 恢复常闭，指示灯 HL_1 亮，说明电动机已停止运转。

过载时，FR 常闭触点 (2-4) 断开，切断交流接触器 KM 线圈的回路电源，KM 线圈断电释放，其三相主触点断开，切断了电动机三相交流 380V 电源，从而起到过载保护作用。

电路布线图（图 1.62）

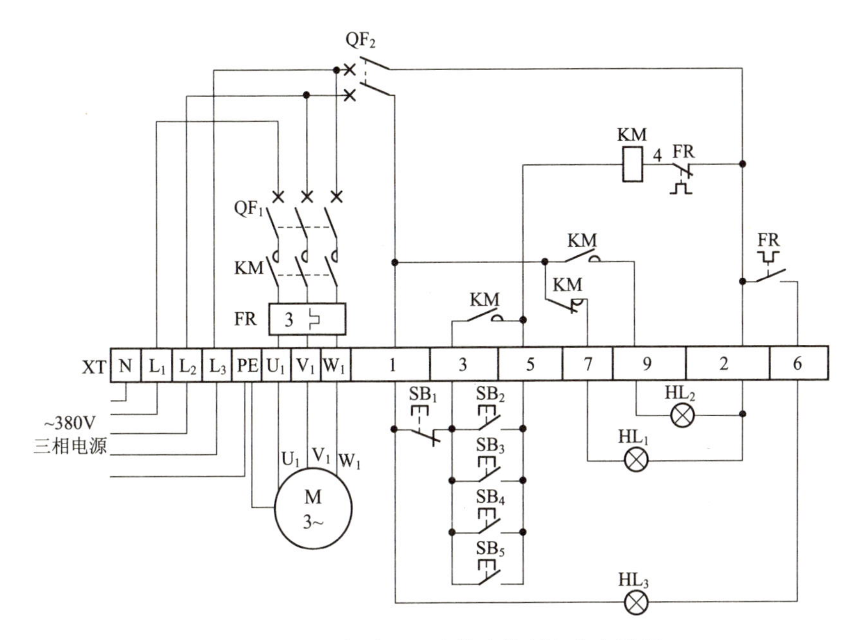

图 1.62　四地启动、一地停止控制电路布线图

从图 1.62 中可以看出，XT 为接线端子排，通过端子排 XT 来区分电气元件的安装位置，XT 的上方为放置在配电箱内底板上的电气元件，XT 的下方为外接或引至配电箱门面板上的电气元件。

从端子排 XT 上看，共有 15 个接线端子。其中，L_1、L_2、L_3、N、PE 这 5 根线为由外引入配电箱的三相交流 380V 电源，并穿管引入；U_1、V_1、W_1、PE 这 4 根线为电动机线，穿管接至电动机接线盒内的 U_1、V_1、W_1 及外壳接地上；1、3、5、7、9、2、6 这 7 根线为控制线及指示灯线，接至配电箱门面板上及其他两地控制按钮开关 SB_1、SB_2，指示灯 HL_1、HL_2、HL_3 及其他外引三地控制按钮开关 SB_3、SB_4、SB_5 上。

元器件安装排列图及端子图（图 1.63）

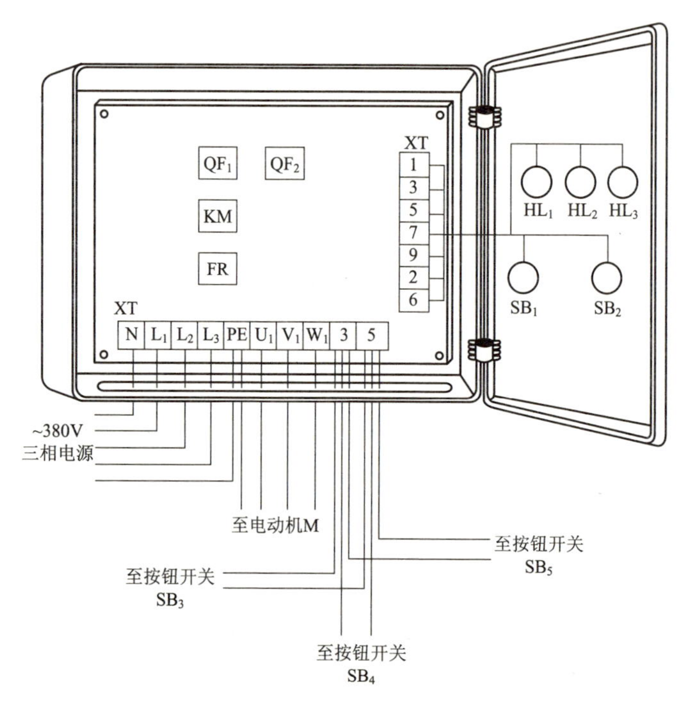

图 1.63　四地启动、一地停止控制电路元器件安装排列图及端子图

从图 1.63 中可以看出，断路器 QF_1、QF_2，交流接触器 KM，热继电器 FR 安装在配电箱内底板上；按钮开关 SB_1、SB_2，指示灯 HL_1、HL_2、HL_3 安装在配电箱门面板上；外接其他三地启动按钮开关 SB_3、SB_4、SB_5 需外引至各操作处。

通过端子 L_1、L_2、L_3 将三相交流 380V 电源接入配电箱中。

端子 U_1、V_1、W_1 接至电动机接线盒中的 U_1、V_1、W_1 上。

端子 3、5 外引接至第二地启动按钮 SB_3 操作处。

端子 3、5 外引接至第三地启动按钮 SB_4 操作处。

端子 3、5 外引接至第四地启动按钮 SB_5 操作处。

端子 1、3、5、7、9、2、6 将配电箱内的器件与配电箱门面板上的按钮开关 SB_1、SB_2，指示灯 HL_1、HL_2、HL_3 连接起来。

1.22 用两只按钮控制电动机启停及点动电路

工作原理（图 1.64）

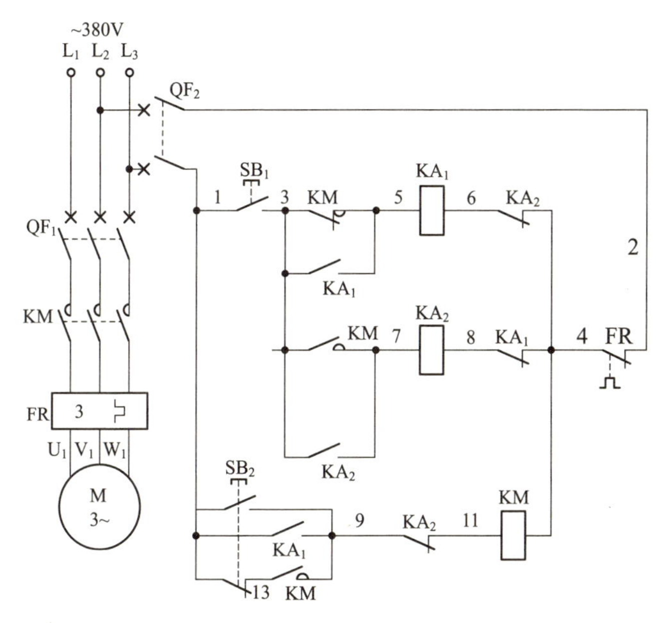

图 1.64 用两只按钮控制电动机启停及点动电路原理图

首先合上主回路断路器 QF_1、控制回路断路器 QF_2，为电路工作提供准备条件。

奇次按下按钮开关 SB_1(1-3) 不松手，中间继电器 KA_1 线圈在交流接触器 KM 辅助常闭触点 (3-5) 的作用下得电吸合且 KA_1 常开触点 (3-5) 闭合自锁，KA_1 并联在交流接触器 KM 线圈回路中的常开触点 (1-9) 闭合，使交流接触器 KM 线圈得电吸合且 KM 辅助常开触点 (1-9) 闭合自锁，KM 三相主触点闭合，电动机得电启动运转；松开按钮开关 SB(1-3)，中间继电器 KA_1 线圈断电释放，KA_1 所有触点恢复原始状态。

偶次按下按钮开关 SB_1(1-3) 不松手，中间继电器 KA_2 线圈在交流接触器 KM 辅助常开触点 (3-7)(已处于闭合状态) 的作用下得电吸合且 KA_2 常开触点 (3-7) 闭合自锁，KA_2 串联在交流接触器 KM 线圈回路中

的常闭触点 (9-11) 断开，切断了交流接触器 KM 线圈回路电源，KM 线圈断电释放，KM 三相主触点断开，电动机失电停止运转；松开按钮开关 SB_1(1-3)，中间继电器 KA_2 线圈断电释放，KA_2 所有触点恢复原始状态。

点动时，按下点动按钮 SB_2，其常闭触点(1-13)断开，切断自锁回路；其常开触点(1-9)闭合，交流接触器KM线圈得电吸合，KM三相主触点闭合，电动机得电启动运转；松开点动按钮 SB_2，其常开触点(1-9)断开，交流接触器KM线圈断电释放，KM三相主触点断开，电动机失电停止运转。按下点动按钮 SB_2 的时间即为电动机点动运转时间。

电路布线图（图 1.65）

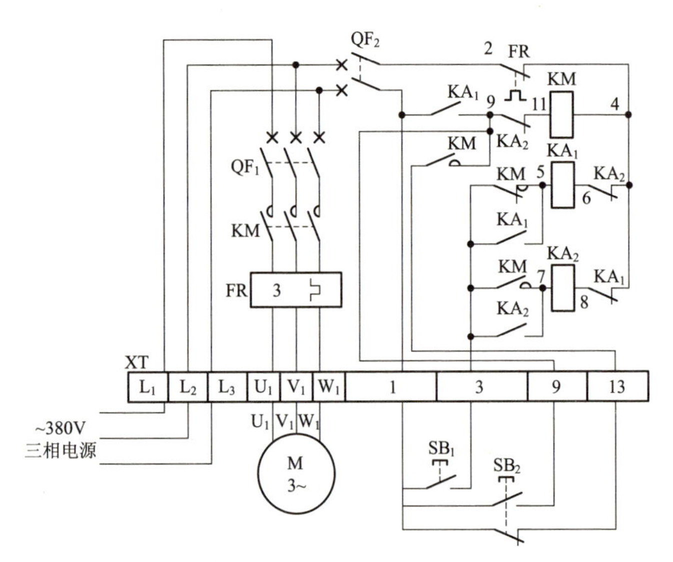

图 1.65　用两只按钮控制电动机启停及点动电路布线图

从图 1.65 中可以看出，XT 为接线端子排，通过端子排 XT 来区分电气元件的安装位置，XT 的上方为放置在配电箱内底板上的电气元件，XT 的下方为外接或引至配电箱门面板上的电气元件。

从端子排 XT 上看，共有 10 个接线端子。其中，L_1、L_2、L_3 这 3 根线为由外引入配电箱的三相交流 380V 电源，并穿管引入；U_1、V_1、W_1 这 3 根线为电动机线，穿管接至电动机接线盒内的 U_1、V_1、W_1 上；1、3、9、13 这 4 根线为控制线，接至配电箱门面板上的按钮开关 SB_1、SB_2 上。

元器件安装排列图及端子图（图 1.66）

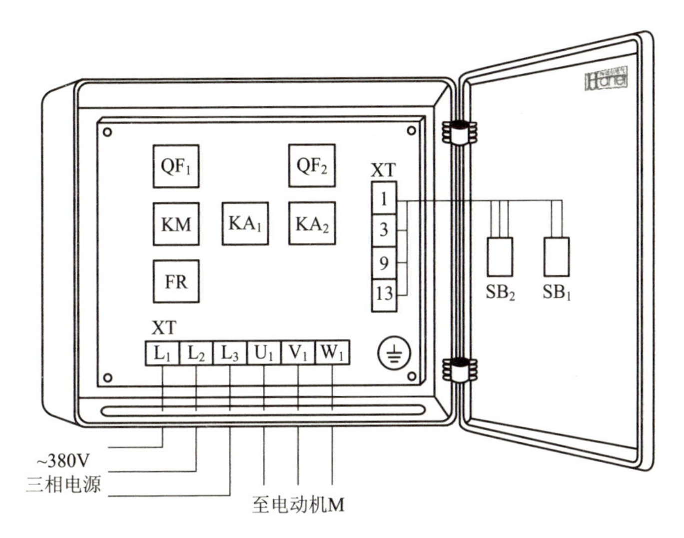

图 1.66 用两只按钮控制电动机启停及点动电路元器件安装排列图及端子图

从图 1.66 中可以看出，断路器 QF_1、QF_2，交流接触器 KM，中间继电器 KA_1、KA_2，热继电器 FR 安装在配电箱内底板上；按钮开关 SB_1、SB_2 安装在配电箱门面板上。

通过端子 L_1、L_2、L_3 将三相交流 380V 电源接入配电箱中。

端子 U_1、V_1、W_1 接至电动机接线盒中的 U_1、V_1、W_1 上。

端子 1、3、9、13 将配电箱内的器件与配电箱门面板上的按钮开关 SB_1、SB_2 连接起来。

1.23 低速脉动控制电路

工作原理（图 1.67）

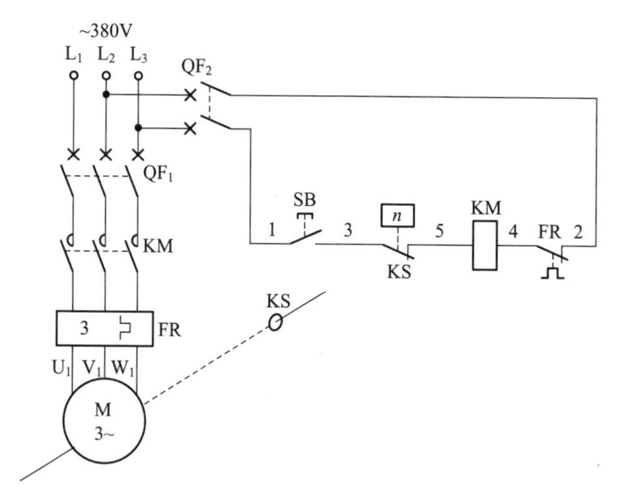

图 1.67　低速脉动控制电路原理图

首先合上主回路断路器 QF_1、控制回路断路器 QF_2，为电路工作提供准备条件。

需低速脉动控制时，按住脉动控制按钮 SB(1-3)，交流接触器 KM 线圈得电吸合，KM 三相主触点闭合，电动机得电启动运转；当电动机的转速超过 120r/min 时，速度继电器 KS 常闭触点 (3-5) 就会断开，切断 KM 线圈回路电源，KM 线圈断电释放，KM 三相主触点断开，电动机失电停止运转；当电动机的转速低于 100r/min 时，速度继电器 KS 常闭触点 (3-5) 又恢复常闭状态，又接通了 KM 线圈回路电源，KM 三相主触点又闭合，电动机又得电启动运转了；当电动机的转速超过 120r/min 时，速度继电器 KS 常闭触点 (3-5) 又断开，切断了 KM 线圈回路电源，KM 线圈断电释放，KM 三相主触点断开，电动机失电停止运转……如此这般循环，低速脉动运转。

电路布线图（图 1.68）

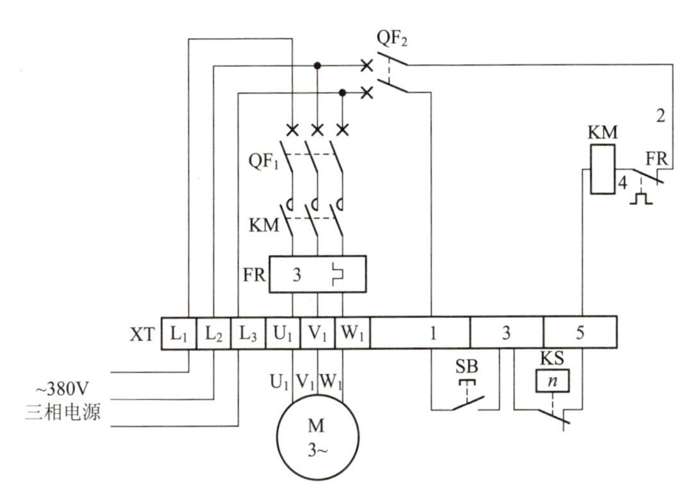

图 1.68　低速脉动控制电路布线图

从图 1.68 中可以看出，XT 为接线端子排，通过端子排 XT 来区分电气元件的安装位置，XT 的上方为放置在配电箱内底板上的电气元件，XT 的下方为外接或引至配电箱门面板上的电气元件。

从端子排 XT 上看，共有 9 个接线端子。其中，L_1、L_2、L_3 这 3 根线为由外引入配电箱的三相交流 380V 电源，并穿管引入；U_1、V_1、W_1 这 3 根线为电动机线，穿管接至电动机接线盒内的 U_1、V_1、W_1 上；1、3 这 2 根线为按钮控制线，接至配电箱门面板上的按钮开关 SB 上；3、5 这 2 根线为速度继电器控制线，穿管接至速度继电器 KS 常闭触点上。

元器件安装排列图及端子图（图 1.69）

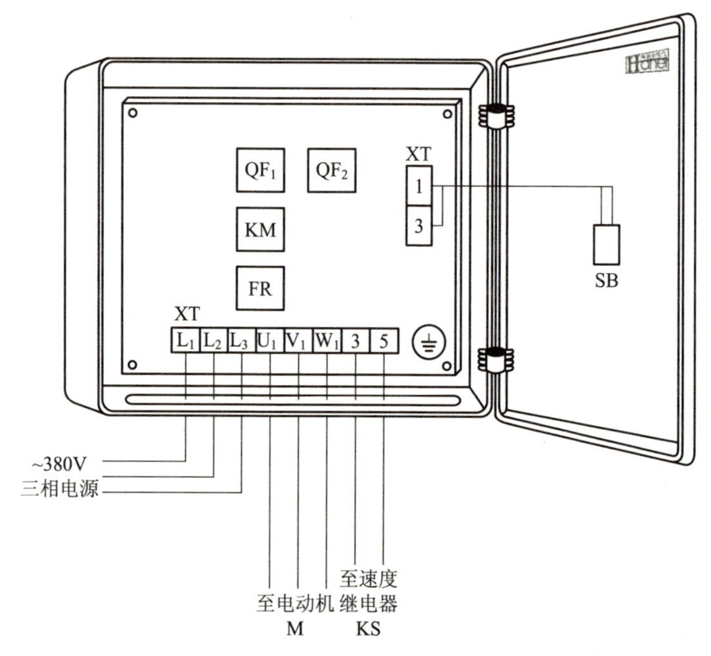

图 1.69　低速脉动控制电路元器件安装排列图及端子图

从图 1.69 中可以看出，断路器 QF_1、QF_2，交流接触器 KM，热继电器 FR 安装在配电箱内底板上；按钮开关 SB 安装在配电箱门面板上。

通过端子 L_1、L_2、L_3 将三相交流 380V 电源接入配电箱中。

端子 U_1、V_1、W_1 接至电动机接线盒中的 U_1、V_1、W_1 上。

端子 1、3 将配电箱内的器件与配电箱门面板上的按钮开关 SB 连接起来。

1.24 效果理想的顺序自动控制电路

工作原理（图 1.70）

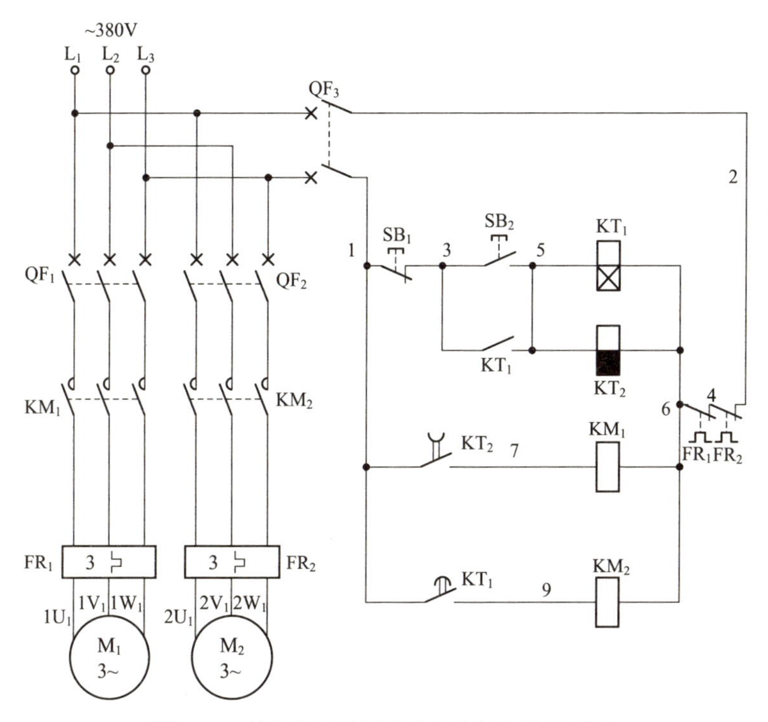

图 1.70 效果理想的顺序自动控制电路原理图

按下启动按钮 SB_2(3-5)，得电延时时间继电器 KT_1、失电延时时间继电器 KT_2 线圈得电吸合且 KT_1 不延时瞬动常开触点 (3-5) 闭合自锁，同时 KT_1 开始延时。在 KT_2 线圈得电吸合后，KT_2 失电延时断开的常开触点 (1-7) 立即闭合，接通交流接触器 KM_1 线圈回路电源，KM_1 线圈得电吸合，KM_1 三相主触点闭合，辅机拖动电动机 M_1 得电先启动运转；经 KT_1 延时后，KT_1 得电延时闭合的常开触点 (1-9) 闭合，接通了交流接触器 KM_2 线圈回路电源，KM_2 线圈得电吸合，KM_2 三相主触点闭合，主机拖动电动机 M_2 得电后启动运转。

按下停止按钮 SB_1(1-3)，得电延时时间继电器 KT_1、失电延时时间

继电器 KT_2 线圈均断电释放，KT_2 开始延时。在 KT_1 线圈断电的同时，KT_1 得电延时闭合的常开触点 (1-9) 立即断开，切断交流接触器 KM_2 线圈回路电源，KM_2 线圈断电释放，KM_2 三相主触点断开，主机拖动电动机 M_2 先失电停止运转；经 KT_2 延时后，KT_2 失电延时断开的常开触点 (1-7) 断开，切断交流接触器 KM_1 线圈回路电源，KM_1 线圈断电释放，KM_1 三相主触点断开，辅机拖动电动机 M_1 后失电自动停止运转。

电路布线图（图 1.71）

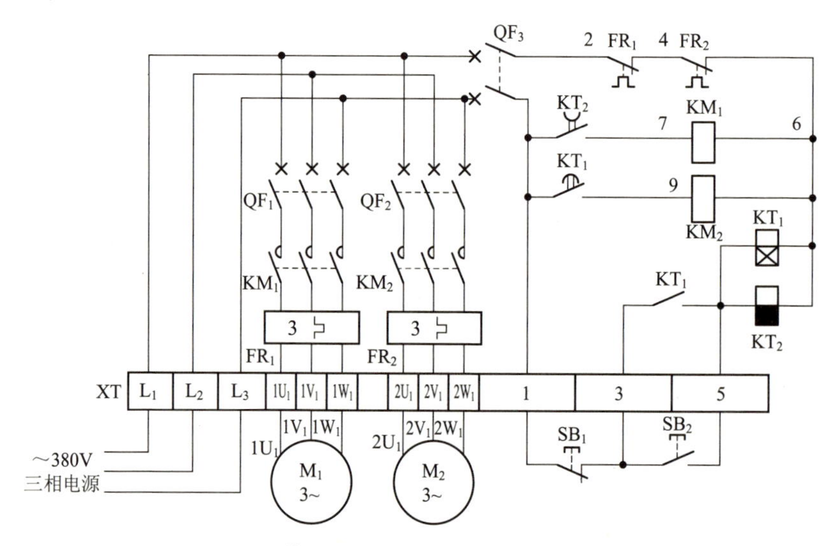

图 1.71　效果理想的顺序自动控制电路布线图

从图 1.71 中可以看出，XT 为接线端子排，通过端子排 XT 来区分电气元件的安装位置，XT 的上方为放置在配电箱内底板上的电气元件，XT 的下方为外接或引至配电箱门面板上的电气元件。

从端子排 XT 上看，共有 12 个接线端子。其中，L_1、L_2、L_3 这 3 根线为由外引入配电箱的三相交流 380V 电源，并穿管引入；$1U_1$、$1V_1$、$1W_1$ 这 3 根线为电动机 M_1 的电动机线，穿管接至电动机 M_1 接线盒内的 U_1、V_1、W_1 上；$2U_1$、$2V_1$、$2W_1$ 这 3 根线为电动机 M_2 的电动机线，穿管接至电动机 M_2 接线盒内的 U_1、V_1、W_1 上；1、3、5 这 3 根线为控制线，接至配电箱门面板上的按钮开关 SB_1、SB_2 上。

元器件安装排列图及端子图（图 1.72）

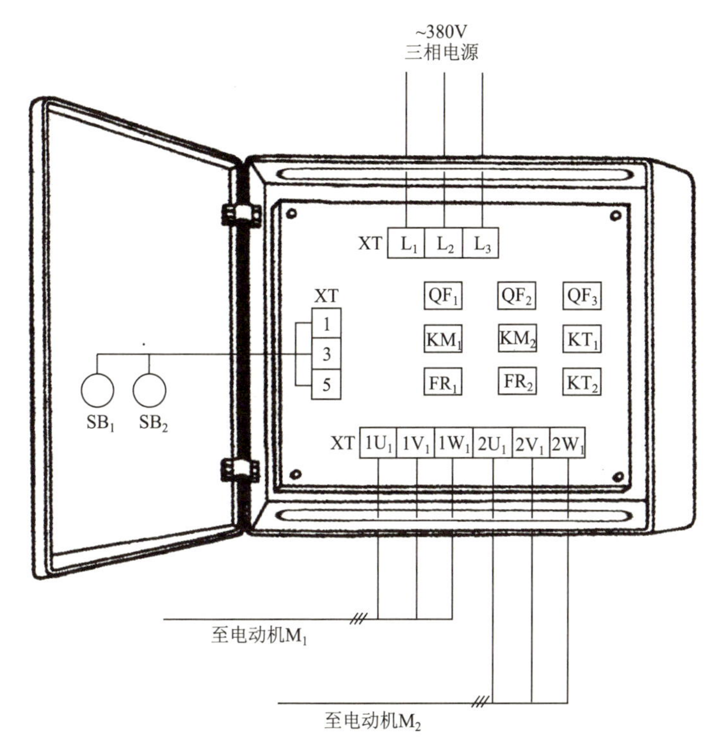

图 1.72 效果理想的顺序自动控制电路元器件安装排列图及端子图

从图 1.72 中可以看出，断路器 QF_1、QF_2、QF_3，交流接触器 KM_1、KM_2，得电延时时间继电器 KT_1、失电延时时间继电器 KT_2，热继电器 FR_1、FR_2 安装在配电箱内底板上；按钮开关 SB_1、SB_2 安装在配电箱门面板上。

通过端子 L_1、L_2、L_3 将三相交流 380V 电源接入配电箱中。

端子 $1U_1$、$1V_1$、$1W_1$ 接至电动机 M_1 接线盒中的 U_1、V_1、W_1 上。

端子 $2U_1$、$2V_1$、$2W_1$ 接至电动机 M_2 接线盒中的 U_1、V_1、W_1 上。

端子 1、3、5 将配电箱内的器件与配电箱门面板上的按钮开关 SB_1、SB_2 连接起来。

1.25 电动机多地控制电路

工作原理（图 1.73）

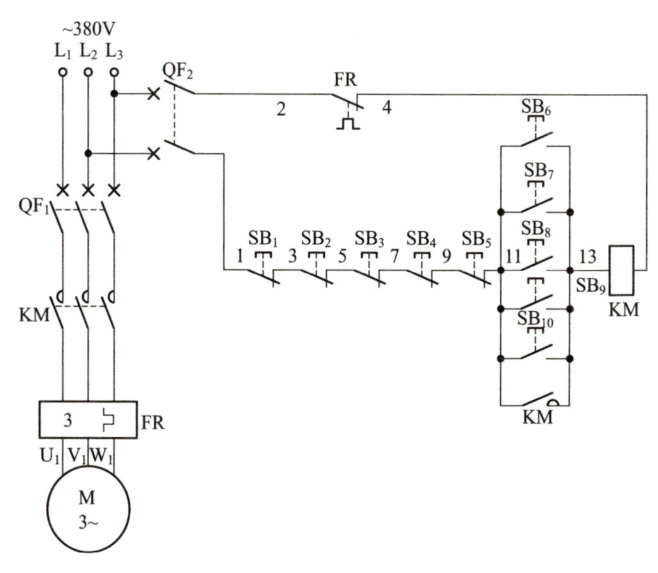

图 1.73　电动机多地控制电路原理图

首先合上主回路断路器 QF_1、控制回路断路器 QF_2，为电路工作提供准备条件。

启动时，任意按下启动按钮 SB_6~SB_{10}(11-13)，交流接触器 KM 线圈得电吸合且 KM 辅助常开触点 (11-13) 闭合自锁，KM 三相主触点闭合，电动机得电运转，拖动设备工作。

停止时，任意按下停止按钮 SB_1~SB_5(1-3、3-5、5-7、7-9、9-11)，交流接触器 KM 线圈断电释放，KM 三相主触点断开，电动机失电停止运转，拖动设备停止工作。

电路布线图（图 1.74）

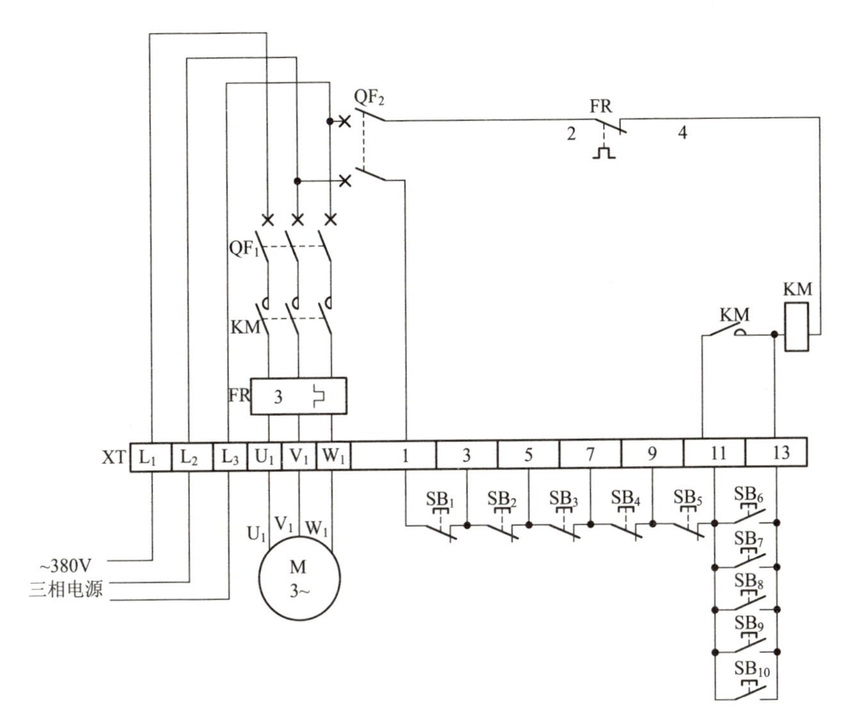

图 1.74　电动机多地控制电路布线图

从图 1.74 中可以看出，XT 为接线端子排，通过端子排 XT 来区分电气元件的安装位置，XT 的上方为放置在配电箱内底板上的电气元件，XT 的下方为外接或引至配电箱门面板上的电气元件。

从端子排 XT 上看，共有 13 个接线端子。其中，L_1、L_2、L_3 这 3 根线为由外引入配电箱的三相交流 380V 电源，并穿管引入；U_1、V_1、W_1 这 3 根线为电动机线，穿管接至电动机接线盒内的 U_1、V_1、W_1 上；1、3、11、13 这 4 根线为一地控制线，接至配电箱门面板上的按钮开关 SB_1、SB_6 上；3、5、11、13 这 4 根线为两地控制线，穿管接至两地按钮开关放置处 SB_2、SB_7 上；5、7、11、13 这 4 根线为三地控制线，穿管接至三地按钮开关 SB_3、SB_8 上；7、9、11、13 这 4 根线为四地控制线，穿管接至四地按钮开关 SB_4、SB_9 上；9、11、13 这 3 根线为五地控制线，穿管接至五地按钮开关 SB_5、SB_{10} 上。

元器件安装排列图及端子图（图 1.75）

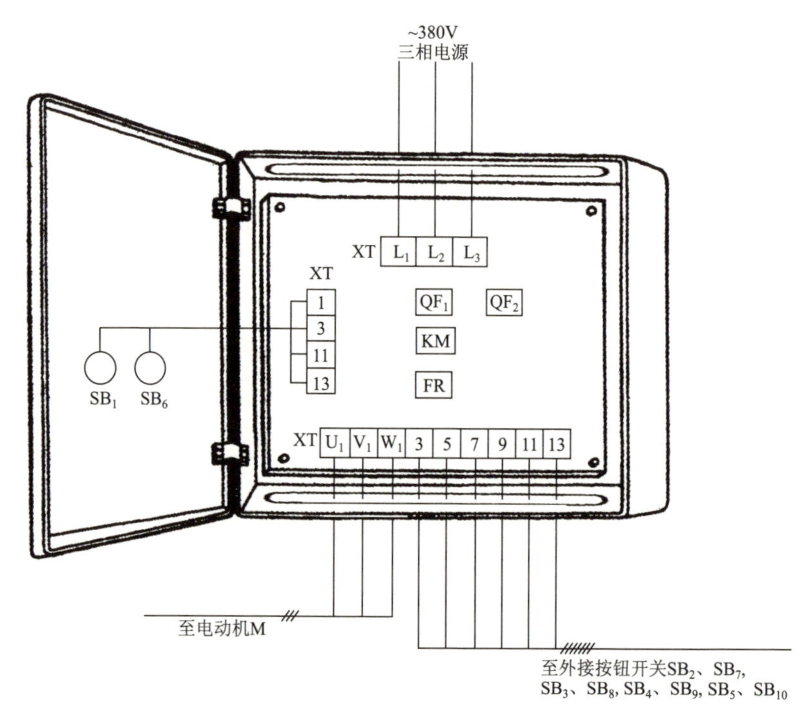

图 1.75　电动机多地控制电路元器件安装排列图及端子图

从图 1.75 中可以看出，断路器 QF_1、QF_2，交流接触器 KM，热继电器 FR 安装在配电箱内底板上；按钮开关 SB_1、SB_6 安装在配电箱门面板上。

通过端子 L_1、L_2、L_3 将三相交流 380V 电源接入配电箱中。

端子 U_1、V_1、W_1 接至电动机接线盒中的 U_1、V_1、W_1 上。

端子 1、3、11、13 将配电箱内的器件与配电箱门面板上的按钮开关 SB_1、SB_6 连接起来。

端子 3、5、7、9、11、13 分别接至其他四地启停按钮开关 SB_2、SB_7，SB_3、SB_8，SB_4、SB_9，SB_5、SB_{10} 上。

1.26 多条皮带运输原料控制电路

工作原理（图 1.76）

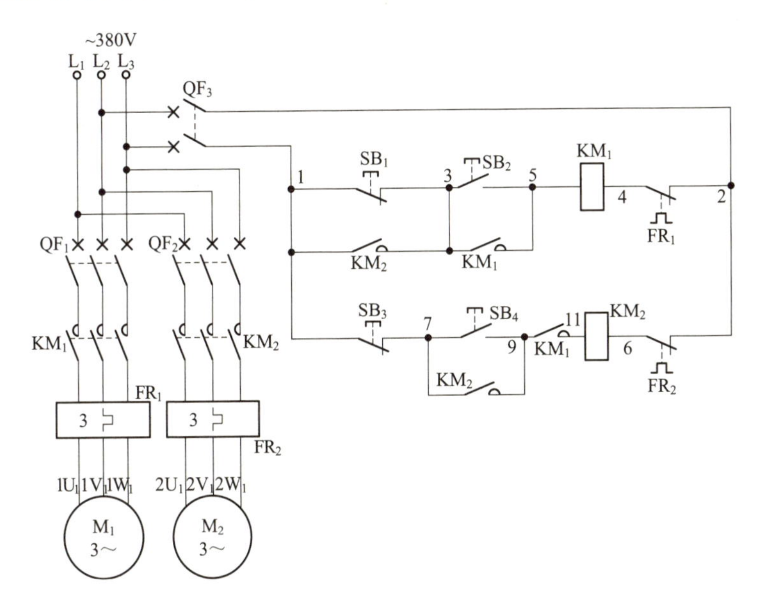

图 1.76　多条皮带运输原料控制电路原理图

启动时，先按下第一条皮带电动机启动按钮 SB_2(3-5)，交流接触器 KM_1 线圈得电吸合且 KM_1 辅助常开触点 (3-5) 闭合自锁，KM_1 三相主触点闭合，第一条皮带电动机得电先启动运转；在交流接触器 KM_1 线圈得电吸合后，KM_1 串联在 KM_2 线圈回路中的辅助常开触点 (9-11) 闭合，为 KM_2 线圈得电工作做准备。再按下第二条皮带电动机启动按钮 SB_4(7-9)，交流接触器 KM_2 线圈得电吸合且 KM_2 辅助常开触点 (7-9) 闭合自锁，KM_2 三相主触点闭合，第二条皮带电动机得电后启动运转，从而完成启动时从前向后逐台手动启动控制。

注意：在 KM_2 线圈得电后，KM_2 并联在第一条皮带停止按钮 SB_1(1-3) 两端的辅助常开触点 (1-3) 闭合，将停止按钮 SB_1 短接，从而限制其操作，也就是说，停止时必须先停止第二条皮带电动机控制交流接触器 KM_2 后，方可对第一条皮带停止按钮 SB_1(1-3) 进行操作，即停止时必须从后向前逐台进行控制。

停止时，先按下第二条皮带电动机停止按钮 SB_3(1-7)，交流接触器 KM_2 线圈断电释放，KM_2 三相主触点断开，第二条皮带电动机先失电停止运转；当 KM_2 线圈断电释放后，KM_2 并联在 SB_1(1-3) 上的辅助常开触点 (1-3) 断开，解除对 SB_1(1-3) 的短接，此时再按下第一条皮带电动机停止按钮 SB_1(1-3)，交流接触器 KM_1 线圈断电释放，KM_1 三相主触点断开，第一条皮带电动机后失电停止运转，从而完成停止时从后向前逐台手动停止控制。

电路布线图（图 1.77）

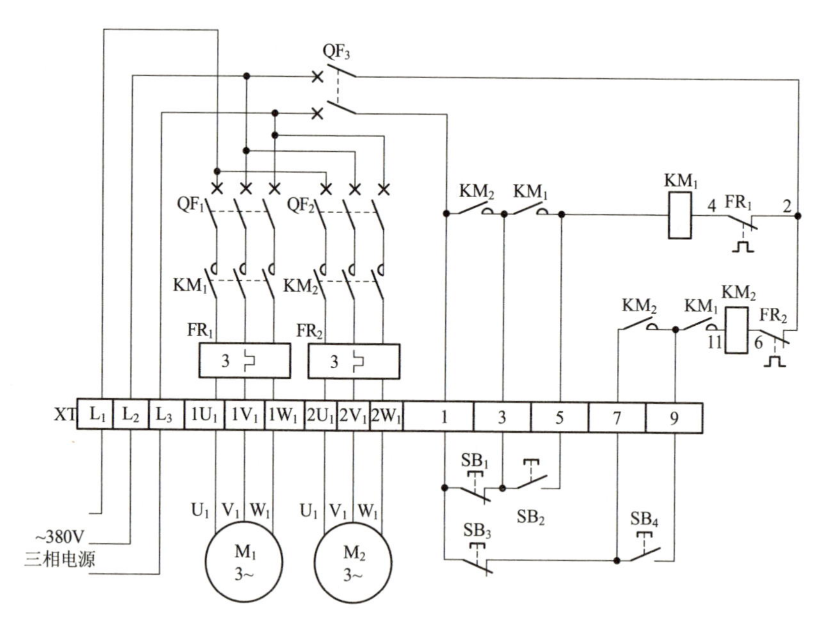

图 1.77　多条皮带运输原料控制电路布线图

从图 1.77 中可以看出，XT 为接线端子排，通过端子排 XT 来区分电气元件的安装位置，XT 的上方为放置在配电箱内底板上的电气元件，XT 的下方为外接或引至配电箱门面板上的电气元件。

从端子排 XT 上看，共有 14 个接线端子。其中，L_1、L_2、L_3 这 3 根线为由外引入配电箱的三相交流 380V 电源，并穿管引入；$1U_1$、

$1V_1$、$1W_1$ 这 3 根线为电动机 M_1 的电动机线，穿管接至电动机 M_1 接线盒内的 U_1、V_1、W_1 上；$2U_1$、$2V_1$、$2W_1$ 这 3 根线为电动机 M_2 的电动机线，穿管接至电动机 M_2 接线盒内的 U_1、V_1、W_1 上；1、3、5、7、9 这 5 根线为控制线，接至配电箱门面板上的按钮开关 SB_1 ~ SB_4 上。

元器件安装排列图及端子图（图 1.78）

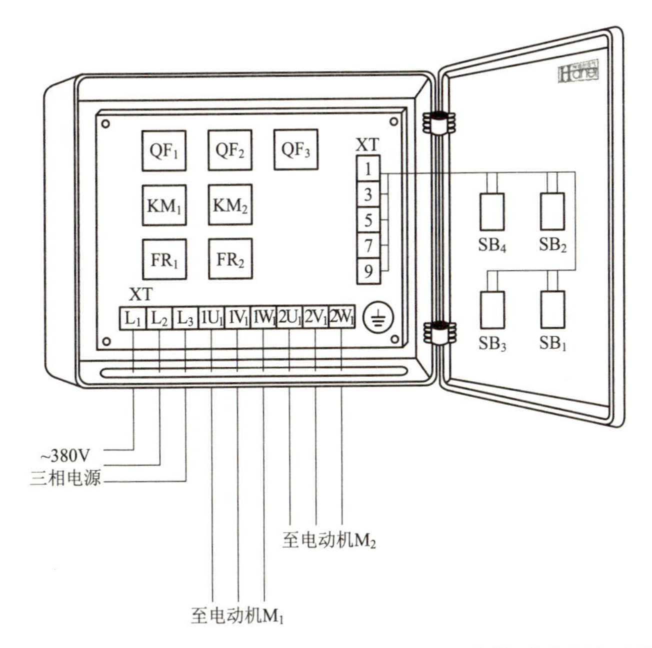

图 1.78 多条皮带运输原料控制电路元器件安装排列图及端子图

从图 1.78 中可以看出，断路器 QF_1、QF_2、QF_3，交流接触器 KM_1、KM_2，热继电器 FR_1、FR_2 安装在配电箱内底板上；按钮开关 SB_1、SB_2、SB_3、SB_4 安装在配电箱门面板上。

通过端子 L_1、L_2、L_3 将三相交流 380V 电源接入配电箱中。

端子 $1U_1$、$1V_1$、$1W_1$ 接至电动机 M_1 接线盒中的 U_1、V_1、W_1 上。

端子 $2U_1$、$2V_1$、$2W_1$ 接至电动机 M_2 接线盒中的 U_1、V_1、W_1 上。

端子 1、3、5、7、9 将配电箱内的器件与配电箱门面板上的按钮开关 SB_1 ~ SB_4 连接起来。

1.27 两只按钮同时按下启动、分别按下停止的单向启停控制电路

工作原理（图 1.79）

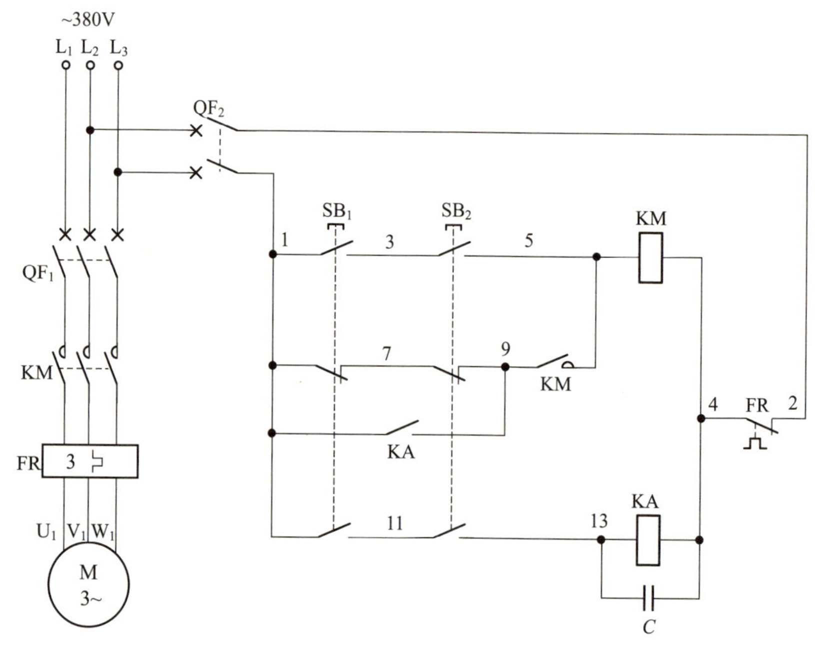

图 1.79 两只按钮同时按下启动、分别按下停止的单向启停控制电路原理图

启动时，同时按下两只按钮 SB_1、SB_2，交流接触器 KM 和中间继电器 KA 线圈均得电吸合，由于 KA 线圈上并联了一只电容器 C，使其在 KA 线圈断电后利用电容器 C 上储存的电能继续向 KA 线圈放电，保证 KA 线圈 1 ~ 2s 之后才能释放，这样，KA 常开触点 (1-9) 闭合，与 KM 辅助常开触点 (5-9) 闭合共同自锁，此时，即使松开按钮 SB_1、SB_2，由于 KA 线圈仍吸合着，KA 常开触点 (1-9) 仍继续将 SB_1、SB_2 的两组常闭触点 (1-7、7-9) 短接起来，所以 KM 线圈仍继续吸合自锁工作，1 ~ 2s 后，电容器 C 上的电能耗尽，KA 线圈断电释放，KA 常开触点 (1-9) 断开，解除对 SB_1、SB_2 常闭触点的短接，为允许任意按下 SB_1 或 SB_2 进行停止操作做准备。与此同时，KM 三相主触点闭合，电动机得

电启动运转。

停止时，任意按下按钮 SB_1 或 SB_2，其串联在 KM 自锁回路中的常闭触点 (1-7、7-9) 断开，切断了 KM 线圈回路电源，KM 线圈断电释放，KM 三相主触点断开，电动机失电停止运转。

电路中，电容器 C 可根据实际要求试验确定。

电路布线图（图 1.80）

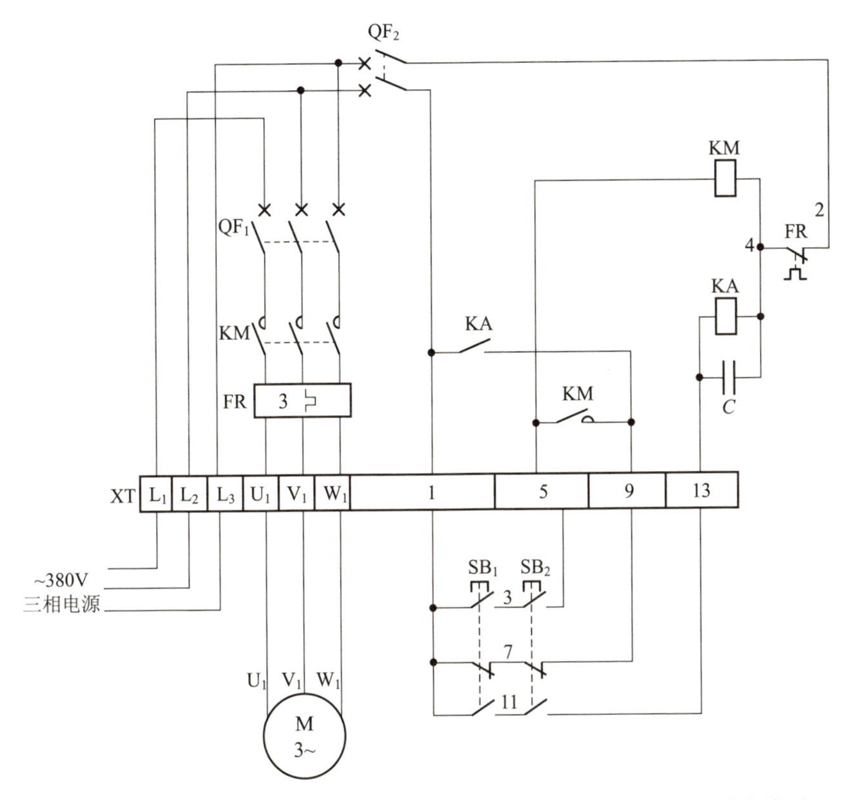

图 1.80　两只按钮同时按下启动、分别按下停止的单向启停控制电路布线图

从图 1.80 中可以看出，XT 为接线端子排，通过端子排 XT 来区分电气元件的安装位置，XT 的上方为放置在配电箱内底板上的电气元件，XT 的下方为外接或引至配电箱门面板上的电气元件。

从端子排 XT 上看，共有 10 个接线端子。其中，L_1、L_2、L_3 这 3

根线为由外引入配电箱的三相交流 380V 电源，并穿管引入；U_1、V_1、W_1 这 3 根线为电动机线，穿管接至电动机接线盒内的 U_1、V_1、W_1 上；1、5、9、13 这 4 根线为控制线，接至配电箱门面板上的按钮开关 SB_1、SB_2 上。

元器件安装排列图及端子图（图 1.81）

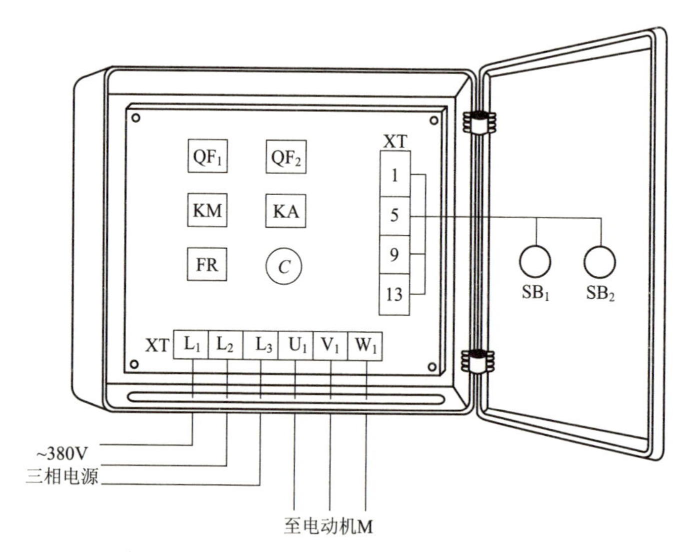

图 1.81　两只按钮同时按下启动、分别按下停止的单向启停控制电路元器件安装排列图及端子图

从图 1.81 中可以看出，断路器 QF_1、QF_2，交流接触器 KM，中间继电器 KA，电容器 C，热继电器 FR 安装在配电箱内底板上；按钮开关 SB_1、SB_2 安装在配电箱门面板上。

通过端子 L_1、L_2、L_3 将三相交流 380V 电源接入配电箱中。

端子 U_1、V_1、W_1 接至电动机接线盒中的 U_1、V_1、W_1 上。

端子 1、5、9、13 将配电箱内的器件与配电箱门面板上的按钮开关 SB_1、SB_2 连接起来。

1.28 交流接触器在低电压情况下启动电路（一）

工作原理（图 1.82）

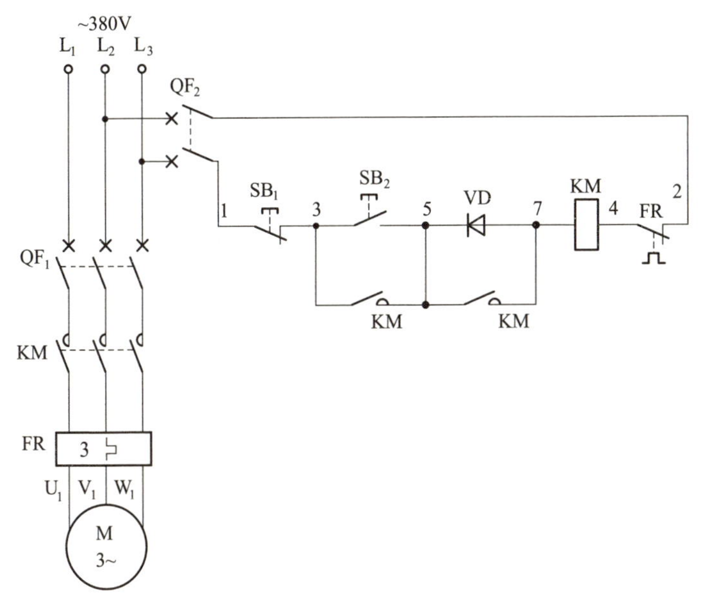

图 1.82 交流接触器在低电压情况下启动电路（一）原理图

首先合上主回路断路器 QF_1、控制回路断路器 QF_2，为电路工作提供准备条件。

当电网电压偏低时，就会造成交流接触器线圈不能吸合，本电路中因加入了一只整流二极管 VD(5-7)，启动时可采用直流启动，启动后保持交流吸合状态。

启动时，按下启动按钮 SB_2(3-5)，交流接触器 KM 线圈在整流二极管 VD 的作用下通入直流电源而吸合，在 KM 线圈得电吸合后，KM 的两组辅助常开触点 (3-5、5-7) 均闭合，一组触点 (3-5) 起自锁作用，另一组触点 (5-7) 将整流二极管给短接了起来，以防止长时间通入直流电而烧毁线圈。这样，交流接触器 KM 线圈就会可靠地吸合工作，KM 三相主触点闭合，电动机得电正常运转工作。

停止时，按下停止按钮 SB_1(1-3)，交流接触器 KM 线圈断电释放，KM 三相主触点断开，电动机失电停止运转。

电路布线图（图 1.83）

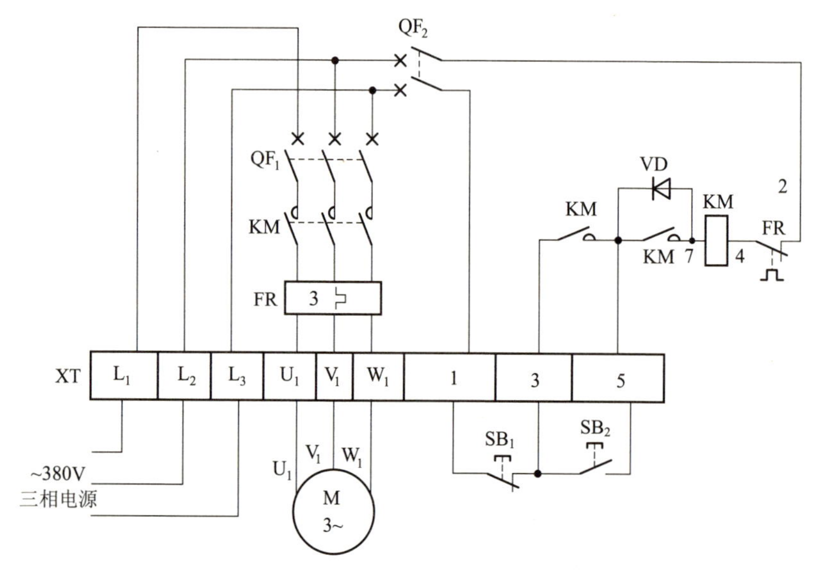

图 1.83　交流接触器在低电压情况下启动电路（一）布线图

从图 1.83 中可以看出，XT 为接线端子排，通过端子排 XT 来区分电气元件的安装位置，XT 的上方为放置在配电箱内底板上的电气元件，XT 的下方为外接或引至配电箱门面板上的电气元件。

从端子排 XT 上看，共有 9 个接线端子。其中，L_1、L_2、L_3 这 3 根线为由外引入配电箱的三相交流 380V 电源，并穿管引入；U_1、V_1、W_1 这 3 根线为电动机线，穿管接至电动机接线盒内的 U_1、V_1、W_1 上；1、3、5 这 3 根线为控制线，接至配电箱门面板上的按钮开关 SB_1、SB_2 上。

元器件安装排列图及端子图（图 1.84）

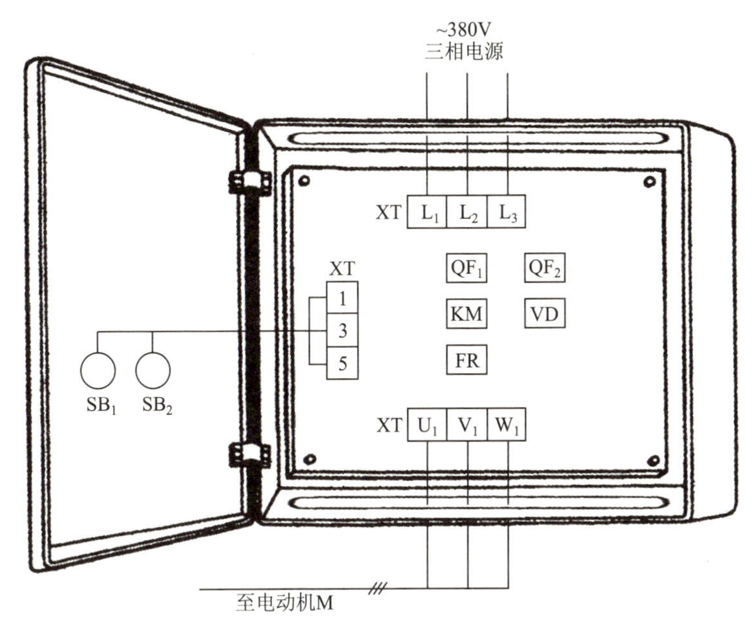

图 1.84 交流接触器在低电压情况下启动电路（一）元器件安装排列图及端子图

从图 1.84 中可以看出，断路器 QF_1、QF_2，交流接触器 KM，整流二极管 VD，热继电器 FR 安装在配电箱内底板上；按钮开关 SB_1、SB_2 安装在配电箱门面板上。

通过端子 L_1、L_2、L_3 将三相交流 380V 电源接入配电箱中。

端子 U_1、V_1、W_1 接至电动机接线盒中的 U_1、V_1、W_1 上。

端子 1、3、5 将配电箱内的器件与配电箱门面板上的按钮开关 SB_1、SB_2 连接起来。

1.29 交流接触器在低电压情况下启动电路（二）

工作原理（图 1.85）

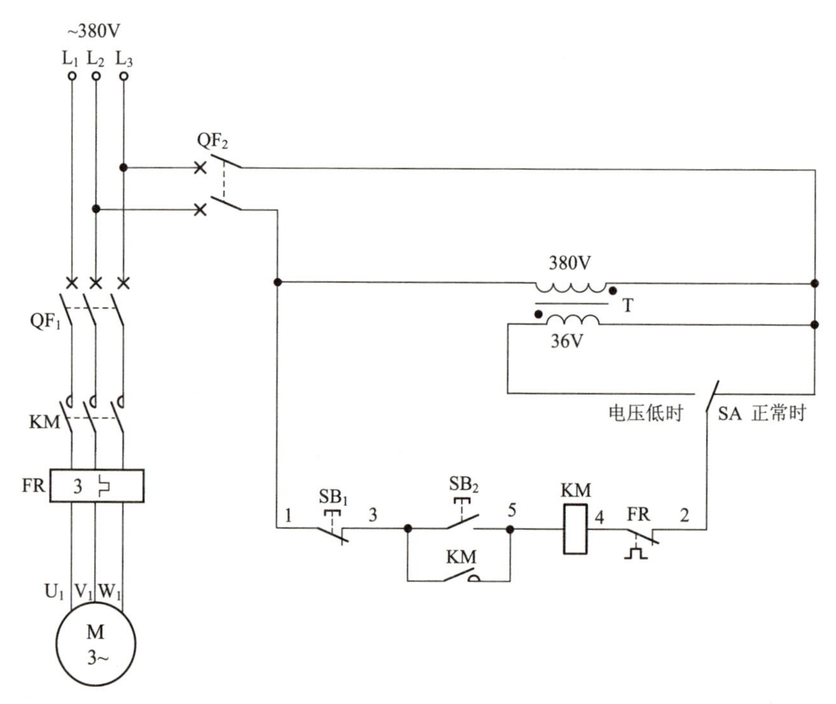

图 1.85　交流接触器在低电压情况下启动电路（二）原理图

启动时，按下启动按钮 SB_2，交流接触器 KM 线圈得电吸合且 KM 辅助常开触点闭合自锁，KM 三相主触点闭合，电动机得电正常运转。

当供电电压过低时，将选择开关 SA 置于电压低位置。这时，变压器 T 的初、次级绕组为同名端连接，其电压为初级、次级电压之和，此电压大于供电电压，足以使交流接触器 KM 线圈吸合而正常工作。

电路布线图（图 1.86）

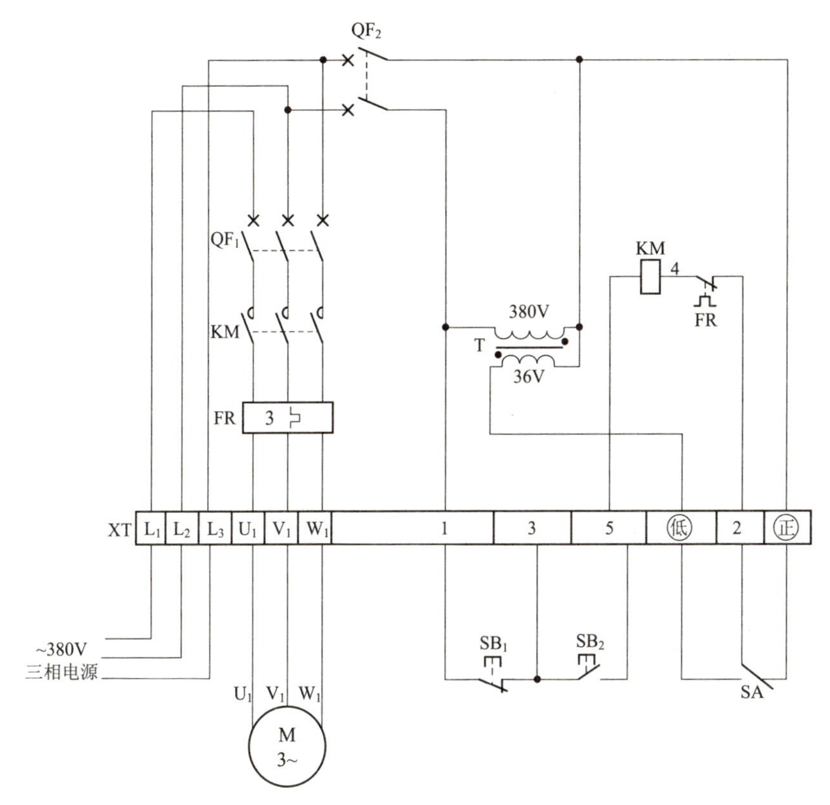

图 1.86　交流接触器在低电压情况下启动电路（二）布线图

从图 1.86 中可以看出，XT 为接线端子排，通过端子排 XT 来区分电气元件的安装位置，XT 的上方为放置在配电箱内底板上的电气元件，XT 的下方为外接或引至配电箱门面板上的电气元件。

从端子排 XT 上看，共有 12 个接线端子。其中，L_1、L_2、L_3 这 3 根线为由外引入配电箱的三相交流 380V 电源，并穿管引入；U_1、V_1、W_1 这 3 根线为电动机线，穿管接至电动机接线盒内的 U_1、V_1、W_1 上；1、3、5、㊦、2、㊣这 6 根线为控制线，接至配电箱门面板上的按钮开关 SB_1、SB_2 及选择开关 SA 上。

元器件安装排列图及端子图（图 1.87）

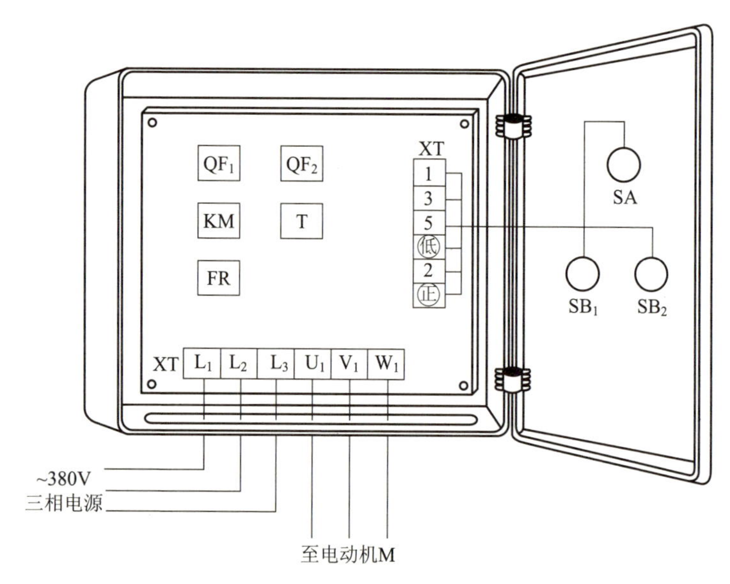

图 1.87 交流接触器在低电压情况下启动电路（二）元器件安装排列图及端子图

从图 1.87 中可以看出，断路器 QF_1、QF_2，交流接触器 KM，变压器 T，热继电器 FR 安装在配电箱内底板上；按钮开关 SB_1、SB_2 及选择开关 SA 安装在配电箱门面板上。

通过端子 L_1、L_2、L_3 将三相交流 380V 电源接入配电箱中。

端子 U_1、V_1、W_1 接至电动机接线盒中的 U_1、V_1、W_1 上。

端子 1、3、5、㊀低、2、㊣将配电箱内的器件与配电箱门面板上的按钮开关 SB_1、SB_2 及选择开关 SA 连接起来。

第 2 章

电动机降压启动电路

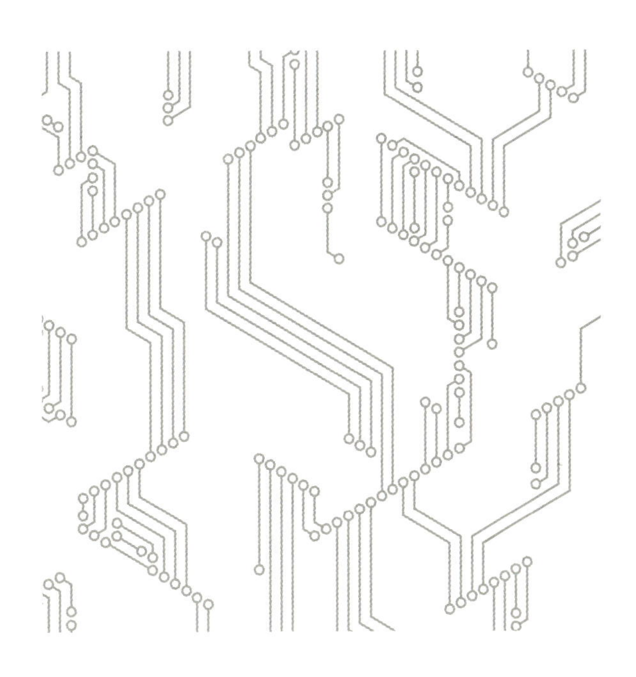

2.1 手动串联电阻器启动控制电路(一)

工作原理(图 2.1)

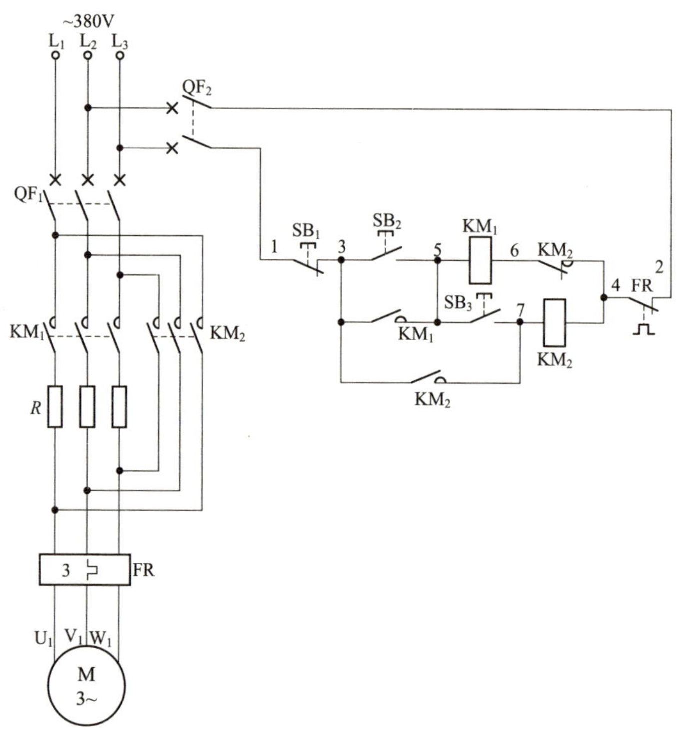

图 2.1　手动串联电阻器启动控制电路(一)原理图

首先合上主回路断路器 QF_1、控制回路断路器 QF_2，为电路工作提供准备条件。

串联电阻器降压启动时，按下启动按钮 SB_2(3-5)，交流接触器 KM_1 线圈得电吸合且 KM_1 辅助常开触点(3-5)闭合自锁，KM_1 三相主触点闭合，电动机串电阻器 R 降压启动；随着电动机转速的逐渐提高，可按下全压运转按钮 SB_3(5-7)，交流接触器 KM_2 线圈得电吸合且 KM_2 辅助常开触点(3-7)闭合自锁，KM_2 三相主触点闭合，电动机通入三相交流 380V 电源而全压运转；在 KM_2 线圈得电吸合的同时，KM_2 串联在交流

接触器 KM_1 线圈回路中的辅助常闭触点 (4-6) 断开，使 KM_1 线圈断电释放，KM_1 三相主触点断开，KM_1 退出运行，从而使电动机在完成降压启动后仅靠交流接触器 KM_2 来实现全压运转，节省了一只交流接触器 KM_1 线圈所消耗的电能。

停止时，按下停止按钮 SB_1(1-3)，交流接触器 KM_2 线圈断电释放，KM_2 三相主触点断开，电动机失电停止运转。

电路布线图（图 2.2）

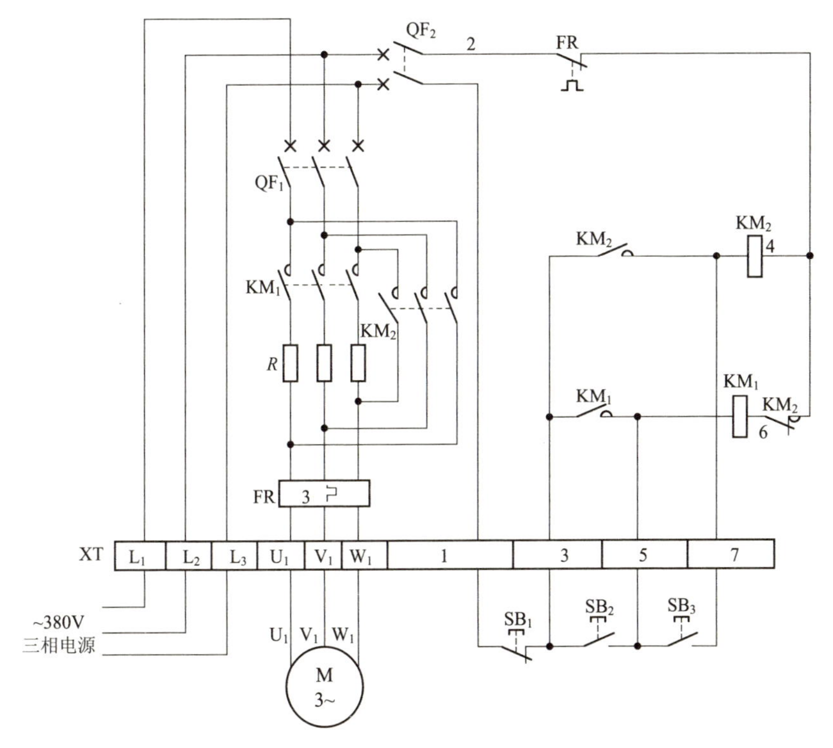

图 2.2　手动串联电阻器启动控制电路（一）布线图

从图 2.2 中可以看出，XT 为接线端子排，通过端子排 XT 来区分电气元件的安装位置，XT 的上方为放置在配电箱内底板上或底部位置的电气元件，XT 的下方为外接或引至配电箱门面板上的电气元件。

从端子排 XT 上看，共有 10 个接线端子。其中，L_1、L_2、L_3 这 3

根线为由外引入配电箱的三相交流 380V 电源，并穿管引入；U_1、V_1、W_1 这 3 根线为电动机线，穿管接至电动机接线盒内的 U_1、V_1、W_1 上；1、3、5、7 这 4 根线为控制线，接至配电箱门面板上的按钮开关 SB_1 ~ SB_3 上。

元器件安装排列图及端子图（图 2.3）

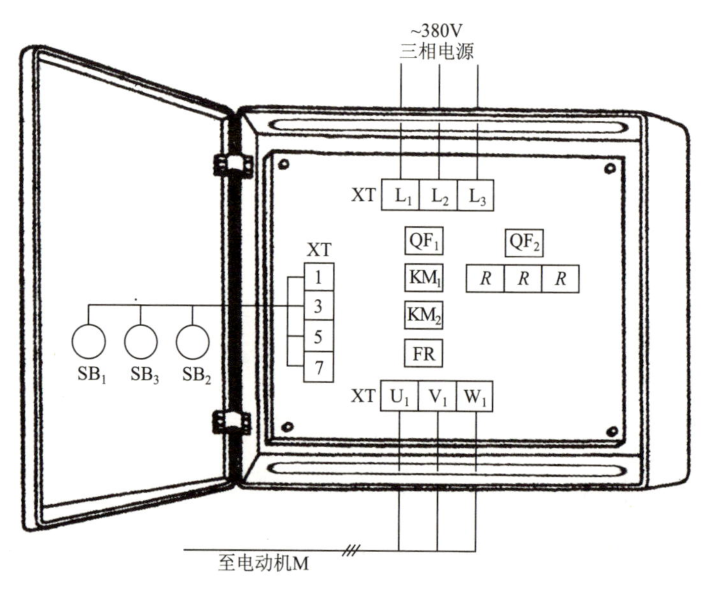

图 2.3　手动串联电阻器启动控制电路（一）元器件安装排列图及端子图

从图 2.3 中可以看出，断路器 QF_1、QF_2，交流接触器 KM_1、KM_2，热继电器 FR 安装在配电箱内底板上；启动电阻器 R 可安装在配电箱内底部位置；按钮开关 SB_1 ~ SB_3 安装在配电箱门面板上。

通过端子 L_1、L_2、L_3 将三相交流 380V 电源接入配电箱中。

端子 U_1、V_1、W_1 接至电动机接线盒中的 U_1、V_1、W_1 上。

端子 1、3、5、7 将配电箱内的器件与配电箱门面板上的按钮开关 SB_1 ~ SB_3 连接起来。

2.2 手动串联电阻器启动控制电路（二）

工作原理（图 2.4）

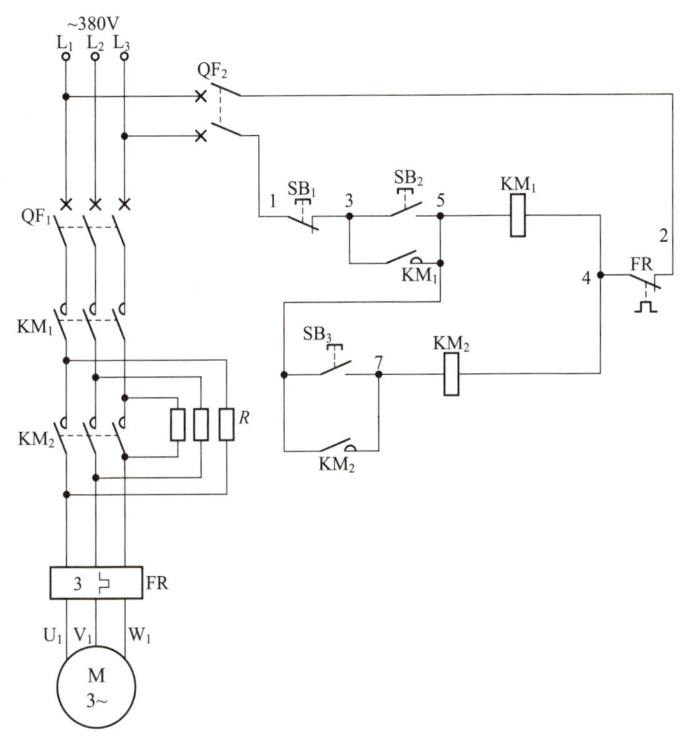

图 2.4　手动串联电阻器启动控制电路（二）原理图

首先合上主回路断路器 QF_1、控制回路断路器 QF_2，为电路工作提供准备条件。

启动时，按下启动按钮 SB_2(3-5)，交流接触器 KM_1 线圈得电吸合且 KM_1 辅助常开触点 (3-5) 闭合自锁，KM_1 三相主触点闭合，电动机串启动电阻器 R 降压启动；随着电动机转速的逐渐提高，再按下全压运转按钮 SB_3(5-7)，交流接触器 KM_2 线圈也得电吸合且 KM_2 辅助常开触点 (5-7) 闭合自锁，KM_2 三相主触点闭合，短接启动电阻器 R，电动机串启动电阻器 R 启动结束，电动机得以全压运转。

停止时，按下停止按钮 SB_1(1-3)，交流接触器 KM_1、KM_2 线圈断电释放，KM_1、KM_2 各自的三相主触点断开，电动机失电停止运转。

电路布线图（图 2.5）

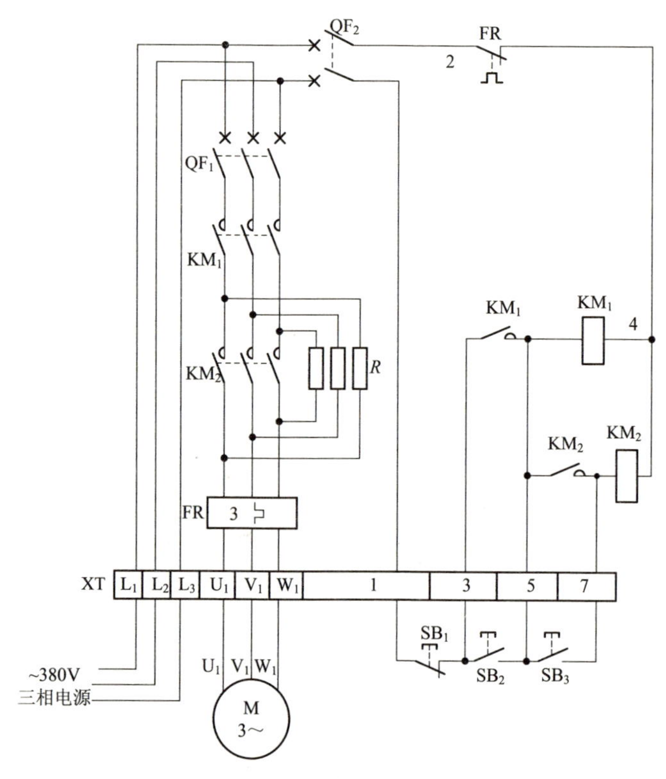

图 2.5　手动串联电阻器启动控制电路（二）布线图

从图 2.5 中可以看出，XT 为接线端子排，通过端子排 XT 来区分电气元件的安装位置，XT 的上方为放置在配电箱内底板上或底部位置的电气元件，XT 的下方为外接或引至配电箱门面板上的电气元件。

从端子排 XT 上看，共有 10 个接线端子。其中，L_1、L_2、L_3 这 3 根线为由外引入配电箱的三相交流 380V 电源，并穿管引入；U_1、V_1、W_1 这 3 根线为电动机线，穿管接至电动机接线盒内的 U_1、V_1、W_1 上；1、3、5、7 这 4 根线为控制线，接至配电箱门面板上的按钮开关 SB_1、SB_2、SB_3 上。

元器件安装排列图及端子图(图 2.6)

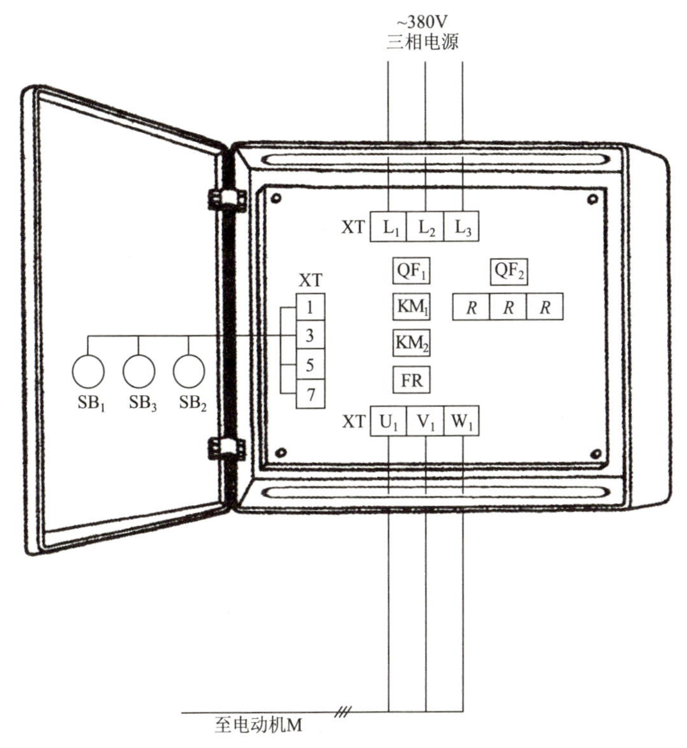

图 2.6 手动串联电阻器启动控制电路(二)元器件安装排列图及端子图

从图 2.6 中可以看出，断路器 QF_1、QF_2，交流接触器 KM_1、KM_2，热继电器 FR 安装在配电箱内底板上；启动电阻器 R 可安装在配电箱底部位置；按钮开关 SB_1 ~ SB_3 安装在配电箱门面板上。

通过端子 L_1、L_2、L_3 将三相交流 380V 电源接入配电箱中。

端子 U_1、V_1、W_1 接至电动机接线盒中的 U_1、V_1、W_1 上。

端子 1、3、5、7 将配电箱内的器件与配电箱门面板上的按钮开关 SB_1 ~ SB_3 连接起来。

2.3 定子绕组串联电阻器启动自动控制电路（一）

工作原理（图 2.7）

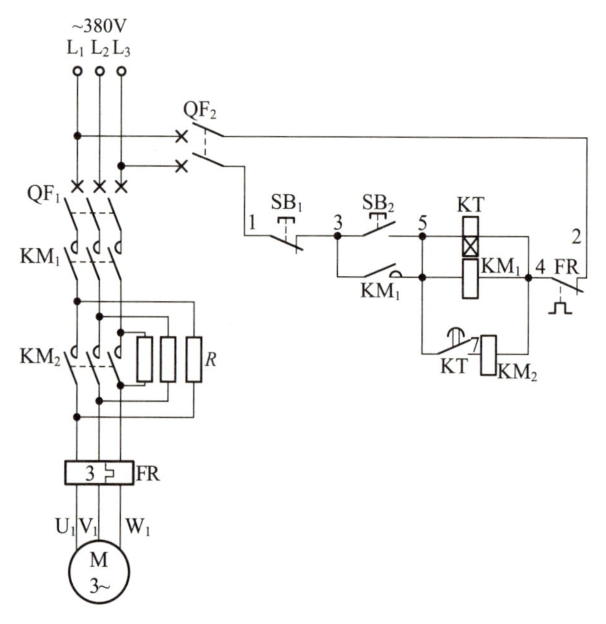

图 2.7　定子绕组串联电阻器启动自动控制电路（一）原理图

首先合上主回路断路器 QF_1、控制回路断路器 QF_2，为电路工作提供准备条件。

启动时，按下启动按钮 SB_2(3-5)，得电延时时间继电器 KT 及交流接触器 KM_1 线圈均得电吸合且 KM_1 辅助常开触点 (3-5) 闭合自锁，KT 开始延时。此时 KM_1 三相主触点闭合，电动机串联降压启动电阻器 R 进行降压启动；经 KT 延时后，KT 得电延时闭合的常开触点 (5-7) 闭合，接通交流接触器 KM_2 线圈回路电源，KM_2 三相主触点闭合，将降压启动电阻器 R 短接起来，从而使电动机得以全压正常运转。

停止时，按下停止按钮 SB_1(1-3)，得电延时时间继电器 KT，交流接触器 KM_1、KM_2 线圈均断电释放，KM_1、KM_2 各自的三相主触点断开，电动机失电停止运转。

电路布线图（图 2.8）

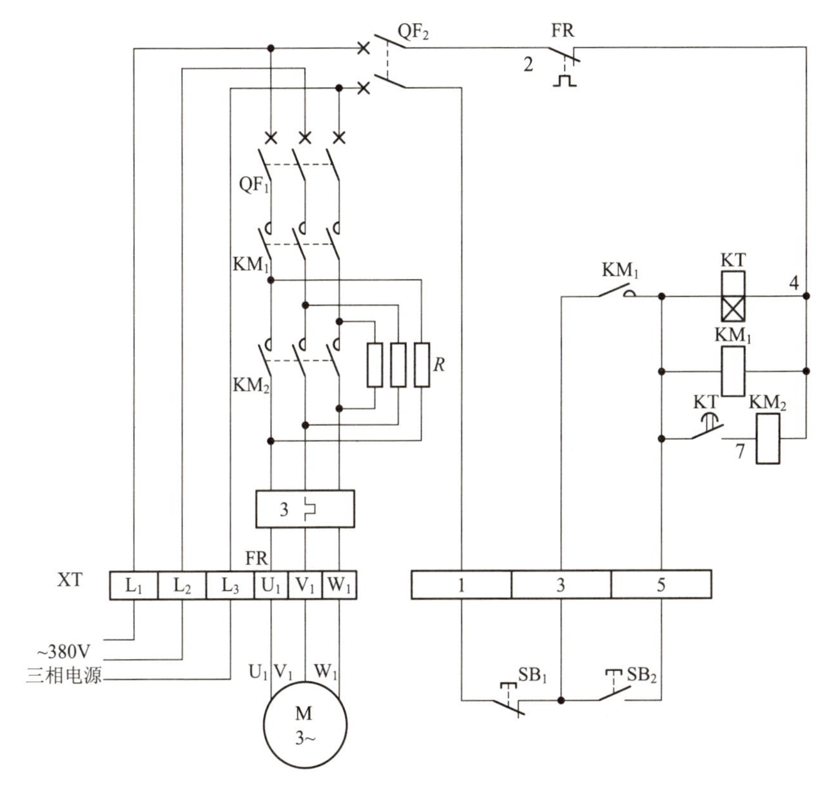

图 2.8 定子绕组串联电阻器启动自动控制电路（一）布线图

从图 2.8 中可以看出，XT 为接线端子排，通过端子排 XT 来区分电气元件的安装位置，XT 的上方为放置在配电箱内底板上或底部位置的电气元件，XT 的下方为外接或引至配电箱门面板上的电气元件。

从端子排 XT 上看，共有 9 个接线端子。其中，L_1、L_2、L_3 这 3 根线为由外引入配电箱的三相交流 380V 电源，并穿管引入；U_1、V_1、W_1 这 3 根线为电动机线，穿管接至电动机接线盒内的 U_1、V_1、W_1 上；1、3、5 这 3 根线为控制线，接至配电箱门面板上的按钮开关 SB_1、SB_2 上。

元器件安装排列图及端子图（图 2.9）

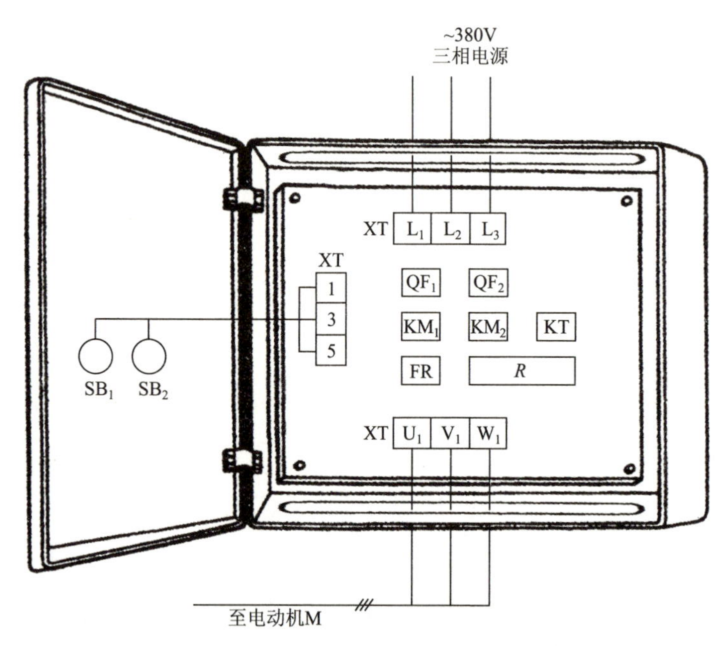

图 2.9　定子绕组串联电阻器启动自动控制电路 (一) 元器件安装排列图及端子图

从图 2.9 中可以看出，断路器 QF_1、QF_2，交流接触器 KM_1、KM_2，得电延时时间继电器 KT，热继电器 FR 安装在配电箱内底板上；启动电阻器 R 可安装在配电箱内底部位置；按钮开关 SB_1、SB_2 安装在配电箱门面板上。

通过端子 L_1、L_2、L_3 将三相交流 380V 电源接入配电箱中。

端子 U_1、V_1、W_1 接至电动机接线盒中的 U_1、V_1、W_1 上。

端子 1、3、5 将配电箱内的器件与配电箱门面板上的按钮开关 SB_1、SB_2 连接起来。

2.4 定子绕组串联电阻器启动自动控制电路（二）

工作原理（图 2.10）

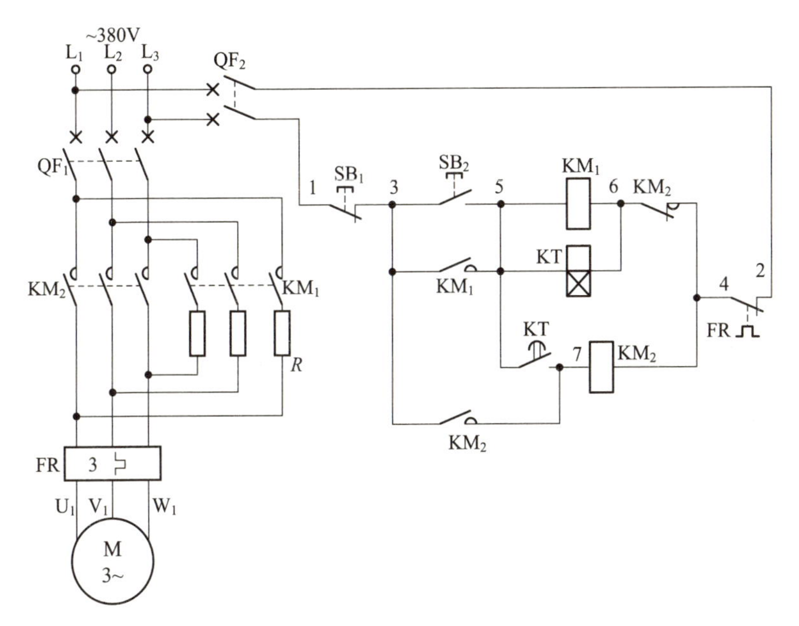

图 2.10 定子绕组串联电阻器启动自动控制电路（二）原理图

首先合上主回路断路器 QF_1、控制回路断路器 QF_2，为电路工作提供准备条件。

启动时，按下启动按钮 SB_2(3-5)，交流接触器 KM_1 和得电延时时间继电器 KT 线圈均得电吸合且 KM_1 辅助常开触点 (3-5) 闭合自锁，同时 KT 开始延时。此时 KM_1 三相主触点闭合，电动机绕组串入启动电阻器 R 降压启动；经 KT 延时后，KT 得电延时闭合的常开触点 (5-7) 闭合，接通交流接触器 KM_2 线圈回路电源，KM_2 线圈得电吸合且 KM_2 辅助常开触点 (3-7) 闭合自锁，KM_2 三相主触点闭合，短接启动电阻器 R 全压运转；同时，KM_2 串联在 KM_1 和 KT 线圈回路中的辅助常闭触点 (4-6) 断开，切断了 KM_1、KT 线圈回路电源，使 KM_1、KT 线圈断电释放，KM_1 三相主触点断开，KM_1、KT 退出运行，以节省 KM_1、KT 线圈所消耗的电能。在电动机降压启动后只有一只交流接触器 KM_2 在工作。

停止时，按下停止按钮 SB_1(1-3)，交流接触器 KM_2 线圈断电释放，KM_2 三相主触点断开，电动机失电停止运转。

电路布线图（图 2.11）

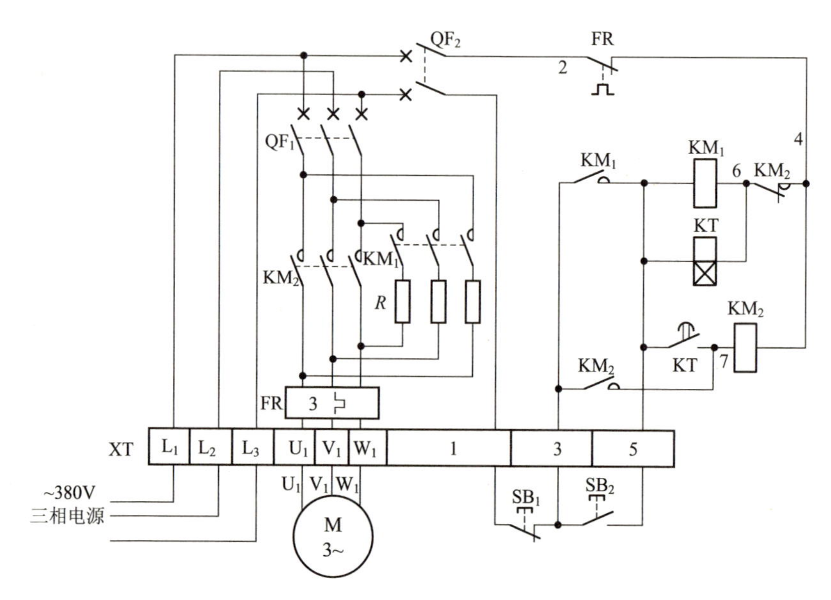

图 2.11　定子绕组串联电阻器启动自动控制电路（二）布线图

从图 2.11 中可以看出，XT 为接线端子排，通过端子排 XT 来区分电气元件的安装位置，XT 的上方为放置在配电箱内底板上或底部位置的电气元件，XT 的下方为外接或引至配电箱门面板上的电气元件。

从端子排 XT 上看，共有 9 个接线端子。其中，L_1、L_2、L_3 这 3 根线为由外引入配电箱的三相交流 380V 电源，并穿管引入；U_1、V_1、W_1 这 3 根线为电动机线，穿管接至电动机接线盒内的 U_1、V_1、W_1 上；1、3、5 这 3 根线为控制线，接至配电箱门面板上的按钮开关 SB_1、SB_2 上。

元器件安装排列图及端子图（图 2.12）

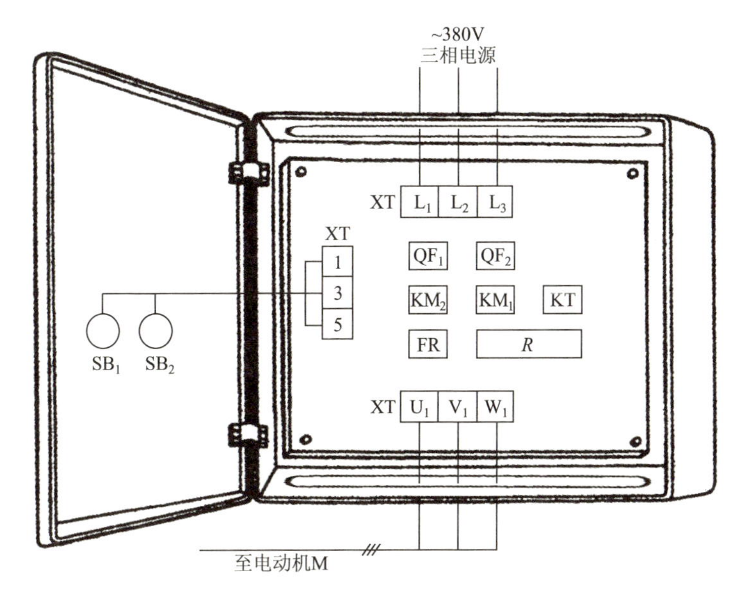

图 2.12 定子绕组串联电阻器启动自动控制电路（二）元器件安装排列图及端子图

从图 2.12 中可以看出，断路器 QF_1、QF_2，交流接触器 KM_1、KM_2，得电延时时间继电器 KT，热继电器 FR 安装在配电箱内底板上；启动电阻器 R 可安装在配电箱内底部位置；按钮开关 SB_1、SB_2 安装在配电箱门面板上。

通过端子 L_1、L_2、L_3 将三相交流 380V 电源接入配电箱中。

端子 U_1、V_1、W_1 接至电动机接线盒中的 U_1、V_1、W_1 上。

端子 1、3、5 将配电箱内的器件与配电箱门面板上的按钮开关 SB_1、SB_2 连接起来。

2.5 电动机串电抗器启动自动控制电路

工作原理（图 2.13）

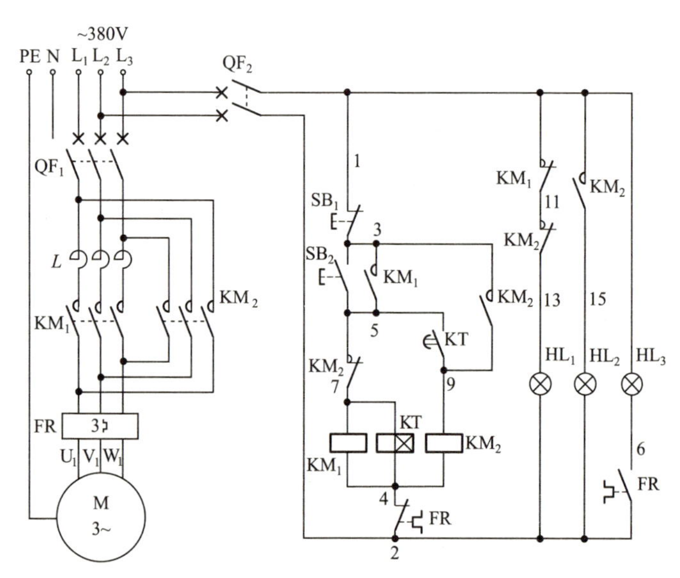

图 2.13　电动机串电抗器启动自动控制电路原理图

启动时，按下启动按钮 SB_2(3-5)，交流接触器 KM_1 和得电延时时间继电器 KT 线圈均得电吸合，KM_1 辅助常开触点 (3-5) 闭合自锁，KM_1 三相主触点闭合，将电抗器 L 串入电动机绕组进行降压启动；同时 KM_1 辅助常闭触点 (1-11) 断开，指示灯 HL_1 灭，说明电动机正在进行降压启动。与此同时，得电延时时间继电器 KT 开始延时。

随着电动机转速的逐渐升高，经过 KT 一段时间延时后，KT 得电延时闭合的常开触点 (5-9) 闭合，接通交流接触器 KM_2 线圈的回路电源，KM_2 线圈得电吸合，KM_2 串联在 KM_1、KT 线圈回路中的辅助常闭触点 (5-7) 断开，切断 KM_1、KT 线圈的回路电源，KM_1、KT 线圈断电释放，KM_1 三相主触点断开，切断电抗器 L，电动机绕组失电但仍靠惯性继续转动；KM_2 辅助常开触点 (3-9) 闭合自锁，KM_2 三相主触点闭合，电动机通入三相交流 380V 电源全压运转，同时 KM_2 辅助常闭触点 (11-

13) 断开，指示灯 HL_1 灭，KM_2 辅助常开触点 (1-15) 闭合，指示灯 HL_2 亮，说明电动机已自动转为全压运转了。该电路在完成降压启动后，仅有交流接触器 KM_2 线圈继续得电吸合，KM_1、KT 线圈被切除，节约了 KM_1、KT 线圈所消耗的电能。

停止时，按下停止按钮 SB_1(1-3)，交流接触器 KM_2 线圈断电释放，KM_2 三相主触点断开，电动机脱离三相电源而停止运转，同时指示灯 HL_2 灭、HL_1 亮，说明电动机已失电停止运转。

当电动机发生过载时，FR 热元件发热弯曲，其控制常闭触点 (2-4) 断开，切断了交流接触器 KM_2 线圈的回路电源，KM_2 线圈断电释放，KM_2 三相主触点断开，电动机失电停止运转。同时 FR 控制常开触点 (2-6) 闭合，过载指示灯 HL_3 亮，说明电动机已过载。

电路布线图（图 2.14）

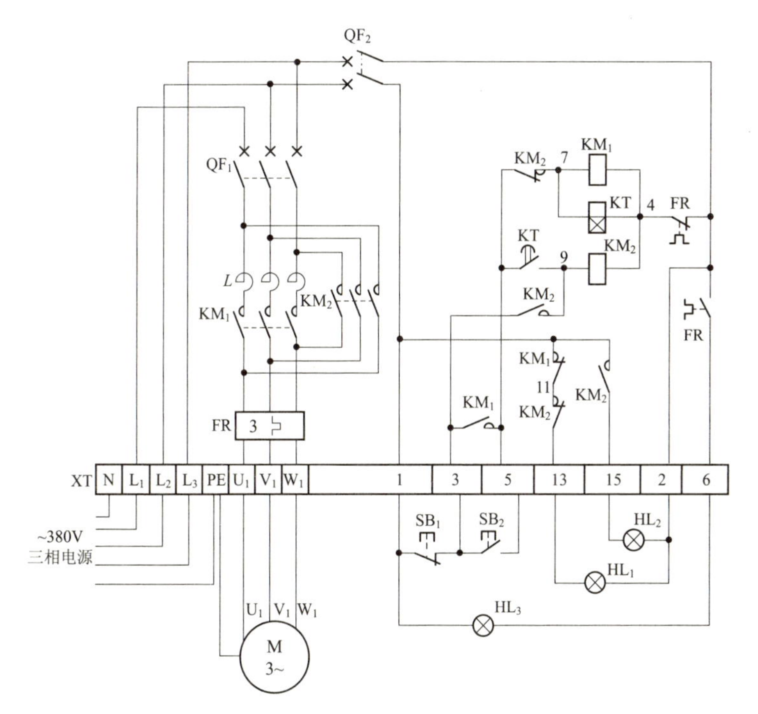

图 2.14　电动机串电抗器启动自动控制电路布线图

从图 2.14 中可以看出，XT 为接线端子排，通过端子排 XT 来区分电气元件的安装位置，XT 的上方为放置在配电箱内底板上的电气元件，XT 的下方为外接或引至配电箱门面板上的电气元件。

从端子排 XT 上看，共有 15 个接线端子。其中，L_1、L_2、L_3、PE、N 这 5 根线为由外引入配电箱的三相交流 380V 电源，并穿管引入；U_1、V_1、W_1、PE 这 4 根线为电动机线，穿管接至电动机接线盒内的 U_1、V_1、W_1 及电动机外壳上；1、3、5、13、15、2、6 这 7 根线为控制线，接至配电箱门面板上的按钮开关 SB_1、SB_2，指示灯 HL_1、HL_2、HL_3 上。

元器件安装排列图及端子图（图 2.15）

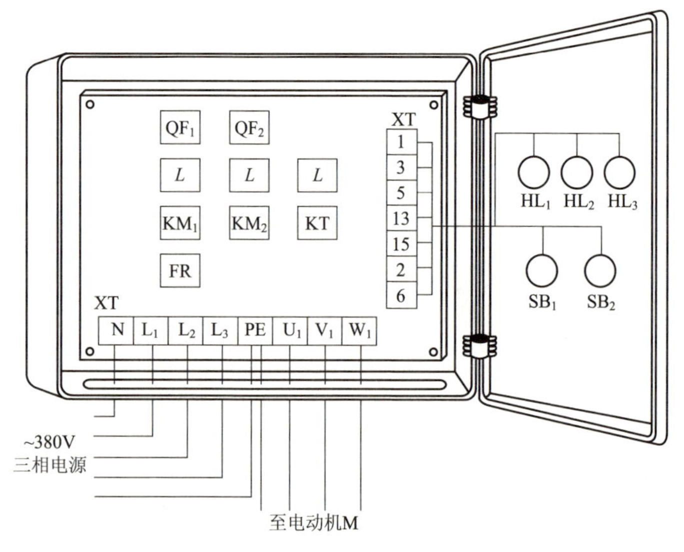

图 2.15　电动机串电抗器启动自动控制电路元器件安装排列图及端子图

从图 2.15 中可以看出，断路器 QF_1、QF_2，交流接触器 KM_1、KM_2，电抗器 L，得电延时时间继电器 KT，热继电器 FR 安装在配电箱内底板上；按钮开关 SB_1、SB_2，指示灯 HL_1、HL_2、HL_3 安装在配电箱门面板上。

通过端子 L_1、L_2、L_3 将三相交流 380V 电源接入配电箱中。

端子 U_1、V_1、W_1 接至电动机接线盒中的 U_1、V_1、W_1 上。

端子 1、3、5、13、15、2、6 将配电箱内的器件与配电箱门面板上的按钮开关 SB_1、SB_2，指示灯 HL_1、HL_2、HL_3 连接起来。

2.6 延边三角形降压启动自动控制电路

工作原理（图 2.16）

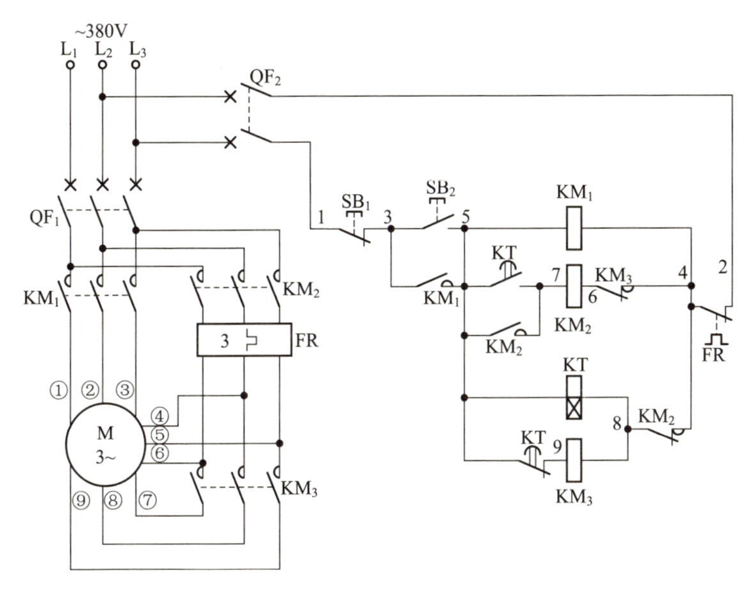

图 2.16 延边三角形降压启动自动控制电路原理图

首先合上主回路断路器 QF_1、控制回路断路器 QF_2，为电路工作提供准备条件。

在启动前让我们先了解一下延边三角形是如何工作的。启动时先将定子绕组中的一部分连接成△形，另一部分连接成Y形，这样就组成了延边三角形来完成启动，而电动机启动完毕后，再将定子绕组连接成△形正常运转。

启动时，按下启动按钮 SB_2(3-5)，交流接触器 KM_1、KM_3 和时间继电器 KT 线圈同时得电吸合且 KM_1 辅助常开触点 (3-5) 闭合自锁，此时 KT 开始延时，电动机接成延边三角形降压启动；经时间继电器 KT 一段时间延时后，KT 得电延时断开的常闭触点 (5-9) 断开，切断了交流接触器 KM_3 线圈回路电源［KM_3 辅助互锁常闭触点 (4-6) 恢复常闭，为电动机正常全压运转、交流接触器 KM_2 线圈工作做准备］，KM_3 三相主触点断开，电动机绕组延边三角形连接解除。同时，KT 得电延时闭合的常开触点 (5-7) 闭合，接通交流接触器 KM_2 线圈回路电源，KM_2 线圈得电吸合且 KM_2 辅助常开触点 (5-7) 闭合自锁，KM_2 三相主触点闭合，电动机绕组接成三角形正常运转。

停止时，按下停止按钮 SB_1(1-3)，交流接触器 KM_1、KM_2 线圈同时断电释放，KM_1、KM_2 各自的三相主触点断开，电动机失电停止运转。

电路布线图（图 2.17）

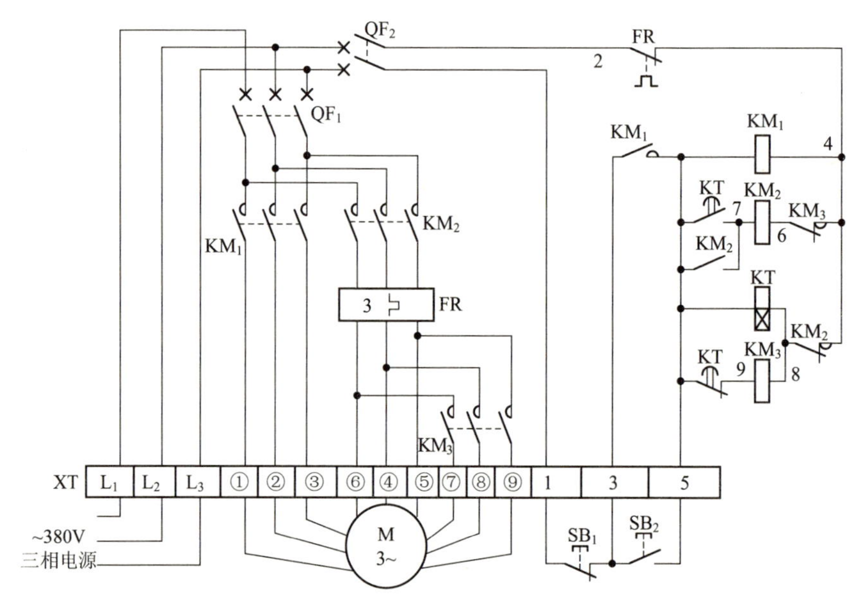

图 2.17　延边三角形降压启动自动控制电路布线图

从图 2.17 中可以看出，XT 为接线端子排，通过端子排 XT 来区分电气元件的安装位置，XT 的上方为放置在配电箱内底板上的电气元件，XT 的下方为外接或引至配电箱门面板上的电气元件。

从端子排 XT 上看，共有 15 个接线端子。其中，L_1、L_2、L_3 这 3 根线为由外引入配电箱的三相交流 380V 电源，并穿管引入；主回路端子①~⑨这 9 根线为电动机线，穿管接至电动机接线盒内的相应接线柱上；1、3、5 这 3 根线为控制线，接至配电箱门面板上的按钮开关 SB_1、SB_2 上。

元器件安装排列图及端子图（图 2.18）

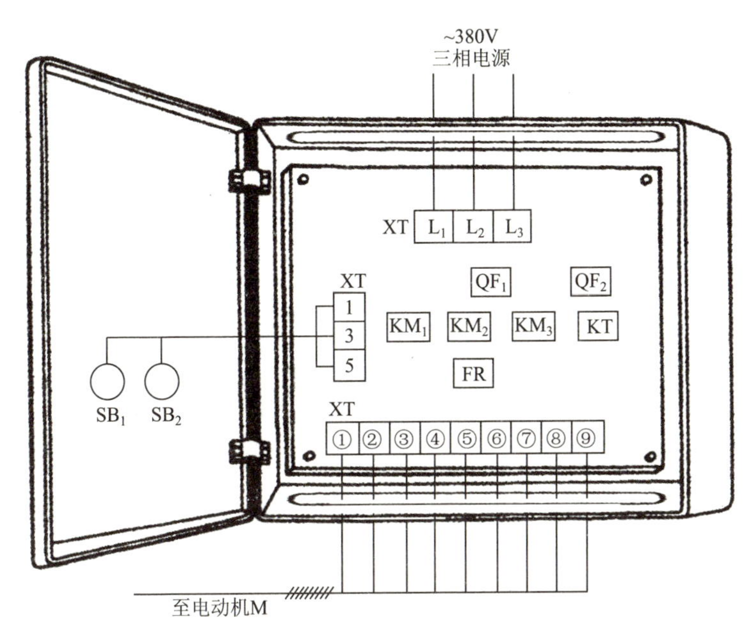

图 2.18 延边三角形降压启动自动控制电路元器件安装排列图及端子图

从图 2.18 中可以看出，断路器 QF_1、QF_2，交流接触器 KM_1、KM_2、KM_3，得电延时时间继电器 KT，热继电器 FR 安装在配电箱内底板上；按钮开关 SB_1、SB_2 安装在配电箱门面板上。

通过端子 L_1、L_2、L_3 将三相交流 380V 电源接入配电箱中。

端子①～⑨接至电动机接线盒中相应接线柱上。

端子 1、3、5 将配电箱内的器件与配电箱门面板上的按钮开关 SB_1、SB_2 连接起来。

2.7 自耦变压器手动控制降压启动电路

工作原理（图 2.19）

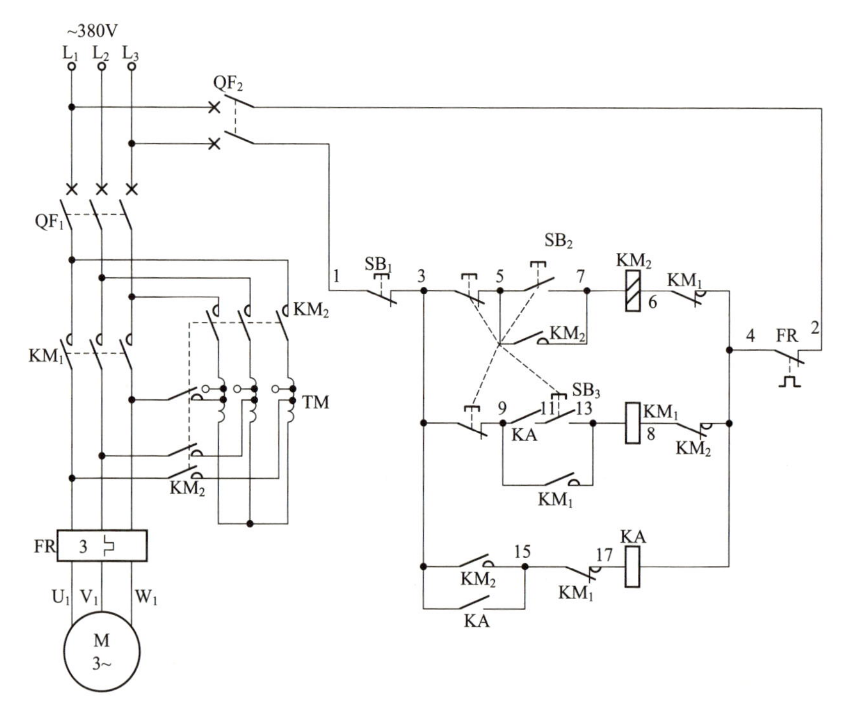

图 2.19　自耦变压器手动控制降压启动电路原理图

首先合上主回路断路器 QF_1、控制回路断路器 QF_2，为电路工作提供准备条件。

启动时，按下启动按钮 SB_2，SB_2 的一组常闭触点 (3-9) 断开，起互锁作用；SB_2 的另一组常开触点 (5-7) 闭合，使交流接触器 KM_2 线圈得电吸合且 KM_2 辅助常开触点 (5-7) 闭合自锁，由于 KM_2 辅助常开触点 (3-15) 闭合，接通了中间继电器 KA 线圈回路电源，KA 线圈得电吸合且 KA 常开触点 (3-15) 闭合自锁，KA 串联在全压运转按钮回路中的常开触点 (9-11) 闭合，为电动机降压启动操作转为全压运转操作做准备。此时，KM_2 的六只主触点闭合，电动机绕组串入自耦变压器 TM 进行降压启动。随着电动机转速的不断提高，可按下全压运转按钮 SB_3，SB_3 的一组常闭触点 (3-5) 断开，切断了交流接触器 KM_2 线圈回路电源，KM_2 线圈断电释放，KM_2 三相主触点断开，切除自耦变压器，降压启动结束；同时，SB_3 的另一组常开触点 (11-13) 闭合，接通了交流接触器 KM_1 线圈回路电源，KM_1 线圈得电吸合且 KM_1 辅助常开触点 (9-13) 闭合自锁，KM_1 三相主触点闭合，电动机通入三相交流 380V 电源全压运转。

电路布线图（图 2.20）

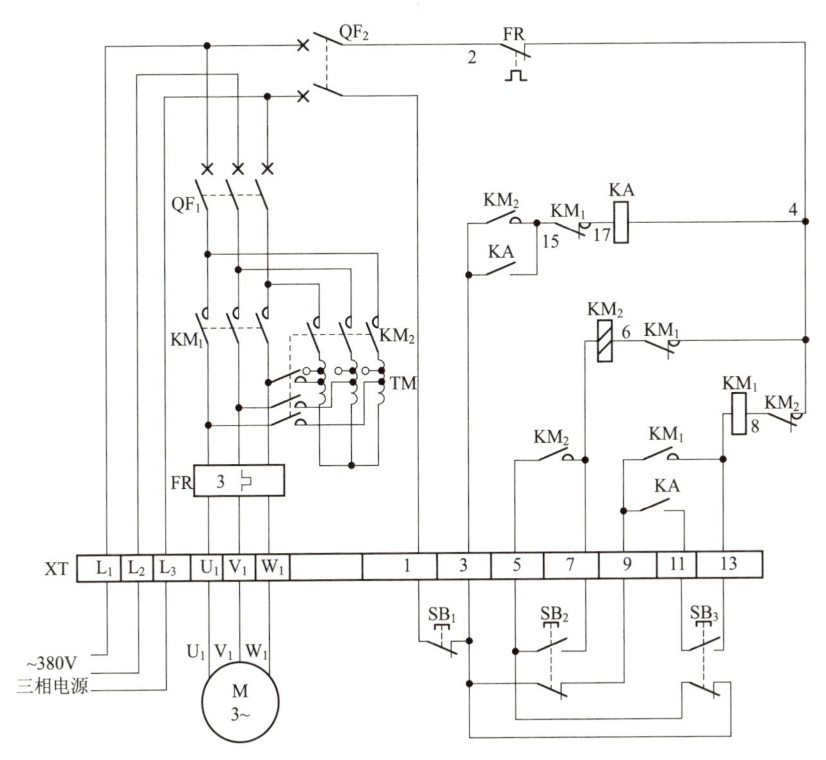

图 2.20　自耦变压器手动控制降压启动电路布线图

从图 2.20 中可以看出，XT 为接线端子排，通过端子排 XT 来区分电气元件的安装位置，XT 的上方为放置在配电箱内底板上或底部位置的电气元件，XT 的下方为外接或引至配电箱门面板上的电气元件。

从端子排 XT 上看，共有 13 个接线端子。其中，L_1、L_2、L_3 这 3 根线为由外引入配电箱的三相交流 380V 电源，并穿管引入；U_1、V_1、W_1 这 3 根线为电动机线，穿管接至电动机接线盒内的 U_1、V_1、W_1 上；1、3、5、7、9、11、13 这 7 根线为控制线，接至配电箱门面板上的按钮开关 SB_1、SB_2、SB_3 上。

元器件安装排列图及端子图（图 2.21）

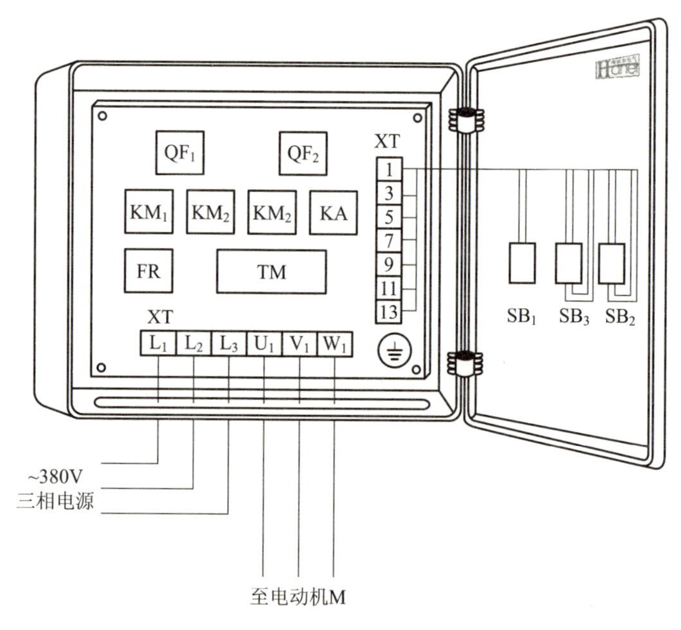

图 2.21 自耦变压器手动控制降压启动电路元器件安装排列图及端子图

从图 2.21 中可以看出，断路器 QF_1、QF_2，交流接触器 KM_1、KM_2，中间继电器 KA，热继电器 FR 安装在配电箱内底板上；自耦变压器 TM 可安装在配电箱内底部位置；按钮开关 SB_1、SB_2、SB_3 安装在配电箱门面板上。

通过端子 L_1、L_2、L_3 将三相交流 380V 电源接入配电箱中。

端子 U_1、V_1、W_1 接至电动机接线盒中的 U_1、V_1、W_1 上。

端子 1、3、5、7、9、11、13 将配电箱内的器件与配电箱门面板上的按钮开关 SB_1、SB_2、SB_3 连接起来。

2.8 自耦变压器自动控制降压启动电路

工作原理（图 2.22）

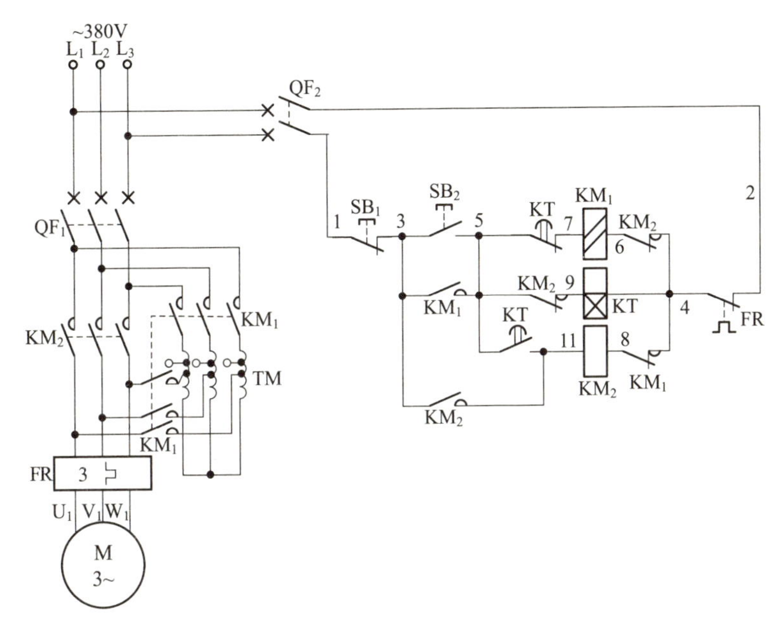

图 2.22 自耦变压器自动控制降压启动电路原理图

首先合上主回路断路器 QF_1、控制回路断路器 QF_2，为电路工作提供准备条件。

启动时，按下启动按钮 SB_2(3-5)，交流接触器 KM_1、得电延时时间继电器 KT 线圈得电吸合且 KM_1 辅助常开触点 (3-5) 闭合自锁，同时 KT 开始延时。两只线圈并联在一起的 KM_1 三相主触点闭合，将自耦变压器 TM 接入电动机绕组中，进行自耦降压启动。经 KT 一段时间延时后（其延时时间可按电动机功率开方后乘以 2 倍再加 4s 估算），KT 串联在 KM_1 线圈回路中的得电延时断开的常闭触点 (5-7) 断开，切断了 KM_1 线圈回路电源，KM_1 线圈断电释放，KM_1 三相主触点断开，使自耦变压器 TM 退出运行；同时，KT 得电延时闭合的常开触点 (5-11) 闭合，接通了交流接触器 KM_2 线圈回路电源，KM_2 线圈得电吸合且 KM_2 辅助

常开触点 (3-11) 闭合自锁，KM_2 三相主触点闭合，电动机得电全压运转。在 KM_2 线圈得电吸合后，KM_2 串联在 KT 线圈回路中的辅助常闭触点 (5-9) 断开，使 KT 线圈退出运行，至此整个降压启动过程结束。

停止时，按下停止按钮 SB_1(1-3)，交流接触器 KM_2 线圈断电释放，KM_2 三相主触点断开，电动机失电停止运转。

电路布线图（图 2.23）

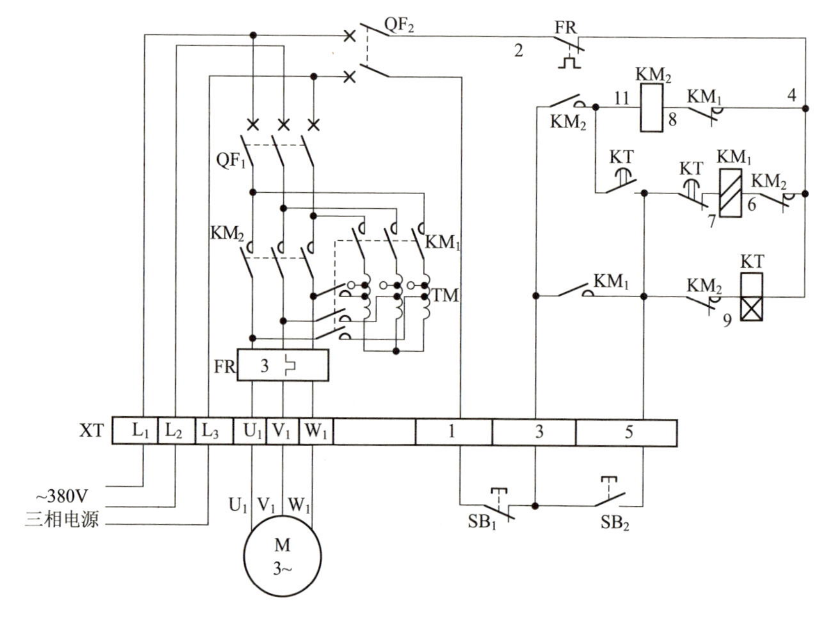

图 2.23　自耦变压器自动控制降压启动电路布线图

从图 2.23 中可以看出，XT 为接线端子排，通过端子排 XT 来区分电气元件的安装位置，XT 的上方为放置在配电箱内底板上或底部位置的电气元件，XT 的下方为外接或引至配电箱门面板上的电气元件。

从端子排 XT 上看，共有 9 个接线端子。其中，L_1、L_2、L_3 这 3 根线为由外引入配电箱的三相交流 380V 电源，并穿管引入；U_1、V_1、W_1 这 3 根线为电动机线，穿管接至电动机接线盒内的 U_1、V_1、W_1 上；1、3、5 这 3 根线为控制线，接至配电箱门面板上的按钮开关 SB_1、SB_2 上。

元器件安装排列图及端子图（图 2.24）

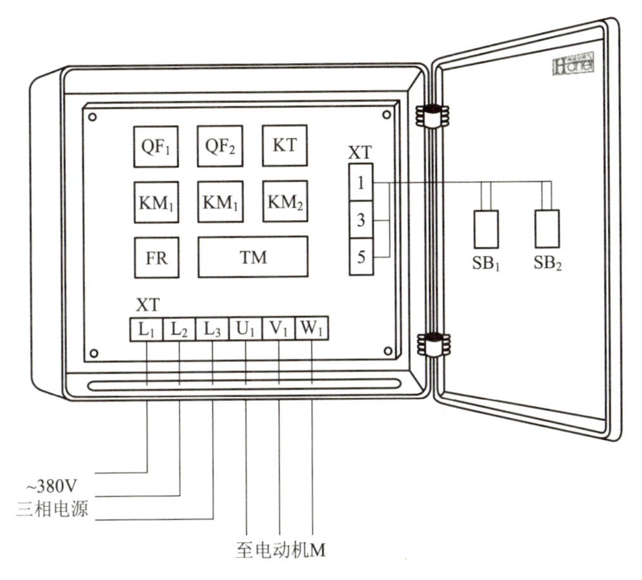

图 2.24 自耦变压器自动控制降压启动电路元器件安装排列图及端子图

从图 2.24 中可以看出，断路器 QF_1、QF_2，交流接触器 KM_1、KM_2，得电延时时间继电器 KT，热继电器 FR 安装在配电箱内底板上；自耦变压器 TM 可安装在配电箱内底部位置；按钮开关 SB_1、SB_2 安装在配电箱门面板上。

通过端子 L_1、L_2、L_3 将三相交流 380V 电源接入配电箱中。

端子 U_1、V_1、W_1 接至电动机接线盒中的 U_1、V_1、W_1 上。

端子 1、3、5 将配电箱内的器件与配电箱门面板上的按钮开关 SB_1、SB_2 连接起来。

2.9 频敏变阻器启动控制电路

工作原理（图 2.25）

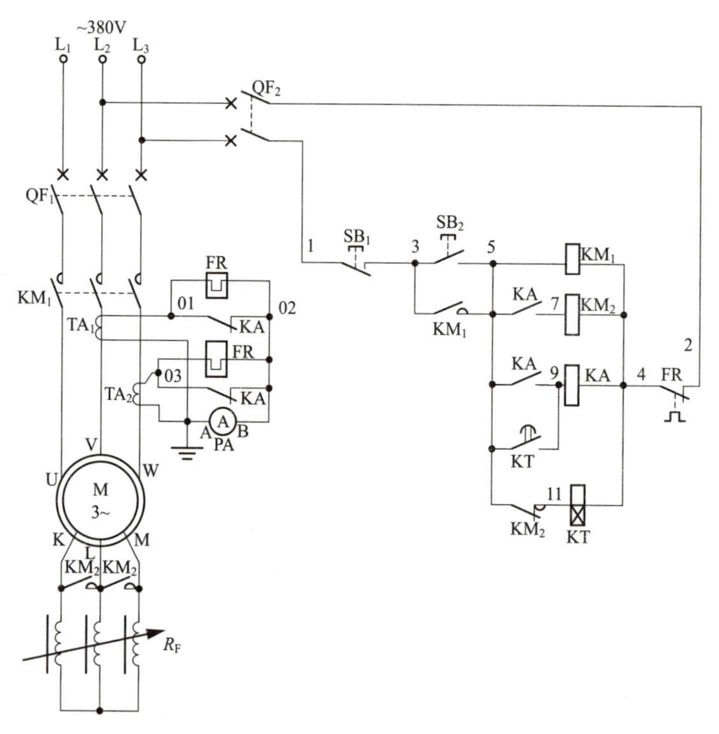

图 2.25　频敏变阻器启动控制电路原理图

首先合上主回路断路器 QF_1、控制回路断路器 QF_2，为电路工作提供准备条件。

启动时，按下启动按钮 SB_2(3-5)，电源交流接触器 KM_1 线圈得电吸合且 KM_1 辅助常开触点 (3-5) 闭合自锁，KM_1 三相主触点闭合，绕线式电动机转子串频敏变阻器 R_F 进行启动。在按下启动按钮 SB_2(3-5) 的同时，得电延时时间继电器 KT 开始延时，待电动机平稳启动后，KT 得电延时闭合的常开触点 (5-9) 闭合，接通了中间继电器 KA 的线圈回路电源，KA 线圈得电吸合且 KA 常开触点 (5-9) 闭合自锁，KA 串联在短接频敏变阻器交流接触器 KM_2 线圈回路中的常开触点 (5-7) 闭合，使 KM_2 线圈得电吸合，KM_2 三相主触点闭合，将频敏变阻器 R_F 短接起来，频敏变阻器 R_F 退出运行，电动机正常运转。在 KM_2 线圈得电吸合后，KM_2 串联在得电延时时间继电器 KT 线圈回路中的辅助常闭触点 (5-11) 断开，使 KT 线圈断电释放退出运行。

停止时，按下停止按钮 SB_1(1-3)，电源交流接触器 KM_1、短接频敏变阻器交流接触器 KM_2、中间继电器 KA 线圈断电释放，KM_1、KM_2 各自的三相主触点断开，电动机失电停止运转。

电路布线图（图 2.26）

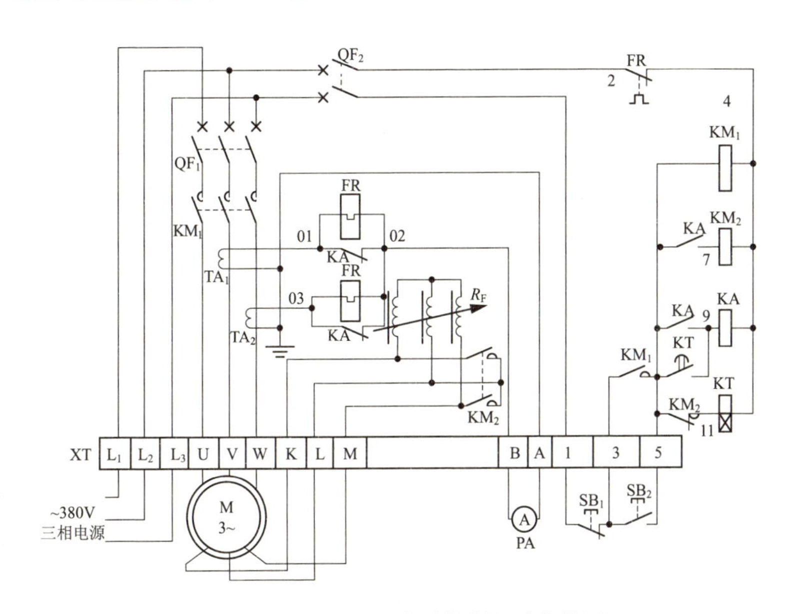

图 2.26　频敏变阻器启动控制电路布线图

从图 2.26 中可以看出，XT 为接线端子排，通过端子排 XT 来区分电气元件的安装位置，XT 的上方为放置在配电箱内底板上或底部位置的电气元件，XT 的下方为外接或引至配电箱门面板上的电气元件。

从端子排 XT 上看，共有 14 个接线端子。其中，L_1、L_2、L_3 这 3 根线为由外引入配电箱的三相交流 380V 电源，并穿管引入；主回路端子 U、V、W、K、L、M 这 6 根线为电动机线，穿管接至电动机接线盒内的相应 U、V、W、K、L、M 接线柱上；控制回路端子 1、3、5 这 3 根线为控制线，接至配电箱门面板上的按钮开关 SB_1、SB_2 上；A、B 这 2 根线为电流表线，接至配电箱门面板上的电流表 PA 上。

元器件安装排列图及端子图（图 2.27）

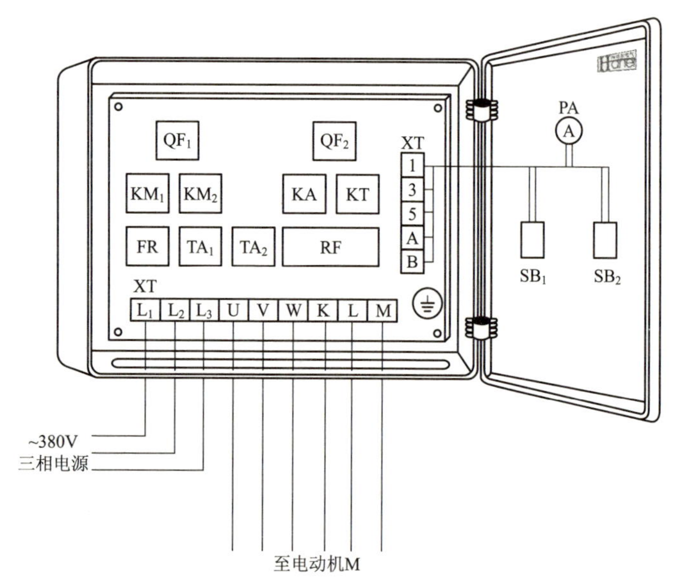

图 2.27 频敏变阻器启动控制电路元器件安装排列图及端子图

从图 2.27 中可以看出，断路器 QF_1、QF_2，交流接触器 KM_1、KM_2，中间继电器 KA，得电延时时间继电器 KT，热继电器 FR，电流互感器 TA_1、TA_2 安装在配电箱内底板上；频敏变阻器 R_F 安装在配电箱内底部位置；按钮开关 SB_1 和 SB_2、电流表 PA 安装在配电箱门面板上。

通过端子 L_1、L_2、L_3 将三相交流 380V 电源接入配电箱中。

端子 U、V、W、K、L、M 接至电动机接线盒中的 U、V、W、K、L、M 上。

端子 1、3、5、A、B 将配电箱内的器件与配电箱门面板上的按钮开关 SB_1、SB_2 和电流表 PA 连接起来。

2.10 频敏变阻器手动启动控制电路

工作原理（图 2.28）

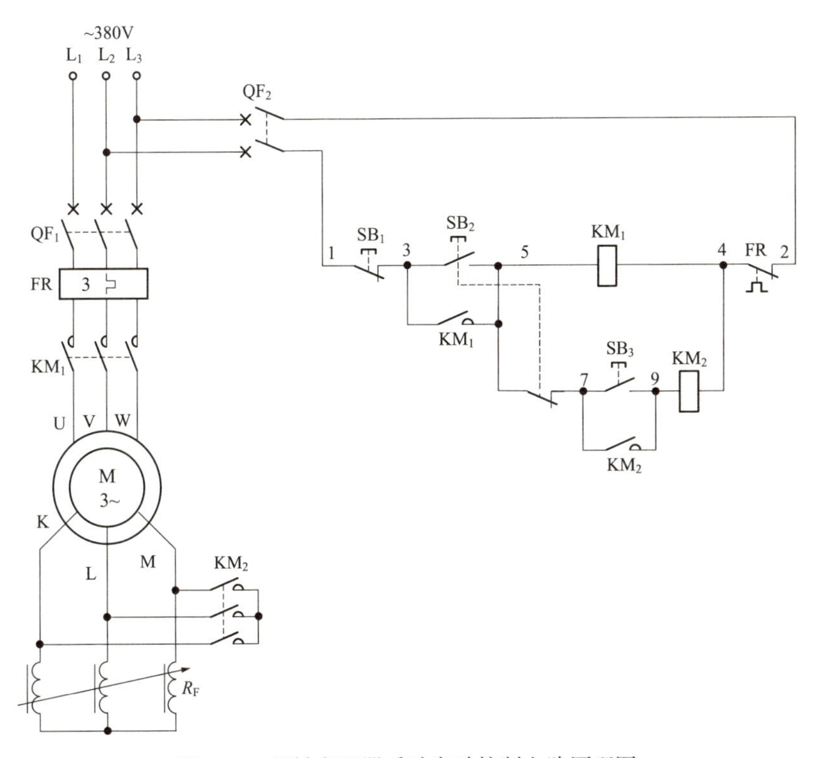

图 2.28 频敏变阻器手动启动控制电路原理图

启动时，按下启动按钮 SB_2，为了防止同时按下两只按钮 SB_2 和 SB_3 时出现全压直接启动现象，特将 SB_2 的一组常闭触点 (5-7) 串联在交流接触器 KM_2 线圈回路中，起到保护作用；此时 SB_2 的一组常闭触点 (5-7) 断开，切断交流接触器 KM_2 线圈的回路电源使其不能得电；SB_2 的另一组常开触点 (3-5) 闭合，接通了交流接触器 KM_1 线圈回路电源，KM_1 线圈得电吸合且 KM_1 辅助常开触点 (3-5) 闭合自锁，KM_1 三相主触点闭合，电动机绕线转子回路串频敏变阻器 R_F 降压启动。当电动机转速升至接近额定转速时，再按下运转按钮 SB_3(7-9)，交流接触器 KM_2

线圈得电吸合且 KM_2 辅助常开触点 (7-9) 闭合自锁，KM_2 三相主触点闭合，将电动机绕线转子短接起来，电动机全压运转。

电路布线图（图 2.29）

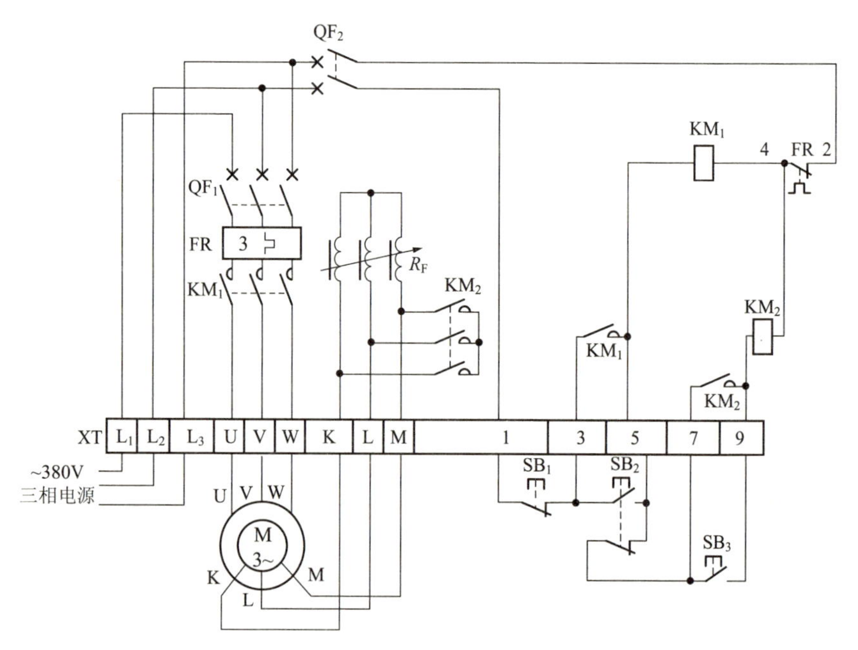

图 2.29　频敏变阻器手动启动控制电路布线图

从图 2.29 中可以看出，XT 为接线端子排，通过端子排 XT 来区分电气元件的安装位置，XT 的上方为放置在配电箱内底板上或底部位置的电气元件，XT 的下方为外接或引至配电箱门面板上的电气元件。

从端子排XT上看，共有14个接线端子。其中，L_1、L_2、L_3这3根线为由外引入配电箱的三相交流380V电源，并穿管引入；主回路端子U、V、W、K、L、M这6根线为电动机线，穿管接至电动机接线盒内的相应U、V、W、K、L、M接线柱上；1、3、5、7、9这5根线为控制线，接至配电箱门面板上的按钮开关SB_1、SB_2、SB_3上。

元器件安装排列图及端子图（图 2.30）

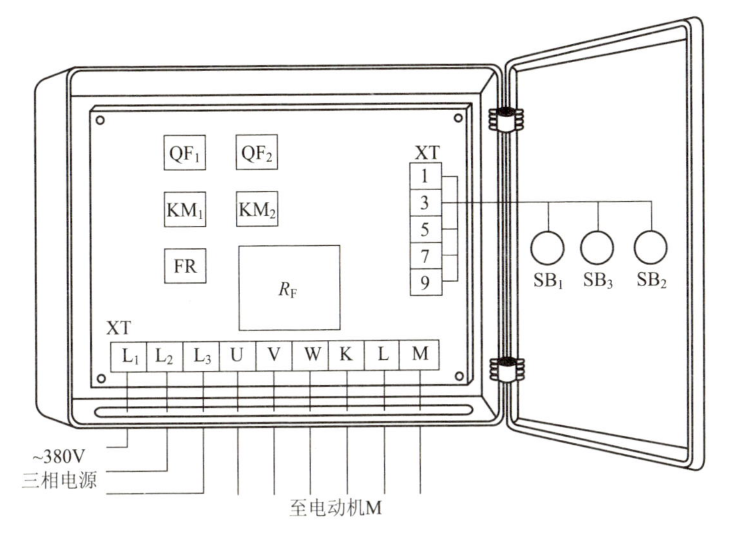

图 2.30 频敏变阻器手动启动控制电路元器件安装排列图及端子图

从图 2.30 中可以看出，断路器 QF_1、QF_2，交流接触器 KM_1、KM_2，频敏变阻器 R_F，热继电器 FR 安装在配电箱内底板或底部位置上；按钮开关 SB_1、SB_2、SB_3 安装在配电箱门面板上。

通过端子 L_1、L_2、L_3 将三相交流 380V 电源接入配电箱中。

端子 U、V、W、K、L、M 接至电动机接线盒中的 U、V、W、K、L、M 上。

端子 1、3、5、7、9 将配电箱内的器件与配电箱门面板上的按钮开关 SB_1、SB_2、SB_3 连接起来。

2.11 频敏变阻器自动启动控制电路（一）

工作原理（图 2.31）

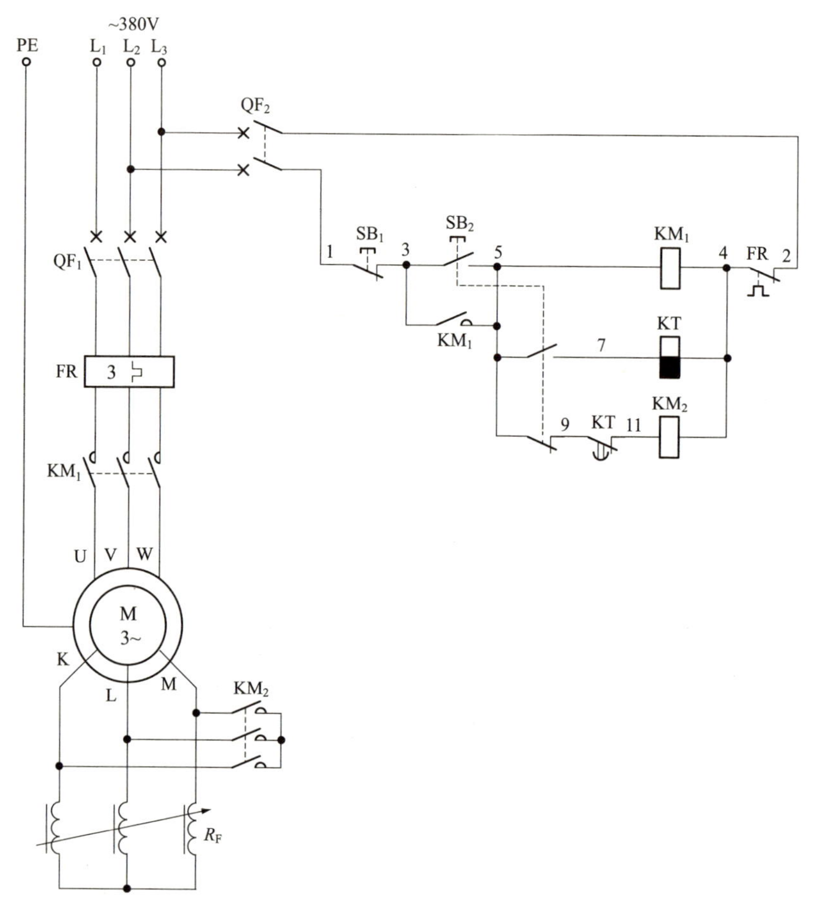

图 2.31　频敏变阻器自动启动控制电路（一）原理图

启动时，按下启动按钮 SB_2，SB_2 的一组常闭触点 (5-9) 断开，切断交流接触器 KM_2 线圈回路电源，以保证在按下 SB_2 时 KM_2 不会立即闭合；SB_2 的另一组常开触点 (3-5) 闭合，交流接触器 KM_1 线圈得电吸合且 KM_1 辅助常开触点 (3-5) 闭合自锁，KM_1 三相主触点闭合，电动机

转子串频敏变阻器 R_F 进行启动。按下启动按钮 SB_2 后又松开，SB_2 的一组常开触点 (5-7) 闭合又断开，失电延时时间继电器 KT 线圈得电吸合后又断电释放并开始延时，KT 失电延时闭合的常闭触点 (9-11) 立即断开。经 KT 一段时间延时后，随着电动机转速的逐渐提高，当接近额定转速时，KT 失电延时闭合的常闭触点 (9-11) 闭合，接通交流接触器 KM_2 线圈回路电源，KM_2 线圈得电吸合，KM_2 三相主触点闭合，将转子回路频敏变阻器 R_F 短接起来，电动机以额定转速运转。

电路布线图（图 2.32）

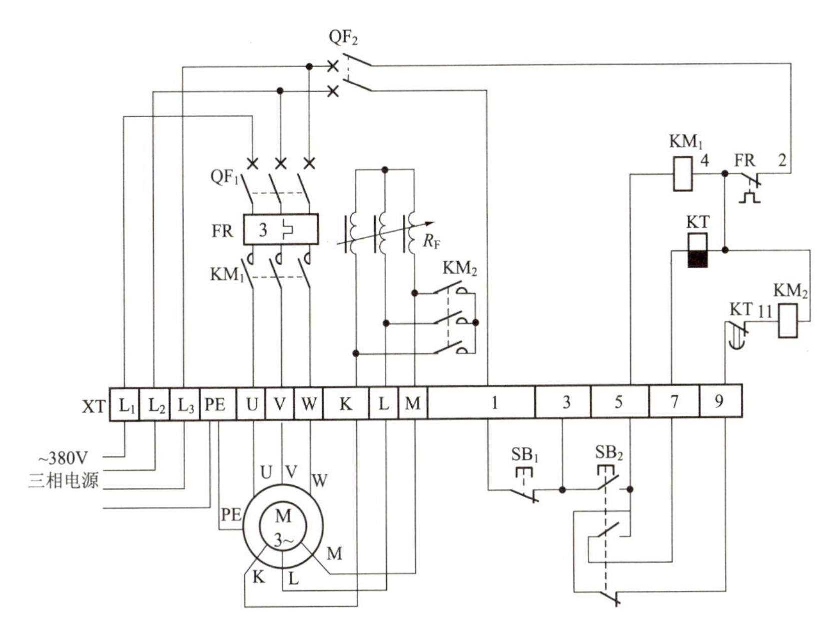

图 2.32 频敏变阻器自动启动控制电路（一）布线图

从图 2.32 中可以看出，XT 为接线端子排，通过端子排 XT 来区分电气元件的安装位置，XT 的上方为放置在配电箱内底板上或底部位置的电气元件，XT 的下方为外接或引至配电箱门面板上的电气元件。

从端子排 XT 上看，共有 15 个接线端子。其中，L_1、L_2、L_3、PE 这 4 根线为由外引入配电箱的三相交流 380V 电源，并穿管引入；主回路端子 U、V、W、K、L、M、PE 这 7 根线为电动机线，穿管接至电动机接线盒内的相应 U、V、W、K、L、M 接线柱及电动机外壳上；1、3、5、7、9 这 5 根线为控制线，接至配电箱门面板上的按钮开关 SB_1、SB_2 上。

元器件安装排列图及端子图（图 2.33）

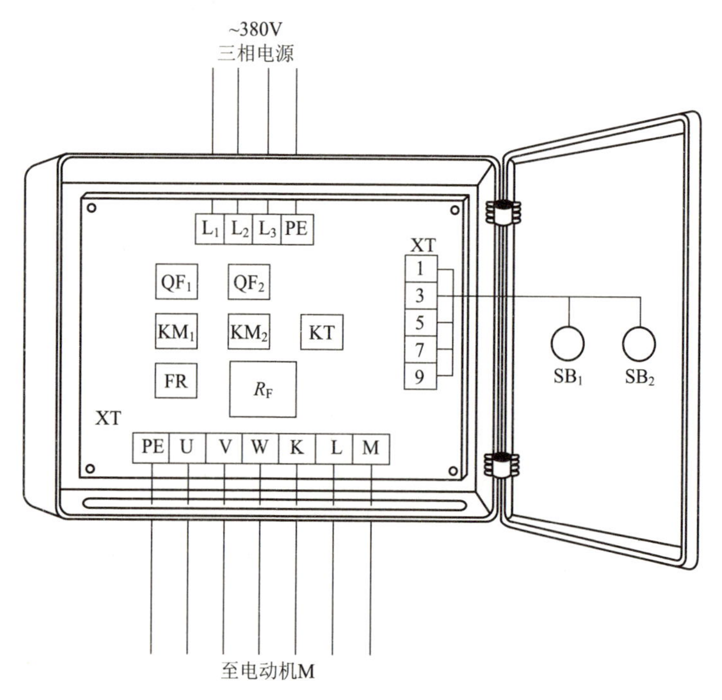

图 2.33　频敏变阻器自动启动控制电路（一）元器件安装排列图及端子图

从图 2.33 中可以看出，断路器 QF_1、QF_2，交流接触器 KM_1、KM_2，失电延时时间继电器 KT，频敏变阻器 R_F，热继电器 FR 安装在配电箱内底板或底部位置上；按钮开关 SB_1、SB_2 安装在配电箱门面板上。

通过端子 L_1、L_2、L_3 将三相交流 380V 电源接入配电箱中。

端子 U、V、W、K、L、M、PE 接至电动机接线盒中的 U、V、W、K、L、M 接线柱及电动机外壳上。

端子 1、3、5、7、9 将配电箱内的器件与配电箱门面板上的按钮开关 SB_1、SB_2 连接起来。

2.12 频敏变阻器自动启动控制电路（二）

工作原理（图 2.34）

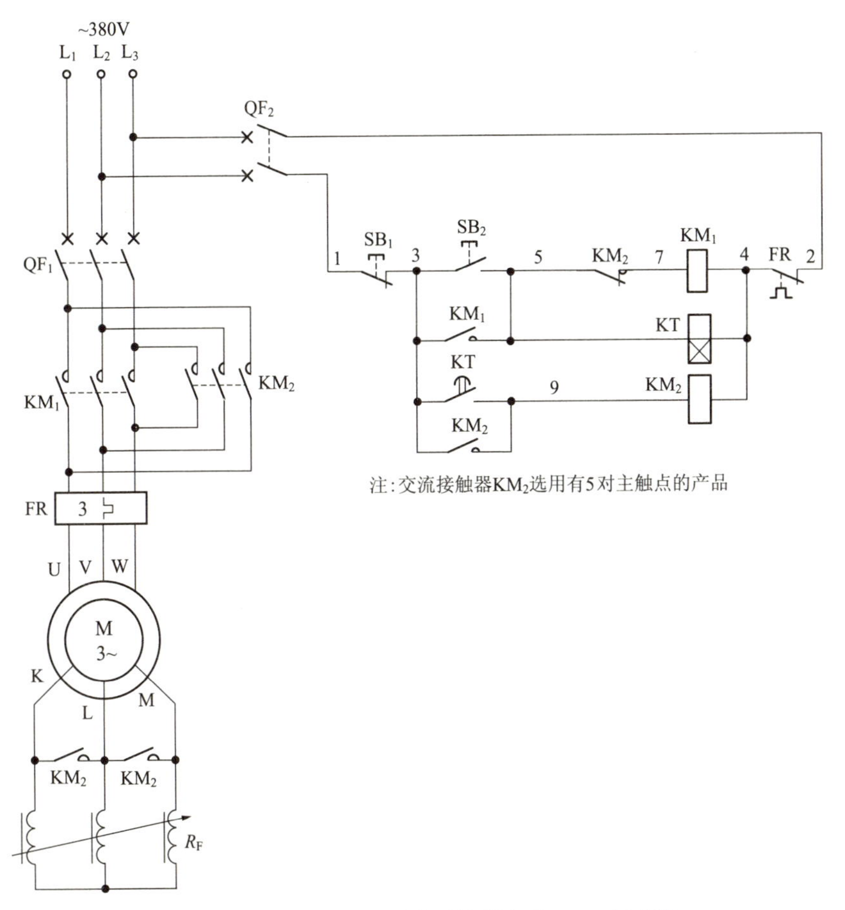

图 2.34 频敏变阻器自动启动控制电路（二）原理图

启动时，按下启动按钮 SB_2(3-5)，交流接触器 KM_1 和得电延时时间继电器 KT 线圈得电吸合且 KM_1 辅助常开触点 (3-5) 闭合自锁，KT 开始延时。在 KM_1 线圈得电吸合后，KM_1 三相主触点闭合，电动机转子串频敏变阻器 R_F 启动。当电动机转速升至额定转速时，也就是 KT

的延时时间结束，KT 得电延时闭合的常开触点 (3-9) 闭合，接通交流接触器 KM_2 线圈回路电源，KM_2 线圈得电吸合且 KM_2 辅助常开触点 (3-9) 闭合自锁，KM_2 辅助常闭触点 (5-7) 断开，切断交流接触器 KM_1 和 KT 线圈的回路电源，KM_1、KT 线圈断电释放，KM_1 三相主触点断开，使 KM_1 退出运行；同时 KM_2 的 5 组主触点闭合，其中三组接通电动机定子电源，另外两组将转子回路短接起来，电动机启动完毕，以额定转速运转。

电路布线图（图 2.35）

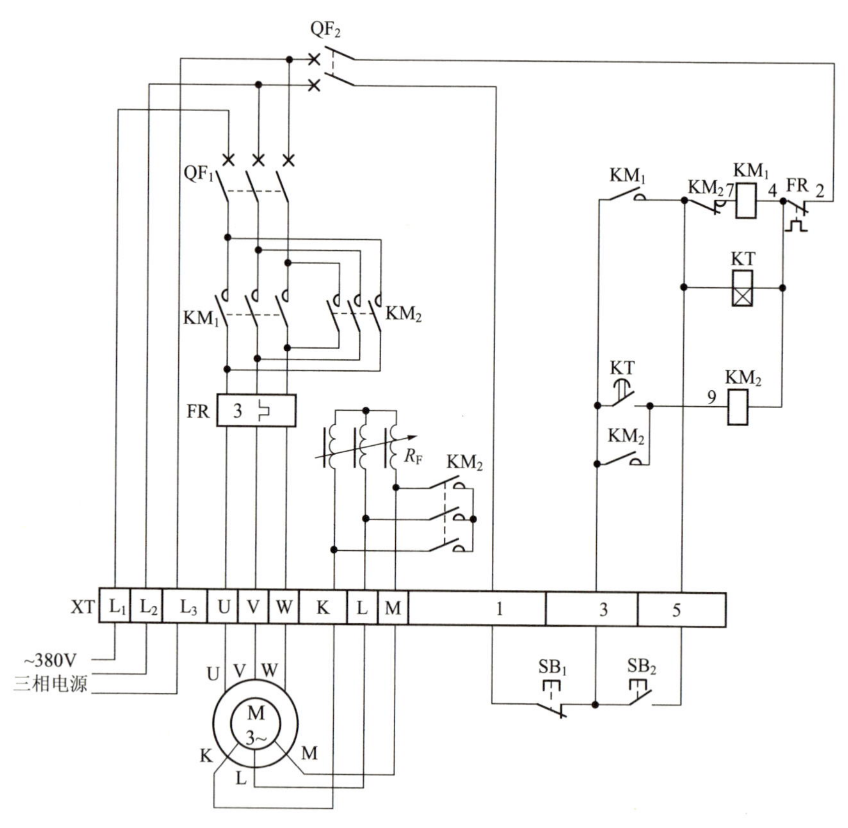

图 2.35　频敏变阻器自动启动控制电路(二)布线图

从图 2.35 中可以看出，XT 为接线端子排，通过端子排 XT 来区分

电气元件的安装位置，XT 的上方为放置在配电箱内底板上或底部位置的电气元件，XT 的下方为外接或引至配电箱门面板上的电气元件。

从端子排 XT 上看，共有 12 个接线端子。其中，L_1、L_2、L_3 这 3 根线为由外引入配电箱的三相交流 380V 电源，并穿管引入；U、V、W、K、L、M 这 6 根线为电动机线，穿管接至电动机接线盒内的 U、V、W、K、L、M 上；1、3、5 这 3 根线为控制线，接至配电箱门面板上的按钮开关 SB_1、SB_2 上。

元器件安装排列图及端子图（图 2.36）

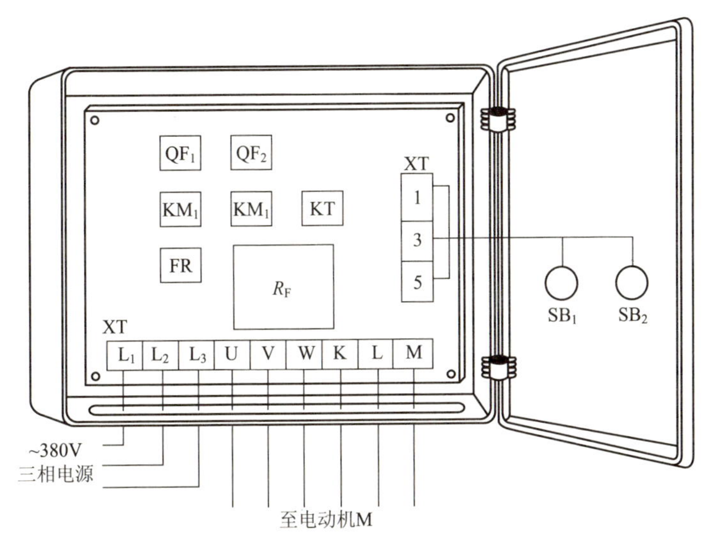

图 2.36　频敏变阻器自动启动控制电路（二）元器件安装排列图及端子图

从图 2.36 中可以看出，断路器 QF_1、QF_2，交流接触器 KM_1、KM_2，得电延时时间继电器 KT，频敏变阻器 R_F，热继电器 FR 安装在配电箱内底板或底部位置上；按钮开关 SB_1、SB_2 安装在配电箱门面板上。

通过端子 L_1、L_2、L_3 将三相交流 380V 电源接入配电箱中。

端子 U、V、W、K、L、M 接至电动机接线盒中的 U、V、W、K、L、M 上。

端子 1、3、5 将配电箱内的器件与配电箱门面板上的按钮开关 SB_1、SB_2 连接起来。

2.13 Y-△降压启动手动控制电路

工作原理（图 2.37）

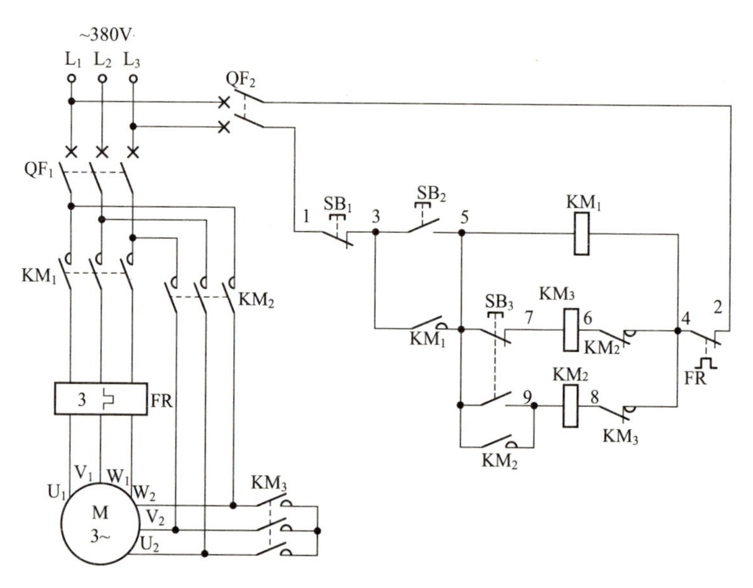

图 2.37　Y-△降压启动手动控制电路原理图

首先合上主回路断路器 QF_1、控制回路断路器 QF_2，为电路工作提供准备条件。

启动时，按下启动按钮 SB_2(3-5)，交流接触器 KM_1、KM_3 线圈得电吸合且 KM_1 辅助常开触点 (3-5) 闭合自锁，KM_1、KM_3 各自的三相主触点闭合。其中，KM_1 三相主触点闭合，接通三相交流电源，KM_3 三相主触点闭合，将绕组 U_2、V_2、W_2 短接起来，电动机接成 Y 形启动。

运转时，按下运转按钮 SB_3，SB_3 的一组常闭触点 (5-7) 断开，切断 KM_3 线圈回路电源，KM_3 线圈断电释放，KM_3 三相主触点断开，电动机绕组 Y 形接法解除；与此同时，SB_3 的另一组常开触点 (5-9) 闭合，接通交流接触器 KM_2 线圈回路电源，KM_2 线圈得电吸合且 KM_2 辅助常开触点 (5-9) 闭合自锁，KM_2 三相主触点闭合，KM_2 将绕组 U_1 与 W_2、

V_1与U_2、W_1与V_2分别短接起来，电动机接成△形全压运转了。

停止时，按下停止按钮SB_1(1-3)，交流接触器KM_1、KM_2线圈断电释放，KM_1、KM_2各自的三相主触点断开，电动机失电停止运转。

电路布线图（图 2.38）

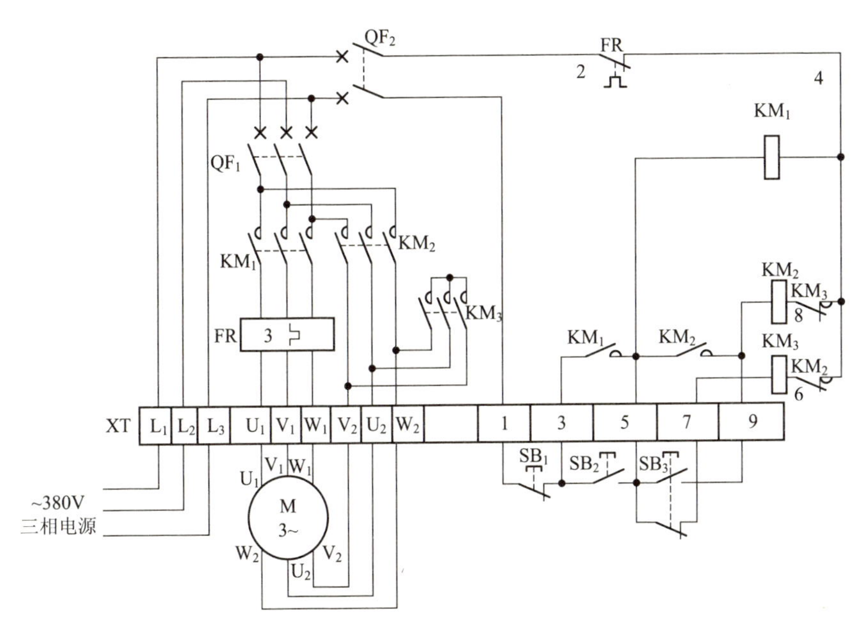

图 2.38 Y－△降压启动手动控制电路布线图

从图 2.38 中可以看出，XT 为接线端子排，通过端子排 XT 来区分电气元件的安装位置，XT 的上方为放置在配电箱内底板上的电气元件，XT 的下方为外接或引至配电箱门面板上的电气元件。

从端子排 XT 上看，共有 14 个接线端子。其中，L_1、L_2、L_3这 3 根线为由外引入配电箱的三相交流 380V 电源，并穿管引入；U_1、V_1、W_1、U_2、V_2、W_2这 6 根线为电动机线，穿管接至电动机接线盒内的U_1、V_1、W_1、U_2、V_2、W_2上；1、3、5、7、9 这 5 根线为控制线，接至配电箱门面板上的按钮开关SB_1、SB_2、SB_3上。

元器件安装排列图及端子图（图 2.39）

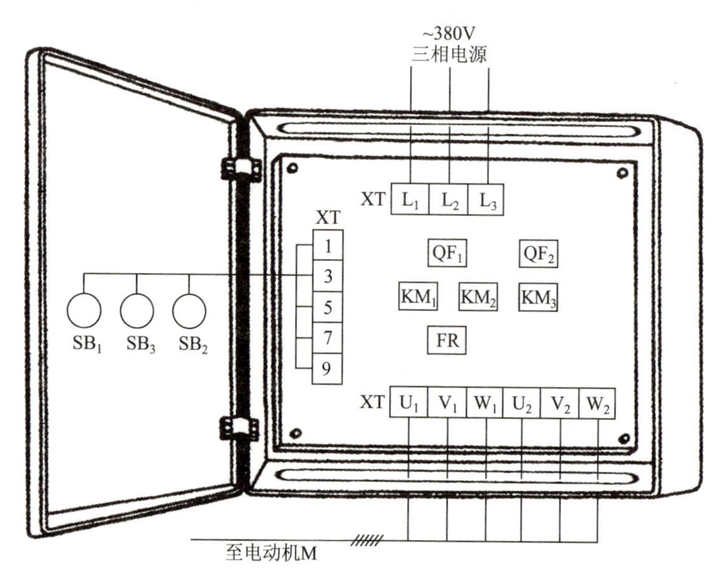

图 2.39 Y－△降压启动手动控制电路元器件安装排列图及端子图

从图 2.39 中可以看出，断路器 QF_1、QF_2，交流接触器 KM_1、KM_2、KM_3，热继电器 FR 安装在配电箱内底板上；按钮开关 SB_1、SB_2、SB_3 安装在配电箱门面板上。

通过端子 L_1、L_2、L_3 将三相交流 380V 电源接入配电箱中。

端子 U_1、V_1、W_1、U_2、V_2、W_2 对应接至电动机接线盒中的 U_1、V_1、W_1、U_2、V_2、W_2 上。

端子 1、3、5、7、9 将配电箱内的器件与配电箱门面板上的按钮开关 SB_1、SB_2、SB_3 连接起来。

2.14 Y-△降压启动自动控制电路

工作原理（图 2.40）

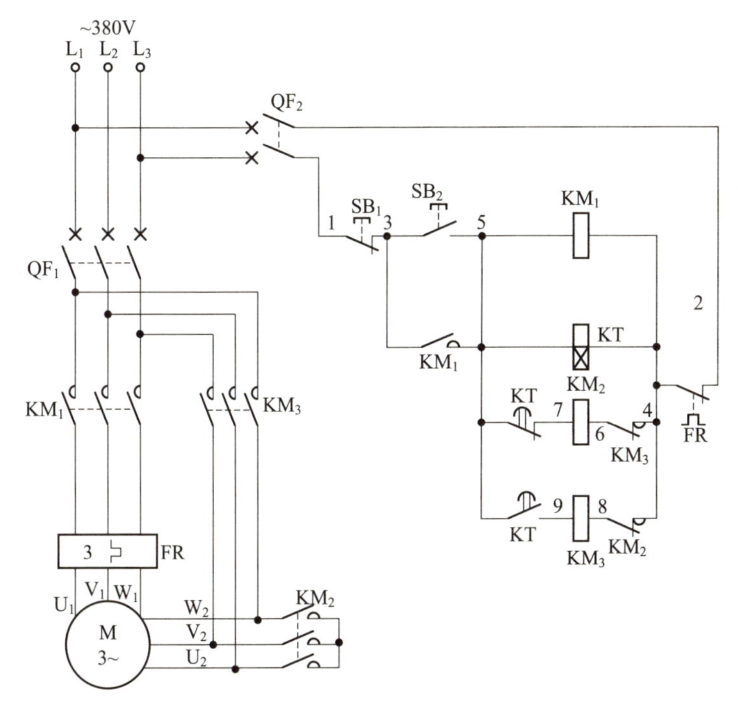

图 2.40 Y－△降压启动自动控制电路原理图

首先合上主回路断路器 QF_1、控制回路断路器 QF_2，为电路工作提供准备条件。

启动时，按下启动按钮 SB_2(3-5)，电源交流接触器 KM_1、得电延时时间继电器 KT 线圈得电吸合且 KM_1 辅助常开触点 (3-5) 闭合自锁，同时 KT 开始延时；接通 Y 形启动交流接触器 KM_2 线圈回路电源，KM_2 线圈得电吸合。在交流接触器 KM_1、KM_2 线圈得电吸合后，KM_1、KM_2 各自的三相主触点闭合，电动机绕组得电接成 Y 形进行降压启动。经 KT 延时后，KT 的一组得电延时断开的常闭触点 (5-7) 先断开，切断了Y形交流接触器 KM_2 线圈回路电源，KM_2 线圈断电释放，KM_2 三相主触点断开，电动机绕组Y点解除；与此同时，KT 的另一组得电延时闭合的常开触点 (5-9) 闭合，接通了△形运转交流接触器 KM_3 线圈回路电源，KM_3 三相主触点闭合，电动机绕组由Y形改接成△形全压运转，至此整个Y-△启动结束。

停止时，按下停止按钮 SB_1(1-3)，电源交流接触器 KM_1、△形运转交流接触器 KM_3、得电延时时间继电器 KT 线圈均断电释放，KM_1、KM_3 各自的三相主触点断开，电动机失电停止运转。

本电路采用了三只交流接触器 KM_1、KM_2、KM_3 来完成Y-△降压启动自动控制，电路中Y形启动交流接触器 KM_2 触点容量较大，能满足频繁启动要求。

电路布线图（图 2.41）

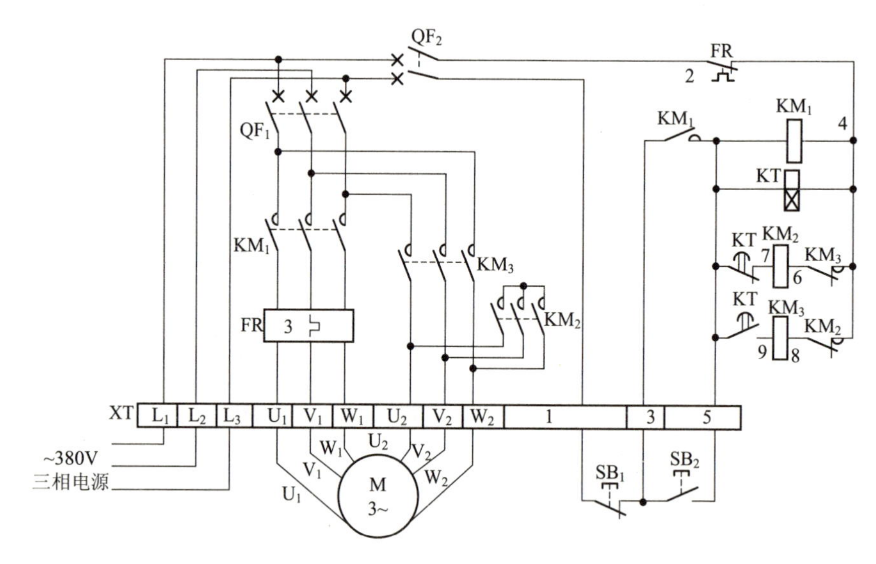

图 2.41　Y-△降压启动自动控制电路布线图

从图 2.41 中可以看出，XT 为接线端子排，通过端子排 XT 来区分电气元件的安装位置，XT 的上方为放置在配电箱内底板上的电气元件，XT 的下方为外接或引至配电箱门面板上的电气元件。

从端子排 XT 上看，共有 12 个接线端子。其中，L_1、L_2、L_3 这 3 根线为由外引入配电箱的三相交流 380V 电源，并穿管引入；U_1、V_1、

W_1、U_2、V_2、W_2 这 6 根线为电动机线，穿管接至电动机接线盒内的 U_1、V_1、W_1、U_2、V_2、W_2 上；1、3、5 这 3 根线为控制线，接至配电箱门面板上的按钮开关 SB_1、SB_2 上。

元器件安装排列图及端子图（图 2.42）

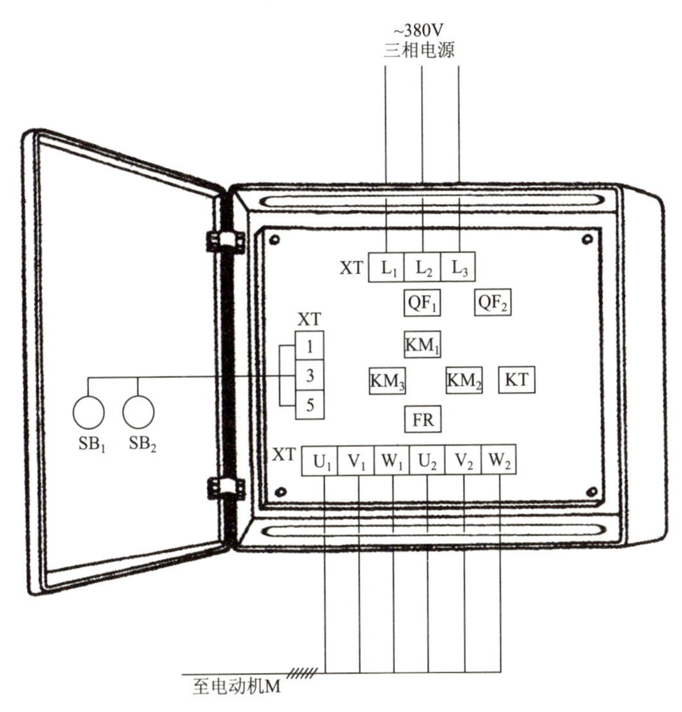

图 2.42 Y－△降压启动自动控制电路元器件安装排列图及端子图

从图 2.42 中可以看出，断路器 QF_1、QF_2，交流接触器 KM_1、KM_2、KM_3，得电延时时间继电器 KT，热继电器 FR 安装在配电箱内底板上；按钮开关 SB_1、SB_2 安装在配电箱门面板上。

通过端子 L_1、L_2、L_3 将三相交流 380V 电源接入配电箱中。

端子 U_1、V_1、W_1、U_2、V_2、W_2 接至电动机接线盒中的 U_1、V_1、W_1、U_2、V_2、W_2 上。

端子 1、3、5 将配电箱内的器件与配电箱门面板上的按钮开关 SB_1、SB_2 连接起来。

2.15 电动机△-Y启动自动控制电路

工作原理（图 2.43）

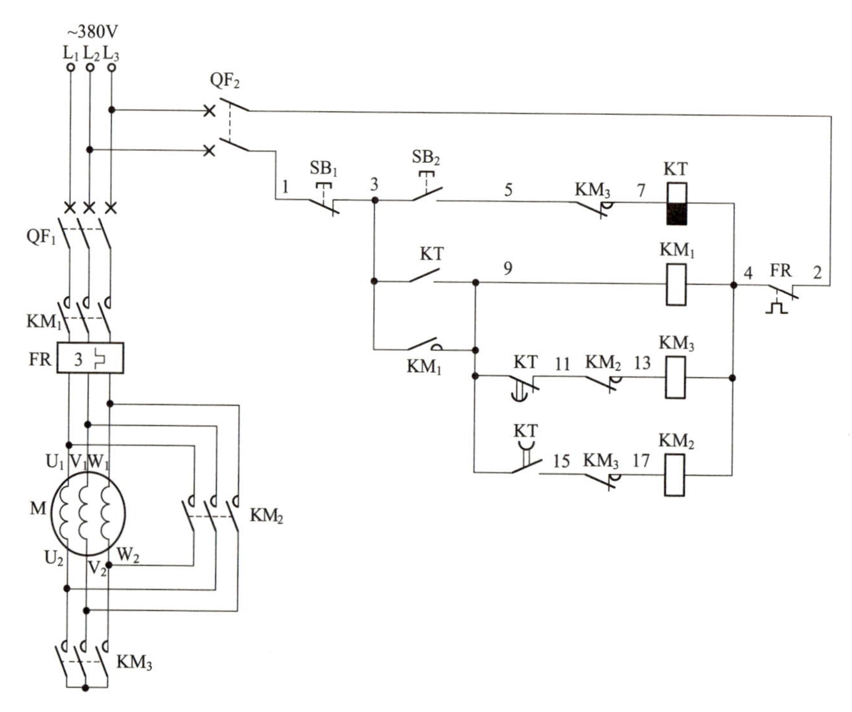

图 2.43　电动机△-Y启动自动控制电路原理图

启动时，按下启动按钮 SB_2(3-5) 后再松开，失电延时时间继电器 KT 线圈得电吸合后又断电释放，KT 开始延时。此时 KT 不延时瞬动常开触点 (3-9) 立即闭合后又断开，KT 失电延时闭合的常闭触点 (9-11) 立即断开，KT 失电延时断开的常开触点 (9-15) 立即闭合，这样，交流接触器 KM_1 线圈得电吸合且 KM_1 辅助常开触点 (3-9) 闭合自锁，KM_1 三相主触点闭合，将三相电源接入电动机绕组，同时交流接触器 KM_2 线圈也得电吸合，KM_2 三相主触点闭合，绕组接成△形，电动机得电以△形连接开始启动。经 KT 一段时间延时后，电动机的转速升至额定转速，KT 失电延时断开的常开触点 (9-15) 断开，切断△形连接交流接触

器 KM_2 线圈的回路电源，KM_2 线圈断电释放，KM_2 三相主触点断开，电动机△形连接方式解除；同时 KT 失电延时闭合的常闭触点 (9-11) 闭合，接通了Y形交流接触器 KM_3 线圈回路电源，KM_3 线圈得电吸合，KM_3 三相主触点闭合，电动机绕组被连接成Y形正常运转。从而完成△形启动、Y形运转控制。

停止时，按下停止按钮 SB_1(1-3), 交流接触器 KM_1、KM_3 线圈断电释放，KM_1、KM_3 各自的三相主触点断开，电动机失电停止运转。

电路布线图（图 2.44）

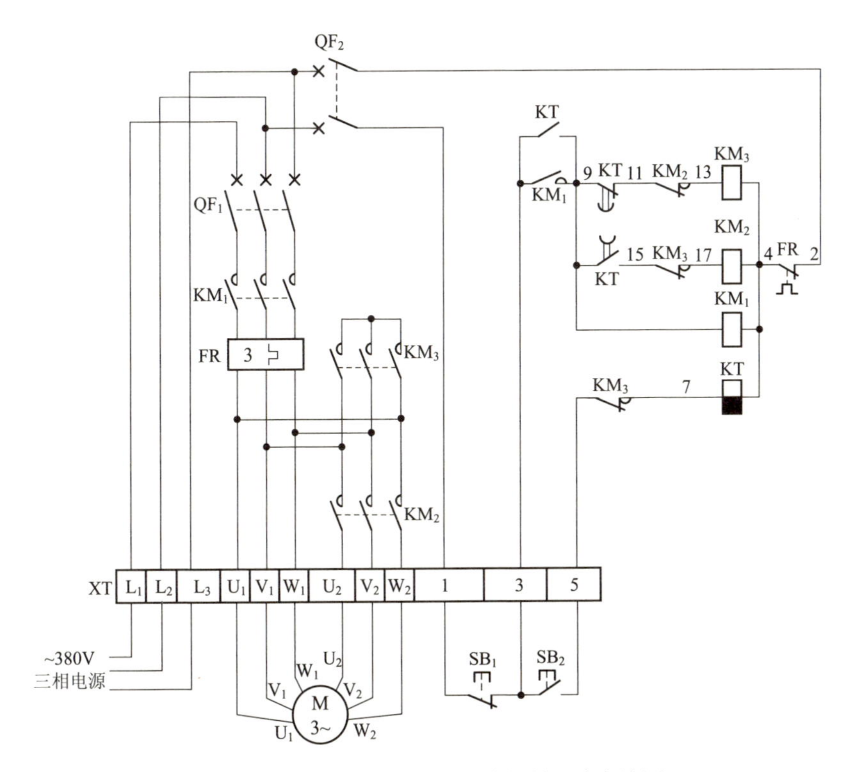

图 2.44　电动机△－Y启动自动控制电路布线图

从图 2.44 中可以看出，XT 为接线端子排，通过端子排 XT 来区分电气元件的安装位置，XT 的上方为放置在配电箱内底板上的电气元件，XT 的下方为外接或引至配电箱门面板上的电气元件。

从端子排 XT 上看，共有 12 个接线端子。其中，L_1、L_2、L_3 这 3 根线为由外引入配电箱的三相交流 380V 电源，并穿管引入；U_1、V_1、W_1、U_2、V_2、W_2 这 6 根线为电动机线，穿管接至电动机接线盒内的 U_1、V_1、W_1、U_2、V_2、W_2 上；1、3、5 这 3 根线为控制线，接至配电箱门面板上的按钮开关 SB_1、SB_2 上。

元器件安装排列图及端子图（图 2.45）

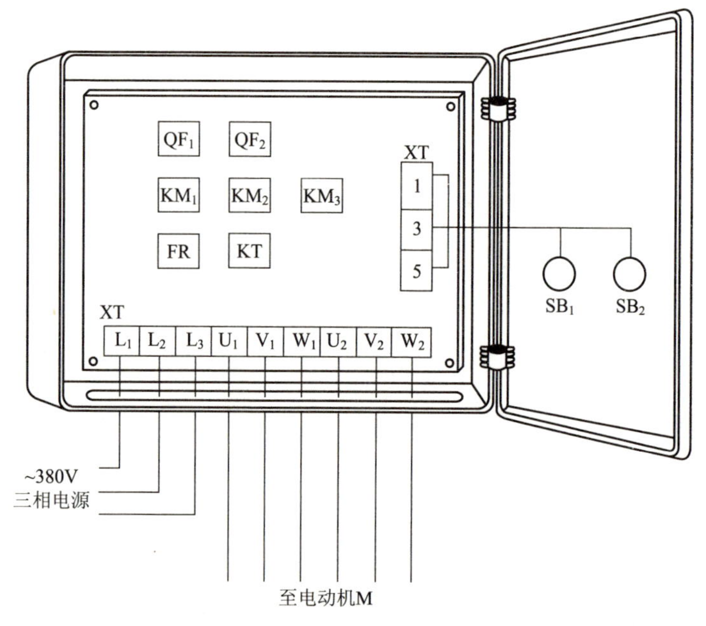

图 2.45 电动机△-Y启动自动控制电路元器件安装排列图及端子图

从图 2.45 中可以看出，断路器 QF_1、QF_2，交流接触器 KM_1、KM_2、KM_3，失电延时时间继电器 KT，热继电器 FR 安装在配电箱内底板上；按钮开关 SB_1、SB_2 安装在配电箱门面板上。

通过端子 L_1、L_2、L_3 将三相交流 380V 电源接入配电箱中。

端子 U_1、V_1、W_1、U_2、V_2、W_2 接至电动机接线盒中的 U_1、V_1、W_1、U_2、V_2、W_2 上。

端子 1、3、5 将配电箱内的器件与配电箱门面板上的按钮开关 SB_1、SB_2 连接起来。

2.16 用两只接触器完成Y-△降压自动启动控制电路

工作原理（图 2.46）

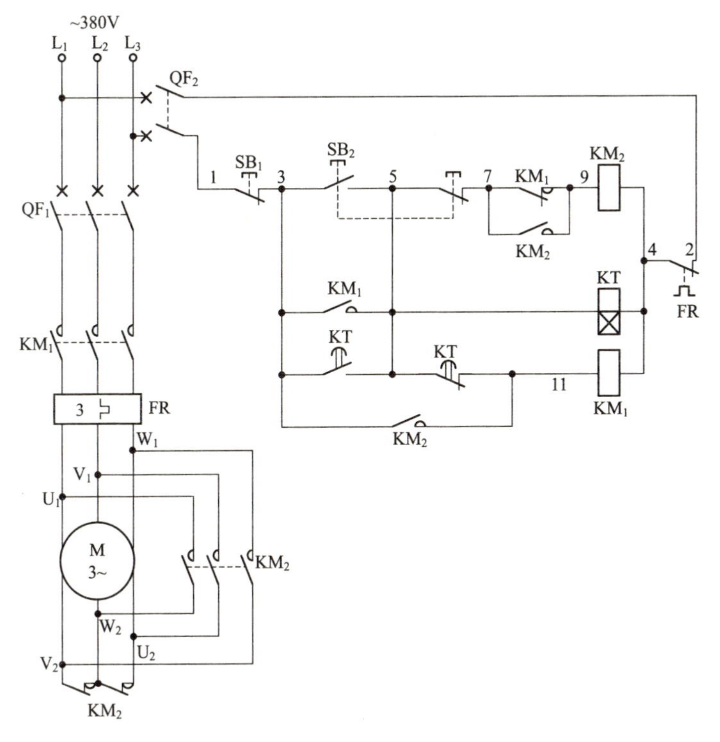

图 2.46 用两只接触器完成Y－△降压自动启动控制电路原理图

首先合上主回路断路器 QF_1、控制回路断路器 QF_2，为电路工作提供准备条件。

启动时，按下启动按钮 SB_2，交流接触器 KM_1、得电延时时间继电器 KT 线圈得电吸合且 KM_1 辅助常开触点（3-5）闭合自锁，KM_1 三相主触点闭合提供三相电源，电动机Y形启动。经过时间继电器 KT 延时后，KT 得电延时断开的常闭触点（5-11）断开，切断了交流接触器 KM_1 线圈回路电源，KM_1 三相主触点断开，此时电动机瞬间脱离电源靠惯性继续运转。由于 KM_1 线圈断电释放，KM_1 串联在 KM_2 线圈回路中的常闭触点闭合，此时 KT 得电延时闭合的常开触点（3-5）闭合且自锁，交流接触器 KM_2 线圈得电吸合且 KM_2 辅助常开触点（7-9）闭合自锁，KM_2 作为电动机Y点的常闭触点断开，KM_2 三相主触点闭合，连接成△形电路，KM_2 辅助常开触点闭合，接通了电动机电源交流接触器 KM_1 线圈回路电源，电动机由Y形接法自动转换为△形接法，电动机启动完毕而正常运转。

电路布线图（图 2.47）

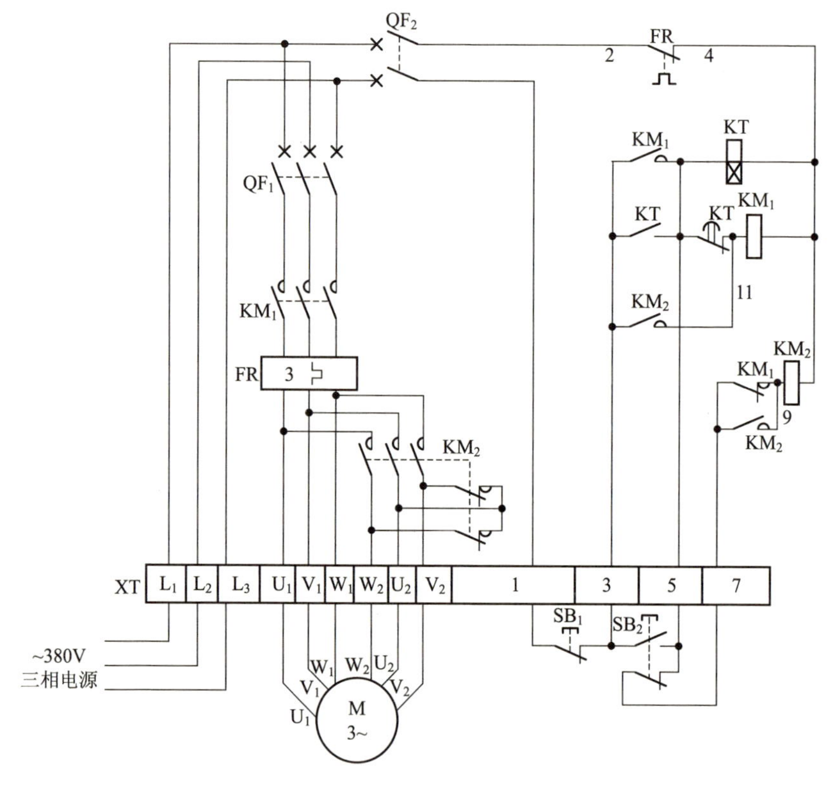

图 2.47　用两只接触器完成Y－△降压自动启动控制电路布线图

从图 2.47 中可以看出，XT 为接线端子排，通过端子排 XT 来区分电气元件的安装位置，XT 的上方为放置在配电箱内底板上的电气元件，XT 的下方为外接或引至配电箱门面板上的电气元件。

从端子排XT上看，共有13个接线端子，其中，L_1、L_2、L_3这3根线为由外引入至配电箱内的三相交流380V电源，并穿管引入；U_1、V_1、W_1、U_2、V_2、W_2这6根线为电机线穿管接至电动机接线盒内的U_1、V_1、W_1、U_2、V_2、W_2上；1、3、5、7这4根线为控制线，接至配电箱门面板上的按钮开关SB_1、SB_2上。

元器件安装排列图及端子图（图2.48）

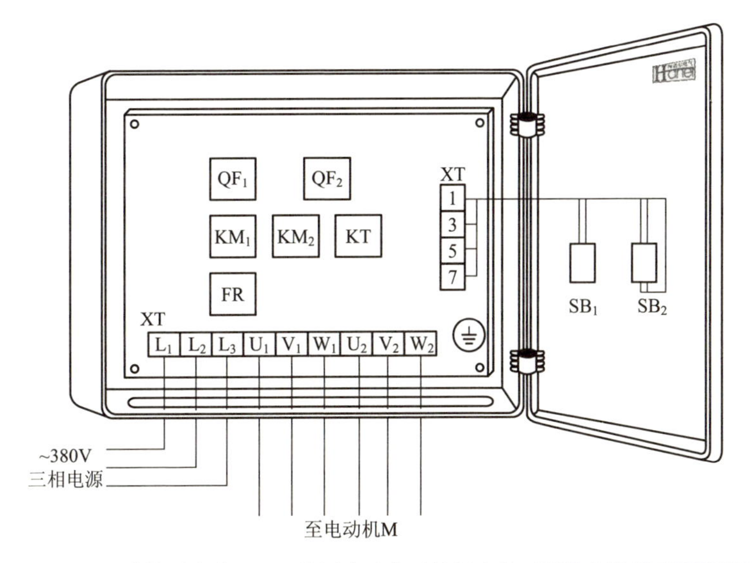

图2.48 用两只接触器完成Y－△降压自动启动控制电路元器件安装排列图及端子图

从图2.48中可以看出，断路器QF_1、QF_2，交流接触器KM_1、KM_2，得电延时时间继电器KT，热继电器FR安装在配电箱内底板上；按钮开关SB_1、SB_2安装在配电箱门面板上。

通过端子L_1、L_2、L_3将三相交流380V电源接入配电箱中。

端子U_1、V_1、W_1、U_2、V_2、W_2接至电动机接线盒中的U_1、V_1、W_1、U_2、V_2、W_2上。

端子1、3、5、7将配电箱内的器件与配电箱门面板上的按钮开关SB_1、SB_2连接起来。

第 3 章

电动机制动电路

3.1 单向运转反接制动控制电路

工作原理（图 3.1）

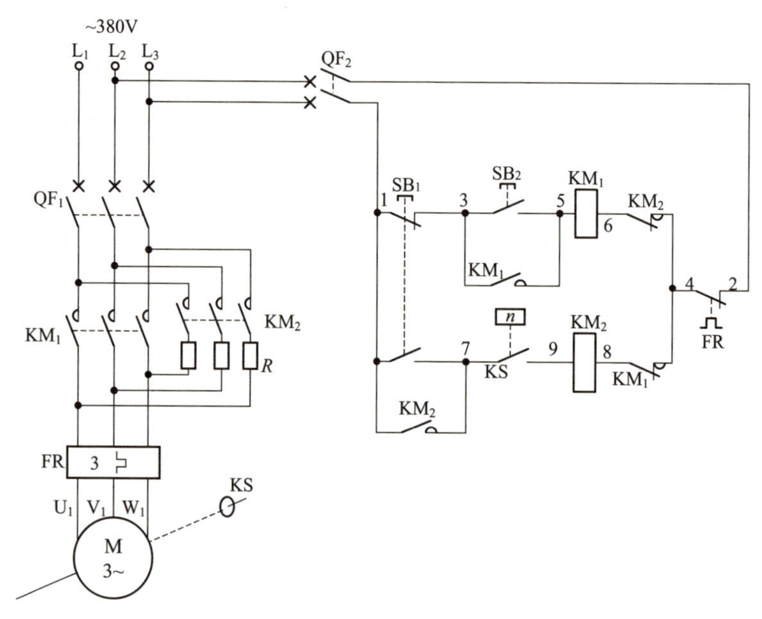

图 3.1　单向运转反接制动控制电路原理图

启动时，按下启动按钮 SB_2(3-5)，交流接触器 KM_1 线圈得电吸合且 KM_1 辅助常开触点 (3-5) 闭合自锁，同时 KM_1 串联在制动用交流接触器 KM_2 线圈回路中的辅助常闭触点 (4-8) 断开，对制动控制电路进行互锁；在 KM_1 线圈得电吸合的同时，KM_1 三相主触点闭合，电动机得电启动运转。当电动机的转速升至 120r/min 后，速度继电器 KS 常开触点 (7-9) 闭合，为停止时反接制动做准备。

制动时，将停止兼制动按钮 SB_1 按到底，SB_1 的一组常闭触点 (1-3) 断开，切断了交流接触器 KM_1 线圈回路电源，KM_1 线圈断电释放，KM_1 三相主触点断开，电动机失电仍靠惯性继续转动；与此同时，SB_1 的另外一组常开触点 (1-7) 闭合，注意由于 KM_1 线圈已断电释放，KM_1 串联在 KM_2 线圈回路中的互锁辅助常闭触点 (4-8) 恢复常闭状态，此时

交流接触器 KM_2 线圈得电吸合且 KM_2 辅助常开触点 (1-7) 闭合自锁，KM_2 三相主触点闭合，串联限流电阻器 R 对电动机进行反接制动，使电动机迅速停止下来，当电动机的转速低至 100r/min 时，速度继电器 KS 常开触点 (7-9) 断开，切断了反接制动交流接触器 KM_2 线圈回路电源，KM_2 线圈断电释放，KM_2 三相主触点断开，电动机反接制动电源解除，从而完成反接制动控制。

电路布线图（图 3.2）

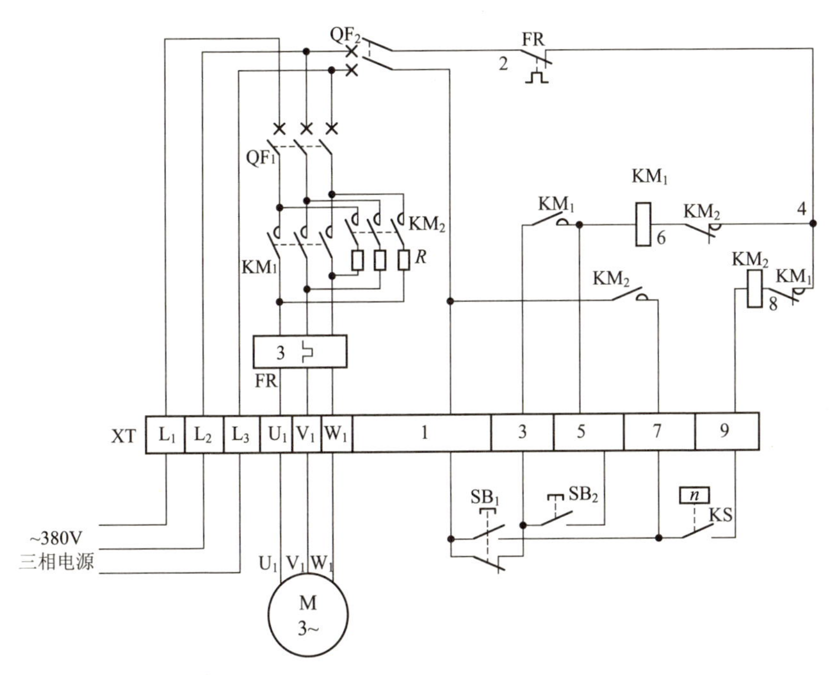

图 3.2 单向运转反接制动控制电路布线图

从图 3.2 中可以看出，XT 为接线端子排，通过端子排 XT 来区分电气元件的安装位置，XT 的上方为放置在配电箱内底板上或底部位置的电气元件，XT 的下方为外接或引至配电箱门面板上的电气元件。

从端子排 XT 上看，共有 12 个接线端子。其中，L_1、L_2、L_3 这 3 根线为由外引入配电箱的三相交流 380V 电源，并穿管引入；U_1、V_1、W_1 这 3 根线为电动机线，穿管接至电动机接线盒内的 U_1、V_1、W_1 上；1、

3、5、7 这 4 根线为控制线，接至配电箱门面板上的按钮开关 SB_1、SB_2 上；7、9 这 2 根线为速度继电器控制线，穿管接至速度继电器 KS 常开触点上。

元器件安装排列图及端子图（图 3.3）

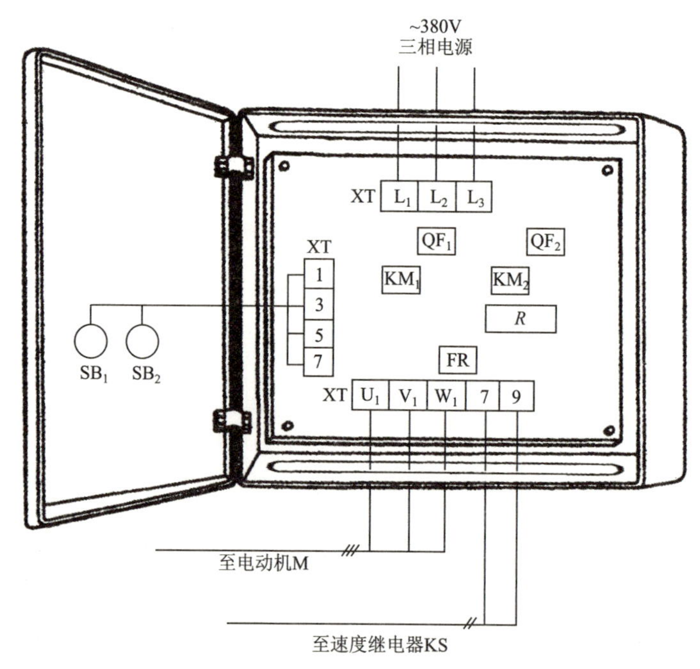

图 3.3　单向运转反接制动控制电路元器件安装排列图及端子图

从图 3.3 中可以看出，断路器 QF_1、QF_2，交流接触器 KM_1、KM_2，热继电器 FR 安装在配电箱内底板上；制动电阻器 R 可安装在配电箱内底板位置；按钮开关 SB_1、SB_2 安装在配电箱门面板上。

通过端子 L_1、L_2、L_3 将三相交流 380V 电源接入配电箱中。

端子 U_1、V_1、W_1 接至电动机接线盒中的 U_1、V_1、W_1 上。

端子 1、3、5、7 将配电箱内的器件与配电箱门面板上的按钮开关 SB_1、SB_2 连接起来。

端子 7、9 接至速度继电器 KS 常开触点上。

3.2 不用速度继电器的单向运转反接制动控制电路（一）

工作原理（图 3.4）

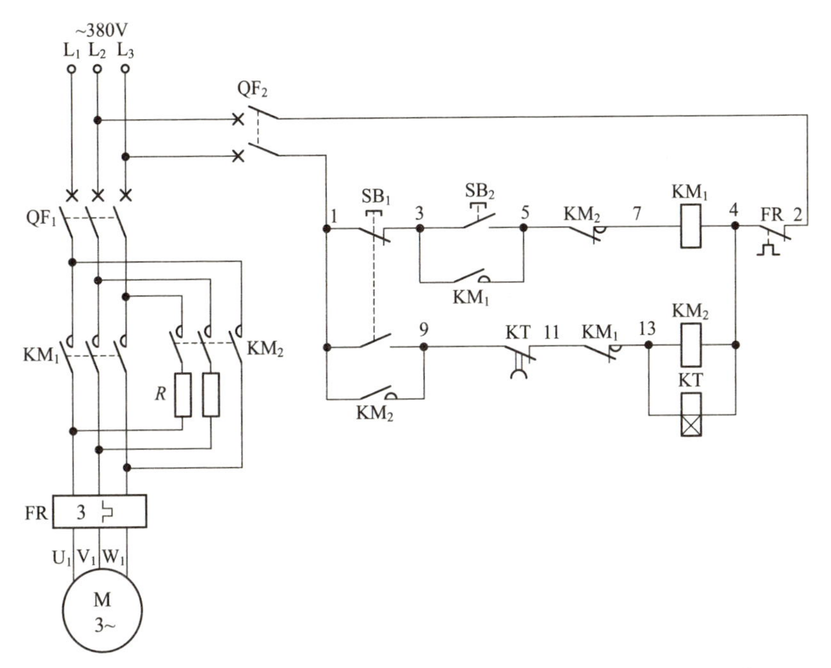

图 3.4 不用速度继电器的单向运转反接制动控制电路（一）原理图

启动时，按下启动按钮 SB_2(3-5)，交流接触器 KM_1 线圈得电吸合且 KM_1 辅助常开触点 (3-5) 闭合自锁，KM_1 三相主触点闭合，电动机得电启动运转。在交流接触器 KM_1 线圈得电吸合时，KM_1 串联在 KM_2 线圈回路中的辅助常闭触点 (11-13) 首先断开，起到互锁保护作用。

制动时，将停止按钮 SB_1 按到底，SB_1 的一组常闭触点 (1-3) 断开，切断了交流接触器 KM_1 线圈的回路电源，KM_1 线圈断电释放，KM_1 三相主触点断开，电动机失电但仍靠惯性继续转动；同时 KM_1 辅助常闭触点 (11-13) 恢复常闭，为接通 KM_2 和 KT 线圈回路做准备。在按下停止按钮 SB_1 的同时，SB_1 的另一组常开触点 (1-9) 闭合，接通了交流接触器 KM_2 和得电延时时间继电器 KT 线圈的回路电源，KM_2、KT 线圈

得电吸合且 KM_2 辅助常开触点 (1-9) 闭合自锁，同时 KT 开始延时；这时 KM_2 三相主触点闭合，电动机绕组串联了不对称限流电阻器 R 后反转运转，电动机通入反接制动电源后转速骤降。经 KT 一段时间延时后，KT 得电延时断开的常闭触点 (1-9) 断开，切断交流接触器 KM_2 和得电延时时间继电器 KT 线圈的回路电源，KM_2、KT 线圈断电释放，KM_2 三相主触点断开，解除通入电动机绕组内的反接制动电源，电动机反接制动过程结束。

电路布线图（图 3.5）

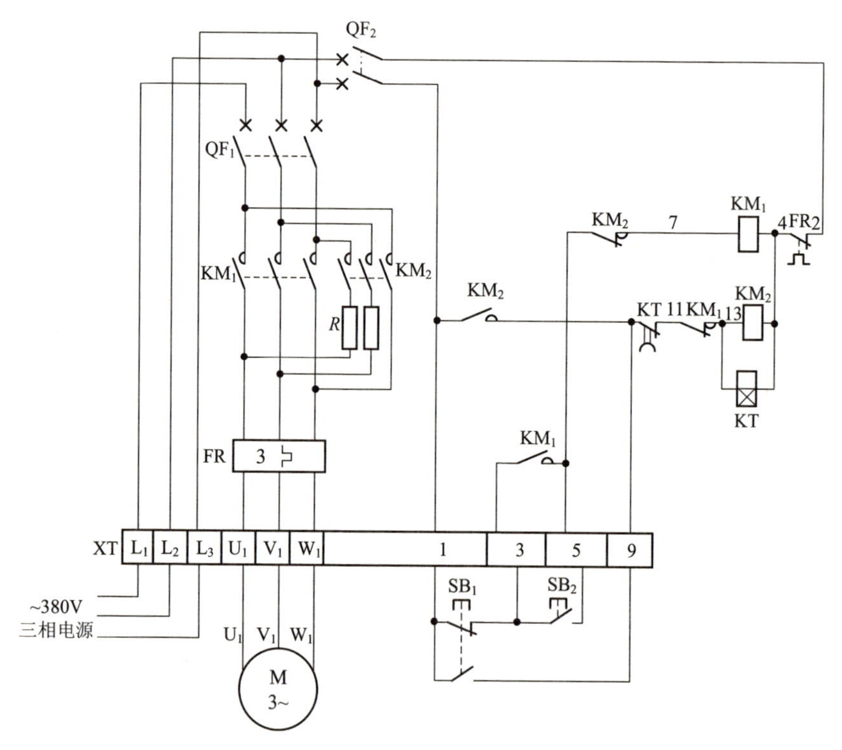

图 3.5 不用速度继电器的单向运转反接制动控制电路 (一) 布线图

从图 3.5 中可以看出，XT 为接线端子排，通过端子排 XT 来区分电气元件的安装位置，XT 的上方为放置在配电箱内底板上或底部位置的电气元件，XT 的下方为外接或引至配电箱门面板上的电气元件。

从端子排 XT 上看，共有 10 个接线端子。其中，L_1、L_2、L_3 这 3 根线为由外引入配电箱的三相交流 380V 电源，并穿管引入；U_1、V_1、W_1 这 3 根线为电动机线，穿管接至电动机接线盒内的 U_1、V_1、W_1 上；1、3、5、9 这 4 根线为控制线，接至配电箱门面板上的按钮开关 SB_1、SB_2 上。

元器件安装排列图及端子图（图 3.6）

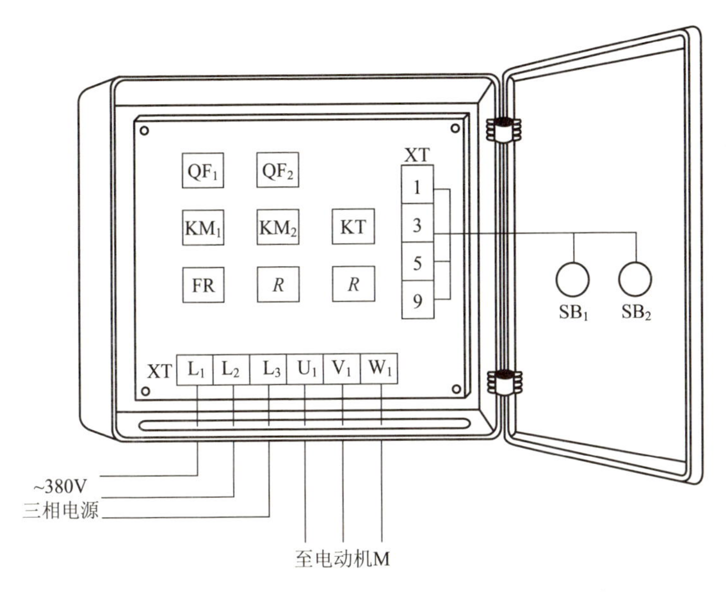

图 3.6 不用速度继电器的单向运转反接制动控制电路（一）元器件安装排列图及端子图

从图 3.6 中可以看出，断路器 QF_1、QF_2，交流接触器 KM_1、KM_2，得电延时时间继电器 KT，电阻器 R，热继电器 FR 安装在配电箱内底板或底部位置上；按钮开关 SB_1、SB_2 安装在配电箱门面板上。

通过端子 L_1、L_2、L_3 将三相交流 380V 电源接入配电箱中。

端子 U_1、V_1、W_1 接至电动机接线盒中的 U_1、V_1、W_1 上。

端子 1、3、5、9 将配电箱内的器件与配电箱门面板上的按钮开关 SB_1、SB_2 连接起来。

3.3 不用速度继电器的单向运转反接制动控制电路（二）

工作原理（图 3.7）

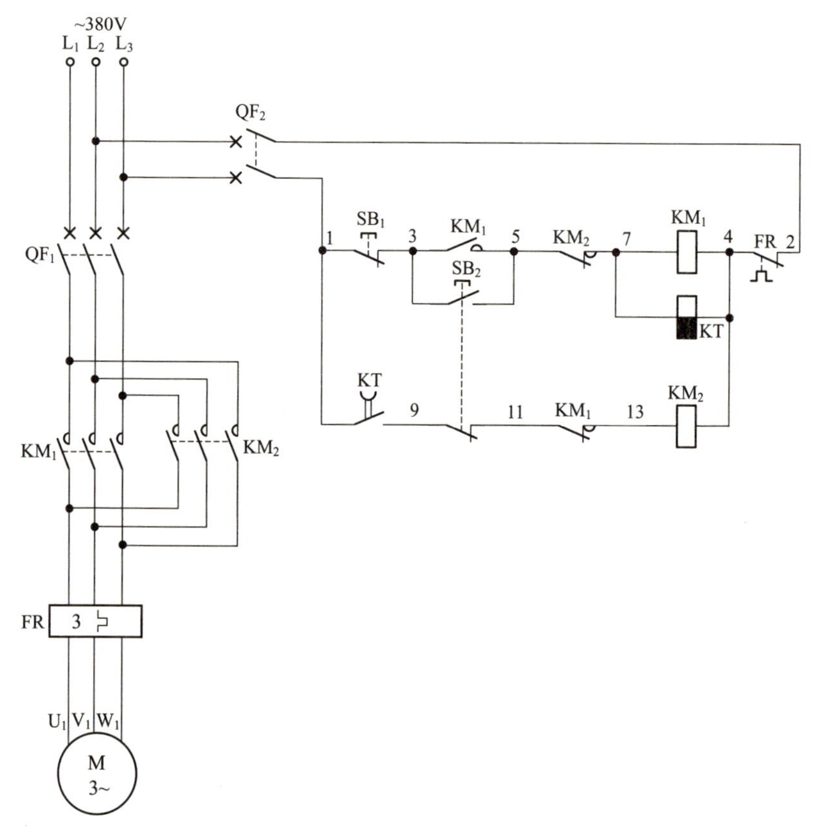

图 3.7　不用速度继电器的单向运转反接制动控制电路（二）原理图

启动时，按下启动按钮 SB_2，SB_2 的一组常闭触点 (9-11) 断开，切断 KM_2 线圈回路电源，起到互锁保护作用；SB_2 的另一组常开触点 (3-5) 闭合，接通交流接触器 KM_1 和失电延时时间继电器 KT 线圈回路电源，KM_1、KT 线圈得电吸合且 KM_1 辅助常开触点 (3-5) 闭合自锁，KM_1 三相主触点闭合，电动机得电启动运转。

制动时，按下停止按钮 SB_1(1-3)，交流接触器 KM_1 和失电延时时间继电器 KT 线圈断电释放，KT 开始延时；KM_1 三相主触点断开，电动机失电但仍靠惯性继续转动；此时 KM_1 辅助常闭触点 (11-13) 恢复常闭，使交流接触器 KM_2 线圈得电吸合，KM_2 三相主触点闭合，电动机通入反向电源而转速骤降，从而对电动机进行反接制动控制。经 KT 一段时间延时后，KT 失电延时断开的常开触点 (1-9) 断开，切断交流接触器 KM_2 线圈回路电源，KM_2 线圈断电释放，KM_2 三相主触点断开，解除了通入电动机绕组的反接制动电源，反接制动过程结束。

电路布线图（图 3.8）

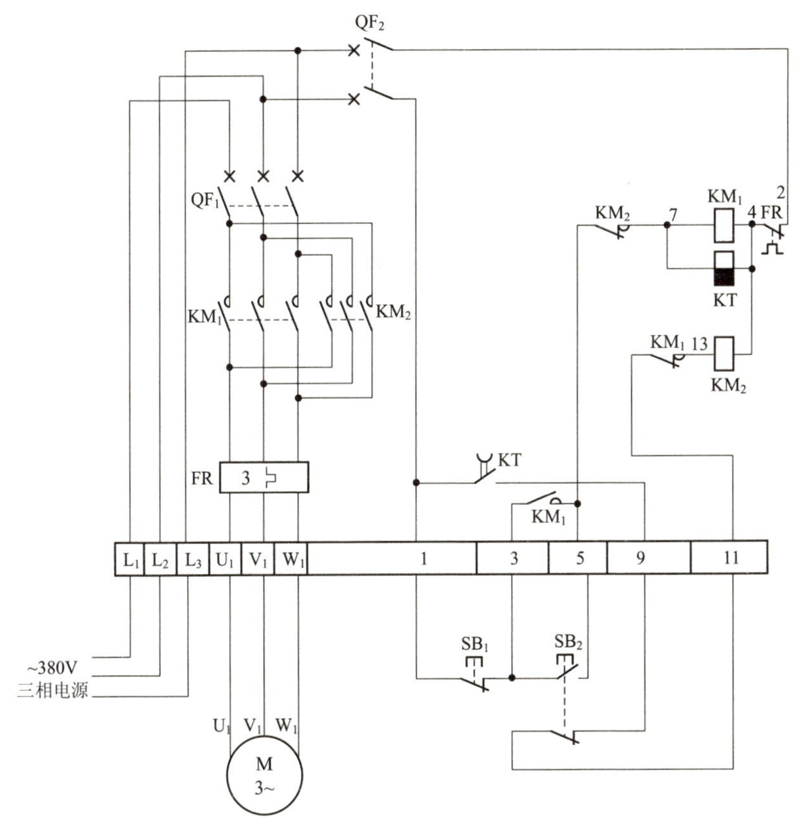

图 3.8 不用速度继电器的单向运转反接制动控制电路（二）布线图

从图 3.8 中可以看出，XT 为接线端子排，通过端子排 XT 来区分

电气元件的安装位置，XT 的上方为放置在配电箱内底板上的电气元件，XT 的下方为外接或引至配电箱门面板上的电气元件。

从端子排 XT 上看，共有 11 个接线端子。其中，L_1、L_2、L_3 这 3 根线为由外引入配电箱的三相交流 380V 电源，并穿管引入；U_1、V_1、W_1 这 3 根线为电动机线，穿管接至电动机接线盒内的 U_1、V_1、W_1 上；1、3、5、9、11 这 5 根线为控制线，接至配电箱门面板上的按钮开关 SB_1、SB_2 上。

元器件安装排列图及端子图（图 3.9）

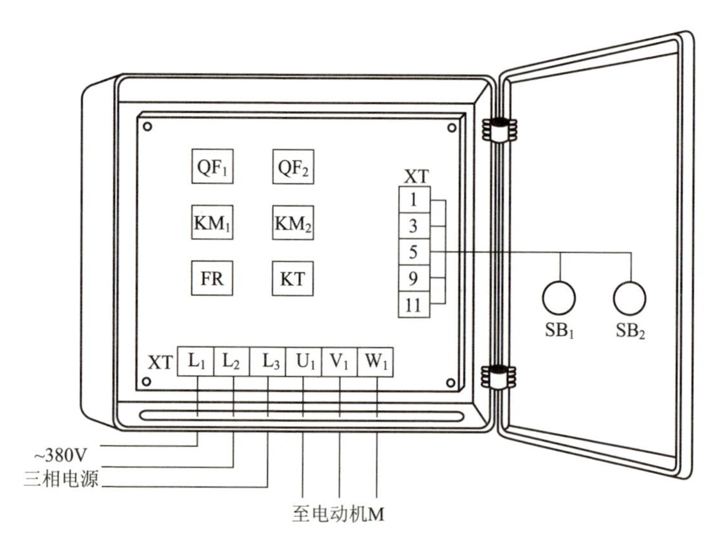

图 3.9　不用速度继电器的单向运转反接制动控制电路（二）元器件安装排列图及端子图

从图 3.9 中可以看出，断路器 QF_1、QF_2，交流接触器 KM_1、KM_2，失电延时时间继电器 KT，热继电器 FR 安装在配电箱内底板上；按钮开关 SB_1、SB_2 安装在配电箱门面板上。

通过端子 L_1、L_2、L_3 将三相交流 380V 电源接入配电箱中。

端子 U_1、V_1、W_1 接至电动机接线盒中的 U_1、V_1、W_1 上。

端子 1、3、5、9、11 将配电箱内的器件与配电箱门面板上的按钮开关 SB_1、SB_2 连接起来。

3.4 不用速度继电器的单向运转反接制动控制电路（三）

工作原理（图 3.10）

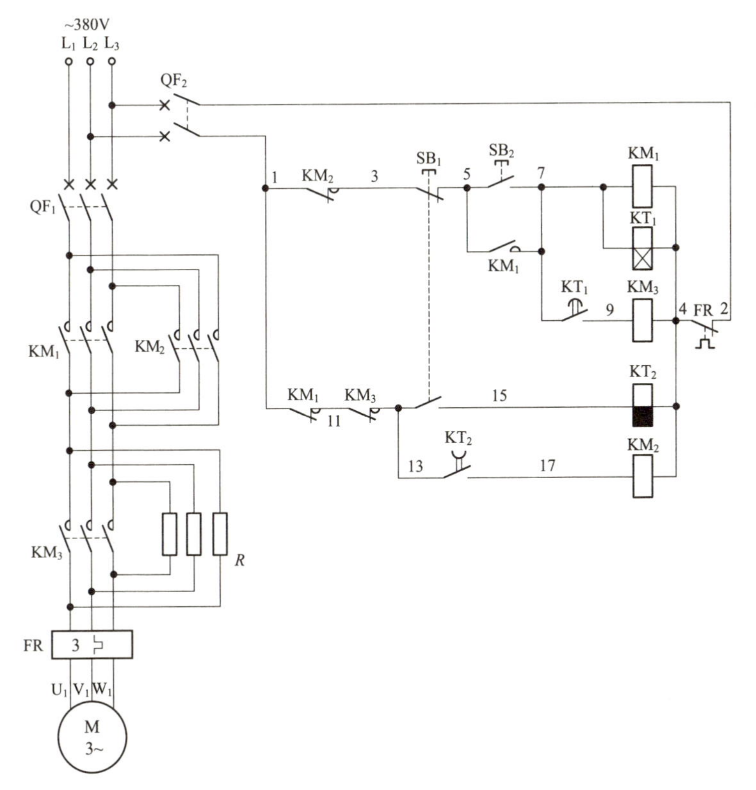

图 3.10　不用速度继电器的单向运转反接制动控制电路（三）原理图

启动时，按下启动按钮 SB_2(5-7)，交流接触器 KM_1 和得电延时时间继电器 KT_1 线圈得电吸合且 KM_1 辅助常开触点 (5-7) 闭合自锁，KM_1 三相主触点闭合，电动机得电串入电阻器 *R* 进行降压启动；经 KT_1 延时后，KT_1 得电延时闭合的常开触点 (7-9) 闭合，接通交流接触器 KM_3 线圈回路电源，KM_3 线圈得电吸合，KM_3 三相主触点闭合，电动机全压正常运转。

停止时，按下停止按钮 SB_1，SB_1 的一组常闭触点 (3-5) 断开，交流

接触器 KM_1、KM_3 和得电延时时间继电器 KT_1 线圈断电释放，KM_1、KM_3 各自的三相主触点断开，电动机失电但仍靠惯性转动。同时，SB_1 的另一组常开触点 (13-15) 闭合后断开，交流接触器 KM_2 和失电延时时间继电器上 KT_2 线圈得电吸合，随后 KT_2 线圈断电释放并开始延时，KM_2 三相主触点闭合，电动机串入电阻器 R 立即反转运转；经 KT_2 延时后，KT_2 失电延时断开的常开触点 (13-17) 断开，KM_2 线圈断电释放，KM_2 三相主触点断开，电动机反接制动结束。

电路布线图（图 3.11）

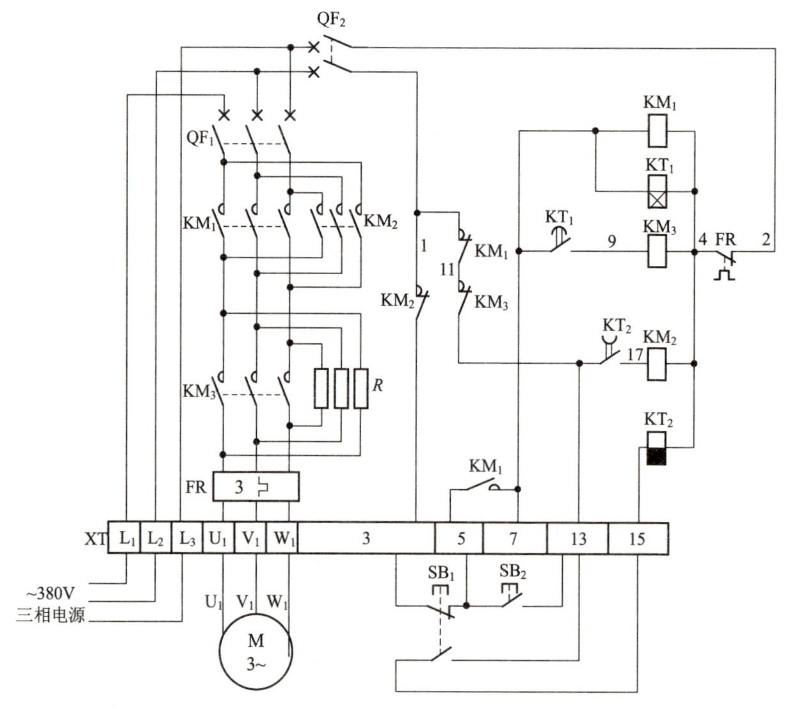

图 3.11　不用速度继电器的单向运转反接制动控制电路（三）布线图

从图 3.11 中可以看出，XT 为接线端子排，通过端子排 XT 来区分电气元件的安装位置，XT 的上方为放置在配电箱内底板上或底部位置的电气元件，XT 的下方为外接或引至配电箱门面板上的电气元件。

从端子排 XT 上看，共有 11 个接线端子。其中，L_1、L_2、L_3 这 3

根线为由外引入配电箱的三相交流 380V 电源，并穿管引入；U_1、V_1、W_1 这 3 根线为电动机线，穿管接至电动机接线盒内的 U_1、V_1、W_1 上；3、5、7、13、15 这 5 根线为控制线，接至配电箱门面板上的按钮开关 SB_1、SB_2 上。

元器件安装排列图及端子图（图 3.12）

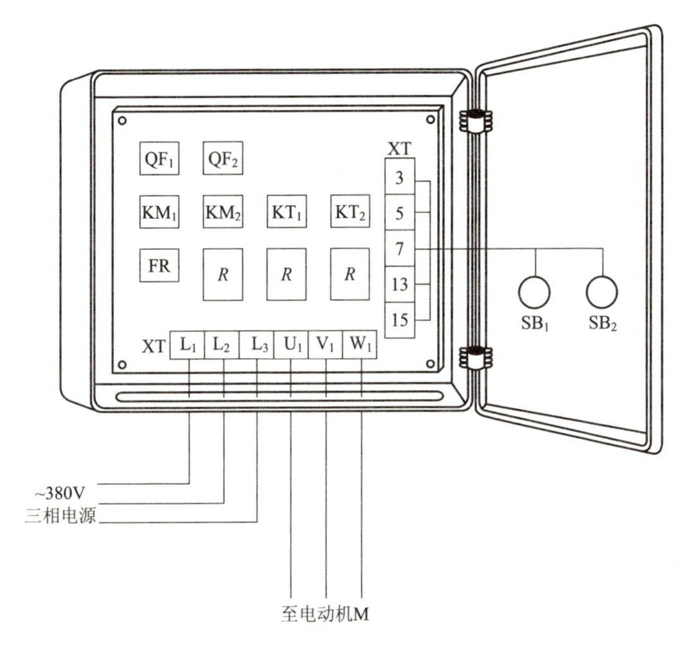

图 3.12 不用速度继电器的单向运转反接制动控制电路（三）
元器件安装排列图及端子图

从图 3.12 中可以看出，断路器 QF_1、QF_2，交流接触器 KM_1、KM_2，得电延时时间继电器 KT_1，失电延时时间继电器 KT_2，电阻器 R，热继电器 FR 安装在配电箱内底板或底部位置上；按钮开关 SB_1、SB_2 安装在配电箱门面板上。

通过端子 L_1、L_2、L_3 将三相交流 380V 电源接入配电箱中。

端子 U_1、V_1、W_1 接至电动机接线盒中的 U_1、V_1、W_1 上。

端子 3、5、7、13、15 将配电箱内的器件与配电箱门面板上的按钮开关 SB_1、SB_2 连接起来。

3.5 直流能耗制动控制电路

工作原理（图 3.13）

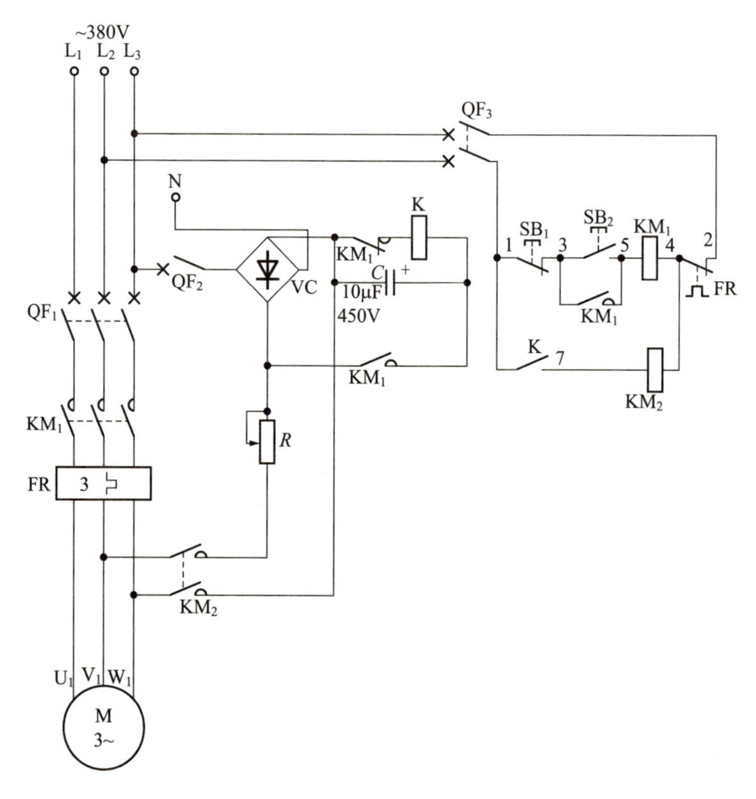

图 3.13　直流能耗制动控制电路原理图

启动时，按下启动按钮 SB_2(3-5)，交流接触器 KM_1 线圈得电吸合且 KM_1 辅助常开触点 (3-5) 闭合自锁，KM_1 三相主触点闭合，电动机得电启动运转。

停止时，按下停止按钮 SB_1(1-3)，交流接触器 KM_1 线圈断电释放，KM_1 三相主触点断开，切断了电动机三相交流 380V 电源，但电动机仍靠惯性继续转动做自由停机。由于 KM_1 辅助常闭触点闭合，使电容器 *C* 放电，接通了小型灵敏继电器 K 线圈回路电源，K 线圈得电吸合，K

串联在制动交流接触器 KM_2 线圈回路中的常开触点 (1-7) 闭合，使制动交流接触器 KM_2 线圈得电吸合，KM_2 三相主触点闭合，将直流电源通入电动机绕组内，产生一静止磁场，从而使电动机迅速制动停止下来。

电路布线图（图 3.14）

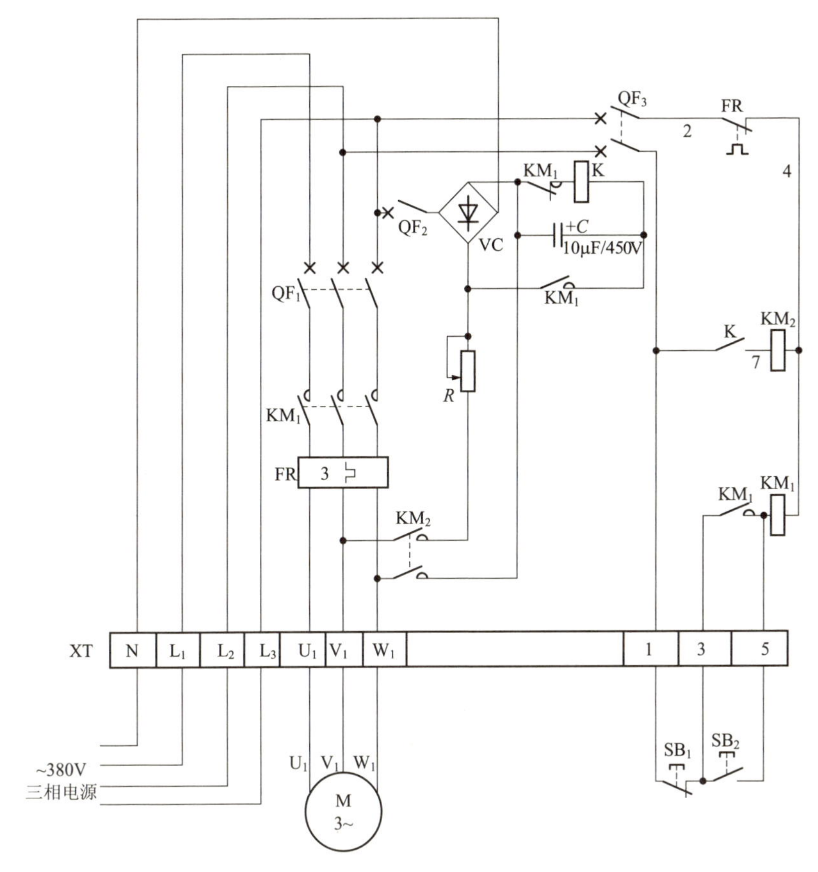

图 3.14　直流能耗制动控制电路布线图

从图 3.14 中可以看出，XT 为接线端子排，通过端子排 XT 来区分电气元件的安装位置，XT 的上方为放置在配电箱内底板上的电气元件，XT 的下方为外接或引至配电箱门面板上的电气元件。

从端子排 XT 上看，共有 10 个接线端子。其中，L_1、L_2、L_3、N

这 4 根线为由外引入配电箱的三相交流 380V 电源，并穿管引入；U_1、V_1、W_1 这 3 根线为电动机线，穿管接至电动机接线盒内的 U_1、V_1、W_1 上；1、3、5 这 3 根线为控制线，接至配电箱门面板上的按钮开关 SB_1、SB_2 上。

元器件安装排列图及端子图（图 3.15）

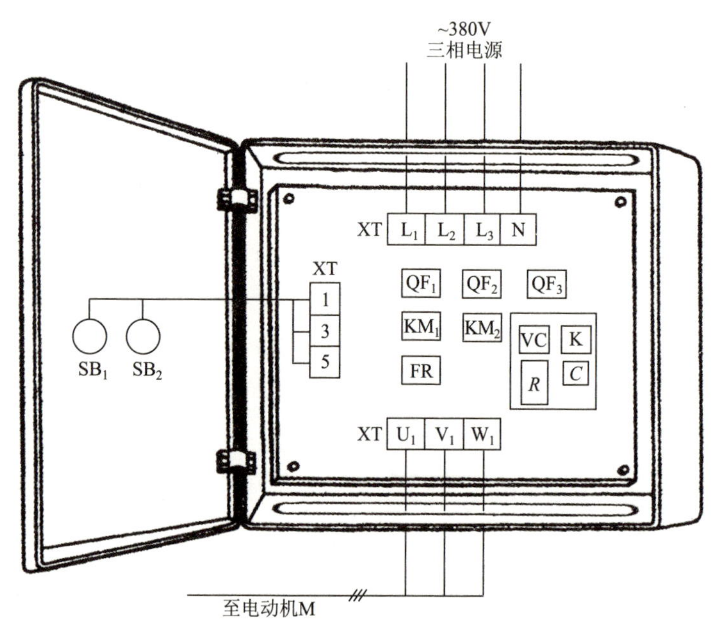

图 3.15 直流能耗制动控制电路元器件安装排列图及端子图

从图 3.15 中可以看出，断路器 QF_1、QF_2、QF_3，交流接触器 KM_1、KM_2，整流桥 VC，电容器 C，电阻器 R，小型灵敏继电器 K，热继电器 FR 安装在配电箱内底板上；按钮开关 SB_1、SB_2 安装在配电箱门面板上。

通过端子 L_1、L_2、L_3、N 将三相交流 380V 电源接入配电箱中。

端子 U_1、V_1、W_1 接至电动机接线盒中的 U_1、V_1、W_1 上。

端子 1、3、5 将配电箱内的器件与配电箱门面板上的按钮开关 SB_1、SB_2 连接起来。

3.6 单管整流能耗制动控制电路

工作原理（图 3.16）

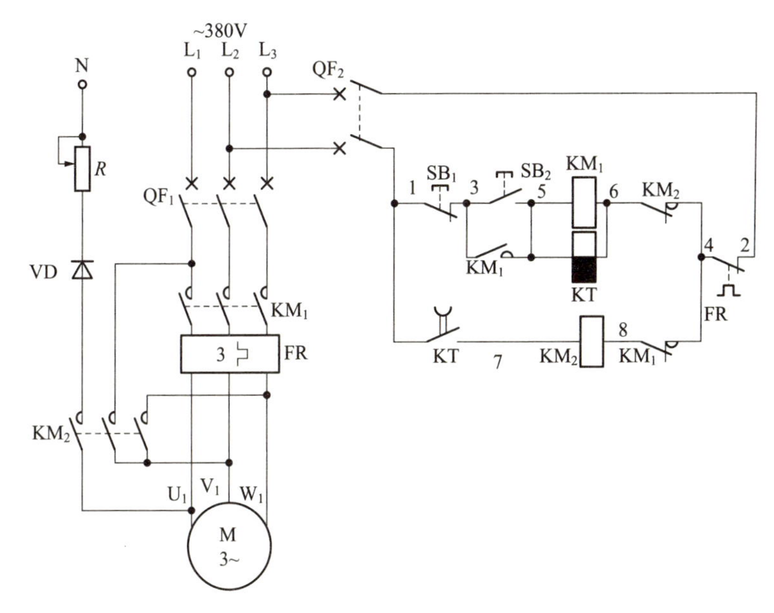

图 3.16 单管整流能耗制动控制电路原理图

首先合上主回路断路器 QF_1、控制回路断路器 QF_2，为电路工作提供准备条件。

启动时，按下启动按钮 SB_2(3-5)，交流接触器 KM_1 和失电延时时间继电器 KT 线圈均得电吸合且 KM_1 辅助常开触点 (3-5) 闭合自锁。需提醒的是，在 KM_1 线圈得电吸合时，KM_1 串联在交流接触器 KM_2 线圈回路中的辅助常闭触点 (4-8) 先断开，起到互锁保护作用。在 KM_1、KT 线圈得电吸合自锁后，KT 失电延时断开的常开触点 (1-7) 也立即闭合，为停止时进行能耗制动做好准备；与此同时，KM_1 三相主触点闭合，电动机得电启动运转。

停止时，按下停止按钮 SB_1(1-3)，交流接触器 KM_1 和失电延时时间继电器 KT 线圈均断电释放，KT 开始延时；KM_1 三相主触点断开，电动机绕组失电仍靠惯性继续转动；与此同时，KM_1 串联在交流接触器 KM_2 线圈回路中的辅助常闭触点 (4-8) 恢复常闭状态，使交流接触器 KM_2 线圈得电吸合，KM_2 三相主触点闭合，将制动直流电源通入电动机绕组内，使其产生一制动静止磁场，让电动机立即停止下来，从而完成能耗制动工作。经 KT 延时后 (其延时间可根据实际情况而定，通常为 1~3s)，KT 失电延时断开的常开触点 (1-7) 恢复常开状态，切断了交流接触器 KM_2 线圈回路电源，KM_2 三相主触点断开，切除制动直流电源，至此，能耗制动结束。

电路布线图（图 3.17）

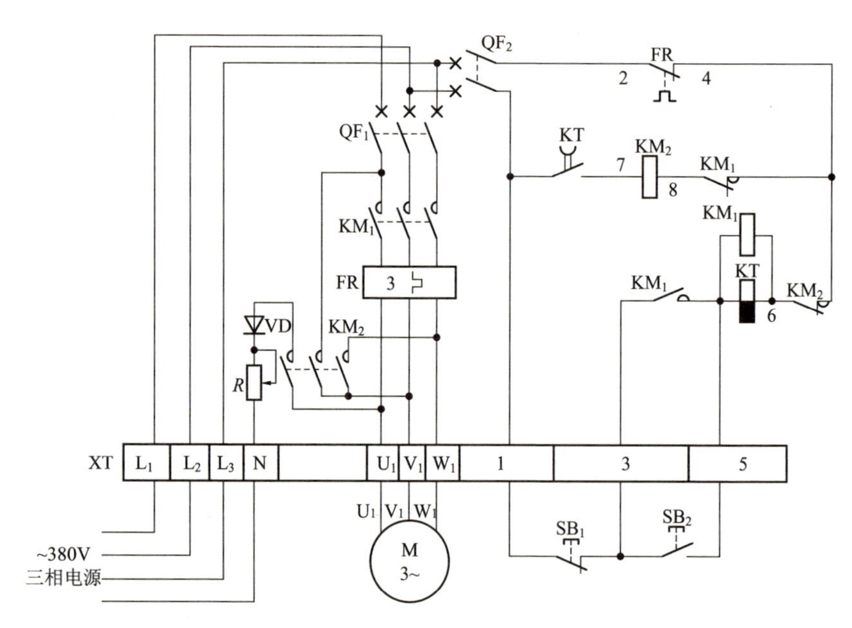

图 3.17　单管整流能耗制动控制电路布线图

从图 3.17 中可以看出，XT 为接线端子排，通过端子排 XT 来区分电气元件的安装位置，XT 的上方为放置在配电箱内底板上的电气元件，XT 的下方为外接或引至配电箱门面板上的电气元件。

从端子排 XT 上看，共有 10 个接线端子。其中，L_1、L_2、L_3、N 这 4 根线为由外引入配电箱的三相交流 380V 电源，并穿管引入；U_1、

V_1、W_1这3根线为电动机线，穿管接至电动机接线盒内的U_1、V_1、W_1上；1、3、5这3根线为控制线，接至配电箱门面板上的按钮开关SB_1、SB_2上。

元器件安装排列图及端子图（图 3.18）

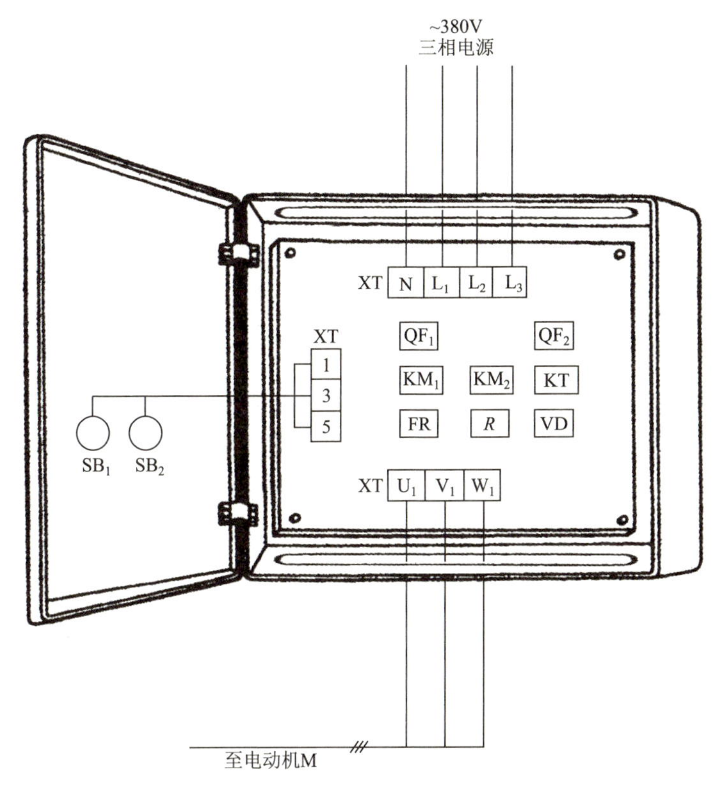

图 3.18　单管整流能耗制动控制电路元器件安装排列图及端子图

从图3.18中可以看出，断路器QF_1、QF_2，交流接触器KM_1、KM_2，失电延时时间继电器KT，热继电器FR，整流二极管VD，电阻器R安装在配电箱内底板上；按钮开关SB_1、SB_2安装在配电箱门面板上。

通过端子L_1、L_2、L_3、N将三相交流380V电源接入配电箱中。

端子U_1、V_1、W_1接至电动机接线盒中的U_1、V_1、W_1上。

端子1、3、5将配电箱内的器件与配电箱门面板上的按钮开关SB_1、SB_2连接起来。

3.7 全波整流单向能耗制动控制电路

工作原理（图 3.19）

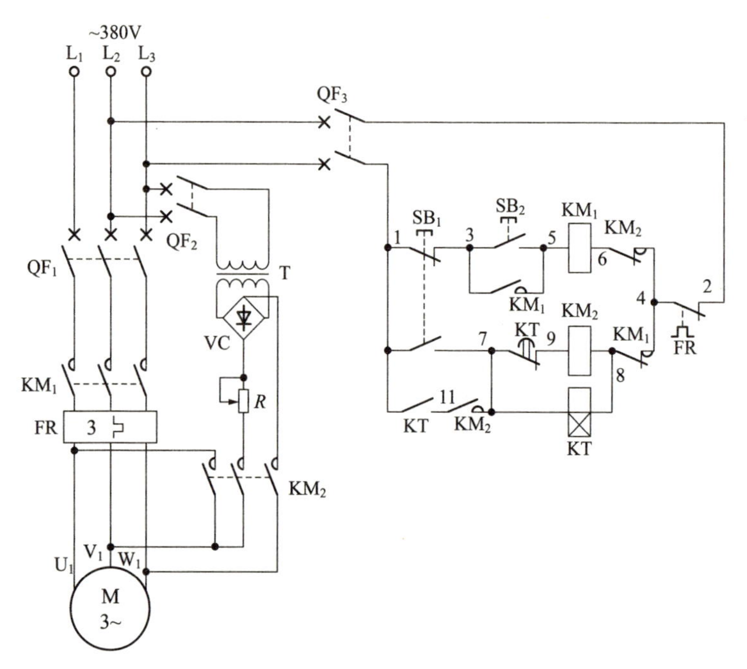

图 3.19　全波整流单向能耗制动控制电路原理图

启动时，按下启动按钮 SB_2(3-5)，交流接触器 KM_1 线圈得电吸合且 KM_1 辅助常开触点 (3-5) 闭合自锁，KM_1 三相主触点闭合，电动机得电启动运转。

若需自由停车，则轻轻按下停止按钮 SB_1，SB_1 的一组常闭触点 (1-3) 断开，使交流接触器 KM_1 线圈断电释放，KM_1 三相主触点断开，电动机失电处于自由停车状态。

若需制动停车，则将停止按钮 SB_1 按到底，SB_1 的一组常闭触点 (1-3) 断开，交流接触器 KM_1 线圈断电释放，KM_1 三相主触点断开，电动机失电处于自由停车状态；同时，SB_1 的另一组常开触点 (1-7) 闭合，交流接触器 KM_2 和得电延时时间继电器 KT 线圈同时得电吸合且 KT 不延

时瞬动常开触点 (1-11) 与 KM_2 辅助常开触点 (7-11) 均闭合串联自锁，KM_2 三相主触点闭合，接通通入电动机绕组内的直流电源，电动机在直流电源的作用下产生静止制动磁场使电动机快速停止下来。经 KT 延时后，KT 得电延时断开的常闭触点 (9-11) 断开，自动切断制动控制回路电源，电动机制动过程结束。

电路布线图（图 3.20）

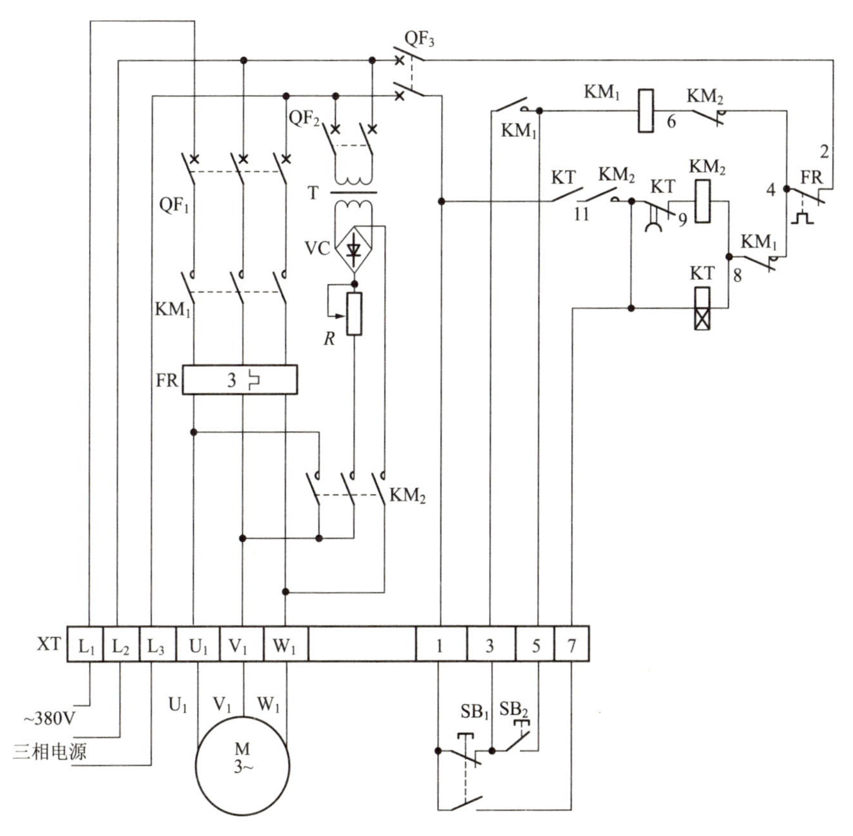

图 3.20　全波整流单向能耗制动控制电路布线图

从图 3.20 中可以看出，XT 为接线端子排，通过端子排 XT 来区分电气元件的安装位置，XT 的上方为放置在配电箱内底板上的电气元件，XT 的下方为外接或引至配电箱门面板上的电气元件。

从端子排 XT 上看，共有 10 个接线端子。其中 L_1、L_2、L_3 这 3 根线为由外引入配电箱的三相交流 380V 电源，并穿管引入；U_1、V_1、W_1 这 3 根线为电动机线，穿管接至电动机接线盒内的 U_1、V_1、W_1 上；1、3、5、7 这 4 根线为控制线，接至配电箱门面板上的按钮开关 SB_1、SB_2 上。

元器件安装排列图及端子图（图 3.21）

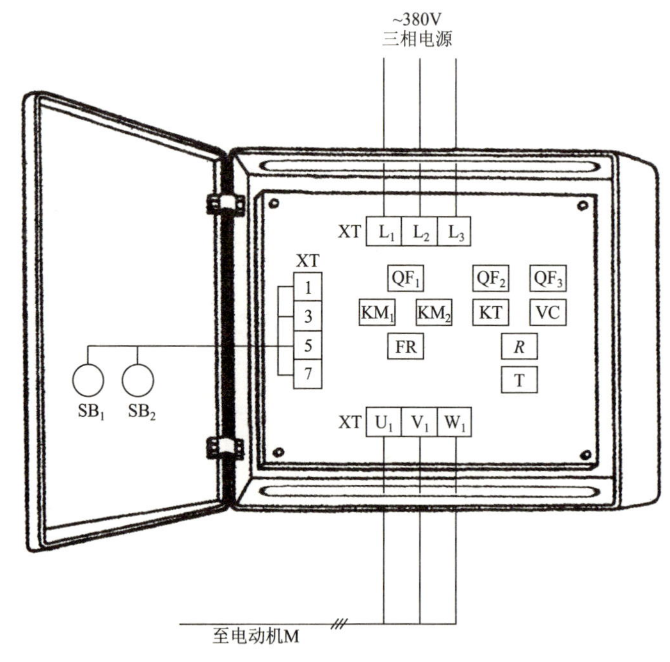

图 3.21　全波整流单向能耗制动控制电路元器件安装排列图及端子图

从图 3.21 中可以看出，断路器 QF_1、QF_2、QF_3，交流接触器 KM_1、KM_2，得电延时时间继电器 KT，电阻器 R，整流桥 VC，控制变压器 T，热继电器 FR 安装在配电箱内底板上；按钮开关 SB_1、SB_2 安装在配电箱面板上。

通过端子 L_1、L_2、L_3 将三相交流 380V 电源接入配电箱中。

端子 U_1、V_1、W_1 接至电动机接线盒中的 U_1、V_1、W_1 上。

端子 1、3、5、7 将配电箱内的器件与配电箱门面板上的按钮开关 SB_1、SB_2 连接起来。

3.8 双向运转反接制动控制电路

工作原理（图 3.22）

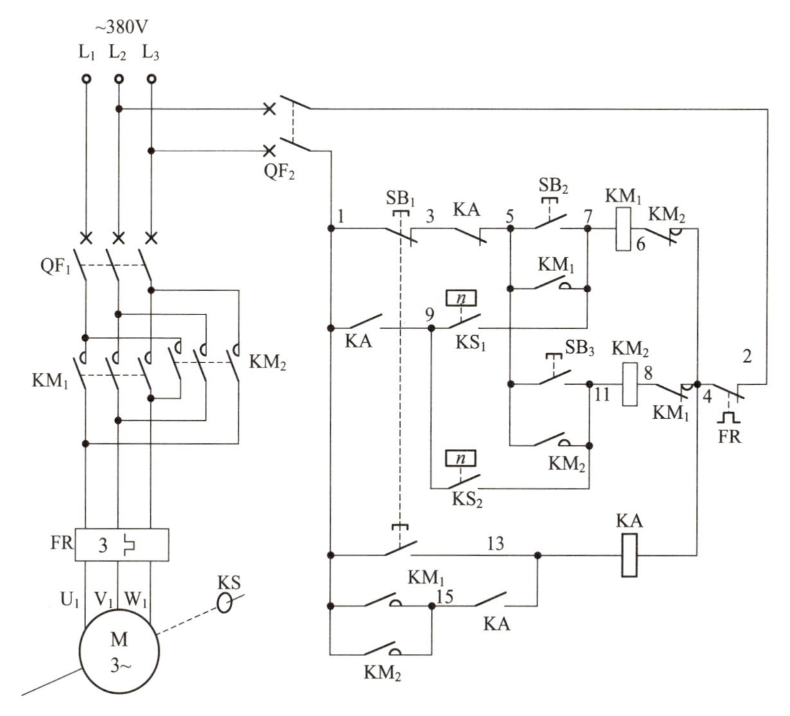

图 3.22　双向运转反接制动控制电路原理图

正转时，按下正转启动按钮 SB_2(5-7)，交流接触器 KM_1 线圈得电吸合且 KM_1 辅助常开触点 (5-7) 闭合自锁，KM_1 三相主触点闭合，电动机得电正转启动运转了。当电动机转速大于 120r/min 时，速度继电器 KS 动作，KS_2 常开触点 (9-11) 闭合，为反接制动做准备。

正转反接制动时将停止按钮 SB_1 按到底，SB_1 的一组常闭触点 (1-3) 断开，切断了交流接触器 KM_1 线圈回路电源，KM_1 线圈断电释放，KM_1 三相主触点断开，电动机失电仍靠惯性继续转动。此时，速度继电器 KS_2 控制常开触点 (9-11) 仍闭合，交流接触器 KM_2 线圈得电吸合，KM_2 三相主触点闭合，电动机得电反转启动运转，电动机的转速迅速降下来。当转速低至 100r/min 时，速度继电器 KS_2 常开触点 (9-11) 恢复常开，交流接触器 KM_2 线圈断电释放，KM_2 三相主触点断开，电动机失电停止运转。

反转启动及反接制动过程与正转相似，请读者自行分析。

电路布线图（图 3.23）

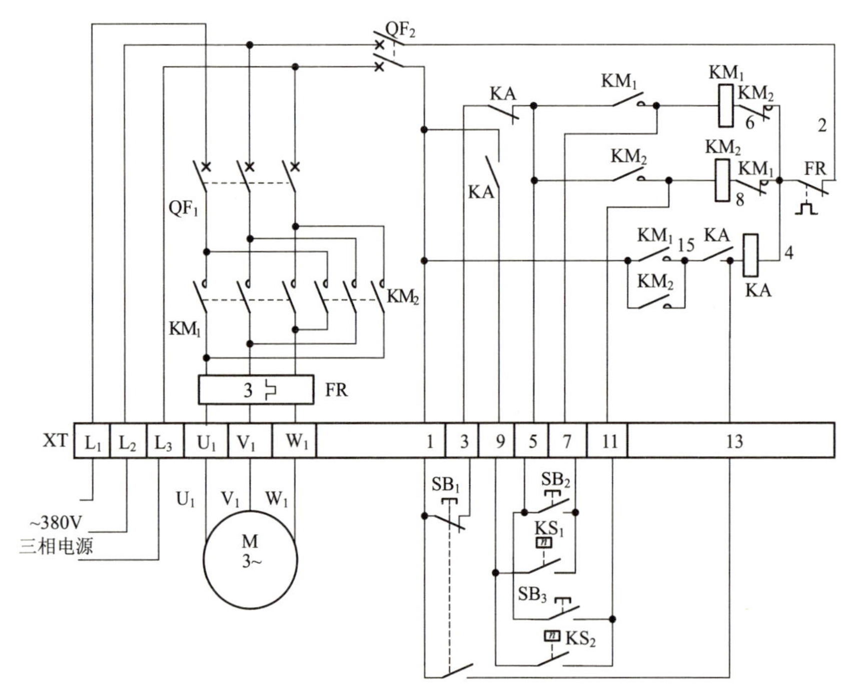

图 3.23　双向运转反接制动控制电路布线图

从图 3.23 中可以看出，XT 为接线端子排，通过端子排 XT 来区分电气元件的安装位置，XT 的上方为放置在配电箱内底板上的电气元件，XT 的下方为外接或引至配电箱门面板上的电气元件。

从端子排 XT 上看，共有 13 个接线端子。其中，L_1、L_2、L_3 这 3 根线为由外引入配电箱的三相交流 380V 电源，并穿管引入；U_1、V_1、W_1 这 3 根线为电动机线，穿管接至电动机接线盒内的 U_1、V_1、W_1 上；1、3、5、7、11、13 这 6 根线为控制线，接至配电箱门面板上的按钮开关

SB_1、SB_2、SB_3 上；7、9、11 这 3 根线为速度继电器控制线，外引至电动机处的速度继电器 KS_1、KS_2 触点上。

元器件安装排列图及端子图（图 3.24）

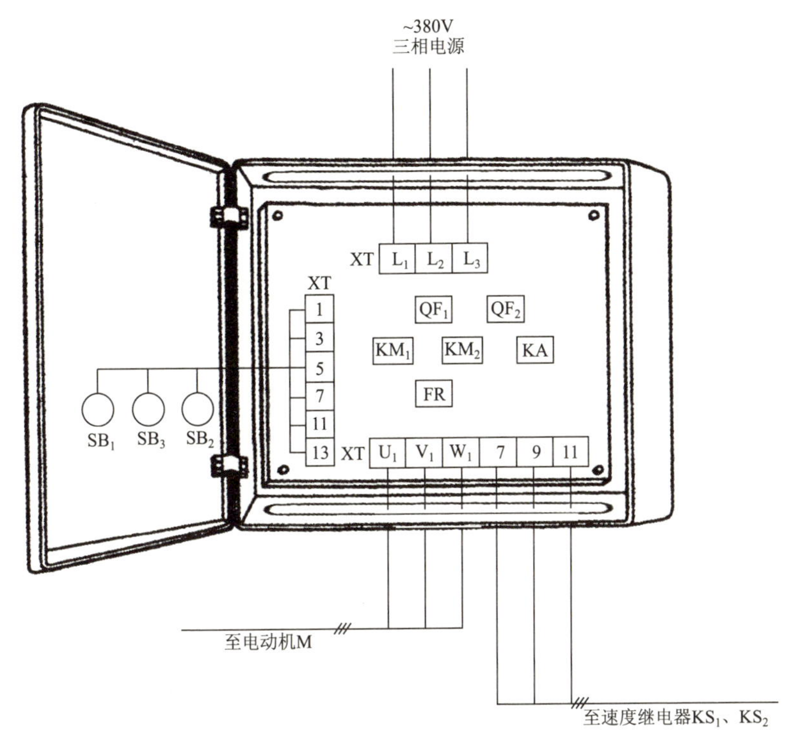

图 3.24 双向运转反接制动控制电路元器件安装排列图及端子图

从图 3.24 中可以看出，断路器 QF_1、QF_2，交流接触器 KM_1、KM_2，中间继电器 KA，热继电器 FR 安装在配电箱内底板上；按钮开关 SB_1、SB_2、SB_3 安装在配电箱门面板上。

通过端子 L_1、L_2、L_3 将三相交流 380V 电源接入配电箱中。

端子 U_1、V_1、W_1 接至电动机接线盒中的 U_1、V_1、W_1 上。

端子 1、3、5、7、11、13 将配电箱内的器件与配电箱门面板上的按钮开关 SB_1、SB_2、SB_3 连接起来。

端子 7、9、11 外接至速度继电器 KS_1、KS_2 上。

3.9 采用不对称电阻器的单向运转反接制动控制电路

工作原理（图 3.25）

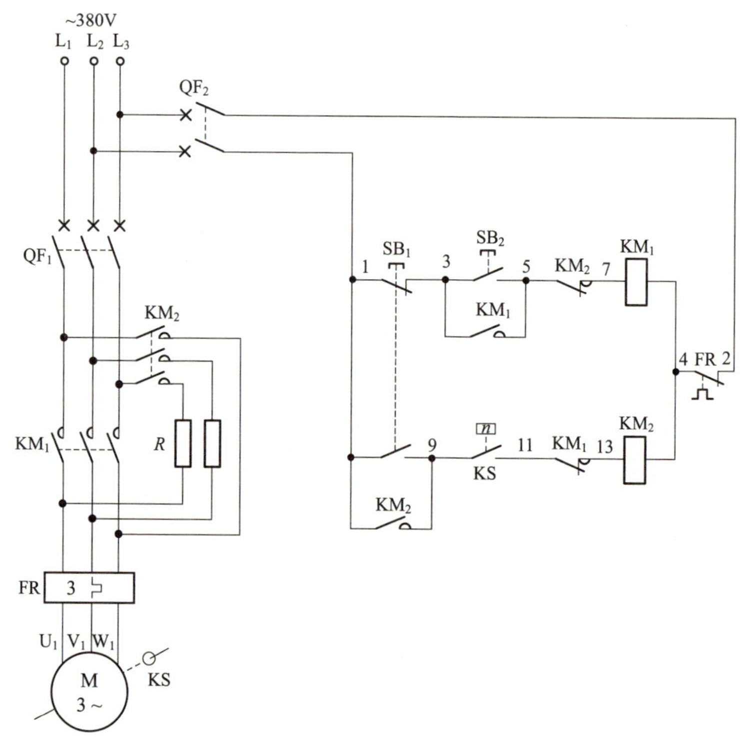

图 3.25 采用不对称电阻器的单向运转反接制动控制电路原理图

启动时，按下启动按钮 SB_2(3-5)，交流接触器 KM_1 线圈得电吸合且 KM_1 辅助常开触点 (3-5) 闭合自锁，KM_1 辅助常闭触点 (11-13) 断开，起互锁作用，KM_1 三相主触点闭合，电动机得电正转启动运转。当电动机的转速达到 120r/min 时，速度继电器 KS 常开触点 (9-11) 闭合，为反接制动做准备。

制动时，将停止按钮 SB_1 按到底，首先 SB_1 的一组常闭触点 (1-3) 断开，切断交流接触器 KM_1 线圈回路电源，KM_1 线圈断电释放，KM_1 三相主触点断开，电动机正转失电但仍靠惯性继续转动。与此同时，

KM_1 辅助常闭触点 (11-13) 恢复常闭，与早已闭合的 KS 常开触点 (9-11) 及已闭合的 SB_1 的另一组常开触点 (1-9) 共同使交流接触器 KM_2 线圈得电吸合且 KM_2 辅助常开触点 (1-9) 闭合自锁，KM_2 三相主触点闭合，串入不对称电阻器 *R* 给电动机提供反转电源，也就是反接制动电源。这样，原来正转失电仍靠惯性转动的电动机加上了反转电源，电动机立即反转，电动机的转速会迅速降下来。当电动机的转速低至 100r/min 时，速度继电器 KS 常开触点 (9-11) 断开，切断交流接触器 KM_2 线圈回路电源，KM_2 线圈断电释放，KM_2 三相主触点断开，切断电动机反转电源，也就是反接制动电源解除，制动过程结束。

电路布线图（图 3.26）

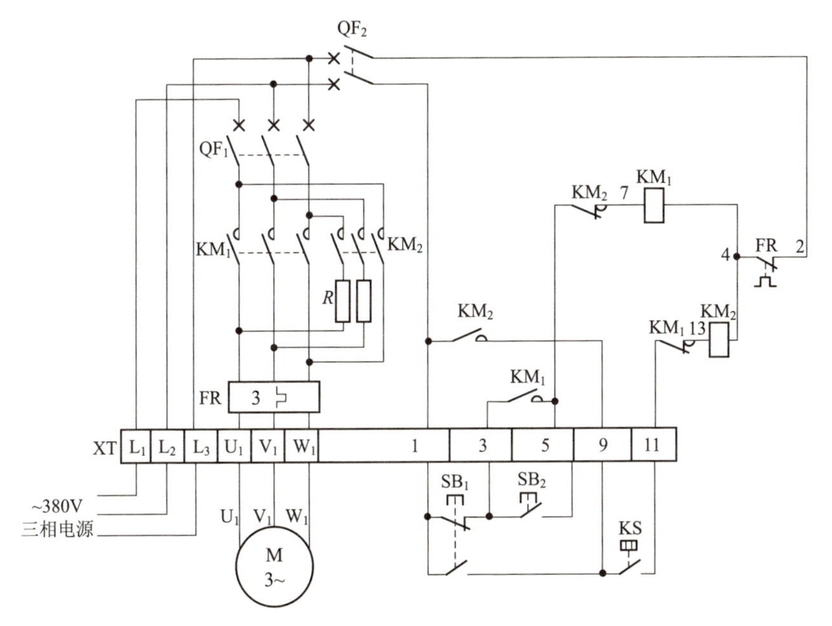

图 3.26 采用不对称电阻器的单向运转反接制动控制电路布线图

从图 3.26 中可以看出，XT 为接线端子排，通过端子排 XT 来区分电气元件的安装位置，XT 的上方为放置在配电箱内底板上或底部位置的电气元件，XT 的下方为外接或引至配电箱门面板上的电气元件。

从端子排 XT 上看，共有 11 个接线端子。其中，L_1、L_2、L_3 这 3

根线为由外引入配电箱的三相交流 380V 电源，并穿管引入；U_1、V_1、W_1 这 3 根线为电动机线，穿管接至电动机接线盒内的 U_1、V_1、W_1 上；1、3、5、9 这 4 根线为控制线，接至配电箱门面板上的按钮开关 SB_1、SB_2 上；9、11 这 2 根线为速度继电器控制线，穿管外接至速度继电器 KS 上。

元器件安装排列图及端子图（图 3.27）

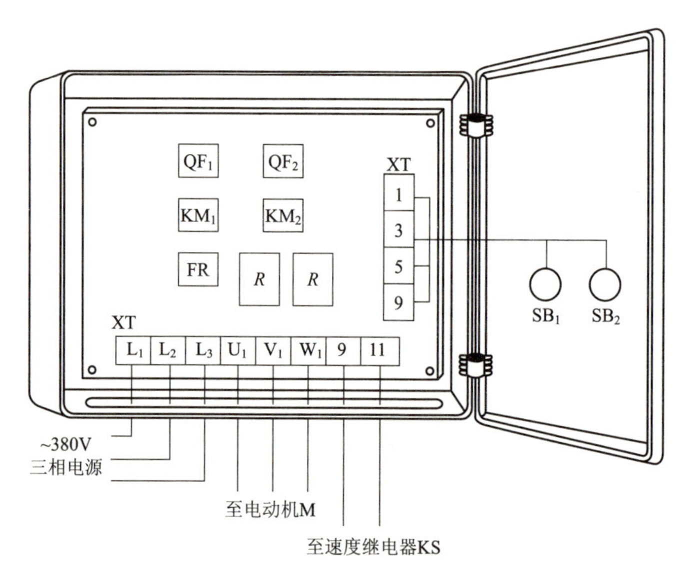

图 3.27　采用不对称电阻器的单向运转反接制动控制电路元器件安装排列图及端子图

从图3.27中可以看出，断路器QF_1、QF_2，交流接触器KM_1、KM_2，电阻器R，热继电器FR安装在配电箱内底板或底部位置上；按钮开关SB_1、SB_2安装在配电箱门面板上；速度继电器KS外接至电动机处。

通过端子 L_1、L_2、L_3 将三相交流 380V 电源接入配电箱中。

端子 U_1、V_1、W_1 接至电动机接线盒中的 U_1、V_1、W_1 上。

端子 1、3、5、9 将配电箱内的器件与配电箱门面板上的按钮开关 SB_1、SB_2 连接起来。

端子 9、11 外接至速度继电器 KS 上。

3.10 电磁抱闸制动控制电路

工作原理（图 3.28）

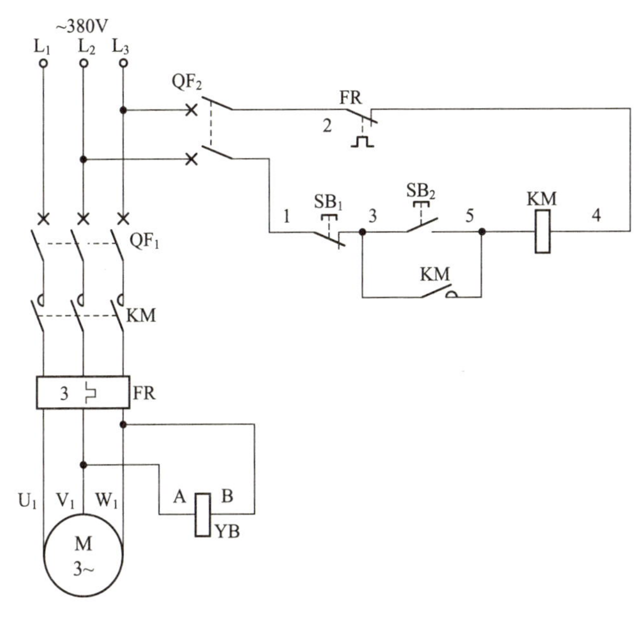

图 3.28 电磁抱闸制动控制电路原理图

首先合上主回路断路器 QF_1、控制回路断路器 QF_2，为电路工作提供准备条件。

启动时，按下启动按钮 SB_2(3-5)，交流接触器 KM 线圈得电吸合且 KM 辅助常开触点 (3-5) 闭合自锁，KM 三相主触点闭合，电磁抱闸线圈得电松闸打开，电动机得电启动运转。

停止时，按下停止按钮 SB_1(1-3)，交流接触器 KM 线圈断电释放，KM 三相主触点断开，电动机失电停止运转且电磁抱闸 YB 线圈失电，其机械部分对电动机进行制动。

电路布线图（图 3.29）

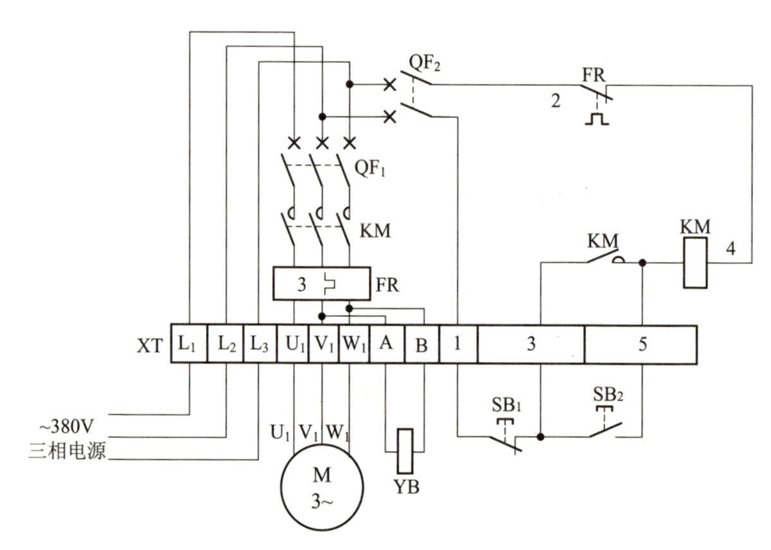

图 3.29　电磁抱闸制动控制电路布线图

从图 3.29 中可以看出，XT 为接线端子排，通过端子排 XT 来区分电气元件的安装位置，XT 的上方为放置在配电箱内底板上的电气元件，XT 的下方为外接或引至配电箱门面板上的电气元件。

从端子排 XT 上看，共有 11 个接线端子。其中，L_1、L_2、L_3 这 3 根线为由外引入配电箱的三相交流 380V 电源，并穿管引入；U_1、V_1、W_1 这 3 根线为电动机线，穿管接至电动机接线盒内的 U_1、V_1、W_1 上，并从端子 A、B 上接出 2 根线连至电磁抱闸 YB 线圈上；1、3、5 这 3 根线为控制线，接至配电箱门面板上的按钮开关 SB_1、SB_2 上。

元器件安装排列图及端子图（图 3.30）

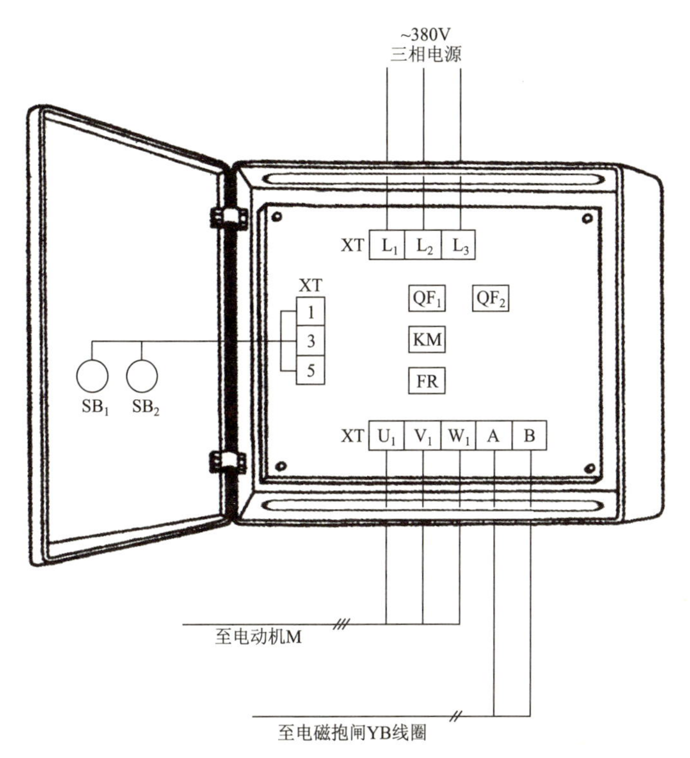

图 3.30 电磁抱闸制动控制电路元器件安装排列图及端子图

从图 3.30 中可以看出，断路器 QF_1、QF_2，交流接触器 KM，热继电器 FR 安装在配电箱内底板上；按钮开关 SB_1、SB_2 安装在配电箱门面板上。

通过端子 L_1、L_2、L_3 将三相交流 380V 电源接入配电箱中。

端子 U_1、V_1、W_1 接至电动机接线盒中的 U_1、V_1、W_1 上，再从端子 A、B 引出 2 根线接至电磁抱闸 YB 线圈上。

端子 1、3、5 将配电箱内的器件与配电箱门面板上的按钮开关 SB_1、SB_2 连接起来。

3.11 改进的电磁抱闸制动控制电路

工作原理（图 3.31）

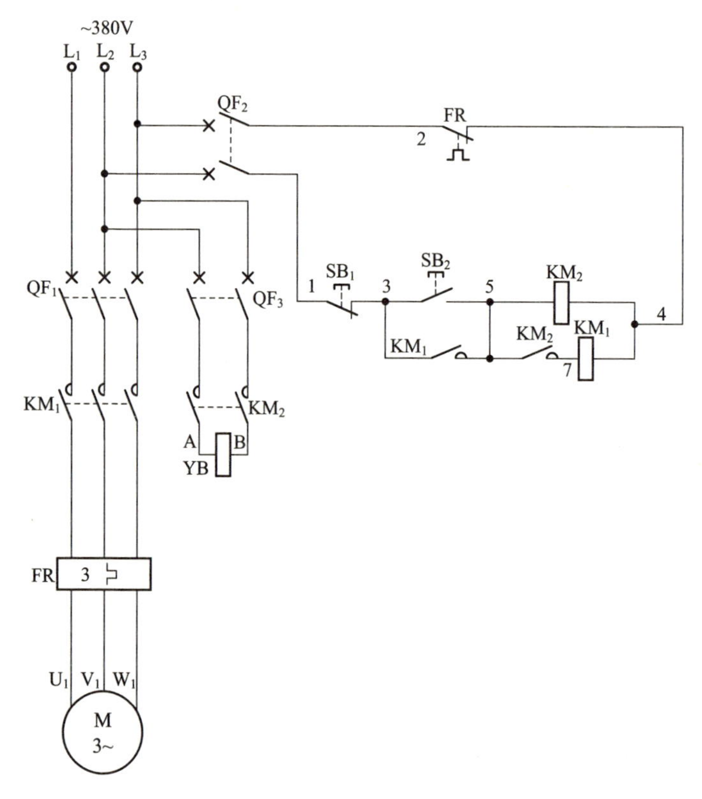

图 3.31　改进的电磁抱闸制动控制电路原理图

首先合上主回路断路器 QF_1、控制回路断路器 QF_2，为电路工作提供准备条件。

启动时，按下启动按钮 SB_2(3-5)，交流接触器 KM_2 线圈得电吸合，KM_2 三相主触点闭合，使电磁抱闸 YB 线圈先得电打开；与此同时，KM_2 串联在交流接触器 KM_1 线圈回路中的辅助常开触点 (5-7) 闭合，使交流接触器 KM_1 线圈得电吸合且 KM_1、KM_2 各自的辅助常开触点 (3-5、5-7) 同时闭合共同形成自锁，KM_1 三相主触点闭合，电动机得电正常运转。

停止时，按下停止按钮 SB_1(1-3)，交流接触器 KM_1、KM_2 线圈均断电释放，KM_1、KM_2 各自的三相主触点均断开，电动机失电停止运转，制动电磁抱闸 YB 线圈断电制动。

电路布线图（图 3.32）

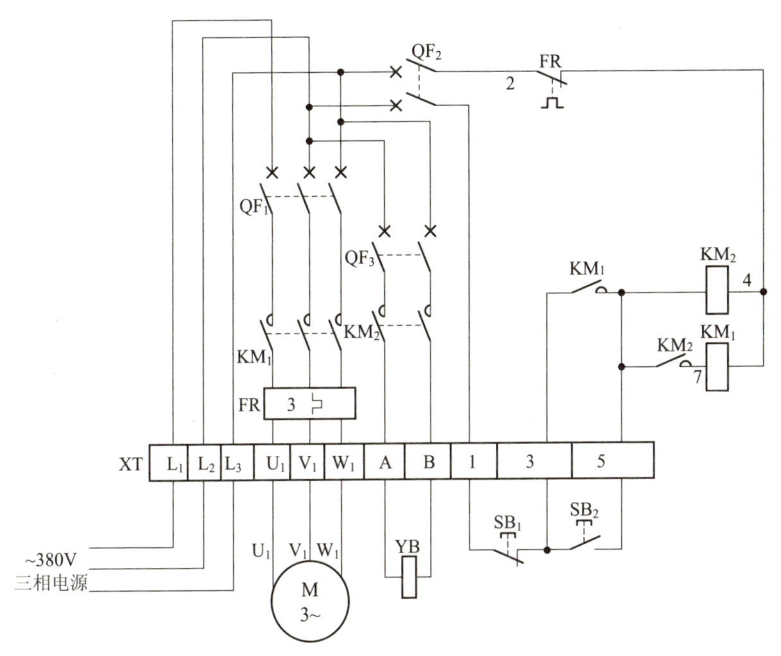

图 3.32 改进的电磁抱闸制动控制电路布线图

从图 3.32 中可以看出，XT 为接线端子排，通过端子排 XT 来区分电气元件的安装位置，XT 的上方为放置在配电箱内底板上的电气元件，XT 的下方为外接或引至配电箱门面板上的电气元件。

从端子排 XT 上看，共有 11 个接线端子。其中，L_1、L_2、L_3 这 3 根线为由外引入配电箱的三相交流 380V 电源，并穿管引入；U_1、V_1、W_1 这 3 根线为电动机线，穿管接至电动机接线盒内的 U_1、V_1、W_1 上；1、3、5 这 3 根线为控制线，接至配电箱门面板上的按钮开关 SB_1、SB_2 上；A、B 这 2 根线为电磁抱闸线圈控制线，穿管接至电磁抱闸 YB 线圈上。

元器件安装排列图及端子图（图 3.33）

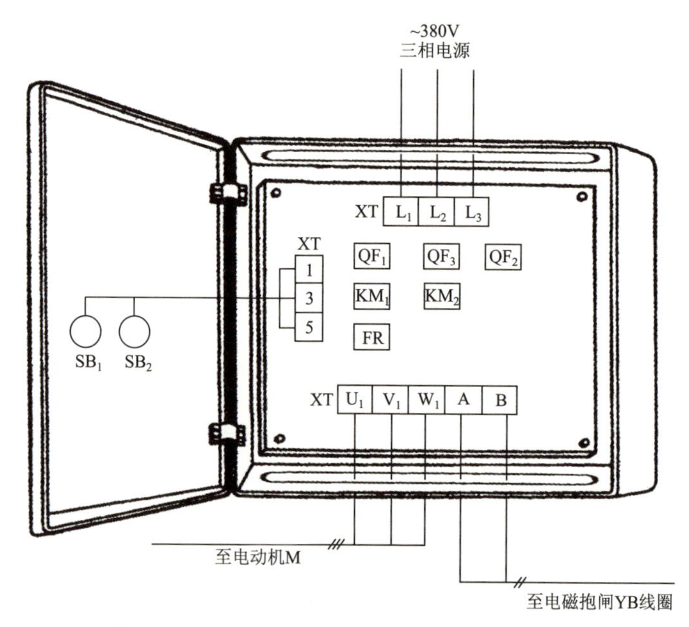

图 3.33　改进的电磁抱闸制动控制电路元器件安装排列图及端子图

从图 3.33 中可以看出，断路器 QF_1、QF_2、QF_3，交流接触器 KM_1、KM_2，热继电器 FR 安装在配电箱内底板上；按钮开关 SB_1、SB_2 安装在配电箱门面板上。

通过端子 L_1、L_2、L_3 将三相交流 380V 电源接入配电箱中。

端子 U_1、V_1、W_1 接至电动机接线盒中的 U_1、V_1、W_1 上。

端子 1、3、5 将配电箱内的器件与配电箱门面板上的按钮开关 SB_1、SB_2 连接起来。

端子 A、B 接至电磁抱闸 YB 线圈上。

第4章

电动机直接启动特殊电路

4.1 短暂停电自动再启动电路（一）

工作原理（图 4.1）

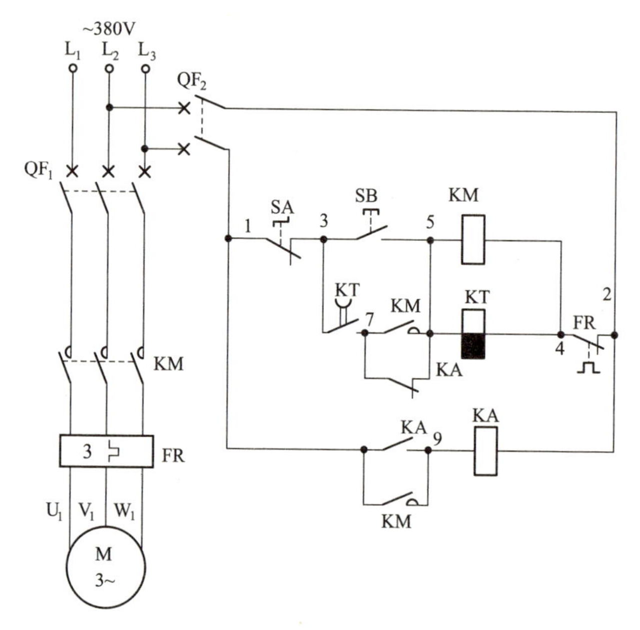

图 4.1　短暂停电自动再启动电路（一）原理图

正常工作时，按下启动按钮 SB(3-5)，交流接触器 KM、失电延时时间继电器 KT 线圈同时吸合且 KT 失电延时断开的常开触点 (3-7) 立即闭合，与同时闭合的 KM 辅助常开触点 (5-7) 共同组成自锁，KM 辅助常开触点 (1-9) 闭合，使中间继电器 KA 线圈得电吸合且 KA 常开触点 (1-9) 闭合自锁，为停电恢复供电做准备。如果此时出现断电现象（非人为操作停机），KM、KT、KA 均断电释放，KA 并联在 KM 辅助常开自锁触点 (5-7) 上的常闭触点 (5-7) 恢复常闭，为再启动提供启动条件，同时 KT 失电延时断开的常开触点 (3-7) 延时恢复常开状态，在 KT 延时恢复过程中电网又恢复正常供电，则控制电源通过转换开关 SA(1-3)、失电延时时间继电器 KT 失电延时断开的常开触点 (3-7)（此时仍闭合未断开）、中间继电器 KA 常闭触点 (5-7)、失电延时时间继电器 KT

线圈、热继电器 FR 常闭触点 (2-4) 至电源形成回路，KM、KT 线圈又重新得电吸合且自锁，同时 KA 线圈也在 KM 辅助常开触点 (1-9) 的作用下得电吸合且 KA 常开触点 (1-9) 闭合自锁，KM 三相主触点闭合，电动机重新启动运转工作。

电路布线图（图 4.2）

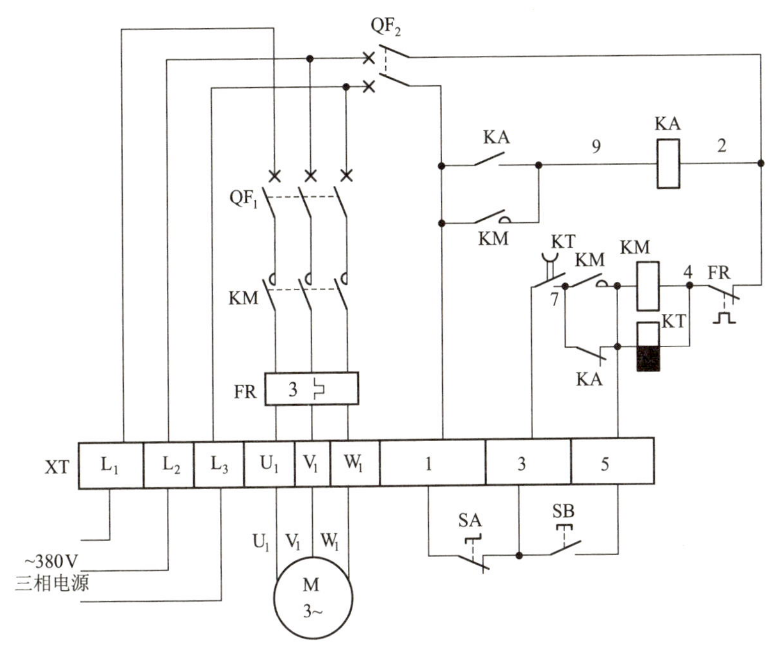

图 4.2 短暂停电自动再启动电路(一)布线图

从图 4.2 中可以看出，XT 为接线端子排，通过端子排 XT 来区分电气元件的安装位置，XT 的上方为放置在配电箱内底板上安装的电气元件，XT 的下方为外接或引至配电箱门面板上的电气元件。

从端子排 XT 上看，共有 9 个接线端子。其中，L_1、L_2、L_3 这 3 根线为由外引入配电箱的三相交流 380V 电源，并穿管引入；U_1、V_1、W_1 这 3 根线为电动机线，穿管接至电动机接线盒内的 U_1、V_1、W_1 上；1、3、5 这 3 根线为控制线，接至配电箱门面板上的按钮开关 SB、转换开关 SA 上。

元器件安装排列图及端子图（图 4.3）

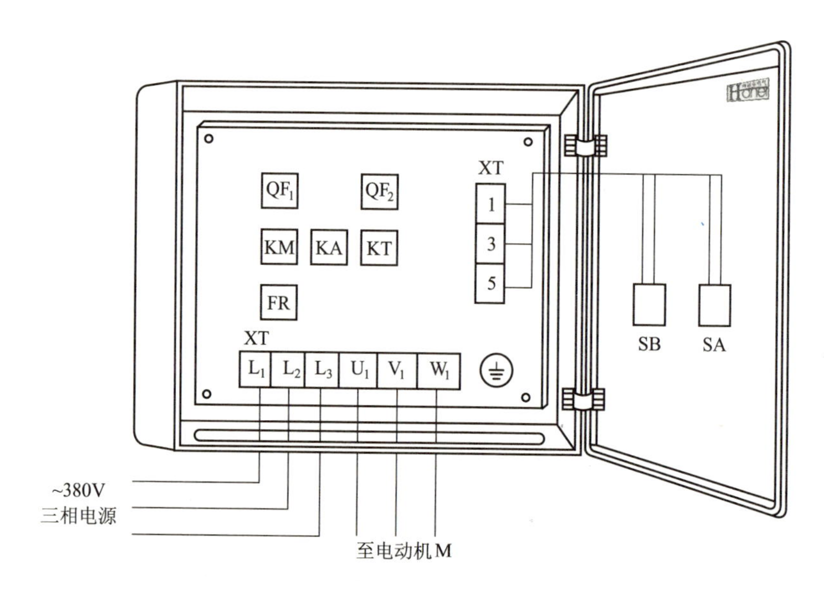

图 4.3　短暂停电自动再启动电路（一）元器件安装排列图及端子图

从图 4.3 中可以看出，断路器 QF_1、QF_2，交流接触器 KM，中间继电器 KA，失电延时时间继电器 KT，热继电器 FR 安装在配电箱内底板上；按钮开关 SB、转换开关 SA 安装在配电箱门面板上。

通过端子 L_1、L_2、L_3 将三相交流 380V 电源接入配电箱中。

端子 U_1、V_1、W_1 接至电动机接线盒中的 U_1、V_1、W_1 上。

端子 1、3、5 将配电箱内的器件与配电箱门面板上的按钮开关 SB、转换开关 SA 连接起来。

4.2 短暂停电自动再启动电路(二)

工作原理(图 4.4)

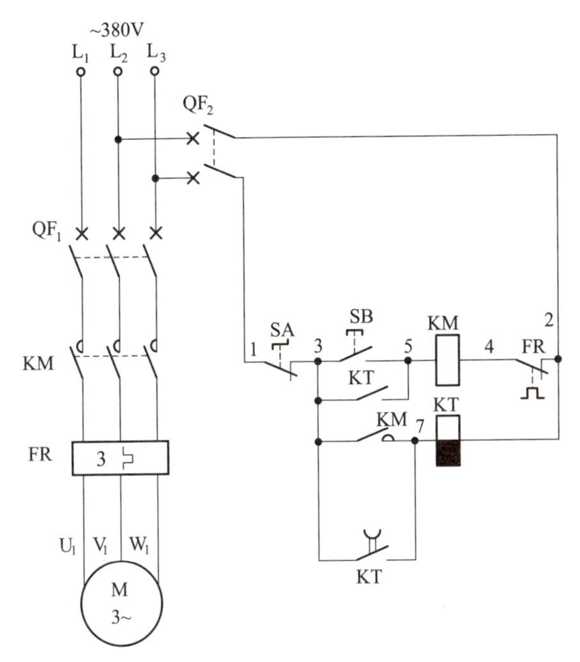

图 4.4 短暂停电自动再启动电路(二)原理图

首先合上主回路断路器 QF_1、控制回路断路器 QF_2，为电路工作提供准备条件。

启动时，按下启动按钮 SB(3-5)，交流接触器 KM 线圈得电吸合，KM 辅助常开触点(3-7)闭合，使失电延时时间继电器 KT 线圈得电吸合且 KT 不延时瞬动常开触点 (3-5) 闭合，KT 失电延时断开的常开触点(3-7)立即闭合自锁，KM 三相主触点闭合，电动机得电正常运转。

当供电出现短暂停电又恢复正常时，在停电的瞬间，交流接触器 KM、失电延时时间继电器 KT 线圈均断电释放，KT 开始延时，在 KT 的设定延时时间内恢复供电，KT 失电延时断开的常开触点 (3-7) 仍处于闭合状态，又重新使 KT 线圈得电吸合，并使交流接触器 KM 线圈得电吸合，KM 三相主触点闭合，电动机又重新得电继续运转工作。

当停电时间过长时 (超出了 KT 的设定时间)，KT 失电延时断开的常开触点 (3-7) 断开，即使再来电，也因不能形成回路而无法进行自动再启动控制。

在停止时需注意的是，断开停止转换开关 SA(1-3) 的时间必须要大于 KT 的设定时间，否则会出现自动再启动控制。

电路布线图（图 4.5）

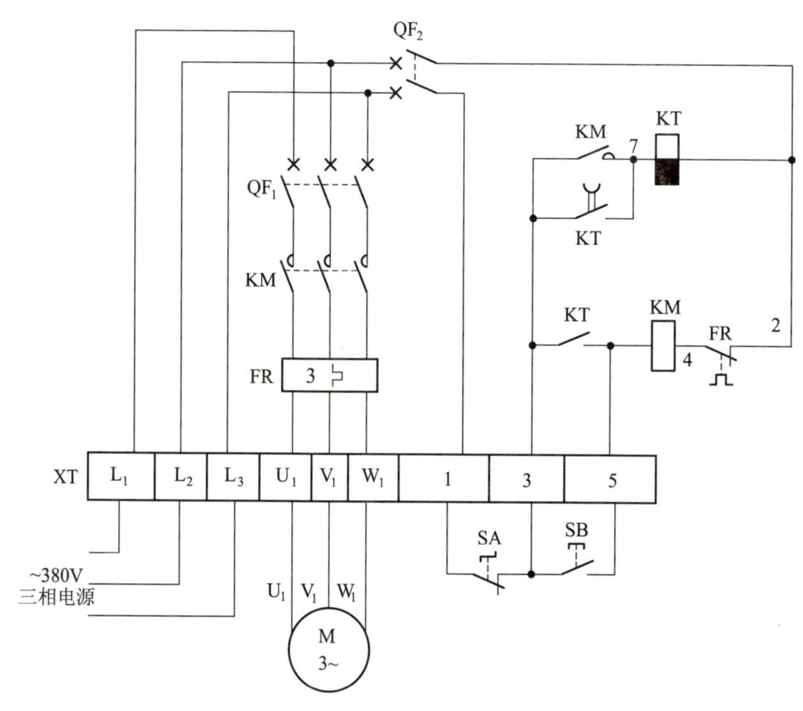

图 4.5　短暂停电自动再启动电路 (二) 布线图

从图 4.5 中可以看出，XT 为接线端子排，通过端子排 XT 来区分电气元件的安装位置，XT 的上方为放置在配电箱内底板上的电气元件，XT 的下方为外接或引至配电箱门面板上的电气元件。

从端子排 XT 上看，共有 9 个接线端子。其中，L_1、L_2、L_3 这 3 根线为由外引入配电箱的三相交流 380V 电源，并穿管引入；U_1、V_1、W_1

这3根线为电动机线，穿管接至电动机接线盒内的U_1、V_1、W_1上；1、3、5这3根线为控制线，接至配电箱门面板上的按钮开关SB、转换开关SA上。

元器件安装排列图及端子图(图4.6)

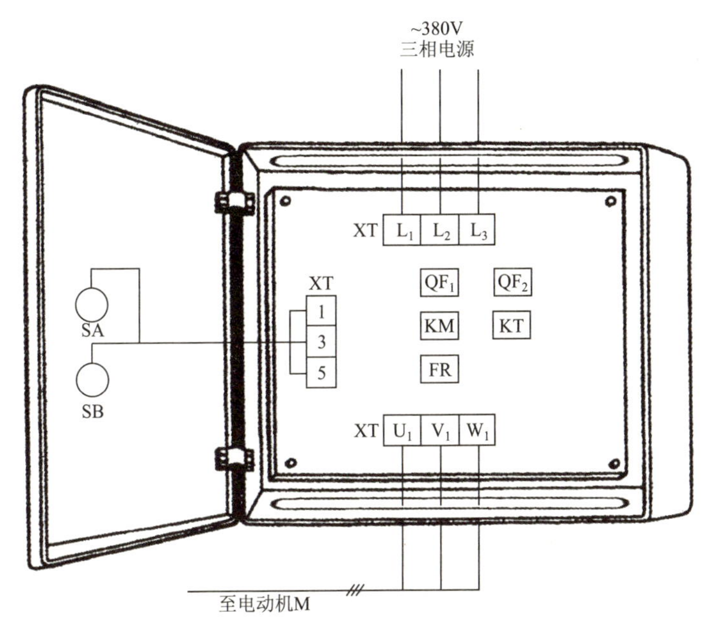

图4.6 短暂停电自动再启动电路(二)元器件安装排列图及端子图

从图4.6中可以看出，断路器QF_1、QF_2，交流接触器KM，失电延时时间继电器KT，热继电器FR安装在配电箱内底板上；转换开关SA，按钮开关SB安装在配电箱门面板上。

通过端子L_1、L_2、L_3将三相交流380V电源接入配电箱中。

端子U_1、V_1、W_1接至电动机接线盒中的U_1、V_1、W_1上。

端子1、3、5将配电箱内的器件与配电箱门面板上的转换开关SA、按钮开关SB连接起来。

4.3 采用安全电压控制电动机启停电路

工作原理（图 4.7）

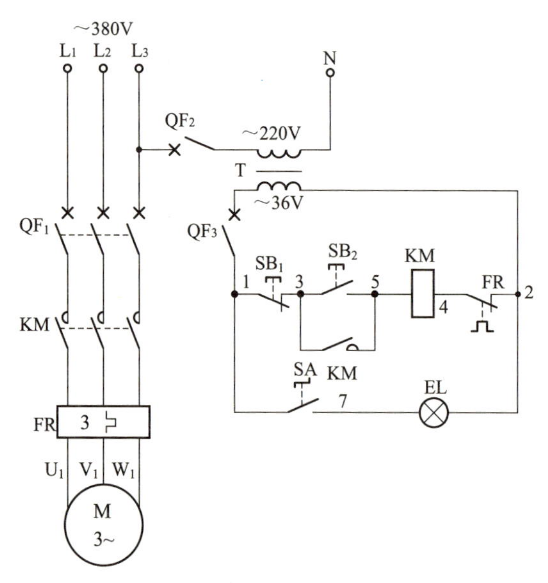

图 4.7　采用安全电压控制电动机启停电路原理图

首先合上主回路断路器 QF_1 和控制回路断路器 QF_2、QF_3，为电路工作提供准备条件。

启动时，按下启动按钮 SB_2(3-5)，交流接触器 KM 线圈得电吸合且 KM 辅助常开触点 (3-5) 闭合自锁，KM 三相主触点闭合，电动机得电启动运转。

停止时，按下停止按钮 SB_1(1-3)，交流接触器 KM 线圈断电释放，KM 三相主触点断开，电动机失电停止运转。

合上工作灯控制转换开关 SA(1-7)，工作灯 EL 亮。

电路布线图（图 4.8）

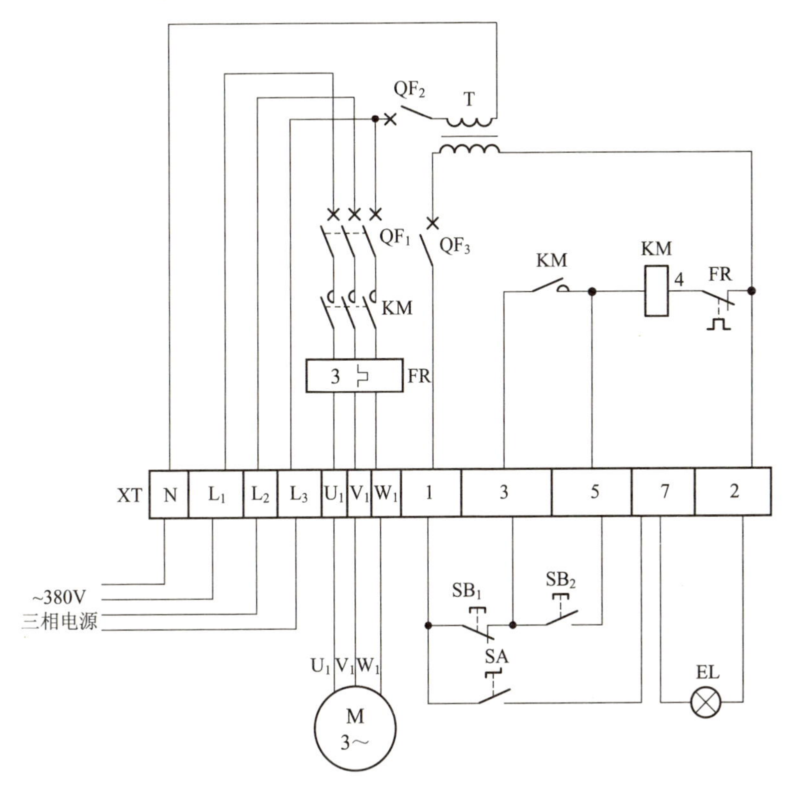

图 4.8 采用安全电压控制电动机启停电路布线图

从图 4.8 中可以看出，XT 为接线端子排，通过端子排 XT 来区分电气元件的安装位置，XT 的上方为放置在配电箱内底板上的电气元件，XT 的下方为外接或引至配电箱门面板上的电气元件。

从端子排 XT 上看，共有 12 个接线端子。其中，L_1、L_2、L_3、N 这 4 根线为由外引入配电箱的三相交流 380V 电源，并穿管引入；U_1、V_1、W_1 这 3 根线为电动机线，穿管接至电动机接线盒内的 U_1、V_1、W_1 上；1、3、5、7 这 4 根线为控制线，接至配电箱门面板上的按钮开关 SB_1、SB_2 及转换开关 SA 上；2、7 这 2 根线为外接照明灯线，穿管接至照明灯 EL 上。

元器件安装排列图及端子图（图 4.9）

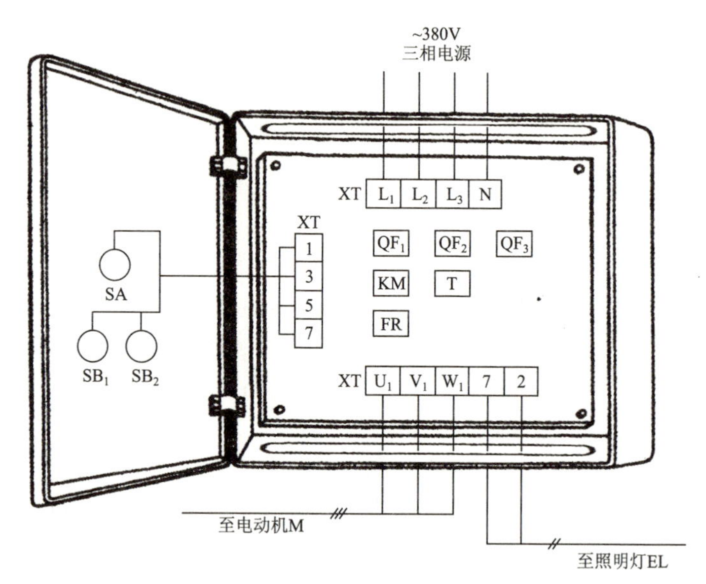

图 4.9　采用安全电压控制电动机启停电路元器件安装排列图及端子图

从图 4.9 中可以看出，断路器 QF_1、QF_2、QF_3，交流接触器 KM，控制变压器 T，热继电器 FR 安装在配电箱内底板上；按钮开关 SB_1、SB_2 和转换开关 SA 安装在配电箱门面板上。

通过端子 L_1、L_2、L_3、N 将三相交流 380V 电源接入配电箱中。

端子 U_1、V_1、W_1 接至电动机接线盒中的 U_1、V_1、W_1 上。

端子 1、3、5、7 将配电箱内的器件与配电箱门面板上的按钮开关 SB_1、SB_2 及转换开关 SA 连接起来。

端子 2、7 接至工作灯 EL 上。

4.4 电接点压力表手动 / 自动控制电路

工作原理（图 4.10）

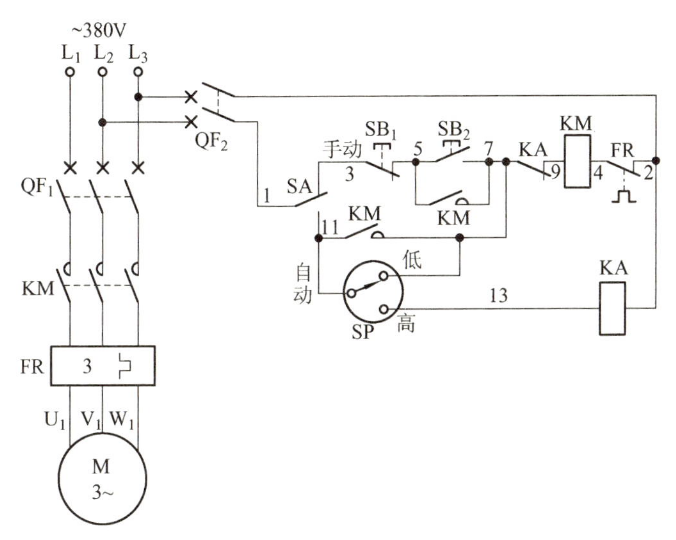

图 4.10 电接点压力表手动 / 自动控制电路原理图

首先合上主回路断路器 QF_1 和控制回路断路器 QF_2，为电路工作提供准备条件。

手动时，将选择开关 SA 置于手动位置，其触点（1-3）闭合。需手动启动则按下启动按钮 SB_2，其常开触点（5-7）闭合，接通交流接触器 KM 线圈回路电源，KM 线圈得电吸合且 KM 辅助常开触点（5-7）闭合自锁，KM 三相主触点闭合，电动机得电启动运转。必须说明一下，KM 的另一组辅助常开触点（7-11）虽然闭合，手动时无用，只在自动时起作用。手动停止则按下停止按钮 SB_1（3-5）即可。

自动时，将选择开关 SA 置于自动位置，其触点（1-11）闭合。若管道压力低于电接点压力表 SP 下限值时，SP 触点（7-11）闭合，接通交流接触器 KM 线圈回路电源，KM 线圈得电吸合且 KM 辅助常开触点（7-11）闭合自锁，KM 三相主触点闭合，电动机得电启动运转。随着管道压力的逐渐升高，当达到电接点压力表上限值时，SP 触点（11-13）

闭合，接通中间继电器 KA 线圈回路电源，KA 线圈得电吸合，KA 常闭触点（7-9）断开，切断交流接触器 KM 线圈回路电源，KM 线圈断电释放，KM 辅助常开触点（7-11）断开，解除自锁；KM 三相主触点断开，电动机失电停止运转，从而实现自动控制。

电路布线图（图 4.11）

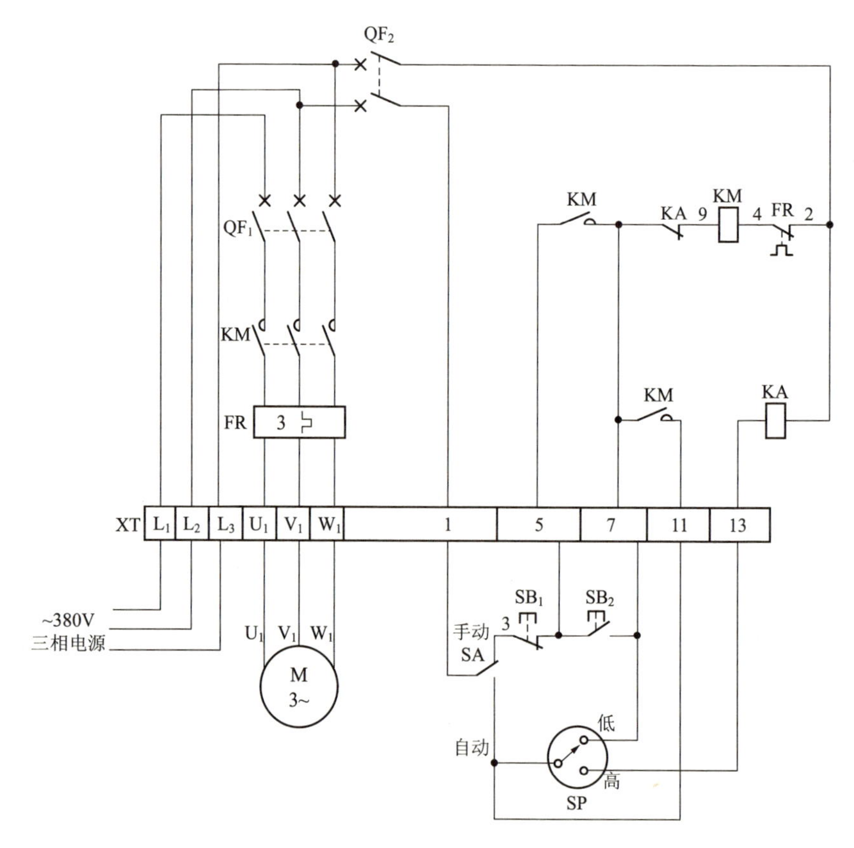

图 4.11　电接点压力表手动 / 自动控制电路布线图

从图 4.11 中可以看出，XT 为接线端子排，通过端子排 XT 来区分电气元件的安装位置，XT 的上方为放置在配电箱内底板上的电气元件，XT 的下方为外接或引至配电箱门面板上的电气元件。

从端子排 XT 上看，共有 11 个接线端子。其中，L_1、L_2、L_3 这 3

根线为由外引入配电箱的三相交流 380V 电源，并穿管引入；U_1、V_1、W_1 这 3 根线为电动机线，穿管接至电动机接线盒内的 U_1、V_1、W_1 上；1、5、7、11 这 4 根线为控制线，接至配电箱门面板上的按钮开关 SB_1、SB_2 及选择开关 SA 上；7、11、13 这 3 根线为电接点压力表线，穿管外接至电接点压力表 SP 上。

元器件安装排列图及端子图（图 4.12）

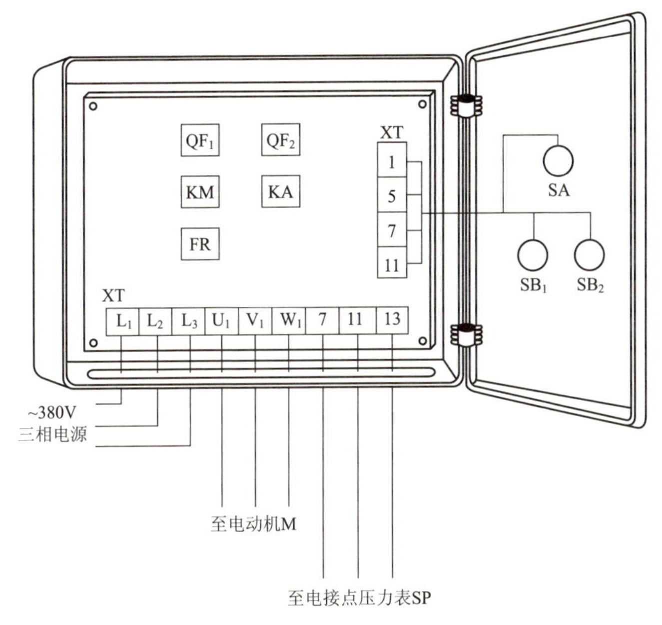

图 4.12 电接点压力表手动 / 自动控制电路元器件安装排列图及端子图

从图 4.12 中可以看出，断路器 QF_1、QF_2，交流接触器 KM，中间继电器 KA，热继电器 FR 安装在配电箱内底板上；按钮开关 SB_1、SB_2 及选择开关 SA 安装在配电箱门面板上。

通过端子 L_1、L_2、L_3 将三相交流 380V 电源接入配电箱中。

端子 U_1、V_1、W_1 接至电动机接线盒中的 U_1、V_1、W_1 上。

端子 1、5、7、11 将配电箱内的器件与配电箱门面板上的按钮开关 SB_1、SB_2 及选择开关 SA 连接起来。

端子 7、11、13 接至电接点压力表 SP 上。

4.5 电动机加密控制电路

工作原理（图 4.13）

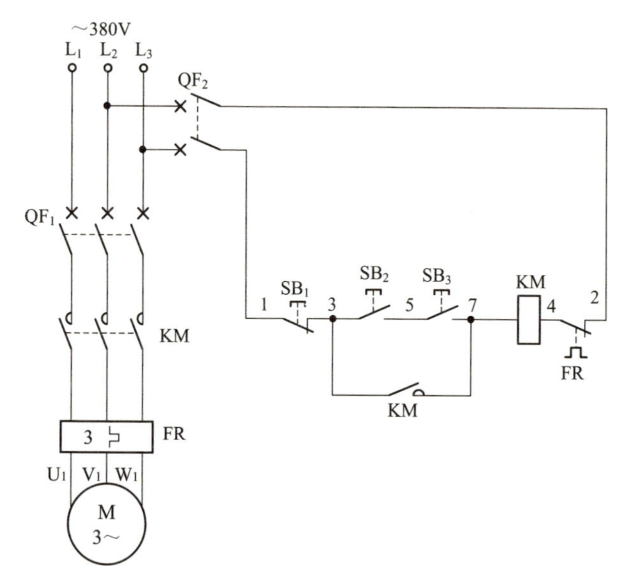

图 4.13　电动机加密控制电路原理图

首先合上主回路断路器 QF_1、控制回路断路器 QF_2，为电路工作提供准备条件。

为了防止他人误按下启动按钮开关造成事故，在电路中进行加密，实际上所谓的加密，就是将两只按钮开关 SB_2(3-5)、SB_3(5-7) 串联起来，在启动时必须同时按下方可完成启动操作。启动时，同时按下启动按钮 SB_2(3-5) 和 SB_3(5-7)，交流接触器 KM 线圈得电吸合且 KM 辅助常开触点 (3-7) 闭合自锁，KM 三相主触点闭合，电动机得电运转工作。

停止时，按下停止按钮 SB_1(1-3)，交流接触器 KM 线圈断电释放，KM 三相主触点断开，电动机失电停止运转。

电路布线图（图 4.14）

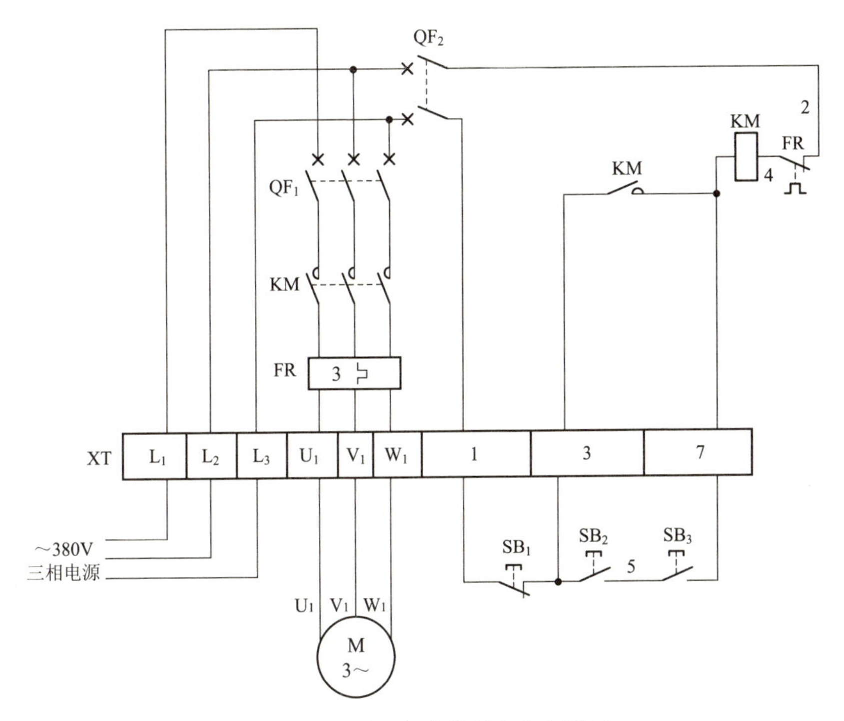

图 4.14　电动机加密控制电路布线图

从图 4.14 中可以看出，XT 为接线端子排，通过端子排 XT 来区分电气元件的安装位置，XT 的上方为放置在配电箱内底板上的电气元件，XT 的下方为外接或引至配电箱门面板上的电气元件。

从端子排 XT 上看，共有 9 个接线端子。其中，L_1、L_2、L_3 这 3 根线为由外引入配电箱的三相交流 380V 电源，并穿管引入；U_1、V_1、W_1 这 3 根线为电动机线，穿管接至电动机接线盒内的 U_1、V_1、W_1 上；1、3、7 这 3 根线为控制线，接至配电箱门面板上的按钮开关 SB_1、SB_2、SB_3 上。

元器件安装排列图及端子图（图 4.15）

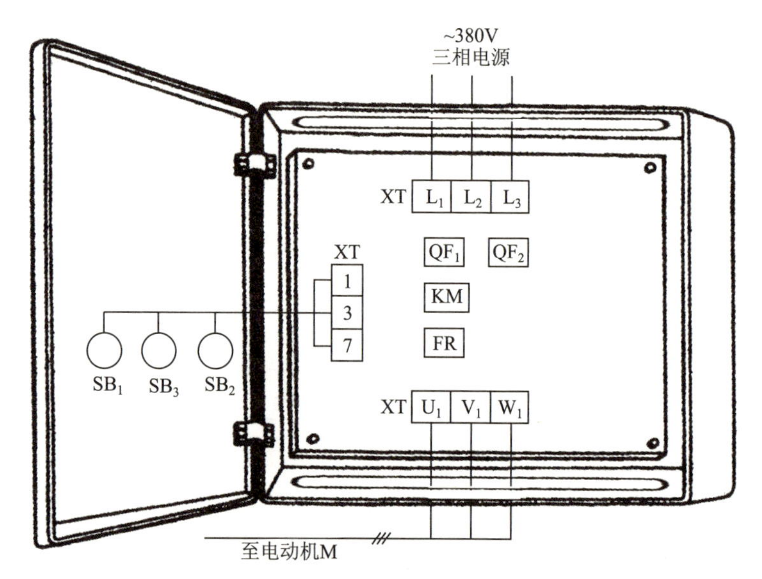

图 4.15　电动机加密控制电路元器件安装排列图及端子图

从图 4.15 中可以看出，断路器 QF_1、QF_2，交流接触器 KM，热继电器 FR 安装在配电箱内底板上；按钮开关 SB_1、SB_2、SB_3 安装在配电箱门面板上。

通过端子 L_1、L_2、L_3 将三相交流 380V 电源接入配电箱中。

端子 U_1、V_1、W_1 接至电动机接线盒中的 U_1、V_1、W_1 上。

端子 1、3、7 将配电箱内的器件与配电箱门面板上的按钮开关 SB_1、SB_2、SB_3 连接起来。

4.6 电动机间歇运行控制电路（一）

工作原理（图 4.16）

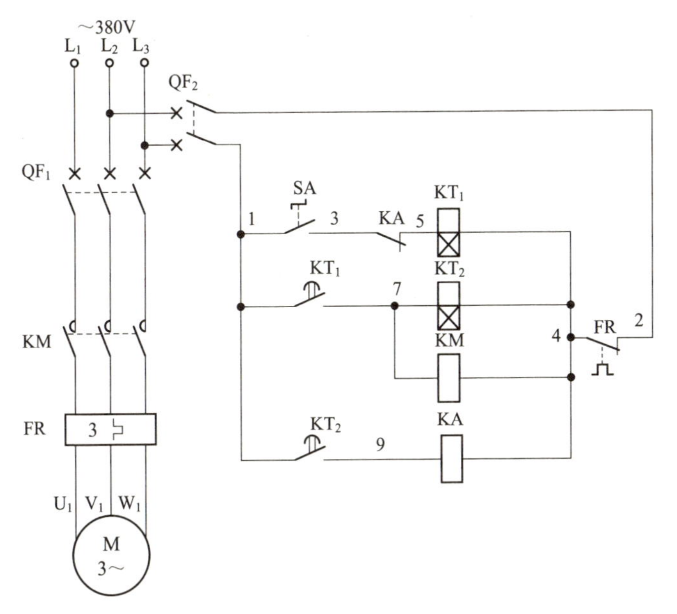

图 4.16 电动机间歇运行控制电路（一）原理图

首先合上主回路断路器 QF_1、控制回路断路器 QF_2，为电路工作提供准备条件。

顾名思义，间歇运行就是设备工作一会儿再停止一段时间，然后再运转一会儿再停止一段时间，如此重复工作下去。如机床设备上的自动间歇润滑控制系统。

需工作时，合上转换开关 SA(1-3)，此时电动机不会启动运转，其原因是得电延时时间继电器 KT_1 延时时间未到，仍处于断开状态。交流接触器 KM 线圈得不到控制电源而不能工作。

当到达得电延时时间继电器 KT_1 延时时间（设定时间，此时间就是电动机的停止时间，即间歇时间）时，KT_1 得电延时闭合的常开触点 (1-7) 闭合，此时，交流接触器 KM 和另一只得电延时时间继电器 KT_2 线圈同时得电吸合工作，KM 三相主触点闭合，电动机得电运转工作。

此时，KT_2 得电延时时间继电器又开始延时 (此时间就是电动机的运转时间)，经 KT_2 一段时间延时后，KT_2 得电延时闭合的常开触点 (1-9) 闭合，中间继电器 KA 线圈得电吸合，KA 串联在得电延时时间继电器 KT_1 线圈回路中的常闭触点 (3-5) 断开，切断了得电延时时间继电器 KT_1 线圈回路电源，KT_1 线圈断电释放，交流接触器 KM 以及得电延时时间继电器 KT_2 线圈均断电释放，中间继电器 KA 线圈也因 KT_2 触点 (1-9) 恢复常开而释放，电路恢复原始状态，KM 三相主触点断开，电动机失电停止工作。如此重复完成间歇运行。

该电路中 KT_1、KT_2 得电延时时间继电器的延时时间可根据实际需要分别调整。

电路布线图 (图 4.17)

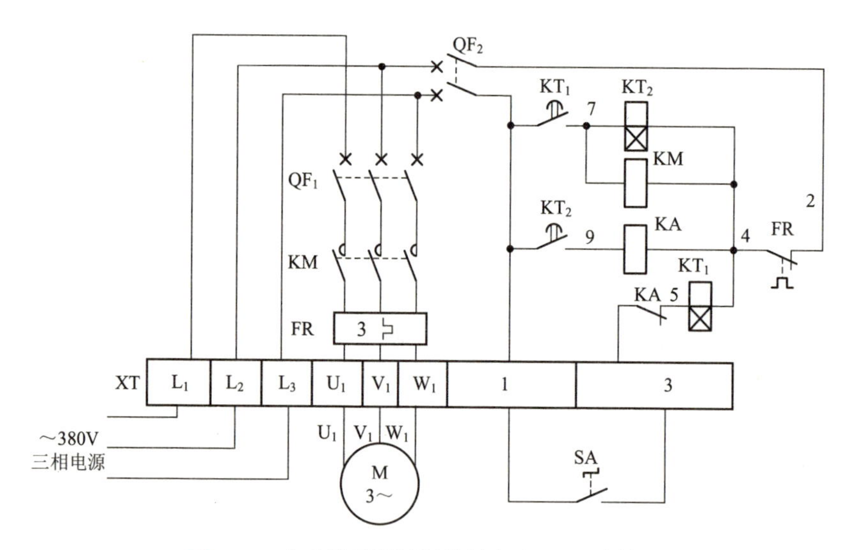

图 4.17　电动机间歇运行控制电路 (一) 布线图

从图 4.17 中可以看出，XT 为接线端子排，通过端子排 XT 来区分电气元件的安装位置，XT 的上方为放置在配电箱内底板上的电气元件，XT 的下方为外接或引至配电箱门面板上的电气元件。

从端子排 XT 上看，共有 8 个接线端子。其中，L_1、L_2、L_3 这 3 根线为由外引入配电箱的三相交流 380V 电源，并穿管引入；U_1、V_1、W_1 这 3 根线为电动机线，穿管接至电动机接线盒内的 U_1、V_1、W_1 上；1、3 这 2 根线为控制线，接至配电箱门面板上的转换开关 SA 上。

元器件安装排列图及端子图（图 4.18）

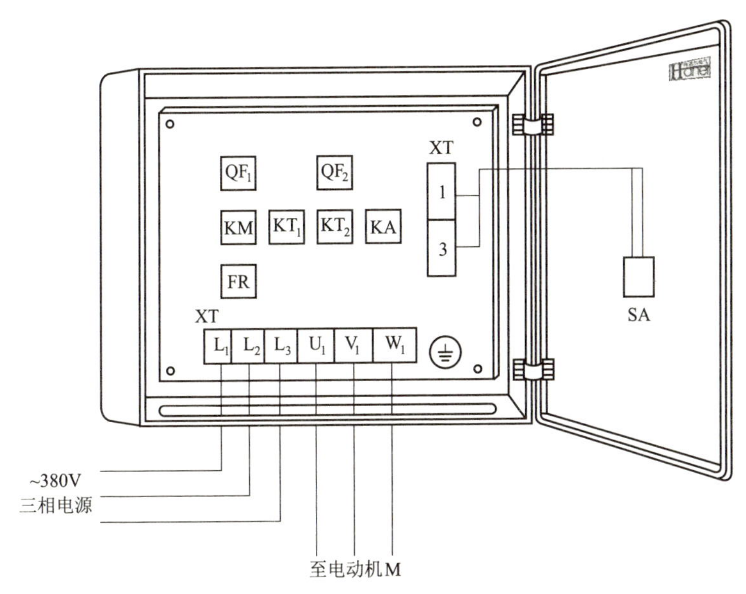

图 4.18 电动机间歇运行控制电路（一）元器件安装排列图及端子图

从图 4.18 中可以看出，断路器 QF_1、QF_2，交流接触器 KM，得电延时时间继电器 KT_1、KT_2，中间继电器 KA，热继电器 FR 安装在配电箱内底板上；转换开关 SA 安装在配电箱门面板上。

通过端子 L_1、L_2、L_3 将三相交流 380V 电源接入配电箱中。

端子 U_1、V_1、W_1 接至电动机接线盒中的 U_1、V_1、W_1 上。

端子 1、3 将配电箱内的器件与配电箱门面板上的转换开关 SA 连接起来。

4.7 电动机间歇运行控制电路(二)

工作原理(图 4.19)

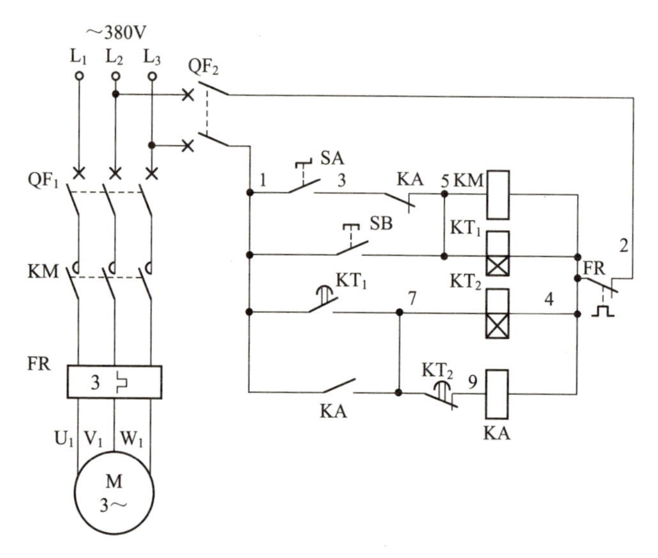

图 4.19　电动机间歇运行控制电路(二)原理图

首先合上主回路断路器 QF_1、控制回路断路器 QF_2，为电路工作提供准备条件。

工作时，合上控制转换开关 SA(1-3)，此时交流接触器 KM、得电延时时间继电器 KT_1 线圈得电吸合工作，KM 三相主触点闭合，电动机得电运转工作。经 KT_1 一段时间延时后(即运转时间)，KT_1 得电延时闭合的常开触点 (1-7) 闭合，使中间继电器 KA 线圈得电吸合且 KA 常开触点 (1-7) 闭合自锁，KA 常闭触点 (3-5) 断开，切断了交流接触器 KM、得电延时时间继电器 KT_1 线圈回路电源，KM 三相主触点断开，切断了电动机三相交流 380V 电源，电动机失电停止运转。同时，得电延时时间继电器 KT_2 线圈得电吸合并开始延时(其延时时间为电动机停止运转时间)，经 KT_2 一段时间延时后，KT_2 得电延时断开的常闭触点 (7-9) 断开，切断了中间继电器 KA 线圈回路电源，KA 线圈断电释放，其串联在 KM、KT_1 线圈回路中的常闭触点 (3-5) 恢复原始状态，此时

KM、KT_1 线圈又得电吸合，KM 三相主触点又闭合，电动机又得电运转了，从而实现电动机的间歇运转。

电路布线图（图 4.20）

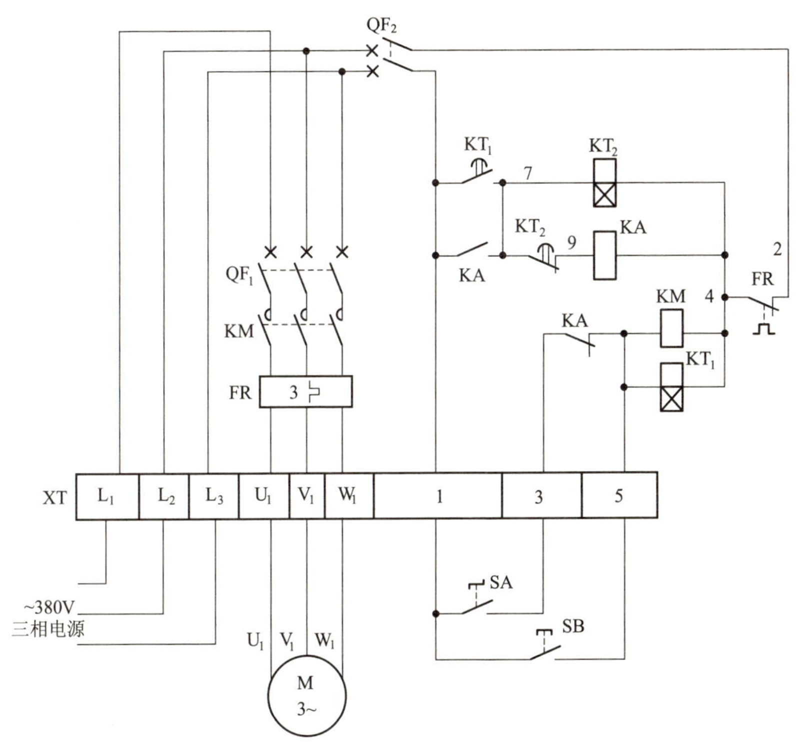

图 4.20 电动机间歇运行控制电路（二）布线图

从图 4.20 中可以看出，XT 为接线端子排，通过端子排 XT 来区分电气元件的安装位置，XT 的上方为放置在配电箱内底板上的电气元件，XT 的下方为外接或引至配电箱门面板上的电气元件。

从端子排 XT 上看，共有 9 个接线端子。其中，L_1、L_2、L_3 这 3 根线为由外引入配电箱的三相交流 380V 电源，并穿管引入；U_1、V_1、W_1 这 3 根线为电动机线，穿管接至电动机接线盒内的 U_1、V_1、W_1 上；1、3、5 这 3 根线为控制线，接至配电箱门面板上的转换开关 SA、按钮开关 SB 上。

元器件安装排列图及端子图（图 4.21）

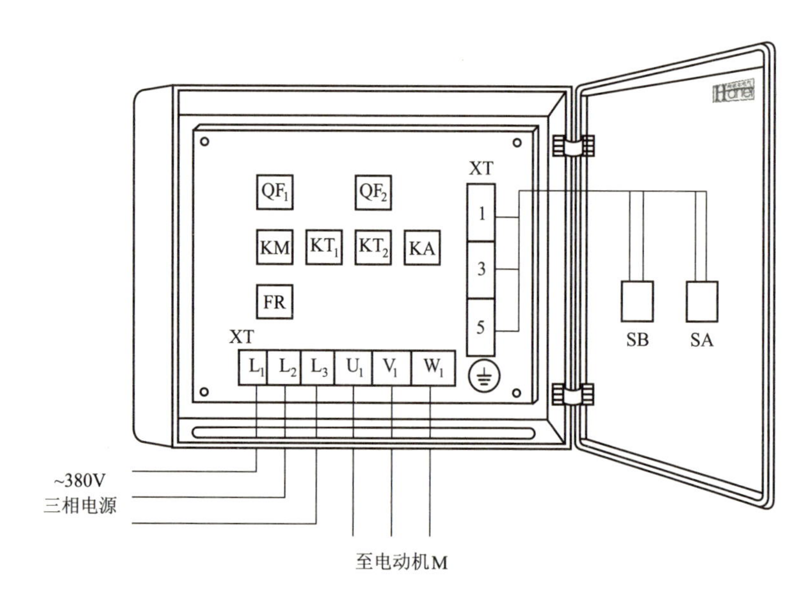

图 4.21　电动机间歇运行控制电路（二）元器件安装排列图及端子图

从图 4.21 中可以看出，断路器 QF_1、QF_2，交流接触器 KM，中间继电器 KA，得电延时时间继电器 KT_1、KT_2，热继电器 FR 安装在配电箱内底板上；按钮开关 SB，转换开关 SA 安装在配电箱门面板上。

通过端子 L_1、L_2、L_3 将三相交流 380V 电源接入配电箱中。

端子 U_1、V_1、W_1 接至电动机接线盒中的 U_1、V_1、W_1 上。

端子 1、3、5 将配电箱内的器件与配电箱门面板上的按钮开关 SB、转换开关 SA 连接起来。

第 5 章

电动机可逆控制电路

5.1 具有三重互锁保护的正反转控制电路

工作原理（图 5.1）

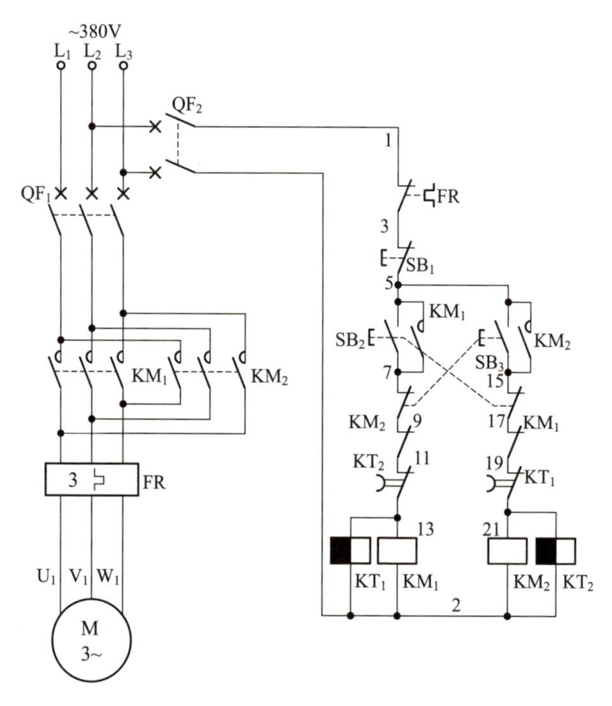

图 5.1　具有三重互锁保护的正反转控制电路原理图

按下正转启动按钮 SB_2，首先 SB_2 的一组串联在反转交流接触器 KM_2 线圈回路中的常闭触点 (15-17) 断开，切断反转交流接触器 KM_2 线圈回路电源，起到按钮互锁作用。SB_2 的另一组常开触点 (5-7) 闭合，使正转交流接触器 KM_1 和失电延时时间继电器 KT_1 线圈均得电吸合且 KM_1 辅助常开触点 (5-7) 闭合自锁；同时，KM_1 辅助常闭触点 (17-19) 断开，起到交流接触器常闭触点互锁保护。KT_1 串联在反转交流接触器 KM_2 线圈回路中的失电延时闭合的常闭触点 (19-21) 立即断开，KT_1 线圈断电释放，KT_1 延时触点未闭合时，反转交流接触器 KM_2 线圈回路是处于断开状态的，此作用为失电延时闭合的常闭触点 (19-21) 互锁。

由于电路中加入了三重互锁，安全程度极高，这样就保证了在正转工作时，反转控制回路是得不到工作条件件的。此时正转交流接触器 KM_1 三相主触点闭合，电动机得电正转运转。

停止时，按下停止按钮 SB_1(1-3)，正转交流接触器 KM_1 和失电延时时间继电器 KT_1 线圈均断电释放，KM_1 三相主触点断开，切断了电动机正转电源，电动机失电停止运转。

反转过程与正转类似，请读者自行分析。

电路布线图（图 5.2）

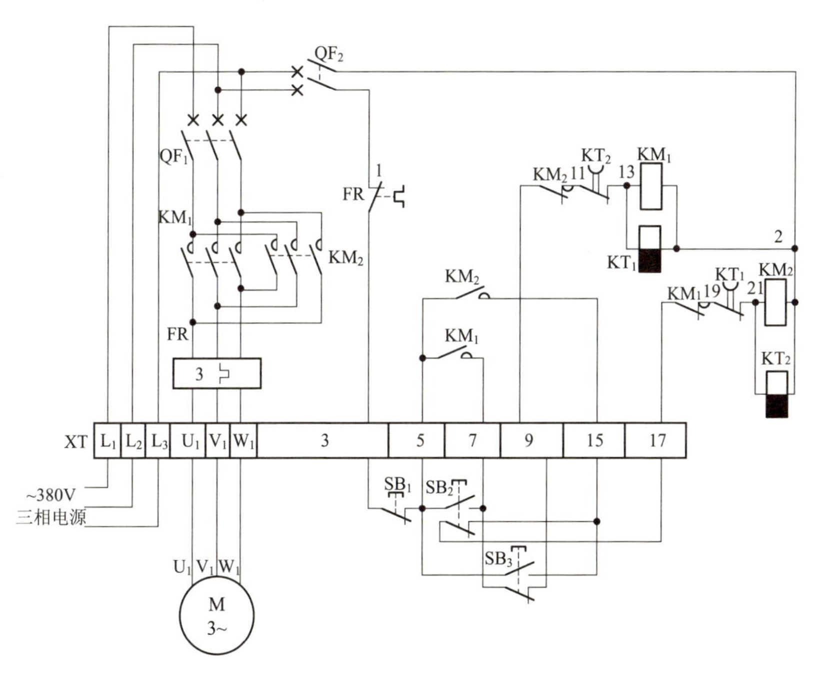

图 5.2 具有三重互锁保护的正反转控制电路布线图

从图 5.2 中可以看出，XT 为接线端子排，通过端子排 XT 来区分电气元件的安装位置，XT 的上方为放置在配电箱内底板上的电气元件，XT 的下方为外接或引至配电箱门面板上的电气元件。

从端子排 XT 上看，共有 12 个接线端子。其中，L_1、L_2、L_3 这 3 根线为由外引入配电箱的三相交流 380V 电源，并穿管引入；U_1、V_1、

W_1 这 3 根线为电动机线，穿管接至电动机接线盒内的 U_1、V_1、W_1 上；3、5、7、9、15、17 这 6 根线为控制线，接至配电箱门面板上的按钮开关 SB_1、SB_2、SB_3 上。

元器件安装排列图及端子图（图 5.3）

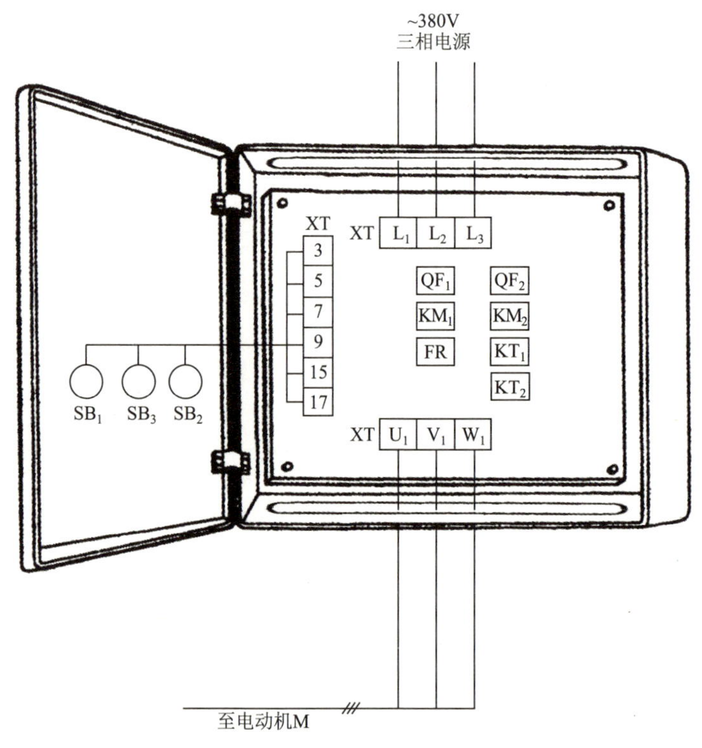

图 5.3　具有三重互锁保护的正反转控制电路元器件安装排列图及端子图

从图 5.3 中可以看出，断路器 QF_1、QF_2，交流接触器 KM_1、KM_2，失电延时时间继电器 KT_1、KT_2，热继电器 FR 安装在配电箱内底板上；按钮开关 SB_1、SB_2、SB_3 安装在配电箱门面板上。

通过端子 L_1、L_2、L_3 将三相交流 380V 电源接入配电箱中。

端子 U_1、V_1、W_1 接至电动机接线盒中的 U_1、V_1、W_1 上。

端子 3、5、7、9、15、17 将配电箱内的器件与配电箱门面板上的按钮开关 SB_1、SB_2、SB_3 连接起来。

5.2 用电弧联锁继电器延长转换时间的正反转控制电路

工作原理（图 5.4）

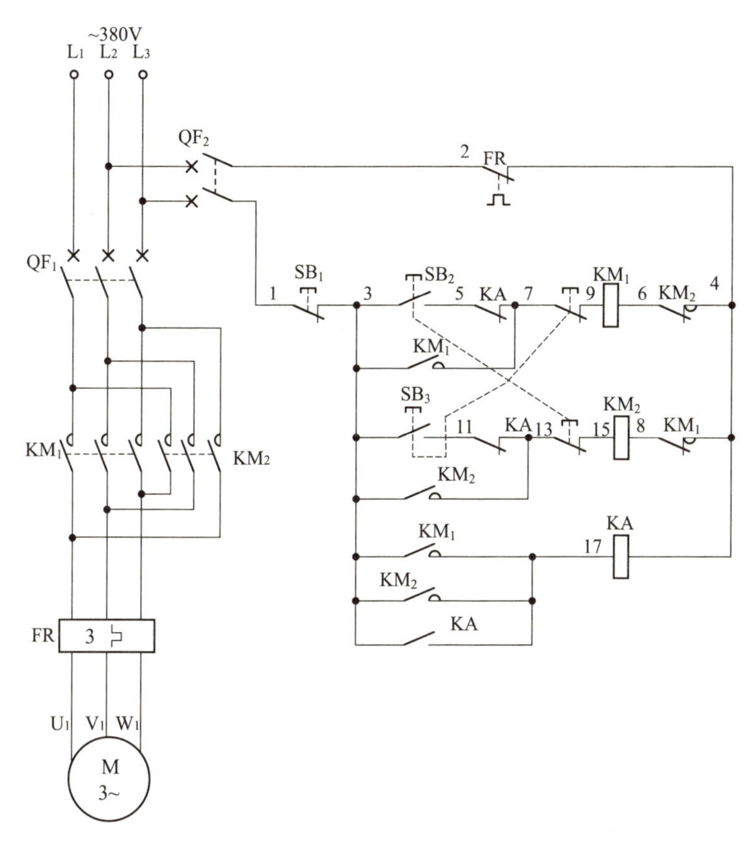

图 5.4　用电弧联锁继电器延长转换时间的正反转控制电路原理图

按下正转启动按钮 SB_2，正转交流接触器 KM_1 线圈得电吸合且 KM_1 辅助常开触点 (3-7) 闭合自锁，KM_1 三相主触点闭合，电动机得电正转运转；KM_1 辅助常开触点 (3-17) 闭合，接通电弧联锁继电器 KA 线圈回路电源，使其得电吸合且 KA 常开触点 (3-17) 闭合自锁，KA 串联在正转启动按钮 SB_2 或反转启动按钮 SB_3 操作回路中的常闭触点 (5-7、11-13) 均断开，使其不能进行正反转启动操作，起到限制作用。

反转时必须先按下停止按钮 SB_1(1-3)，正转交流接触器 KM_1 线圈断电释放，KM_1 三相主触点断开，电动机失电正转停止运转；同时，电弧联锁继电器 KA 线圈也断电释放，KA 常闭触点 (5-7、11-13) 恢复常闭状态，以此延长其转换时间，防止因正反转操作过快而出现电弧短路问题。当 KA 常闭触点恢复后，方可操作反转启动按钮 SB_3 进行操作。

电路布线图（图 5.5）

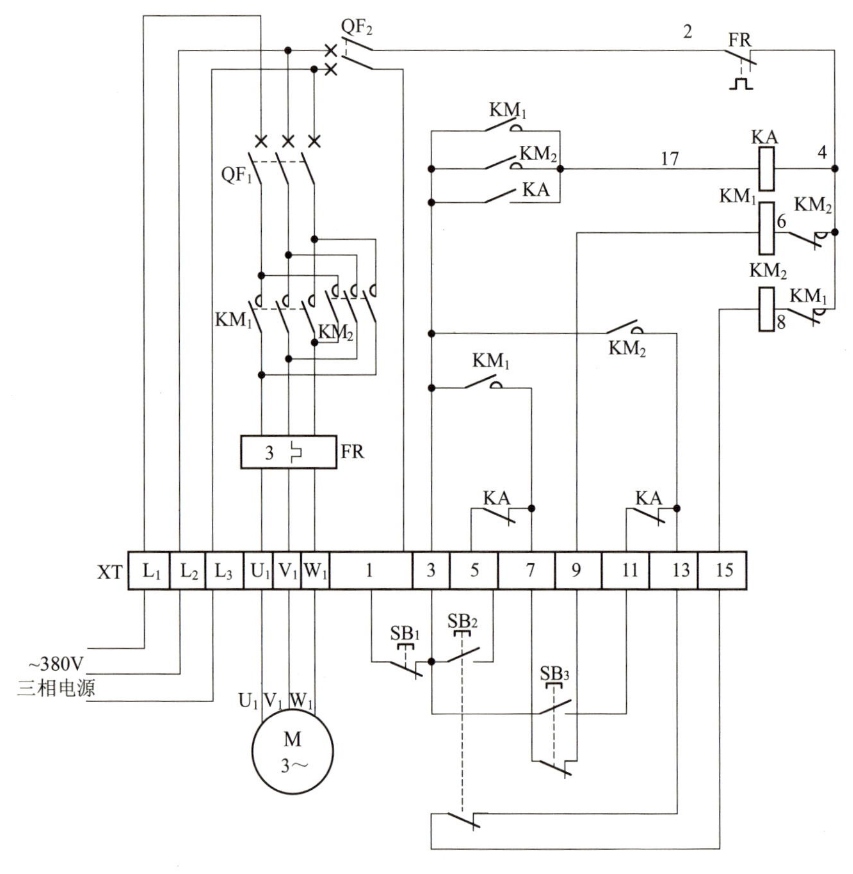

图 5.5　用电弧联锁继电器延长转换时间的正反转控制电路布线图

从图 5.5 中可以看出，XT 为接线端子排，通过端子排 XT 来区分电气元件的安装位置，XT 的上方为放置在配电箱内底板上的电气元件，

XT 的下方为外接或引至配电箱门面板上的电气元件。

从端子排 XT 上看，共有 14 个接线端子。其中，L_1、L_2、L_3 这 3 根线为由外引入配电箱的三相交流 380V 电源，并穿管引入；U_1、V_1、W_1 这 3 根线为电动机线，穿管接至电动机接线盒内的 U_1、V_1、W_1 上；1、3、5、7、9、11、13、15 这 8 根线为控制线，接至配电箱门面板上的按钮开关 SB_1、SB_2、SB_3 上。

元器件安装排列图及端子图（图 5.6）

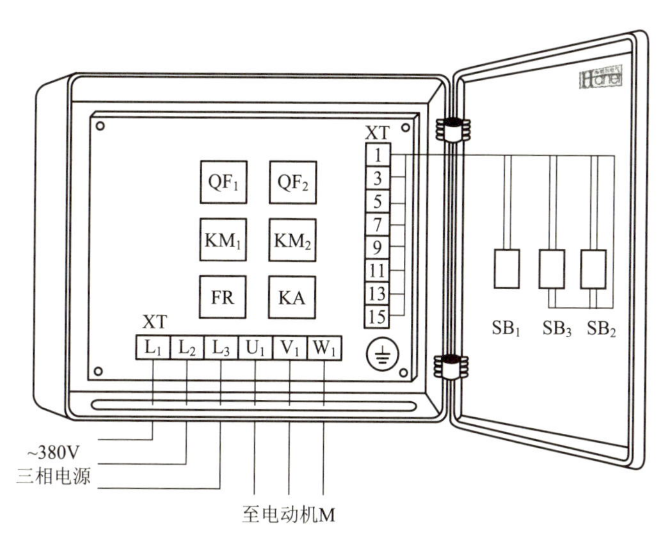

图 5.6 用电弧联锁继电器延长转换时间的正反转控制电路元器件安装排列图及端子图

从图 5.6 中可以看出，断路器 QF_1、QF_2，交流接触器 KM_1、KM_2，中间继电器 KA，热继电器 FR 安装在配电箱内底板上；按钮开关 SB_1、SB_2、SB_3 安装在配电箱门面板上。

通过端子 L_1、L_2、L_3 将三相交流 380V 电源接入配电箱中。

端子 U_1、V_1、W_1 接至电动机接线盒中的 U_1、V_1、W_1 上。

端子 1、3、5、7、9、11、13、15 将配电箱内的器件与配电箱门面板上的按钮开关 SB_1、SB_2、SB_3 连接起来。

5.3 接触器、按钮双互锁的可逆启停控制电路

工作原理（图 5.7）

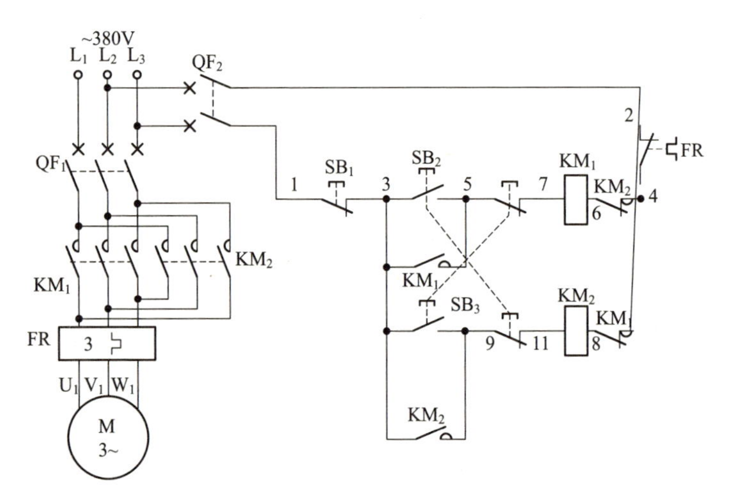

图 5.7　接触器、按钮双互锁的可逆启停控制电路原理图

首先合上主回路断路器 QF_1、控制回路断路器 QF_2，为电路工作提供准备条件。

正转时，按下正转启动按钮 SB_2，SB_2 的一组串联在反转交流接触器 KM_2 线圈回路中的常闭触点 (9-11) 断开，为按钮常闭触点互锁保护；SB_2 的另一组常开触点 (3-5) 闭合，正转交流接触器 KM_1 线圈得电吸合且 KM_1 辅助常开触点 (3-5) 闭合自锁，KM_1 三相主触点闭合，电动机得电正转运转；同时，KM_1 串联在反转交流接触器 KM_2 线圈回路中的辅助常闭触点 (4-8) 断开，为接触器常闭触点互锁保护。

反转时，按下反转启动按钮 SB_3，SB_3 的一组串联在正转交流接触器 KM_1 线圈回路中起到按钮互锁保护作用的常闭触点 (5-7) 断开，切断正转交流接触器 KM_1 线圈回路电源，KM_1 三相主触点断开，电动机失电正转停止运转；同时，起到接触器互锁保护作用的 KM_1 辅助常闭触点 (4-8) 恢复常闭状态，为启动反转做准备。由于 SB_3 的另一组常开触点 (3-9) 已按下，此时反转交流接触器 KM_2 线圈得电吸合且 KM_2 辅助

常开触点 (3-9) 闭合自锁，KM_2 三相主触点闭合，电动机得电反转运转；同时 KM_2 串联在正转交流接触器 KM_1 线圈回路中起到接触器互锁保护作用的辅助常闭触点 (4-6) 断开，为双互锁保护。

无论正转还是反转运转，欲停止时，按下停止按钮 SB_1(1-3)，正转交流接触器 KM_1 或反转交流接触器 KM_2 线圈断电释放，KM_1 或 KM_2 三相主触点断开，电动机失电停止运转。

电路布线图（图 5.8）

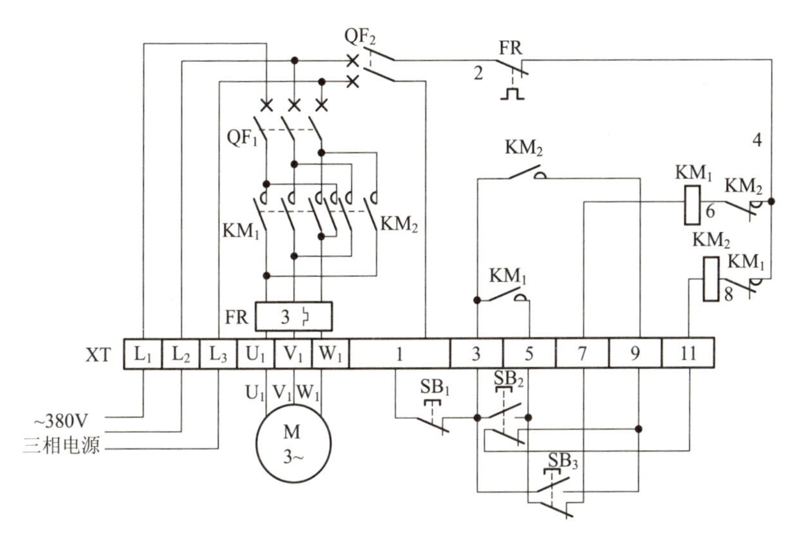

图 5.8　接触器、按钮双互锁的可逆启停控制电路布线图

从图 5.8 中可以看出，XT 为接线端子排，通过端子排 XT 来区分电气元件的安装位置，XT 的上方为放置在配电箱内底板上的电气元件，XT 的下方为外接或引至配电箱门面板上的电气元件。

从端子排 XT 上看，共有 12 个接线端子。其中，L_1、L_2、L_3 这 3 根线为由外引入配电箱的三相交流 380V 电源，并穿管引入；U_1、V_1、W_1 这 3 根线为电动机线，穿管接至电动机接线盒内的 U_1、V_1、W_1 上；1、3、5、7、9、11 这 6 根线为控制线，接至配电箱门面板上的按钮开关 SB_1、SB_2、SB_3 上。

元器件安装排列图及端子图（图 5.9）

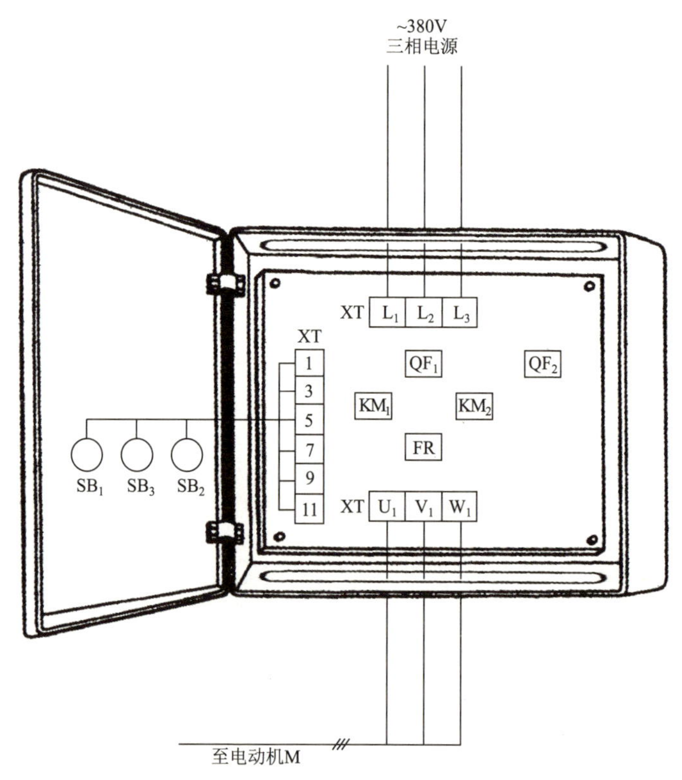

图 5.9　接触器、按钮双互锁的可逆启停控制电路元器件安装排列图及端子图

从图 5.9 中可以看出，断路器 QF_1、QF_2，交流接触器 KM_1、KM_2，热继电器 FR 安装在配电箱内底板上；按钮开关 SB_1、SB_2、SB_3 安装在配电箱门面板上。

通过端子 L_1、L_2、L_3 将三相交流 380V 电源接入配电箱中。

端子 U_1、V_1、W_1 接至电动机接线盒中的 U_1、V_1、W_1 上。

端子 1、3、5、7、9、11 将配电箱内的器件与配电箱门面板上的按钮开关 SB_1、SB_2、SB_3 连接起来。

5.4 只有按钮互锁的可逆启停控制电路

工作原理（图 5.10）

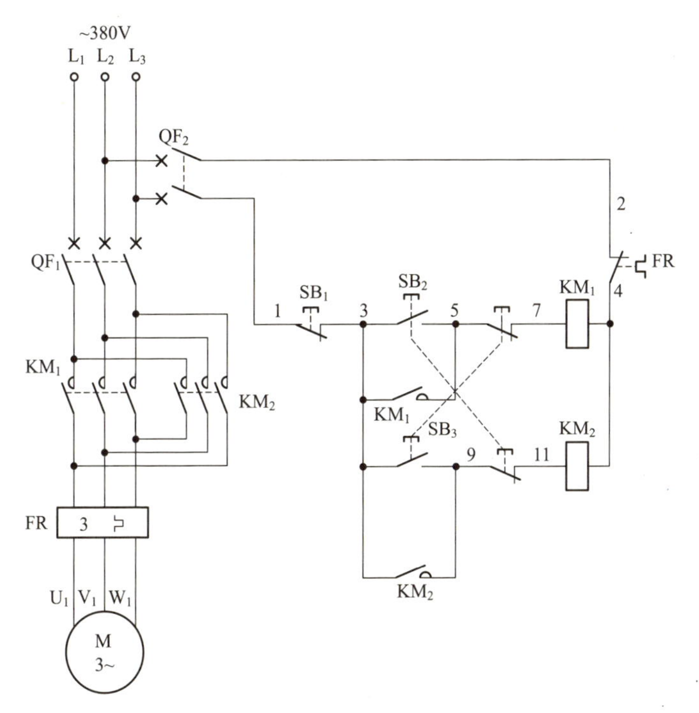

图 5.10　只有按钮互锁的可逆启停控制电路原理图

首先合上主回路断路器 QF_1、控制回路断路器 QF_2，为电路工作提供准备条件。

正转启动时，按下正转启动按钮 SB_2，SB_2 的一组串联在反转交流接触器 KM_2 线圈回路中的常闭触点 (9-11) 断开，起互锁作用，SB_2 的另外一组常开触点 (3-5) 闭合，正转交流接触器 KM_1 线圈得电吸合且 KM_1 辅助常开触点 (3-5) 闭合自锁，KM_1 三相主触点闭合，电动机得电正转运转。

正转停止时，按下停止按钮 SB_1(1-3)，正转交流接触器 KM_1 线圈断电释放，KM_1 三相主触点断开，电动机失电正转停止运转。

反转启动时，按下反转启动按钮 SB_3，SB_3 的一组串联在正转交流接触器 KM_1 线圈回路中的常闭触点 (5-7) 断开，起互锁作用，SB_3 的另外一组常开触点 (3-9) 闭合，反转交流接触器 KM_2 线圈得电吸合且 KM_2 辅助常开触点 (3-9) 闭合自锁，KM_2 三相主触点闭合，电动机得电反转运转。

反转停止时，按下停止按钮 SB_1(1-3)，反转交流接触器 KM_2 线圈断电释放，KM_2 三相主触点断开，电动机失电反转停止运转。

电路布线图（图 5.11）

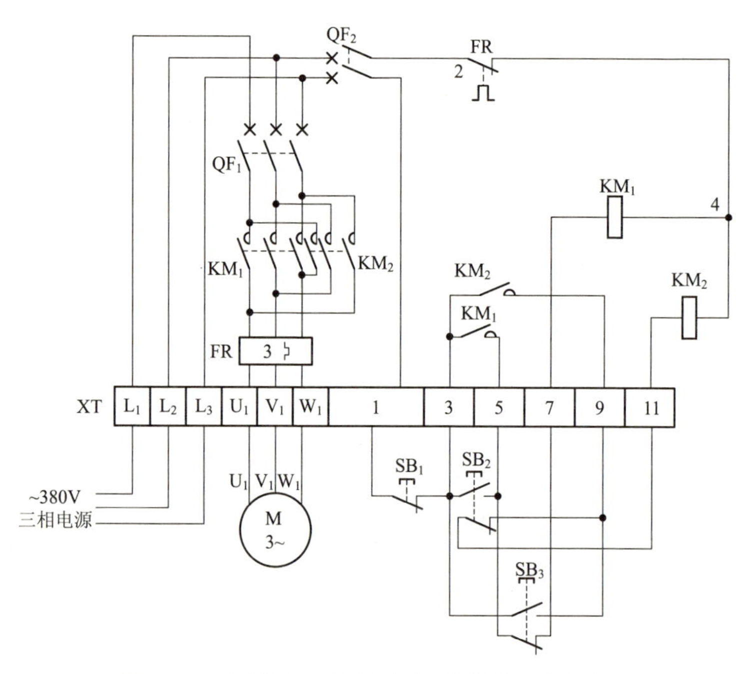

图 5.11　只有按钮互锁的可逆启停控制电路布线图

从图 5.11 中可以看出，XT 为接线端子排，通过端子排 XT 来区分电气元件的安装位置，XT 的上方为放置在配电箱内底板上的电气元件，XT 的下方为外接或引至配电箱门面板上的电气元件。

从端子排 XT 上看，共有 12 个接线端子。其中，L_1、L_2、L_3 这 3 根线为由外引入至配电箱内的三相交流 380V 电源，并穿管引入；U_1、

V_1、W_1 这 3 根线为电动机线，穿管接至电动机接线盒内的 U_1、V_1、W_1 上；1、3、5、7、9、11 这 6 根线为控制线，接至配电箱门面板上的按钮开关 SB_1、SB_2、SB_3 上。

元器件安装排列图及端子图（图 5.12）

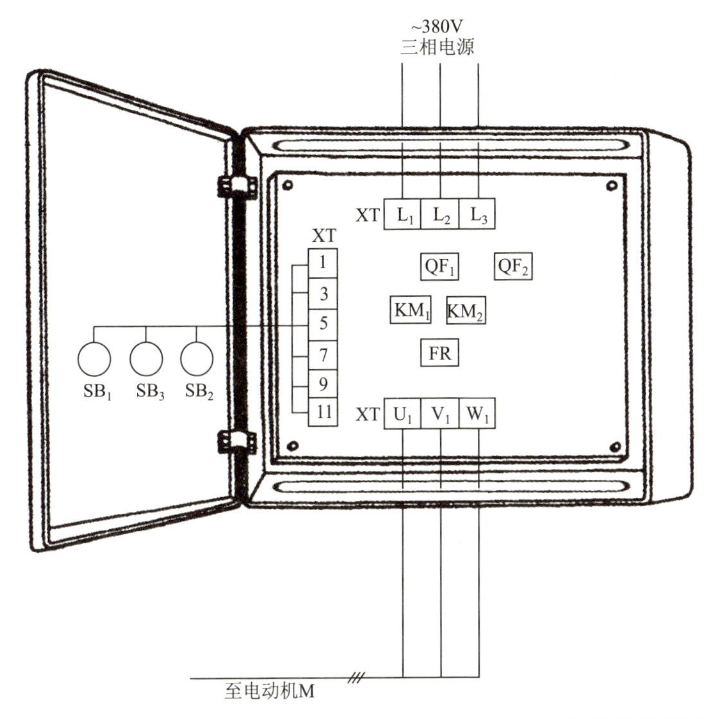

图 5.12　只有按钮互锁的可逆启停控制电路元器件安装排列图及端子图

从图 5.12 中可以看出，断路器 QF_1、QF_2，交流接触器 KM_1、KM_2，热继电器 FR 安装在配电箱内底板上；按钮开关 SB_1、SB_2、SB_3 安装在配电箱门面板上。

通过端子 L_1、L_2、L_3 将三相交流 380V 电源接入配电箱中。

端子 U_1、V_1、W_1 接至电动机接线盒中的 U_1、V_1、W_1 上。

端子 1、3、5、7、9、11 将配电箱内的器件与配电箱门面板上的按钮开关 SB_1、SB_2、SB_3 连接起来。

5.5 只有接触器辅助常闭触点互锁的可逆启停控制电路

工作原理（图 5.13）

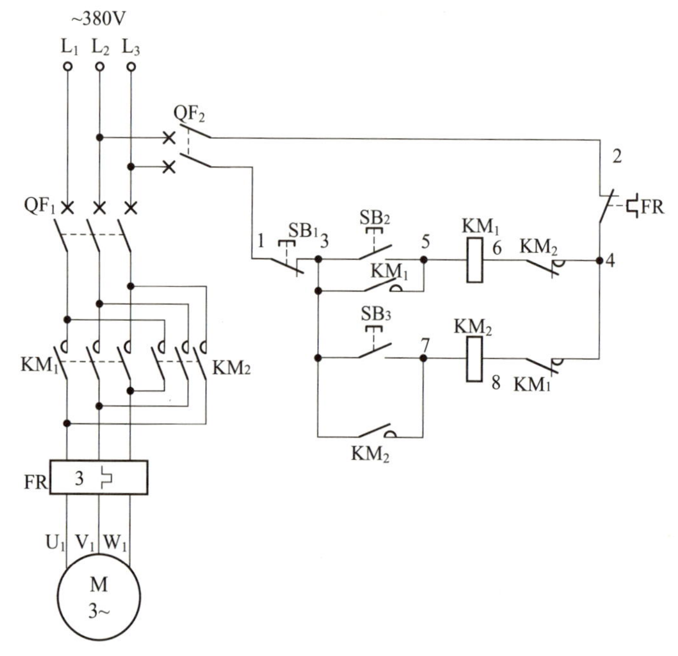

图 5.13　只有接触器辅助常闭触点互锁的可逆启停控制电路原理图

首先合上主回路断路器 QF_1、控制回路断路器 QF_2，为电路工作提供准备条件。

正转启动时，按下正转启动按钮 SB_2(3-5)，正转交流接触器 KM_1 线圈得电吸合且 KM_1 辅助常开触点 (3-5) 闭合自锁，KM_1 三相主触点闭合，电动机得电正转运转；同时 KM_1 串联在 KM_2 线圈回路中的辅助常闭触点 (4-8) 断开，起互锁作用。

正转停止时，按下停止按钮 SB_1(1-3)，正转交流接触器 KM_1 线圈断电释放，KM_1 三相主触点断开，电动机失电正转停止运转。

反转启动时，按下反转启动按钮 SB_3(3-7)，反转交流接触器 KM_2 线圈得电吸合且 KM_2 辅助常开触点 (3-7) 闭合自锁，KM_2 三相主触点闭合，电动机得电反转运转；同时 KM_2 串联在 KM_1 线圈回路中的辅助常闭触点 (4-6) 断开，起互锁作用。

反转停止时，按下停止按钮 SB_1(1-3)，反转交流接触器 KM_2 线圈断电释放，KM_2 三相主触点断开，电动机失电反转停止运转。

电路布线图（图 5.14）

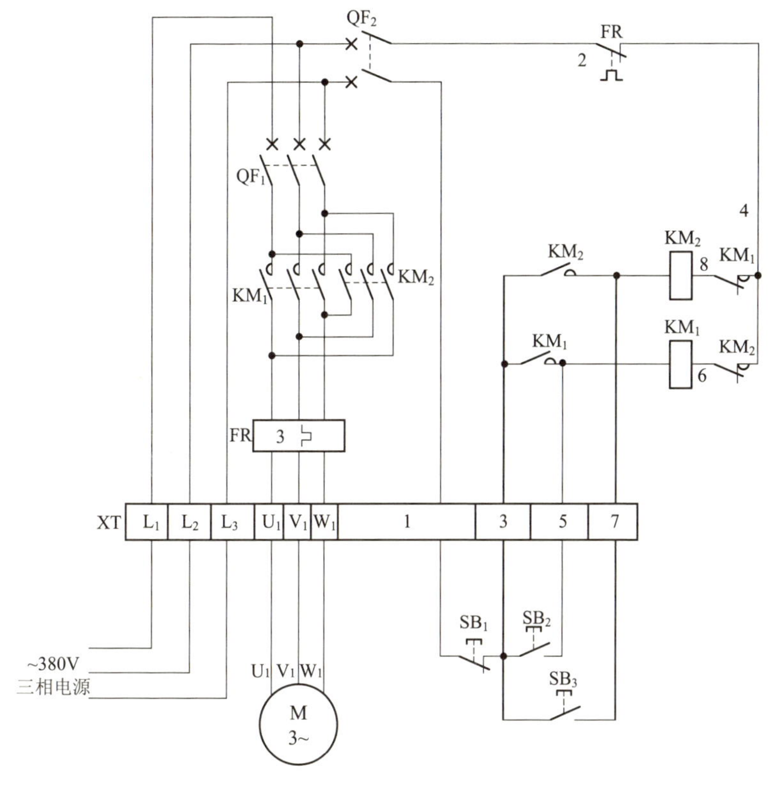

图 5.14 只有接触器辅助常闭触点互锁的可逆启停控制电路布线图

从图 5.14 中可以看出，XT 为接线端子排，通过端子排 XT 来区分电气元件的安装位置，XT 的上方为放置在配电箱内底板上的电气元件，XT 的下方为外接或引至配电箱门面板上的电气元件。

从端子排 XT 上看，共有 10 个接线端子。其中，L_1、L_2、L_3 这 3 根线为由外引入配电箱的三相交流 380V 电源，并穿管引入；U_1、V_1、

W_1 这 3 根线为电动机线，穿管接至电动机接线盒内的 U_1、V_1、W_1 上；1、3、5、7 这 4 根线为控制线，接至配电箱门面板上的按钮开关 SB_1、SB_2、SB_3 上。

元器件安装排列图及端子图（图 5.15）

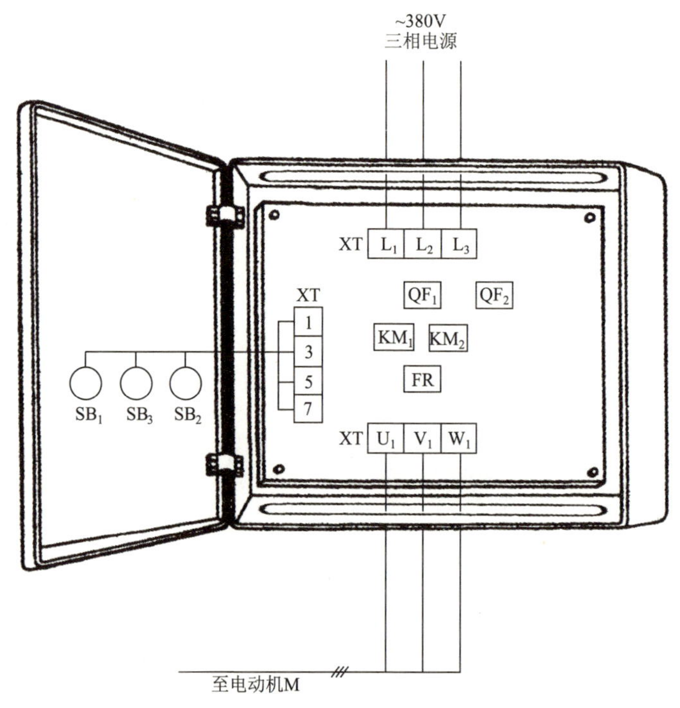

图 5.15　只有接触器辅助常闭触点互锁的可逆启停控制电路元器件安装排列图及端子图

从图 5.15 中可以看出，断路器 QF_1、QF_2，交流接触器 KM_1、KM_2，热继电器 FR 安装在配电箱内底板上；按钮开关 SB_1、SB_2、SB_3 安装在配电箱门面板上。

通过端子 L_1、L_2、L_3 将三相交流 380V 电源接入配电箱中。

端子 U_1、V_1、W_1 接至电动机接线盒中的 U_1、V_1、W_1 上。

端子 1、3、5、7 将配电箱内的器件与配电箱门面板上的按钮开关 SB_1、SB_2、SB_3 连接起来。

5.6 仅用一只行程开关实现自动往返控制电路

工作原理（图 5.16）

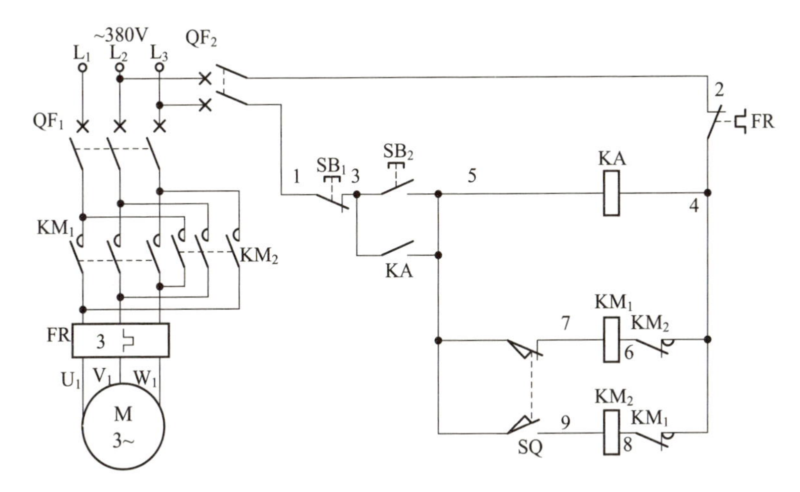

图 5.16 仅用一只行程开关实现自动往返控制电路原理图

首先合上主回路断路器 QF_1、控制回路断路器 QF_2，为电路工作提供准备条件。

按下启动按钮 SB_2(3-5)，中间继电器 KA 线圈得电吸合且 KA 常开触点 (3-5) 闭合自锁，为自动往返控制提供控制电源做准备。此时行程开关 SQ 的一组常闭触点 (5-7) 闭合，接通正转交流接触器 KM_1 线圈回路电源，KM_1 线圈得电吸合，KM_1 三相主触点闭合，电动机得电正转运转，拖动工作台向左移动。当工作台向左移动碰触到行程开关 SQ 时，SQ 动作转态，SQ 的一组常闭触点 (5-7) 断开，切断正转交流接触器 KM_1 线圈回路电源，KM_1 线圈断电释放，KM_1 三相主触点断开，电动机失电正转停止运转。同时，SQ 的另一组常开触点 (5-9) 闭合，接通反转交流接触器 KM_2 线圈回路电源，KM_2 线圈得电吸合，KM_2 三相主触点闭合，电动机得电反转运转，拖动工作台向右移动。当工作台向右移动碰触到行程开关 SQ 时，SQ 动作转态，SQ 触点恢复原始状态，此时 SQ 的一组常开触点 (5-9) 断开，切断反转交流接触器 KM_2 线圈回路电源，KM_2 三相主触点断开，电动机失电反转停止运转；而正转交流接触器 KM_1 线圈在行程开关 SQ 的另一组常闭触点 (5-7) 的作用下又重新得电吸合，KM_1 三相主触点闭合，电动机得电正转运转，又拖动工作台向左移动……如此这般循环下去。

按下停止按钮 SB_1(1-3)，中间继电器 KA 线圈断电释放，KA 常开自锁触点 (3-5) 断开，切断控制回路交流接触器 KM_1 或 KM_2 线圈回路电源，KM_1 或 KM_2 三相主触点断开，电动机失电，正转或反转停止运转。

电路布线图（图 5.17）

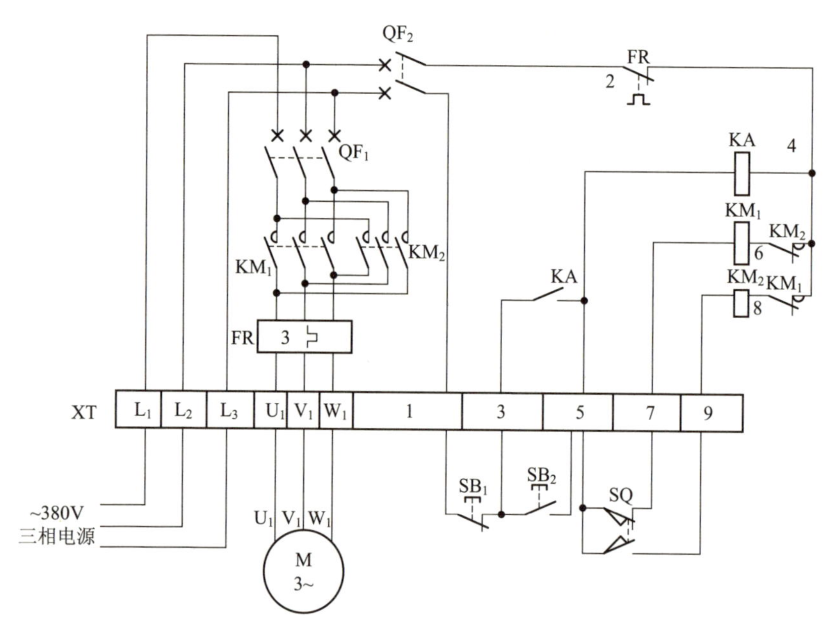

图 5.17　仅用一只行程开关实现自动往返控制电路布线图

从图 5.17 中可以看出，XT 为接线端子排，通过端子排 XT 来区分电气元件的安装位置，XT 的上方为放置在配电箱内底板上的电气元件，XT 的下方为外接或引至配电箱门面板上的电气元件。

从端子排 XT 上看，共有 11 个接线端子。其中，L_1、L_2、L_3 这 3 根线为由外引入配电箱的三相交流 380V 电源，并穿管引入；U_1、V_1、W_1 这 3 根线为电动机线，穿管接至电动机接线盒内的 U_1、V_1、W_1 上；1、

3、5 这 3 根线为控制线，接至配电箱门面板上的按钮开关 SB_1、SB_2 上；5、7、9 这 3 根线为行程开关 SQ 的控制线，穿管接至行程开关 SQ 上。

元器件安装排列图及端子图（图 5.18）

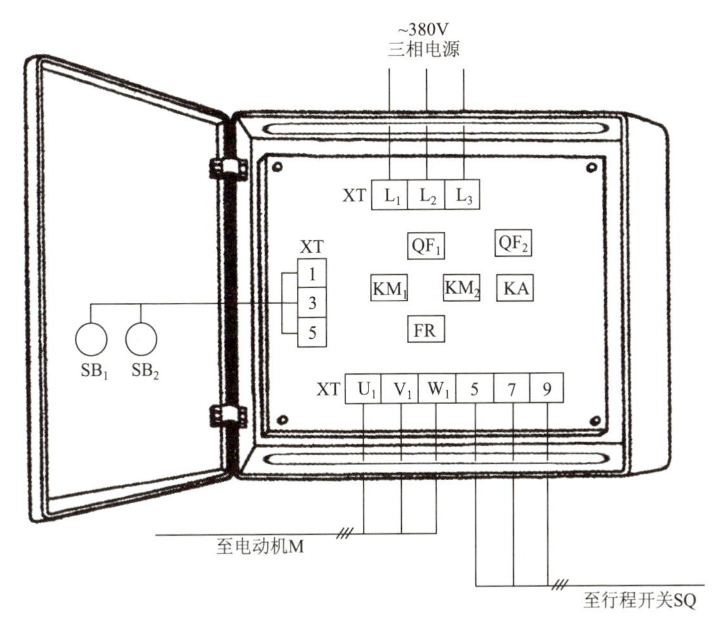

图 5.18 仅用一只行程开关实现自动往返控制电路元器件安装排列图及端子图

从图 5.18 中可以看出，断路器 QF_1、QF_2，交流接触器 KM_1、KM_2，中间继电器 KA，热继电器 FR 安装在配电箱内底板上；按钮开关 SB_1、SB_2 安装在配电箱门面板上。

通过端子 L_1、L_2、L_3 将三相交流 380V 电源接入配电箱中。

端子 U_1、V_1、W_1 接至电动机接线盒中的 U_1、V_1、W_1 上。

端子 1、3、5 将配电箱内的器件与配电箱门面板上的按钮开关 SB_1、SB_2 连接起来。

端子 5、7、9 接至行程开关 SQ 上。

5.7 JZF-01 正反转自动控制器应用电路

工作原理（图 5.19）

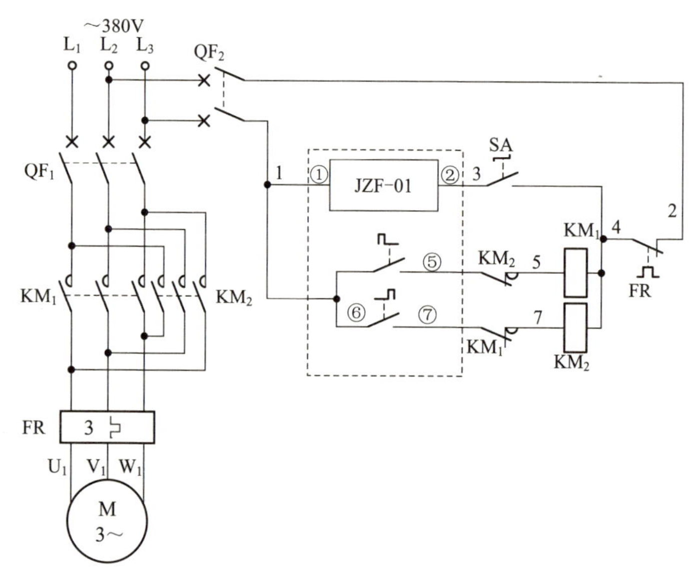

图 5.19　JZF-01 正反转自动控制器应用电路原理图

首先合上主回路断路器 QF_1、控制回路断路器 QF_2，为电路工作提供准备条件。

工作时接通选择开关 SA，JZF-01 正反转自动控制器得电工作。JZF-01 正反转自动控制器内设置的延时时间为固定式，也就是按以下动作时间循环工作，即正转运转 25s →停止 5s →反转运转 25s →停止 5s →正转运转 25s……一直循环下去。

当 JZF-01 正反转自动控制器得电工作后，其控制器端子⑤脚有输出时，正转交流接触器 KM_1 线圈得电吸合，KM_1 三相主触点闭合，电动机得电正转启动运转；电动机正转运转 25s 后，其控制器端子⑤脚无输出，正转交流接触器 KM_1 线圈断电释放，KM_1 三相主触点断开，电动机失电正转停止运转。经控制器 5s 延时后，控制器端子⑦脚有输出时，反转交流接触器 KM_2 线圈得电吸合，KM_2 三相主触点闭合，电动机得电反转启动运转；电动机反转运转 25s 后，其控制器端子⑦脚无输出，反转交流接触器 KM_2 线圈断电释放，KM_2 三相主触点断开，电动机失电反转停止运转。再经控制器 5s 延时后，控制器端子⑤脚又有输出时，正转交流接触器 KM_1 线圈又得电吸合，KM_1 三相主触点又闭合了，电动机又得电正转启动运转了……如此这般循环下去。

停止时只需断开选择开关 SA 即可。

电路布线图（图 5.20）

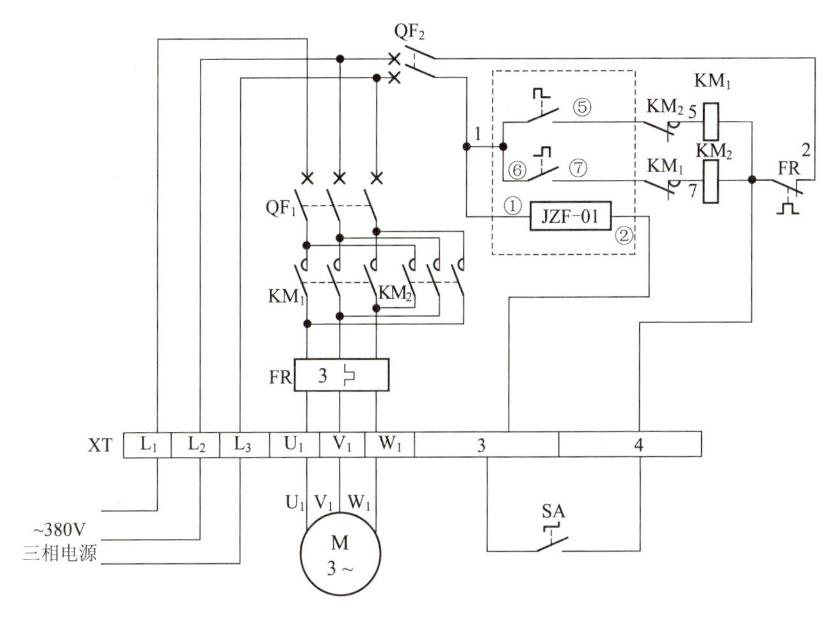

图 5.20 JZF-01 正反转自动控制器应用电路布线图

从图 5.20 中可以看出，XT 为接线端子排，通过端子排 XT 来区分电气元件的安装位置，XT 的上方为放置在配电箱内底板上的电气元件，XT 的下方为外接或引至配电箱门面板上的电气元件。

从端子排 XT 上看，共有 8 个接线端子。其中，L_1、L_2、L_3 这 3 根线为由外引入至配电箱内的三相交流 380V 电源，并穿管引入；U_1、V_1、W_1 这 3 根线为电动机线，穿管接至电动机接线盒内的 U_1、V_1、W_1 上；3、4 这 2 根线为控制线，接至配电箱门面板上的选择开关 SA 上。

元器件安装排列图及端子图（图 5.21）

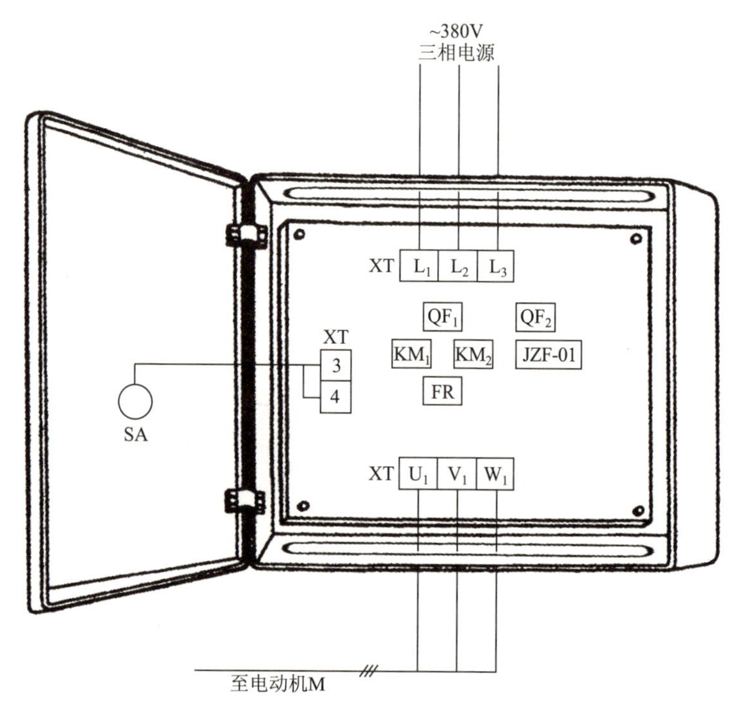

图 5.21　JZF-01 正反转自动控制器应用电路元器件安装排列图及端子图

从图 5.21 中可以看出，断路器 QF_1、QF_2，交流接触器 KM_1、KM_2，JZF-01 正反转自动控制器，热继电器 FR 安装在配电箱内底板上；选择开关 SA 安装在配电箱门面板上。

通过端子 L_1、L_2、L_3 将三相交流 380V 电源接入配电箱中。

端子 U_1、V_1、W_1 接至电动机接线盒中的 U_1、V_1、W_1 上。

端子 3、4 将配电箱内的器件与配电箱门面板上的选择开关 SA 连接起来。

5.8 可逆点动与启动混合控制电路

工作原理（图 5.22）

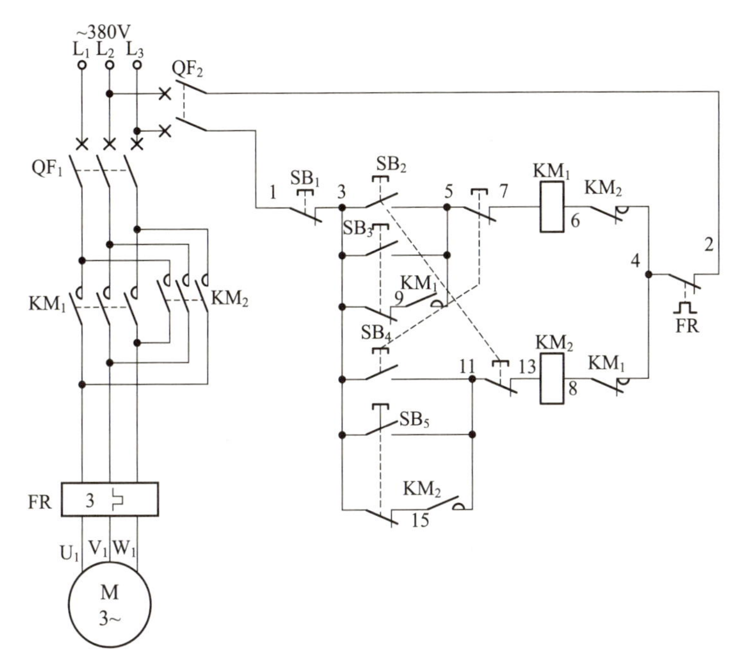

图 5.22 可逆点动与启动混合控制电路原理图

按下正转启动按钮 SB_2，SB_2 的一组常闭触点 (11-13) 断开，起互锁作用；SB_2 的另一组常开触点 (3-5) 闭合，使交流接触器 KM_1 线圈得电吸合且 KM_1 辅助常开触点 (5-9) 闭合自锁，KM_1 三相主触点闭合，电动机得电正转连续运转。

按下停止按钮 SB_1(1-3)，交流接触器 KM_1 线圈断电释放，KM_1 三相主触点断开，电动机失电正转停止运转。

按下正转点动按钮 SB_3，SB_3 的一组常闭触点 (3-9) 断开，切断交流接触器 KM_1 的自锁回路，使其不能自锁；同时 SB_3 的另一组常开触点 (3-5) 闭合，接通正转交流接触器 KM_1 线圈回路电源，KM_1 三相主触点闭合，电动机得电正转启动运转；松开正转点动按钮 SB_3，正转交流接

触器 KM_1 线圈断电释放，KM_1 三相主触点断开，电动机失电正转停止运转，从而完成正转点动工作。

按下反转启动按钮 SB_4，SB_4 的一组常闭触点 (5-7) 断开，起互锁作用；SB_4 的另一组常开触点 (3-11) 闭合，使交流接触器 KM_2 线圈得电吸合且 KM_2 辅助常开触点 (11-15) 闭合自锁，KM_2 三相主触点闭合，电动机得电反转连续运转。

按下停止按钮 SB_1(1-3)，交流接触器 KM_2 线圈断电释放，KM_2 三相主触点断开，电动机失电反转停止运转。

按下反转点动按钮 SB_5，SB_5 的一组常闭触点 (3-15) 断开，切断交流接触器 KM_2 的自锁回路，使其不能自锁；同时 SB_5 的另一组常开触点 (3-11) 闭合，接通反转交流接触器 KM_2 线圈回路电源，KM_2 三相主触点闭合，电动机得电反转启动运转；松开反转点动按钮 SB_5，反转交流接触器 KM_2 线圈断电释放，KM_2 三相主触点断开，电动机失电反转停止运转，从而完成反转点动工作。

电路布线图（图 5.23）

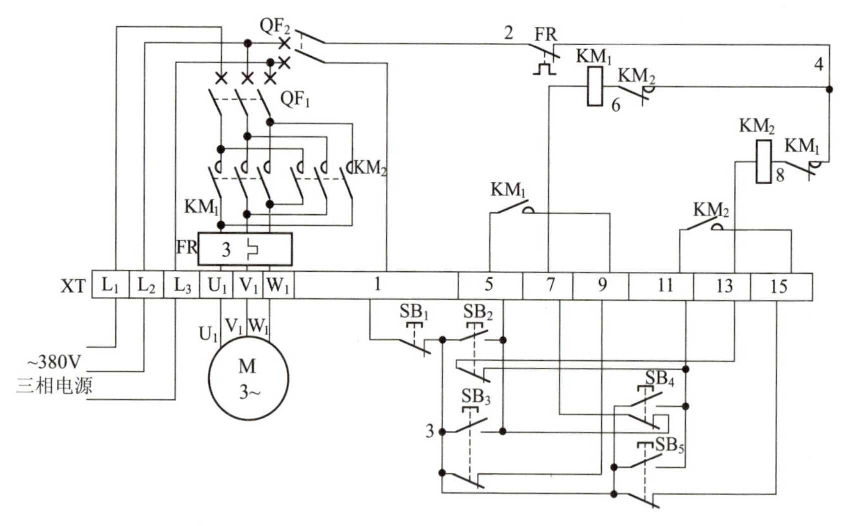

图 5.23　可逆点动与启动混合控制电路布线图

从图 5.23 中可以看出，XT 为接线端子排，通过端子排 XT 来区分

电气元件的安装位置，XT 的上方为放置在配电箱内底板上的电气元件，XT 的下方为外接或引至配电箱门面板上的电气元件。

从端子排 XT 上看，共有 13 个接线端子。其中，L_1、L_2、L_3 这 3 根线为由外引入配电箱的三相交流 380V 电源，并穿管引入；U_1、V_1、W_1 这 3 根线为电动机线，穿管接至电动机接线盒内的 U_1、V_1、W_1 上；1、5、7、9、11、13、15 这 7 根线为控制线，接至配电箱门面板上的按钮开关 SB_1、SB_2、SB_3、SB_4、SB_5 上。

元器件安装排列图及端子图（图 5.24）

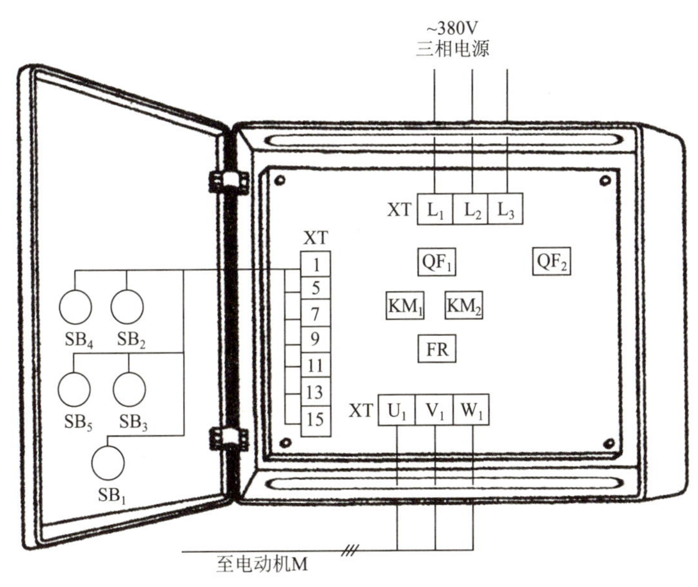

图 5.24 可逆点动与启动混合控制电路元器件安装排列图及端子图

从图 5.24 中可以看出，断路器 QF_1、QF_2，交流接触器 KM_1、KM_2，热继电器 FR 安装在配电箱内底板上；按钮开关 SB_1、SB_2、SB_3、SB_4、SB_5 安装在配电箱门面板上。

通过端子 L_1、L_2、L_3 将三相交流 380V 电源接入配电箱中。

端子 U_1、V_1、W_1 接至电动机接线盒中的 U_1、V_1、W_1 上。

端子 1、5、7、9、11、13、15 将配电箱内的器件与配电箱门面板上的按钮开关 SB_1、SB_2、SB_3、SB_4、SB_5 连接起来。

5.9 防止相间短路的正反转控制电路（一）

工作原理（图 5.25）

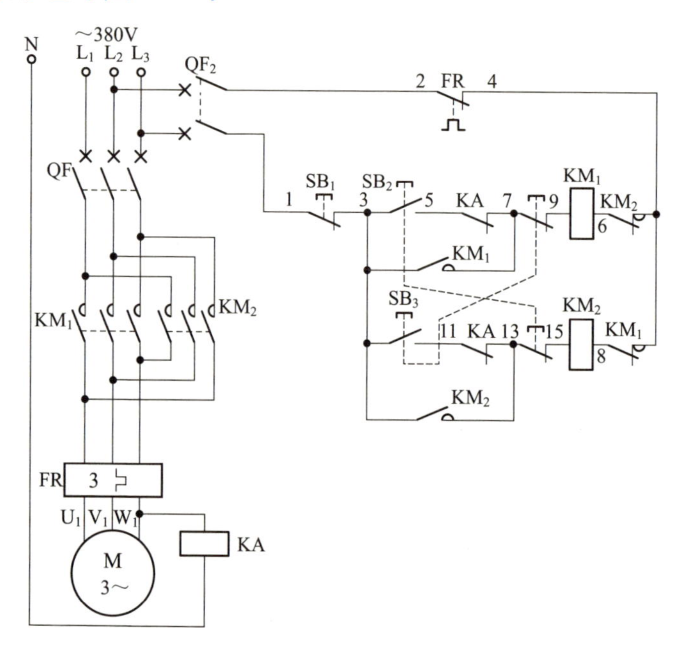

图 5.25　防止相间短路的正反转控制电路（一）原理图

按下正转启动按钮 SB_2，SB_2 的一组常闭触点 (13-15) 断开，切断反转交流接触器 KM_2 线圈回路电路，起到互锁作用；SB_2 的另一组常开触点 (3-5) 闭合，正转交流接触器 KM_1 线圈得电吸合且 KM_1 辅助常开触点 (3-7) 闭合自锁，KM_1 三相主触点闭合，电动机得电正转启动运转。同时，中间继电器 KA 线圈得电吸合，KA 串联在正转启动回路或反转启动回路中的两组常闭触点 (5-7、11-13) 断开，将限制正转启动按钮 SB_2 或反转启动按钮 SB_3 的启动操作，但不影响电路的停止工作。

电动机正转运转后，欲反转操作，则按下反转启动按钮 SB_3，SB_3 的一组常闭触点 (7-9) 断开，切断正转交流接触器 KM_1 线圈回路电源，正转交流接触器 KM_1 线圈断电释放，KM_1 三相主触点断开，电动机失电停止运转；同时，中间继电器 KA 线圈也随之断电释放，KA 的两组

常闭触点 (5-7、11-13) 恢复原始常闭状态，为反转提供通路，这样，避免了交流接触器在正反转转换时很可能因电动机启动电流过大引起的弧光短路。当 KA 常闭触点 (5-7、11-13) 恢复常闭状态后，SB_3 的另一组常开触点 (3-11)(早已闭合 ）与 KA 常闭触点 (11-13) 一起接通反转交流接触器 KM_2 线圈回路电源，KM_2 线圈得电吸合且 KM_2 辅助常开触点 (3-13) 闭合自锁，KM_2 三相主触点闭合，电动机得电反转启动运转。

无论电动机处于正转运转还是反转运转，欲停止操作时，可按下停止按钮 SB_1(1-3)，则正转交流接触器 KM_1 或反转交流接触器 KM_2 线圈断电释放，KM_1 或 KM_2 三相主触点断开，电动机失电停止运转。

电路布线图（图 5.26）

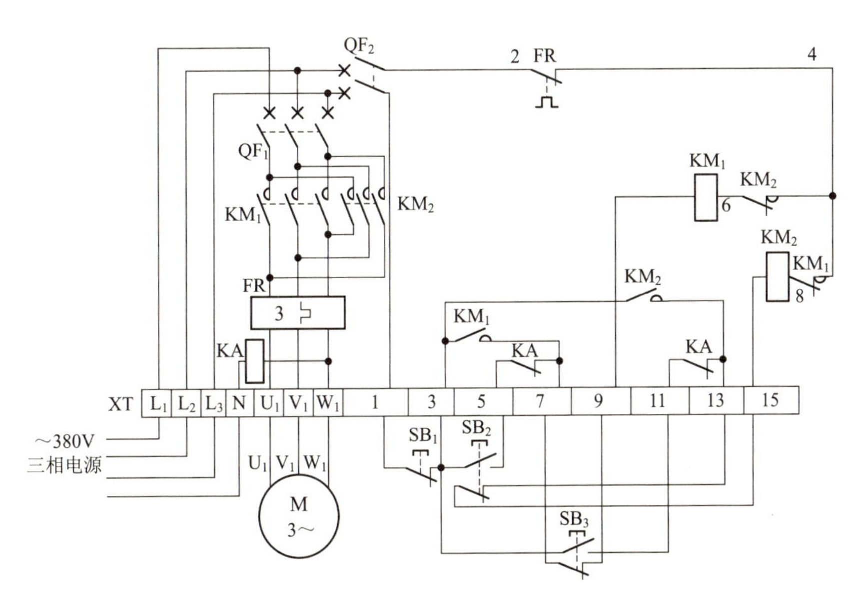

图 5.26　防止相间短路的正反转控制电路 (一) 布线图

从图 5.26 中可以看出，XT 为接线端子排，通过端子排 XT 来区分电气元件的安装位置，XT 的上方为放置在配电箱内底板上的电气元件，XT 的下方为外接或引至配电箱门面板上的电气元件。

从端子排 XT 上看，共有 15 个接线端子。其中，L_1、L_2、L_3、N 这 4 根线为由外引入配电箱的三相交流 380V 电源，并穿管引入；U_1、

V_1、W_1 这 3 根线为电动机线，穿管接至电动机接线盒内的 U_1、V_1、W_1 上；1、3、5、7、9、11、13、15 这 8 根线为控制线，接至配电箱门面板上的按钮开关 SB_1、SB_2、SB_3 上。

元器件安装排列图及端子图（图 5.27）

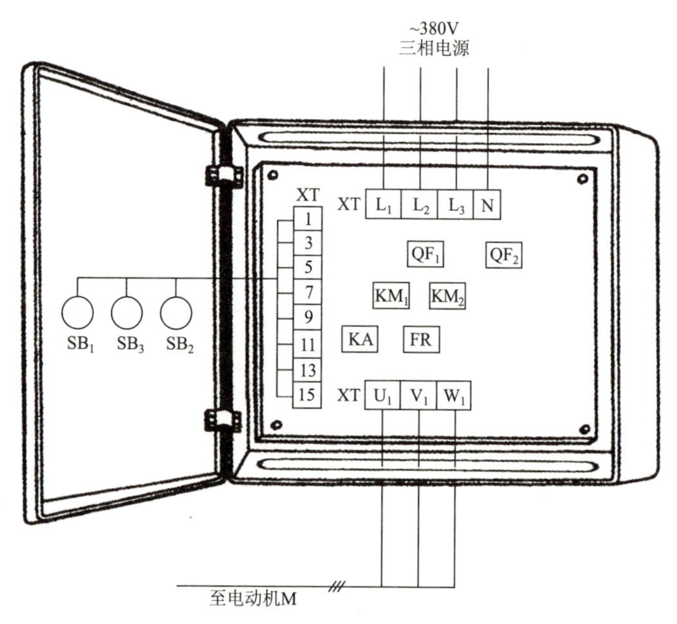

图 5.27　防止相间短路的正反转控制电路（一）元器件安装排列图及端子图

从图 5.27 中可以看出，断路器 QF_1、QF_2，交流接触器 KM_1、KM_2，中间继电器 KA，热继电器 FR 安装在配电箱内底板上；按钮开关 SB_1、SB_2、SB_3 安装在配电箱门面板上。

通过端子 L_1、L_2、L_3、N 将三相交流 380V 电源接入配电箱中。

端子 U_1、V_1、W_1 接至电动机接线盒中的 U_1、V_1、W_1 上。

端子 1、3、5、7、9、11、13、15 将配电箱内的器件与配电箱门面板上的按钮开关 SB_1、SB_2、SB_3 连接起来。

5.10 防止相间短路的正反转控制电路（二）

工作原理（图 5.28）

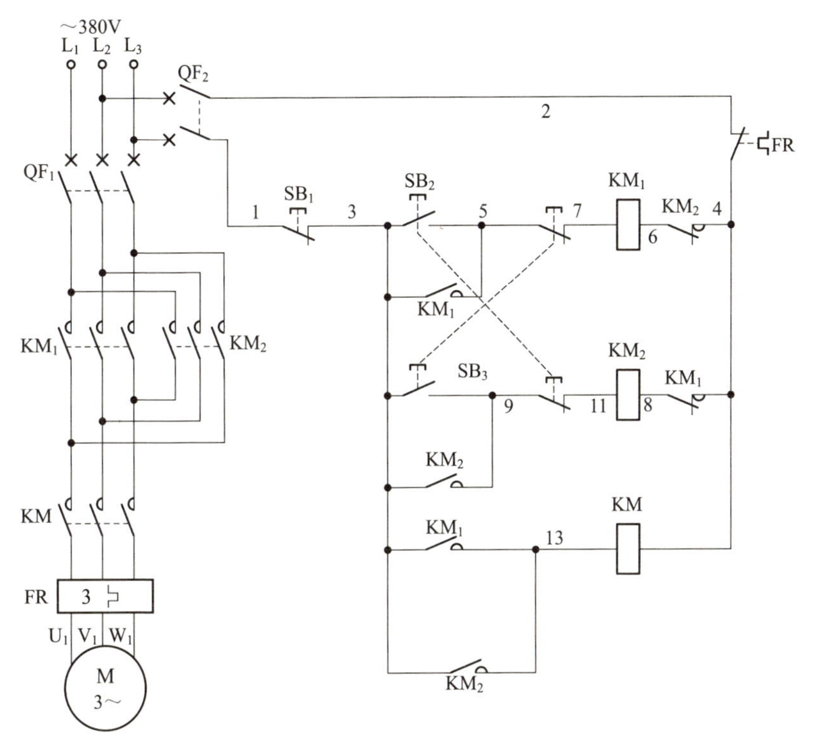

图 5.28 防止相间短路的正反转控制电路（二）原理图

本电路与常用的具有按钮常闭触点互锁、接触器常闭触点互锁的电路基本相同，不同的是分别利用 KM_1 或 KM_2 的一组辅助常开触点 (3-13) 来控制交流接触器 KM 线圈回路电源，使其在选择好正转或反转之后再将 KM 投入进去，以此延长正反转选择后与电动机电源的转换时间，达到防止相间短路之目的。从主回路看，正转交流接触器 KM_1 与反转交流接触器 KM_2 是并联关系（但需换相），再与交流接触器 KM 相串联，这样从电路中不难看出，正转时 KM_1 先工作，KM 再工作；而反转时则 KM_2 先工作，KM 再工作，以延长其转换时间。

电路布线图（图 5.29）

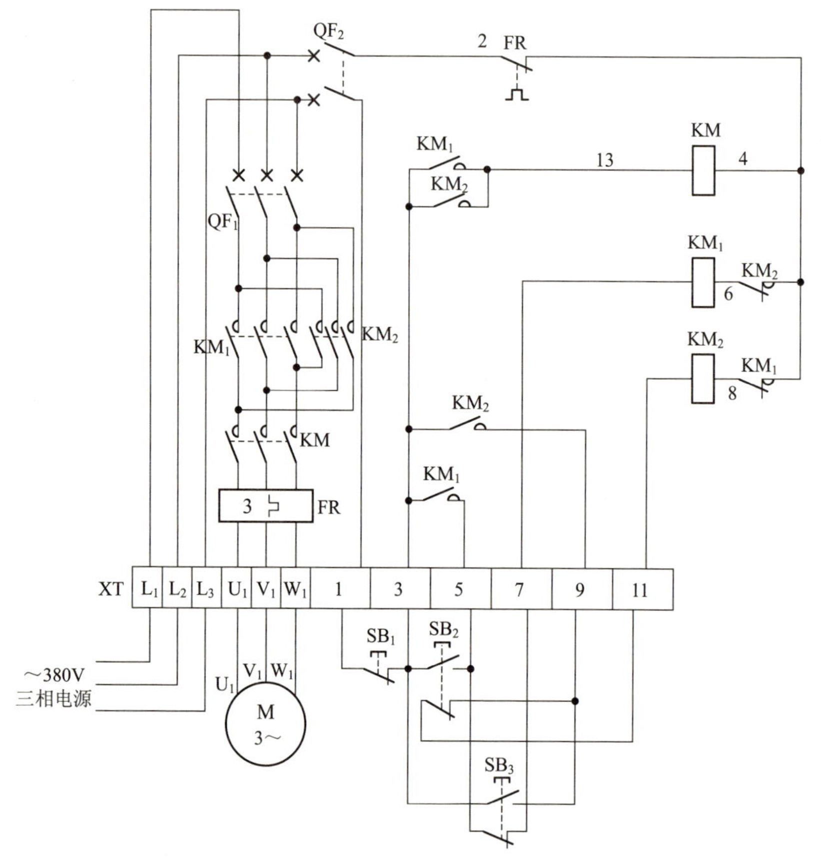

图 5.29　防止相间短路的正反转控制电路(二)布线图

从图 5.29 中可以看出，XT 为接线端子排，通过端子排 XT 来区分电气元件的安装位置，XT 的上方为放置在配电箱内底板上的电气元件，XT 的下方为外接或引至配电箱门面板上的电气元件。

从端子排 XT 上看，共有 12 个接线端子。其中，L_1、L_2、L_3 这 3 根线为由外引入配电箱的三相交流 380V 电源，并穿管引入；U_1、V_1、W_1 这 3 根线为电动机线，穿管接至电动机接线盒内的 U_1、V_1、W_1 上；1、3、5、7、9、11 这 6 根线为控制线，接至配电箱门面板上的按钮开关 SB_1、SB_2、SB_3 上。

元器件安装排列图及端子图（图 5.30）

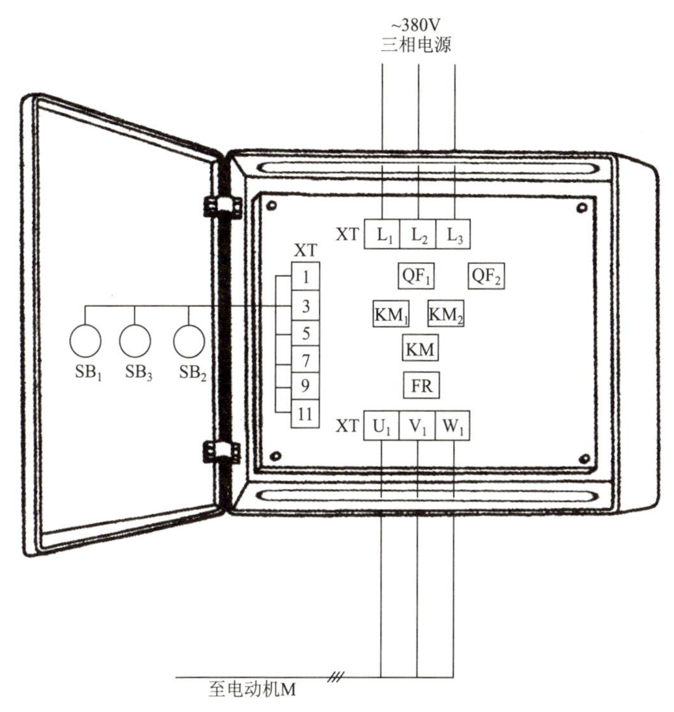

图 5.30 防止相间短路的正反转控制电路（二）元器件安装排列图及端子图

从图 5.30 中可以看出，断路器 QF_1、QF_2，交流接触器 KM_1、KM_2、KM，热继电器 FR 安装在配电箱内底板上；按钮开关 SB_1、SB_2、SB_3 安装在配电箱门面板上。

通过端子 L_1、L_2、L_3 将三相交流 380V 电源接入配电箱中。

端子 U_1、V_1、W_1 接至电动机接线盒中的 U_1、V_1、W_1 上。

端子 1、3、5、7、9、11 将配电箱内的器件与配电箱门面板上的按钮开关 SB_1、SB_2、SB_3 连接起来。

5.11 自动往返循环控制电路

工作原理（图 5.31）

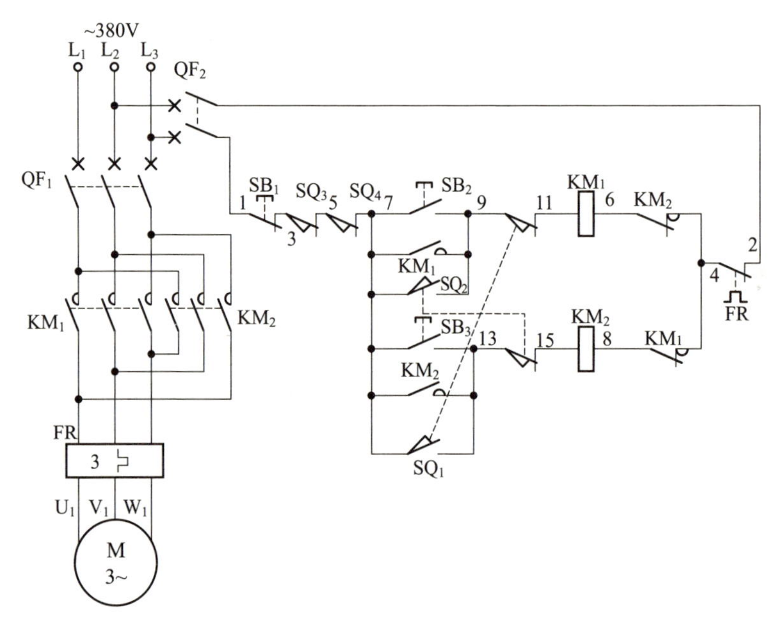

图 5.31　自动往返循环控制电路原理图

按下正转启动按钮 SB_2(7-9)，正转交流接触器 KM_1 线圈得电吸合且 KM_1 辅助常开触点 (7-9) 闭合自锁，KM_1 三相主触点闭合，电动机得电正转运转，拖动工作台向左移动；当工作台向左移动到位时，碰块触及左端行程开关 SQ_1，SQ_1 的一组常闭触点 (9-11) 断开，切断正转交流接触器 KM_1 线圈回路电源，KM_1 线圈断电释放，KM_1 三相主触点断开，电动机失电正转停止运转，工作台向左移动停止。与此同时，SQ_1 的另外一组常开触点 (7-13) 闭合，接通了反转交流接触器 KM_2 线圈回路电源，KM_2 线圈得电吸合且 KM_2 辅助常开触点 (7-13) 闭合自锁，KM_2 三相主触点闭合，电动机得电反转运转，拖动工作台向右移动（当碰块离开行程开关 SQ_1 后，SQ_1 恢复原始状态）；当工作台向右移动到位时，碰块触及右端行程开关 SQ_2，SQ_2 的一组常闭触点 (13-15) 断开，切断

反转交流接触器 KM_2 线圈回路电源，KM_2 线圈断电释放，KM_2 三相主触点断开，电动机失电反转停止运转，工作台向右移动停止。与此同时，SQ_2 的另外一组常开触点 (7-9) 闭合，接通了正转交流接触器 KM_1 线圈回路电源，KM_1 线圈得电吸合且 KM_1 辅助常开触点 (7-9) 闭合自锁，KM_1 三相主触点闭合，电动机又得电正转运转了，拖动工作台向左移动 (当碰块离开行程开关 SQ_2 后，SQ_2 恢复原始状态)……如此这般循环下去。

电路布线图（图 5.32）

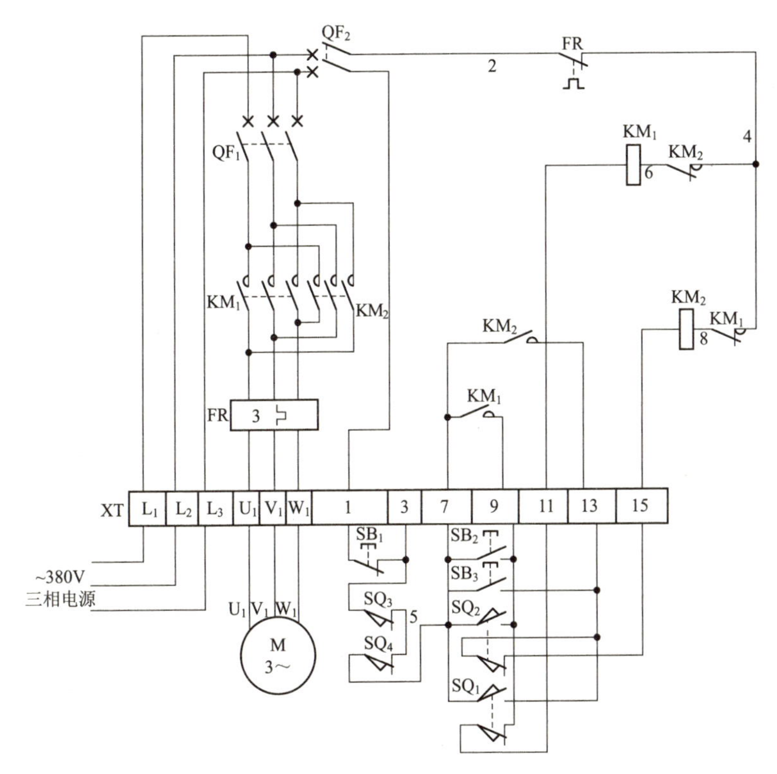

图 5.32 自动往返循环控制电路布线图

从图 5.32 中可以看出，XT 为接线端子排，通过端子排 XT 来区分电气元件的安装位置，XT 的上方为放置在配电箱内底板上的电气元件，XT 的下方为外接或引至配电箱门面板上的电气元件。

从端子排 XT 上看，共有 13 个接线端子。其中，L_1、L_2、L_3 这 3 根线为由外引入配电箱的三相交流 380V 电源，并穿管引入；U_1、V_1、W_1 这 3 根线为电动机线，穿管接至电动机接线盒内的 U_1、V_1、W_1 上；1、3、7、9、13 这 5 根线为按钮控制线，接至配电箱门面板上的按钮开关 SB_1、SB_2、SB_3 上；3、7、9、11、13、15 这 6 根线为行程开关控制线，可将 SQ_1、SQ_3，SQ_2、SQ_4 这 2 组分别穿管接至行程开关 SQ_1、SQ_3，SQ_2、SQ_4 上。

元器件安装排列图及端子图（图 5.33）

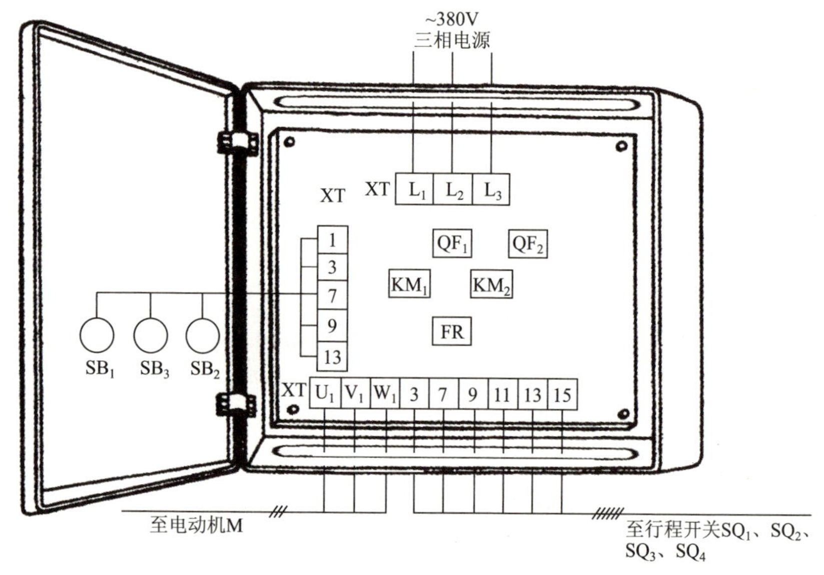

图 5.33　自动往返循环控制电路元器件安装排列图及端子图

从图 5.33 中可以看出，断路器 QF_1、QF_2，交流接触器 KM_1、KM_2，热继电器 FR 安装在配电箱内底板上；按钮开关 SB_1、SB_2、SB_3 安装在配电箱门面板上。

通过端子 L_1、L_2、L_3 将三相交流 380V 电源接入配电箱中。

端子 U_1、V_1、W_1 接至电动机接线盒中的 U_1、V_1、W_1 上。

端子 1、3、7、9、13 将配电箱内的器件与配电箱门面板上的按钮开关 SB_1、SB_2、SB_3 连接起来。

端子 3、7、9、11、13、15 分别接至行程开关 SQ_1、SQ_3，SQ_2、SQ_4 上。

5.12 利用转换开关预选的正反转启停控制电路

工作原理（图 5.34）

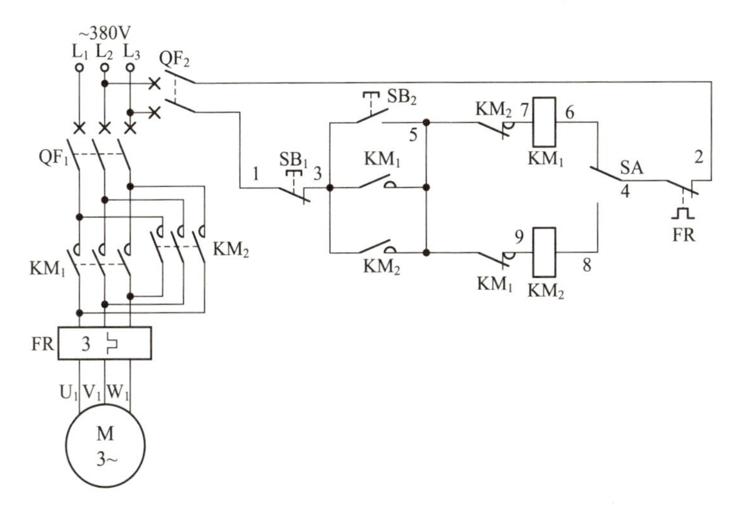

图 5.34 利用转换开关预选的正反转启停控制电路原理图

首先，合上主回路断路器 QF_1、控制回路断路器 QF_2，为电路工作做准备。

将预选正反转转换开关 SA(4-6) 置于上端闭合，为正转启动运转做准备。按下启动按钮 SB_2(3-5)，正转交流接触器 KM_1 线圈得电吸合且 KM_1 辅助常开触点 (3-5) 闭合自锁，KM_1 三相主触点闭合，电动机得电正转运转，拖动设备正转工作。KM_1 线圈得电吸合后，KM_1 串联在反转交流接触器 KM_2 线圈回路中的辅助常闭触点 (5-9) 先断开，起互锁保护作用。

按下停止按钮 SB_1(1-3) 或将预选正反转转换开关 SA 置于下端 (4-6 断开后又闭合) 后再返回到上端，正转交流接触器 KM_1 线圈断电释放，KM_1 三相主触点断开，电动机失电正转运转停止。

将预选正反转转换开关 SA 置于下端 (4-8 闭合)，为反转启动运转做准备。按下启动按钮 SB_2(3-5)，反转交流接触器 KM_2 线圈得电吸合且 KM_2 辅助常开触点 (3-5) 闭合自锁，KM_2 三相主触点闭合，电动机得电反转运转，拖动设备反转工作。KM_2 线圈得电吸合后，KM_2 串联在正转交流接触器 KM_1 线圈回路中的辅助常闭触点 (5-7) 先断开，起互锁保护作用。

按下停止按钮 SB_1(1-3) 或将预选正反转转换开关 SA 置于上端 (4-8 断开后又闭合) 后再返回到下端，反转交流接触器 KM_2 线圈断电释放，KM_2 三相主触点断开，电动机失电反转运转停止。

电路布线图（图 5.35）

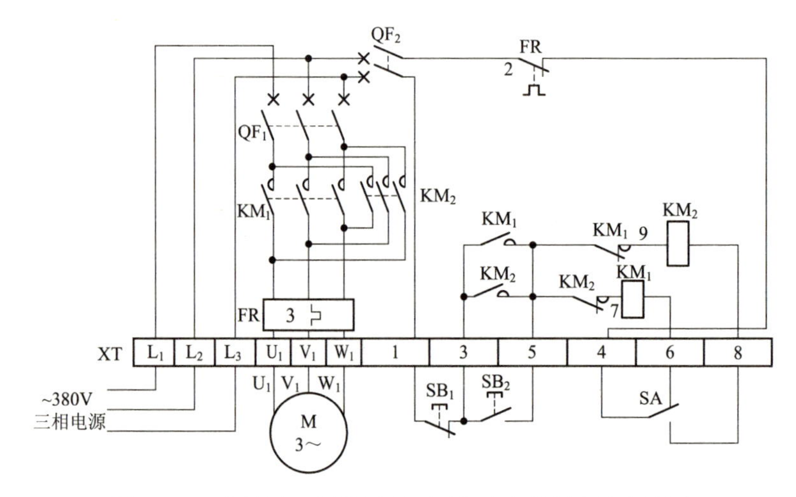

图 5.35　利用转换开关预选的正反转启停控制电路布线图

从图 5.35 中可以看出，XT 为接线端子排，通过端子排 XT 来区分电气元件的安装位置，XT 的上方为放置在配电箱内底板上的电气元件，XT 的下方为外接或引至配电箱门面板上的电气元件。

从端子排 XT 上看，共有 12 个接线端子。其中，L_1、L_2、L_3 这 3 根线为由外引入配电箱的三相交流 380V 电源，并穿管引入；U_1、V_1、W_1 这 3 根线为电动机线，穿管接至电动机接线盒内的 U_1、V_1、W_1 上；1、3、4、5、6、8 这 6 根线为控制线，分别接至配电箱门面板上的按钮开关 SB_1、SB_2 和转换开关 SA 上。

元器件安装排列图及端子图（图 5.36）

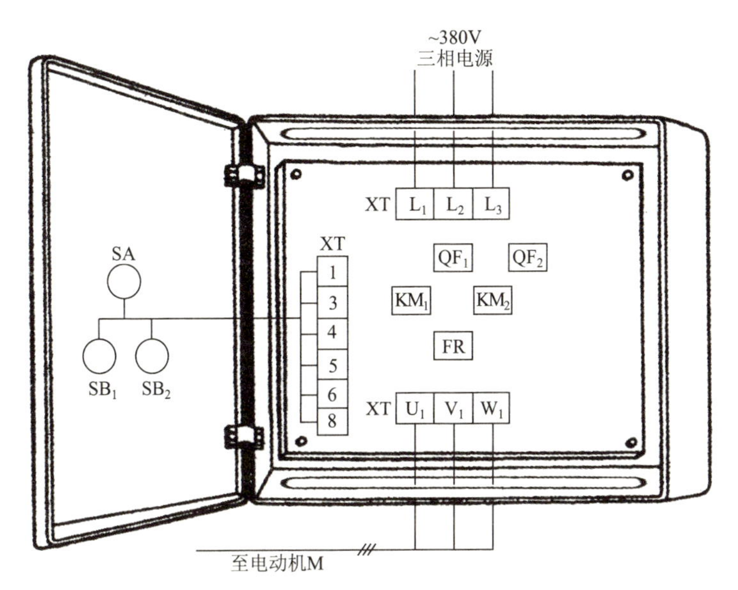

图 5.36　利用转换开关预选的正反转启停控制电路元器件安装排列图及端子图

从图 5.36 中可以看出，断路器 QF_1、QF_2，交流接触器 KM_1、KM_2，热继电器 FR 安装在配电箱内底板上；按钮开关 SB_1、SB_2 和转换开关 SA 安装在配电箱门面板上。

通过端子 L_1、L_2、L_3 将三相交流 380V 电源接入配电箱中。

端子 U_1、V_1、W_1 接至电动机接线盒中的 U_1、V_1、W_1 上。

端子 1、3、4、5、6、8 将配电箱内的器件与配电箱门面板上的按钮开关 SB_1、SB_2 及转换开关 SA 连接起来。

5.13 接触器、按钮双互锁的可逆点动控制电路

工作原理（图 5.37）

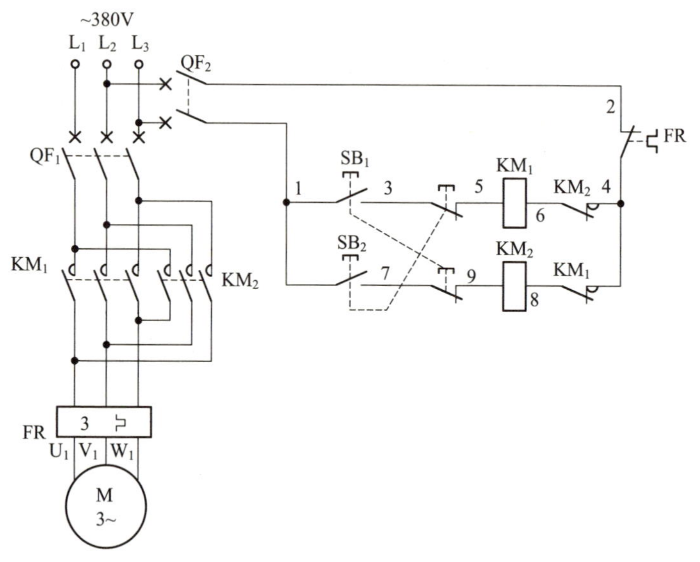

图 5.37　接触器、按钮双互锁的可逆点动控制电路原理图

合上主回路断路器 QF_1、控制回路断路器 QF_2，为电路工作做准备。

正转时，按下正转点动按钮 SB_1 不松手，SB_1 的一组串联在反转交流接触器 KM_2 线圈回路中的常闭触点 (7-9) 断开，起到按钮常闭触点互锁保护作用，SB_1 的另一组常开触点 (1-3) 闭合，正转交流接触器 KM_1 线圈得电吸合，KM_1 三相主触点闭合，电动机得电正转运转；与此同时，KM_1 串联在反转交流接触器 KM_2 线圈回路中的辅助常闭触点 (4-8) 断开，起到接触器常闭触点互锁保护作用。松开正转点动按钮 SB_1，正转交流接触器 KM_1 线圈断电释放，KM_1 三相主触点断开，电动机失电停止运转，从而完成正转点动操作。

反转时，按下反转点动按钮 SB_2 不松手，SB_2 的一组串联在正转交流接触器 KM_1 线圈回路中的常闭触点 (3-5) 断开，起到按钮常闭触点互锁保护作用，SB_2 的另外一组常开触点 (1-7) 闭合，反转交流接触

器 KM_2 线圈得电吸合，KM_2 三相主触点闭合，电动机得电反转运转；与此同时，KM_2 串联在正转交流接触器 KM_1 线圈回路中的辅助常闭触点 (4-6) 断开，起到接触器常闭触点互锁保护作用。松开反转点动按钮 SB_2，反转交流接触器 KM_2 线圈断电释放，KM_2 三相主触点断开，电动机失电停止运转，从而完成反转点动操作。

电路布线图（图 5.38）

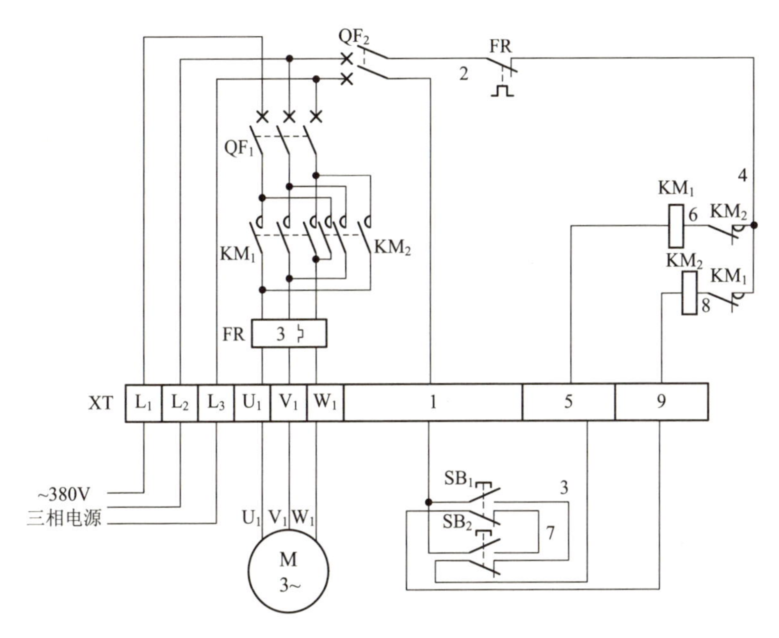

图 5.38　接触器、按钮双互锁的可逆点动控制电路布线图

从图 5.38 中可以看出，XT 为接线端子排，通过端子排 XT 来区分电气元件的安装位置，XT 的上方为放置在配电箱内底板上的电气元件，XT 的下方为外接或引至配电箱门面板上的电气元件。

从端子排 XT 上看，共有 9 个接线端子。其中，L_1、L_2、L_3 这 3 根线为由外引入配电箱的三相交流 380V 电源，并穿管引入；U_1、V_1、W_1 这 3 根线为电动机线，穿管接至电动机接线盒内的 U_1、V_1、W_1 上；1、5、9 这 3 根线为控制线，接至配电箱门面板上的按钮开关 SB_1、SB_2 上。

元器件安装排列图及端子图（图 5.39）

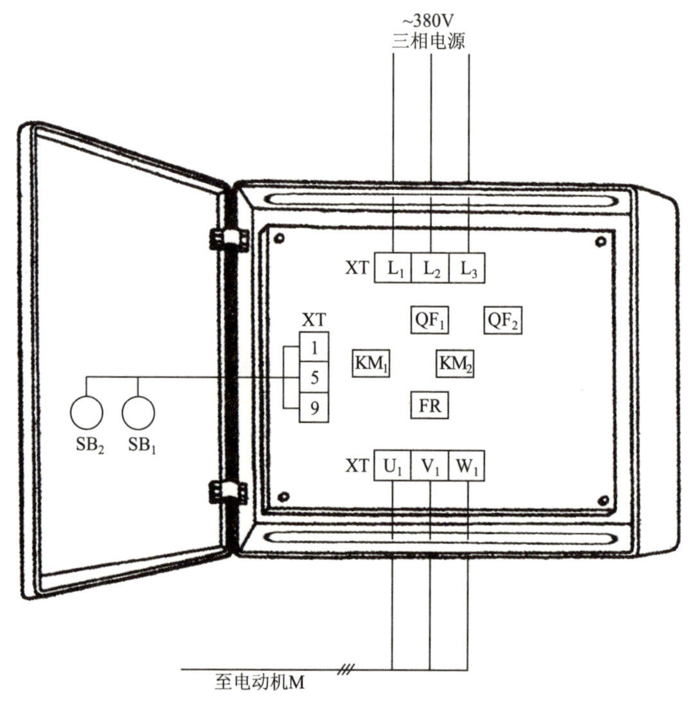

图 5.39　接触器、按钮双互锁的可逆点动控制电路
元器件安装排列图及端子图

从图 5.39 中可以看出，断路器 QF_1、QF_2，交流接触器 KM_1、KM_2，热继电器 FR 安装在配电箱内底板上；按钮开关 SB_1、SB_2 安装在配电箱门面板上。

通过端子 L_1、L_2、L_3 将三相交流 380V 电源接入配电箱中。

端子 U_1、V_1、W_1 接至电动机接线盒中的 U_1、V_1、W_1 上。

端子 1、5、9 将配电箱内的器件与配电箱门面板上的按钮开关 SB_1、SB_2 连接起来。

5.14 只有按钮互锁的可逆点动控制电路

工作原理（图 5.40）

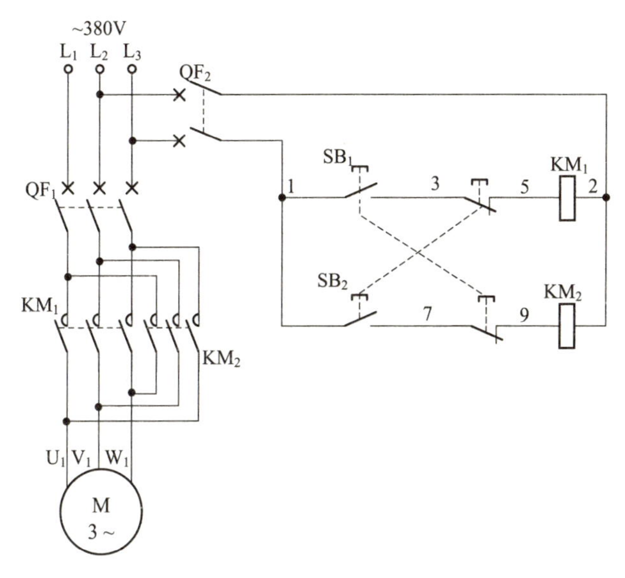

图 5.40 只有按钮互锁的可逆点动控制电路原理图

首先，合上主回路断路器 QF_1、控制回路断路器 QF_2，为电路工作做准备。

正转时，按下正转点动按钮 SB_1 不松手，SB_1 的一组串联在反转交流接触器 KM_2 线圈回路中的常闭触点 (7-9) 断开，起到互锁作用，SB_1 的另一组常开触点 (1-3) 闭合，正转交流接触器 KM_1 线圈得电吸合，KM_1 三相主触点闭合，电动机得电正转运转。松开正转点动按钮 SB_1，正转交流接触器 KM_1 线圈断电释放，KM_1 三相主触点断开，电动机失电停止运转，从而完成正转点动操作。

反转时，按下反转点动按钮 SB_2 不松手，SB_2 的一组串联在正转交流接触器 KM_1 线圈回路中的常闭触点 (3-5) 断开，起到互锁作用，SB_2 的另一组常开触点 (1-7) 闭合，反转交流接触器 KM_2 线圈得电吸合，KM_2 三相主触点闭合，电动机得电反转运转。松开反转点动按钮 SB_2，

反转交流接触器 KM_2 线圈断电释放，KM_2 三相主触点断开，电动机失电停止运转，从而完成反转点动操作。

电路布线图（图 5.41）

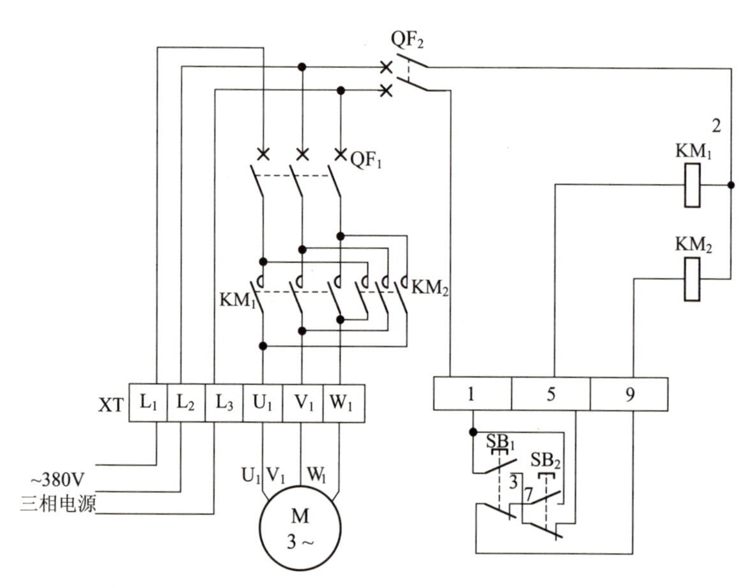

图 5.41　只有按钮互锁的可逆点动控制电路布线图

从图 5.41 中可以看出，XT 为接线端子排，通过端子排 XT 来区分电气元件的安装位置，XT 的上方为放置在配电箱内底板上的电气元件，XT 的下方为外接或引至配电箱门面板上的电气元件。

从端子排 XT 上看，共有 9 个接线端子。其中，L_1、L_2、L_3 这 3 根线为由外引入配电箱的三相交流 380V 电源，并穿管引入；U_1、V_1、W_1 这 3 根线为电动机线，穿管接至电动机接线盒内的 U_1、V_1、W_1 上；1、5、9 这 3 根线为控制线，接至配电箱门面板上的按钮开关 SB_1、SB_2 上。

元器件安装排列图及端子图（图 5.42）

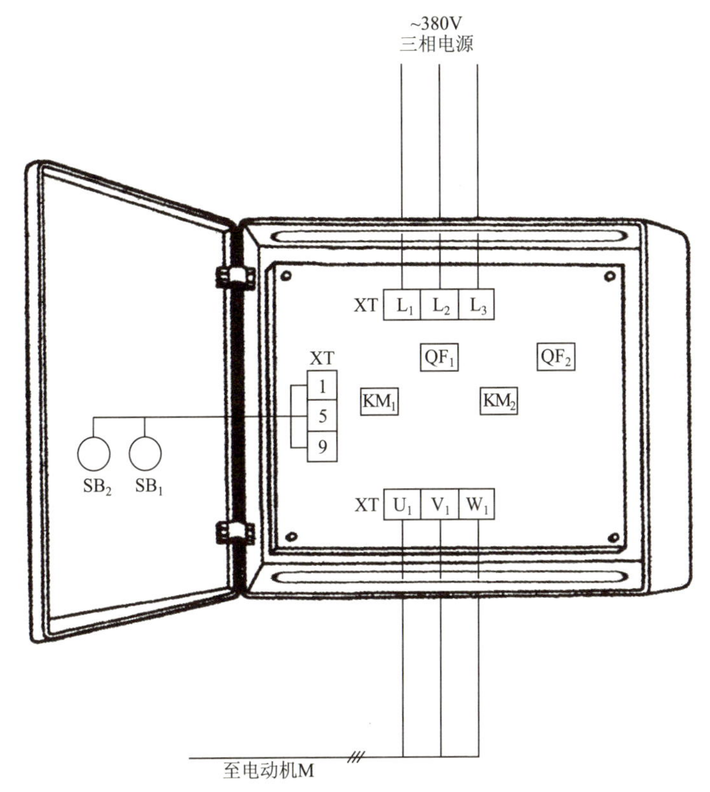

图 5.42　只有按钮互锁的可逆点动控制电路元器件安装排列图及端子图

从图 5.42 中可以看出，断路器 QF_1、QF_2，交流接触器 KM_1、KM_2 安装在配电箱内底板上；按钮开关 SB_1、SB_2 安装在配电箱门面板上。

通过端子 L_1、L_2、L_3 将三相交流 380V 电源接入配电箱中。

端子 U_1、V_1、W_1 接至电动机接线盒中的 U_1、V_1、W_1 上。

端子 1、5、9 将配电箱内的器件与配电箱门面板上的按钮开关 SB_1、SB_2 连接起来。

5.15 只有接触器辅助常闭触点互锁的可逆点动控制电路

工作原理（图 5.43）

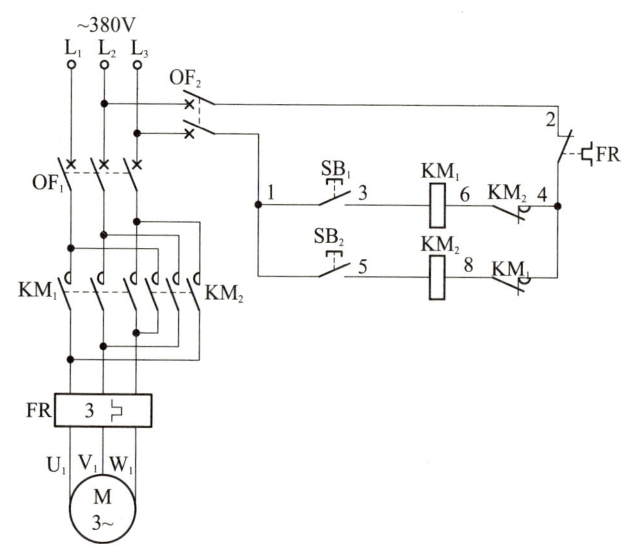

图 5.43　只有接触器辅助常闭触点互锁的可逆点动控制电路原理图

首先，合上主回路断路器 QF_1、控制回路断路器 QF_2，为电路工作做准备。

正转时，按下正转点动按钮 SB_1(1-3) 不松手，正转交流接触器 KM_1 线圈得电吸合，KM_1 三相主触点闭合，电动机得电正转运转；同时，KM_1 串联在 KM_2 线圈回路中的辅助常闭触点 (4-8) 断开，起互锁作用。松开正转点动按钮 SB_1(1-3)，正转交流接触器 KM_1 线圈断电释放，KM_1 三相主触点断开，电动机失电停止运转，从而完成正转点动操作。

反转时，按下反转点动按钮 SB_2(1-5) 不松手，反转交流接触器 KM_2 线圈得电吸合，KM_2 三相主触点闭合，电动机得电反转运转；同时，KM_2 串联在 KM_1 线圈回路中的辅助常闭触点 (4-6) 断开，起互锁作用。松开反转点动按钮 SB_2(1-5)，反转交流接触器 KM_2 线圈断电释放，KM_2 三相主触点断开，电动机失电停止运转，从而完成反转点动操作。

电路布线图（图 5.44）

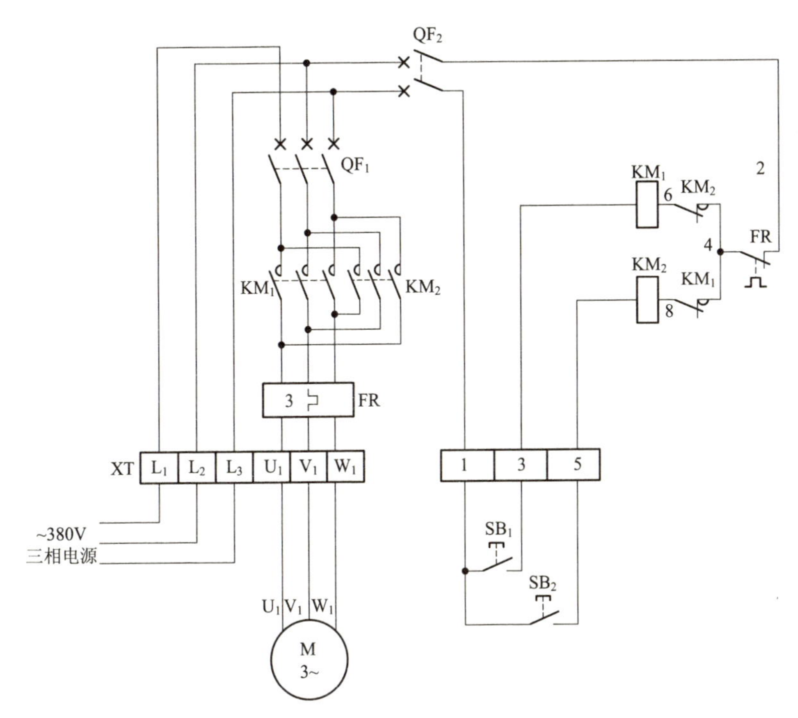

图 5.44 只有接触器辅助常闭触点互锁的可逆点动控制电路布线图

从图 5.44 中可以看出，XT 为接线端子排，通过端子排 XT 来区分电气元件的安装位置，XT 的上方为放置在配电箱内底板上的电气元件，XT 的下方为外接或引至配电箱门面板上的电气元件。

从端子排 XT 上看，共有 9 个接线端子。其中，L_1、L_2、L_3 这 3 根线为由外引入配电箱的三相交流 380V 电源，并穿管引入；U_1、V_1、W_1 这 3 根线为电动机线，穿管接至电动机接线盒内的 U_1、V_1、W_1 上；1、3、5 这 3 根线为控制线，接至配电箱门面板上的按钮开关 SB_1、SB_2 上。

元器件安装排列图及端子图（图 5.45）

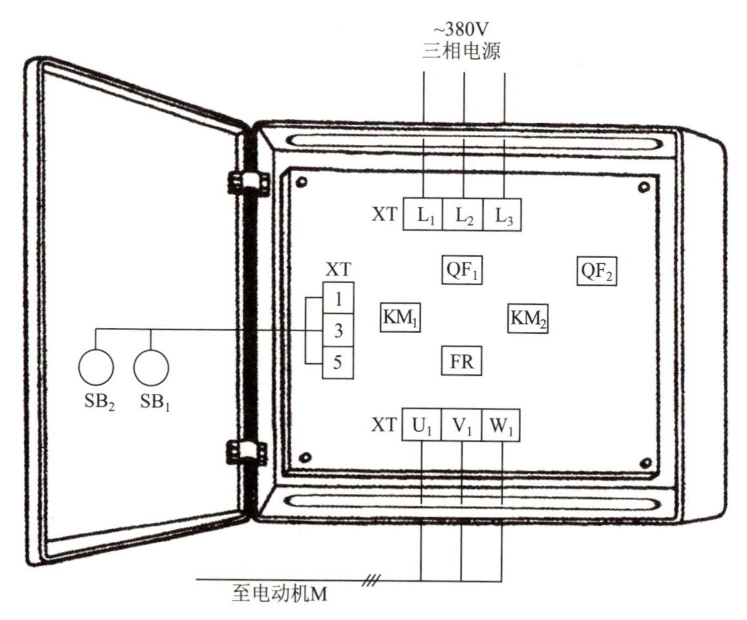

图 5.45　只有接触器辅助常闭触点互锁的可逆点动控制电路元器件安装排列图及端子图

从图 5.45 中可以看出，断路器 QF_1、QF_2，交流接触器 KM_1、KM_2，热继电器 FR 安装在配电箱内底板上；按钮开关 SB_1、SB_2 安装在配电箱门面板上。

通过端子 L_1、L_2、L_3 将三相交流 380V 电源接入配电箱中。

端子 U_1、V_1、W_1 接至电动机接线盒中的 U_1、V_1、W_1 上。

端子 1、3、5 将配电箱内的器件与配电箱门面板上的按钮开关 SB_1、SB_2 连接起来。

第6章

电动机保护电路

6.1 电动机过电流保护电路

工作原理（图 6.1）

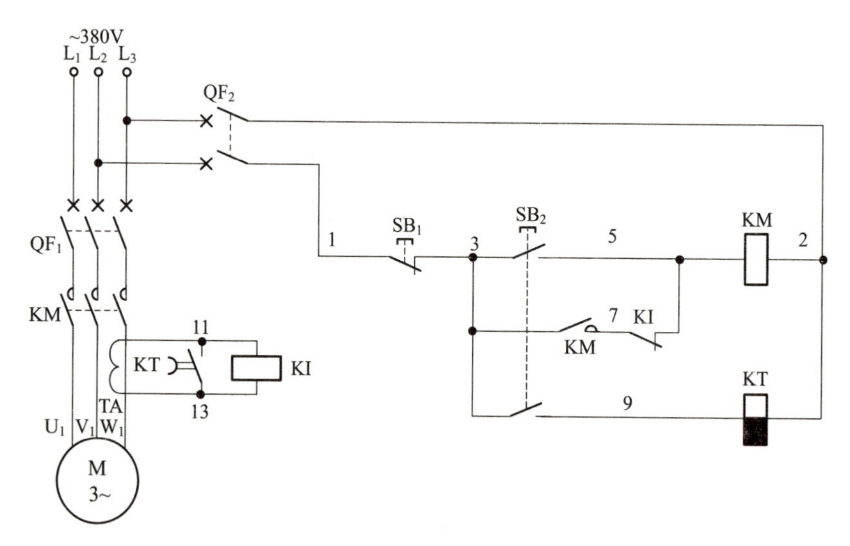

图 6.1 电动机过电流保护电路原理图

启动时，按下启动按钮 SB_2 后又松开，SB_2 的一组常开触点 (3-5) 闭合，交流接触器 KM 线圈得电吸合；与此同时，SB_2 的另一组常开触点 (3-9) 闭合，使得失电延时时间继电器 KT 线圈得电吸合后又断电释放并开始延时，KT 失电延时断开的常开触点 (11-13) 立即闭合，将过电流继电器 KI 线圈短接起来，以防止在启动时，由于电动机启动电流很大，造成过电流继电器 KI 线圈吸合而出现误动作。此时，KM 辅助常开触点 (3-7) 闭合，与 KI 常闭触点 (5-7) 共同组成 KM 线圈的自锁回路，KM 三相主触点闭合，电动机得电启动运转。经 KT 一段时间延时后，电动机启动后，其电流降为额定电流，KT 失电延时断开的常开触点 (11-13) 断开，过电流继电器投入工作，为电动机出现过电流时起到保护作用做准备。

电动机正常启动运转后，出现过电流时，电流互感器 TA 感应到电流增大，使电流继电器 KI 线圈得电吸合动作，KI 串联在交流接触器

KM 线圈回路中的常闭触点 (5-7) 断开，切断其自锁回路，KM 线圈断电释放，KM 三相主触点断开，电动机失电停止运转，从而起到过电流保护作用。

电路布线图（图 6.2）

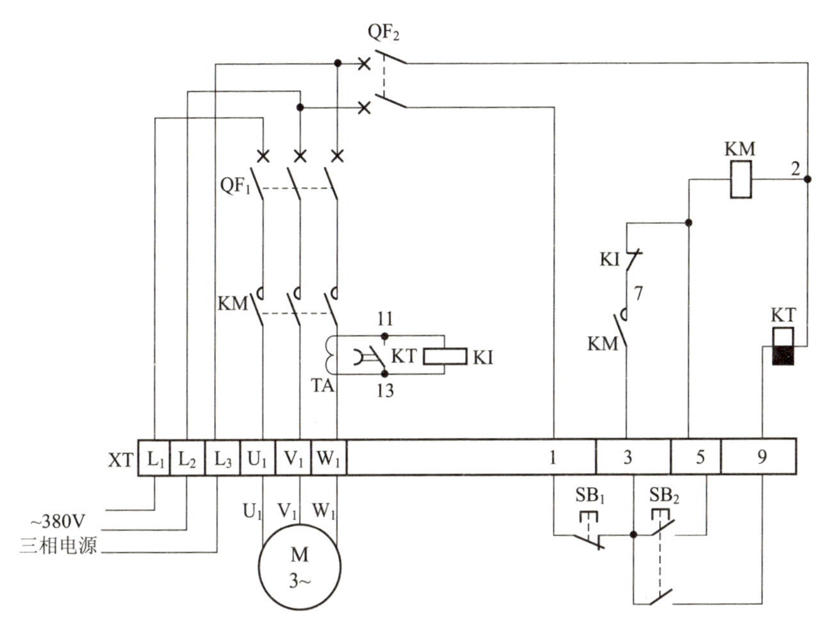

图 6.2　电动机过电流保护电路布线图

从图 6.2 中可以看出，XT 为接线端子排，通过端子排 XT 来区分电气元件的安装位置，XT 的上方为放置在配电箱内底板上的电气元件，XT 的下方为外接或引至配电箱门面板上的电气元件。

从端子排 XT 上看，共有 10 个接线端子。其中，L_1、L_2、L_3 这 3 根线为由外引入配电箱的三相交流 380V 电源，并穿管引入；U_1、V_1、W_1 这 3 根线为电动机线，穿管接至电动机接线盒内的 U_1、V_1、W_1 上；1、3、5、9 这 4 根线为控制线，接至配电箱门面板上的按钮开关 SB_1、SB_2 上。

元器件安装排列图及端子图（图 6.3）

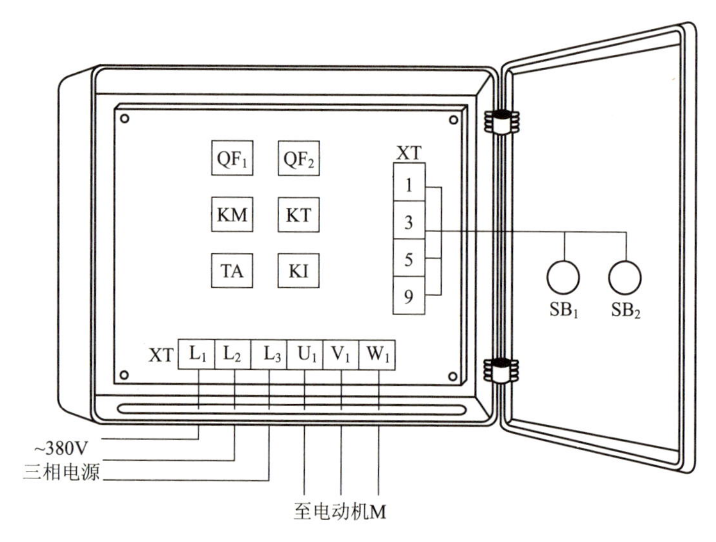

图 6.3　电动机过电流保护电路元器件安装排列图及端子图

从图 6.3 中可以看出，断路器 QF_1、QF_2，交流接触器 KM，失电延时时间继电器 KT，电流互感器 TA，电流继电器 KI，热继电器 FR 安装在配电箱内底板上；按钮开关 SB_1、SB_2 安装在配电箱门面板上。

通过端子 L_1、L_2、L_3 将三相交流 380V 电源接入配电箱中。

端子 U_1、V_1、W_1 接至电动机接线盒中的 U_1、V_1、W_1 上。

端子 1、3、5、9 将配电箱内的器件与配电箱门面板上的按钮开关 SB_1、SB_2 连接起来。

6.2 电动机绕组过热保护电路

工作原理（图 6.4）

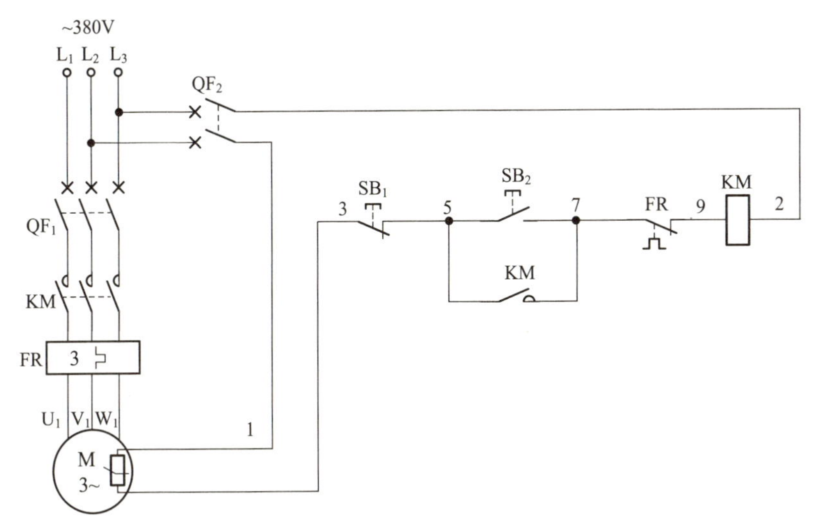

图 6.4　电动机绕组过热保护电路原理图

启动时，按下启动按钮 SB_2(5-7)，交流接触器 KM 线圈得电吸合且 KM 辅助常开触点 (5-7) 闭合自锁，KM 三相主触点闭合，电动机得电启动运转。

当电动机绕组温度过高时，嵌在电动机绕组内的正温度系数热敏电阻 (1-3) 就会呈高阻状态，切断交流接触器 KM 线圈的回路电源，KM 线圈断电释放，KM 三相主触点断开，电动机失电停止运转，从而起到保护作用。

电路布线图（图 6.5）

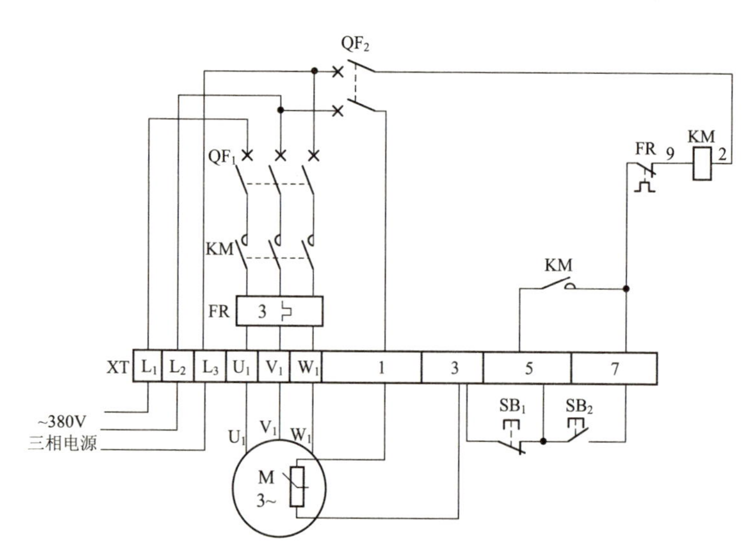

图 6.5　电动机绕组过热保护电路布线图

从图 6.5 中可以看出，XT 为接线端子排，通过端子排 XT 来区分电气元件的安装位置，XT 的上方为放置在配电箱内底板上的电气元件，XT 的下方为外接或引至配电箱门面板上的电气元件。

从端子排 XT 上看，共有 10 个接线端子。其中，L_1、L_2、L_3 这 3 根线为由外引入配电箱的三相交流 380V 电源，并穿管引入；U_1、V_1、W_1 这 3 根线为电动机线，穿管接至电动机接线盒内的 U_1、V_1、W_1 上；1、3 这 2 根线为电动机绕组内的过热保护线，穿管接至电动机接线盒中过热保护端子上；3、5、7 这 3 根线为控制线，接至配电箱门面板上的按钮开关 SB_1、SB_2 上。

元器件安装排列图及端子图（图 6.6）

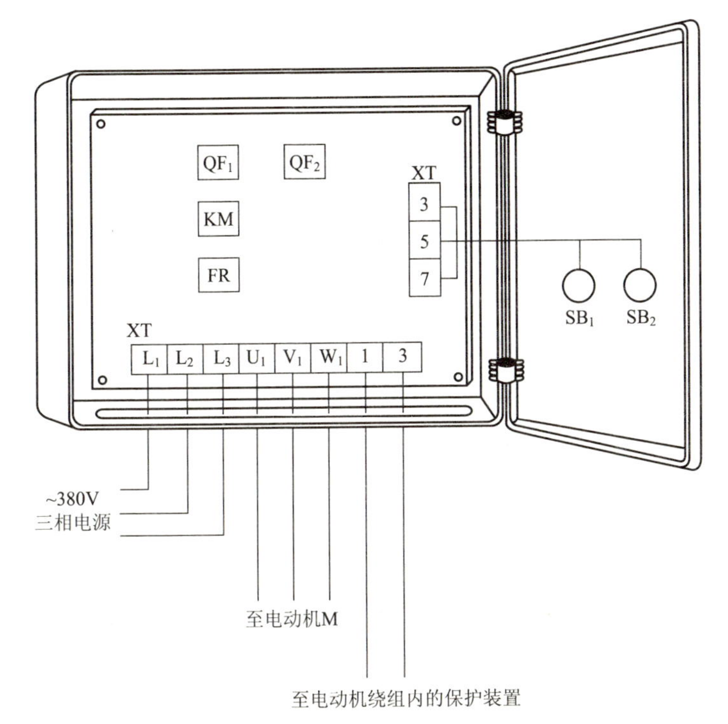

图 6.6　电动机绕组过热保护电路元器件安装排列图及端子图

从图 6.6 中可以看出，断路器 QF_1、QF_2，交流接触器 KM，热继电器 FR 安装在配电箱内底板上；按钮开关 SB_1、SB_2 安装在配电箱门面板上。

通过端子 L_1、L_2、L_3 将三相交流 380V 电源接入配电箱中。

端子 U_1、V_1、W_1 接至电动机接线盒中的 U_1、V_1、W_1 上。

端子 1、3 接至电动机绕组内的过热保护端子上。

端子 3、5、7 将配电箱内的器件与配电箱门面板上的按钮开关 SB_1、SB_2 连接起来。

6.3 电动机断相保护电路

工作原理（图 6.7）

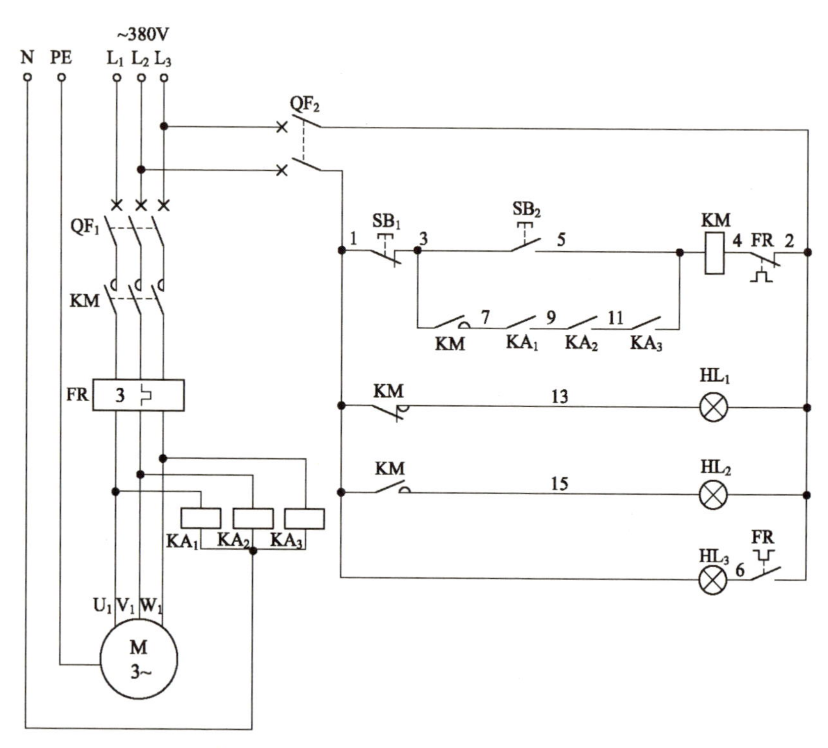

图 6.7　电动机断相保护电路原理图

启动时，按下启动按钮 SB_2(3-5)，交流接触器 KM 线圈得电吸合，KM 三相主触点闭合，电动机得电启动运转，若此时三相电源无缺相，则三只中间继电器 KA_1、KA_2、KA_3 线圈均得电吸合，KA_1、KA_2、KA_3 各自的常开触点 (7-9、9-11、5-11) 均闭合，与已闭合的 KM 辅助常开触点 (3-7) 共同自锁，电动机得电正常启动运转。同时 KM 辅助常闭触点 (1-13) 断开，指示灯 HL_1 灭，KM 辅助常开触点 (1-15) 闭合，指示灯 HL_2 亮，说明电动机已启动运转了。

当三相电源出现断相时，接在断相回路中的中间继电器的线圈就会断电释放，其串联在 KM 自锁回路中的常开触点就会断开，切断吸合工作的交流接触器 KM 线圈回路电源，KM 线圈断电释放，KM 三相主触点断开，电动机失电停止运转，起到断相保护作用。

电路布线图（图 6.8）

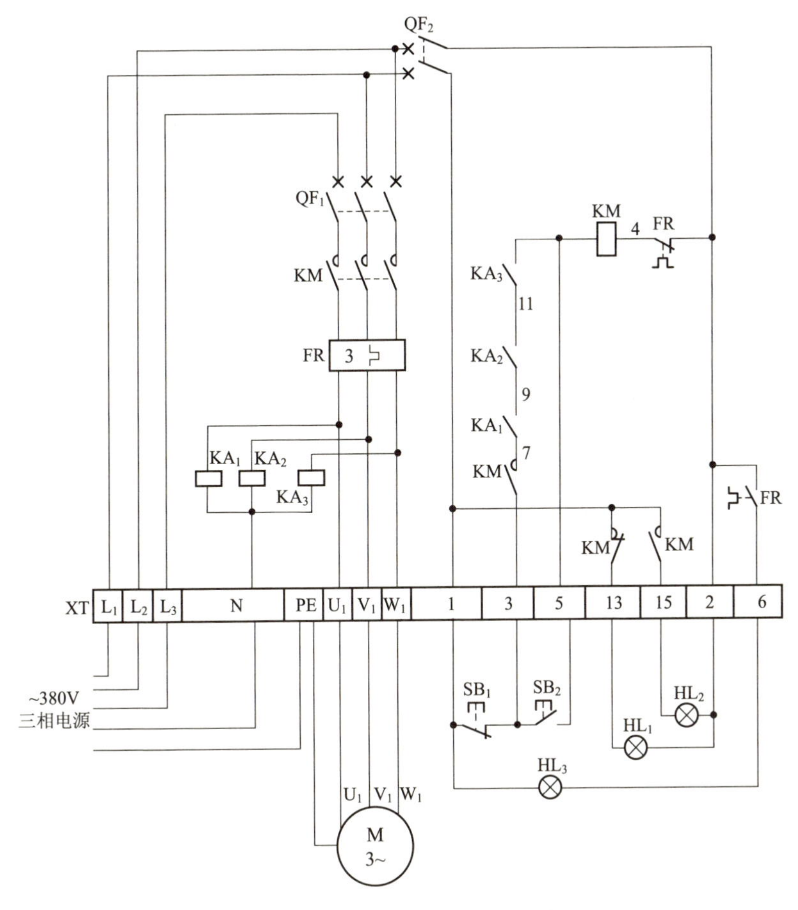

图 6.8 电动机断相保护电路布线图

从图 6.8 中可以看出，XT 为接线端子排，通过端子排 XT 来区分电气元件的安装位置，XT 的上方为放置在配电箱内底板上的电气元件，XT 的下方为外接或引至配电箱门面板上的电气元件。

从端子排 XT 上看，共有 15 个接线端子。其中，L_1、L_2、L_3、N、PE 这 5 根线为由外引入配电箱的三相交流 380V 电源，并穿管引入；U_1、V_1、W_1、PE 这 4 根线为电动机线，穿管接至电动机接线盒内的 U_1、V_1、W_1 及外壳上；1、3、5、13、15、2、6 这 7 根线为控制线，接至配电箱门面板上的按钮开关 SB_1、SB_2 和指示灯 HL_1、HL_2、HL_3 上。

元器件安装排列图及端子图（图 6.9）

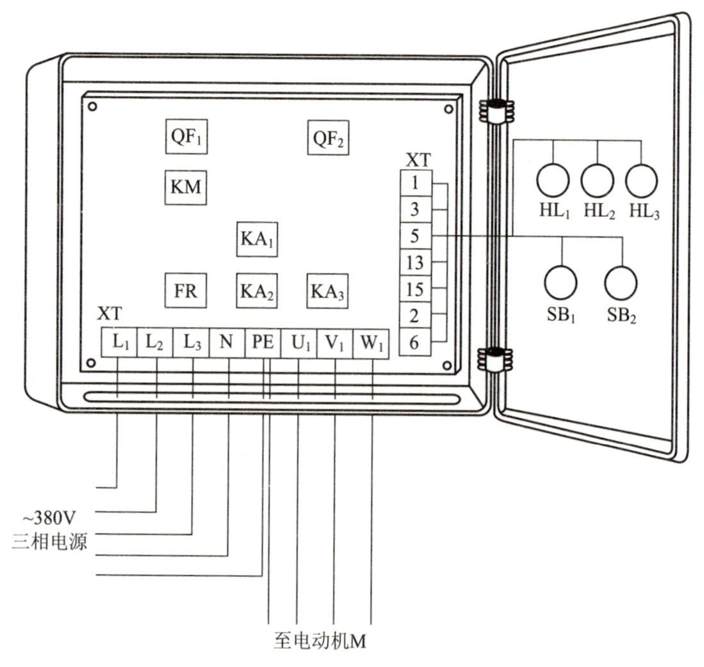

图 6.9　电动机断相保护电路元器件安装排列图及端子图

从图 6.9 中可以看出，断路器 QF_1、QF_2，交流接触器 KM，中间继电器 KA_1、KA_2、KA_3，热继电器 FR 安装在配电箱内底板上；按钮开关 SB_1、SB_2，指示灯 HL_1、HL_2、HL_3 安装在配电箱门面板上。

通过端子 L_1、L_2、L_3、N、PE 将三相交流 380V 电源接入配电箱中。

端子 U_1、V_1、W_1、PE 接至电动机接线盒中的 U_1、V_1、W_1 及外壳上。

端子 1、3、5、13、15、2、6 将配电箱内的器件与配电箱门面板上的按钮开关 SB_1、SB_2 和指示灯 HL_1、HL_2、HL_3 连接起来。

6.4 用三只欠电流继电器作电动机断相保护电路

工作原理（图 6.10）

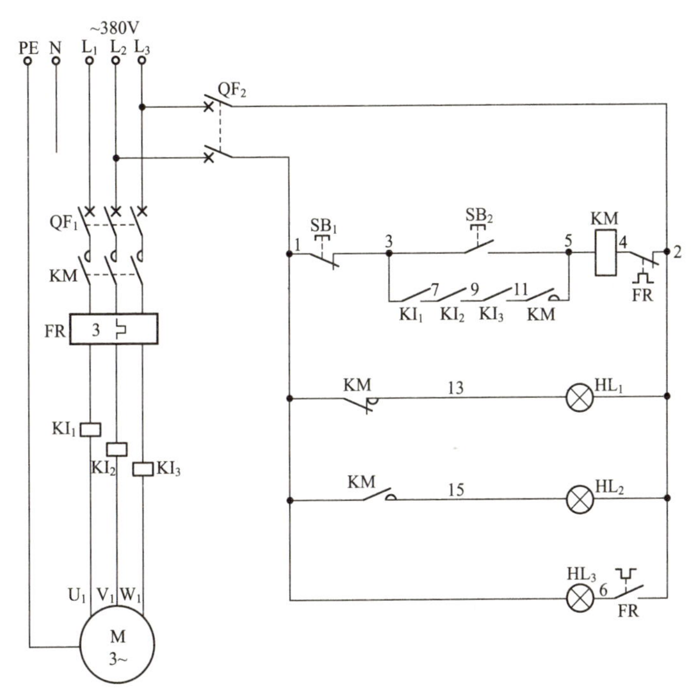

图 6.10 用三只欠电流继电器作电动机断相保护电路原理图

启动时，按下启动按钮 SB_2(3-5)，交流接触器 KM 线圈得电吸合，KM 三相主触点闭合，电动机得电启动运转；当电动机电流大于欠电流继电器 KI_1、KI_2、KI_3 整定电流时（其电流为电动机正常运转电流），欠电流继电器 KI_1、KI_2、KI_3 线圈吸合动作，其各自的常开触点 KI_1(3-7)、KI_2(7-9)、KI_3(9-11) 均闭合，与 KM 辅助常开触点 (5-11)(已闭合) 共同形成自锁回路，使交流接触器 KM 线圈继续得电吸合工作，电动机继续得电运转。同时指示灯 HL_1 灭、HL_2 亮，说明电动机已启动运转。

发生断相时，接在断相回路上的欠电流继电器线圈断电释放，其串联在交流接触器 KM 线圈回路中的常开触点断开，使交流接触器 KM

线圈断电释放，KM 三相主触点断开，电动机失电停止运转，从而起到断相保护作用。同时，指示灯 HL_2 灭、HL_1 亮，说明电动机已停止运转。

当电动机过载时，热继电器 FR 动作，其常闭触点 (2-4) 断开，切断 KM 线圈回路电源，KM 线圈断电释放，KM 三相主触点断开，电动机失电停止运转；同时 FR 常开触点 (2-6) 闭合，指示灯 HL_3 亮，说明电动机已过载了。

电路布线图（图 6.11）

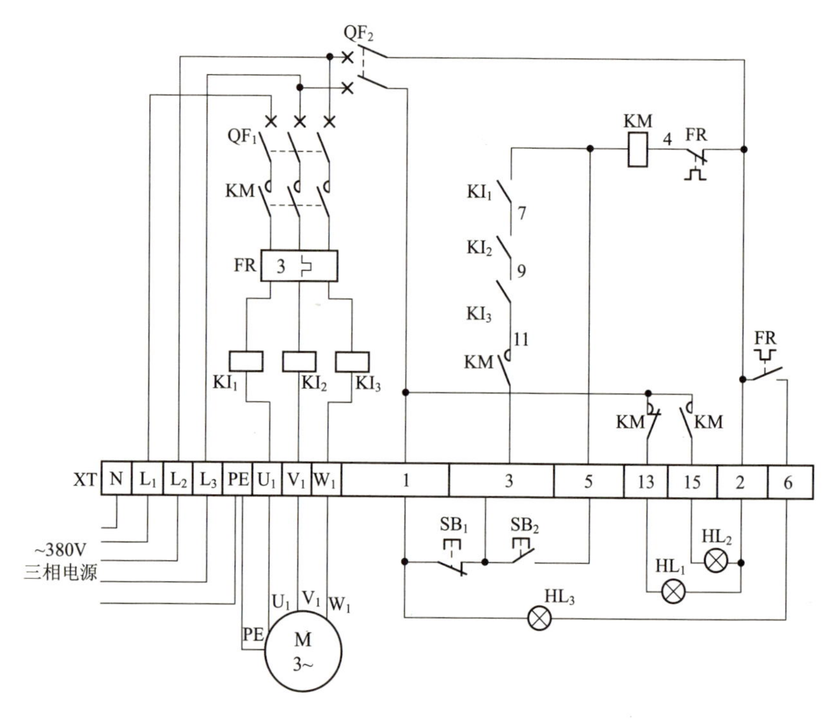

图 6.11　用三只欠电流继电器作电动机断相保护电路布线图

从图 6.11 中可以看出，XT 为接线端子排，通过端子排 XT 来区分电气元件的安装位置，XT 的上方为放置在配电箱内底板上的电气元件，XT 的下方为外接或引至配电箱门面板上的电气元件。

从端子排 XT 上看，共有 15 个接线端子。其中，L_1、L_2、L_3、N、PE 这 5 根线为由外引入配电箱的三相交流 380V 电源，并穿管引入；

U_1、V_1、W_1、PE 这 4 根线为电动机线，穿管接至电动机接线盒内的 U_1、V_1、W_1 及外壳上；1、3、5、13、15、2、6 这 7 根线为控制线，接至配电箱门面板上的按钮开关 SB_1、SB_2，指示灯 HL_1、HL_2、HL_3 上。

元器件安装排列图及端子图（图 6.12）

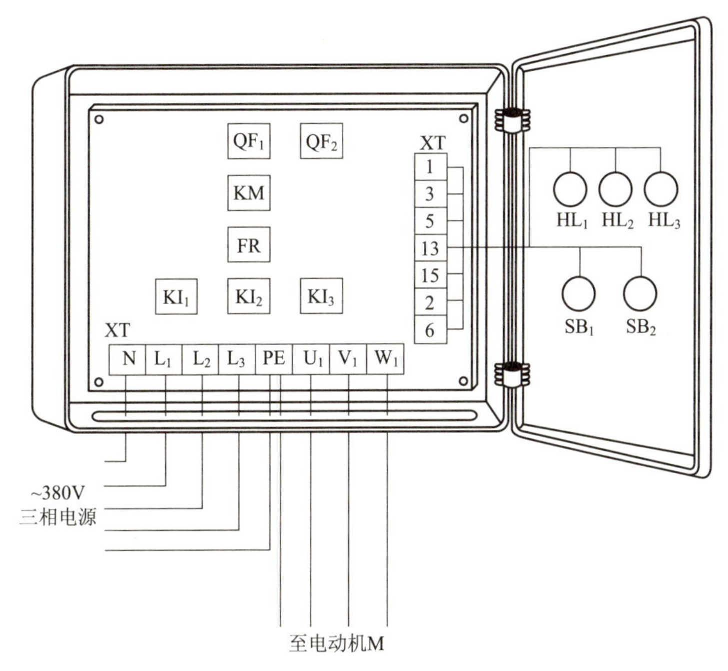

图 6.12 用三只欠电流继电器作电动机断相保护电路元器件安装排列图及端子图

从图 6.12 中可以看出，断路器 QF_1、QF_2，交流接触器 KM，欠电流继电器 KI_1、KI_2、KI_3，热继电器 FR 安装在配电箱内底板上；按钮开关 SB_1、SB_2，指示灯 HL_1、HL_2、HL_3 安装在配电箱门面板上。

通过端子 L_1、L_2、L_3、N、PE 将三相交流 380V 电源接入配电箱中。

端子 U_1、V_1、W_1、PE 接至电动机接线盒中的 U_1、V_1、W_1 及外壳上。

端子 1、3、5、13、15、2、6 将配电箱内的器件与配电箱门面板上的按钮开关 SB_1、SB_2，指示灯 HL_1、HL_2、HL_3 连接起来。

6.5 开机信号预警电路 (一)

工作原理 (图 6.13)

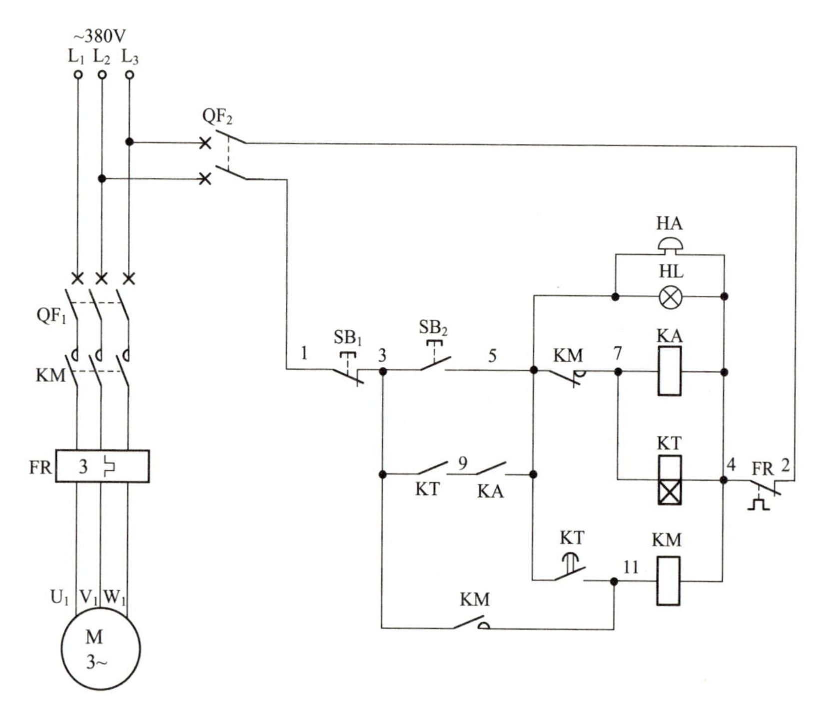

图 6.13　开机信号预警电路 (一) 原理图

开机时，按下启动按钮 SB_2(3-5)，中间继电器 KA 和得电延时时间继电器 KT 线圈均得电吸合，且 KT 不延时瞬动常开触点 (3-9) 与中间继电器 KA 常开触点 (5-9) 均闭合串联组成自锁回路，KT 开始延时。此时，预警电铃 HA 响、预警灯 HL 亮，告知人们设备就要启动开机了。

经 KT 一段时间延时后，KT 得电延时闭合的常开触点 (5-11) 闭合，接通交流接触器 KM 线圈回路电源，KM 线圈得电吸合且 KM 辅助常开触点 (3-11) 闭合自锁，KM 三相主触点闭合，电动机得电启动运转。与此同时，KM 辅助常闭触点 (5-7) 断开，切断中间继电器 KA 和得电延时时间继电器 KT 线圈回路电源，KA 和 KT 线圈断电释放，其各自的所有触点恢复原始状态，预警电铃 HA 停止鸣响，预警灯 HL 熄灭，解除预警信号。

电路布线图（图 6.14）

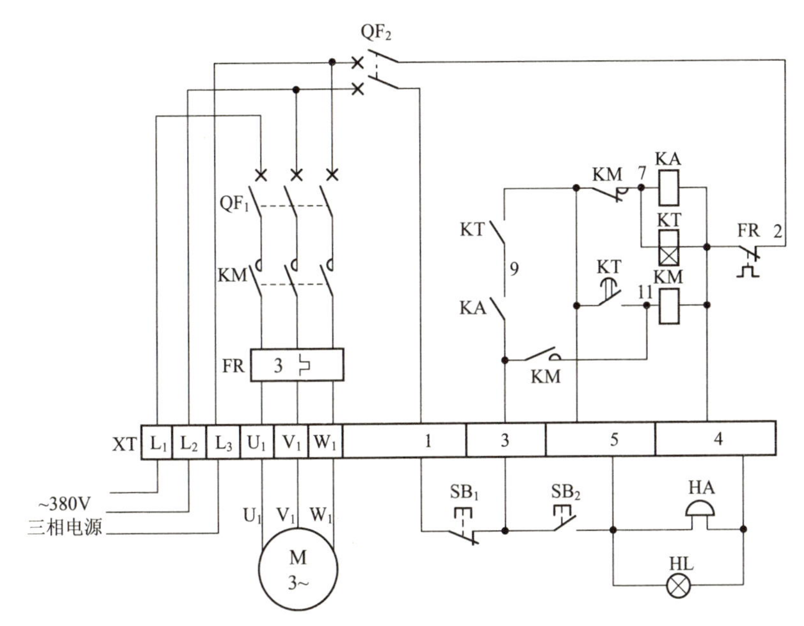

图 6.14　开机信号预警电路（一）布线图

从图 6.14 中可以看出，XT 为接线端子排，通过端子排 XT 来区分电气元件的安装位置，XT 的上方为放置在配电箱内底板上的电气元件，XT 的下方为外接或引至配电箱门面板上的电气元件。

从端子排 XT 上看，共有 10 个接线端子。其中，L_1、L_2、L_3 这 3 根线为由外引入配电箱的三相交流 380V 电源，并穿管引入；U_1、V_1、W_1 这 3 根线为电动机线，穿管接至电动机接线盒内的 U_1、V_1、W_1 上；1、3、5、4 这 4 根线为控制线，接至配电箱门面板上的按钮开关 SB_1、SB_2，预警电铃 HA 和预警灯 HL 上。

元器件安装排列图及端子图（图 6.15）

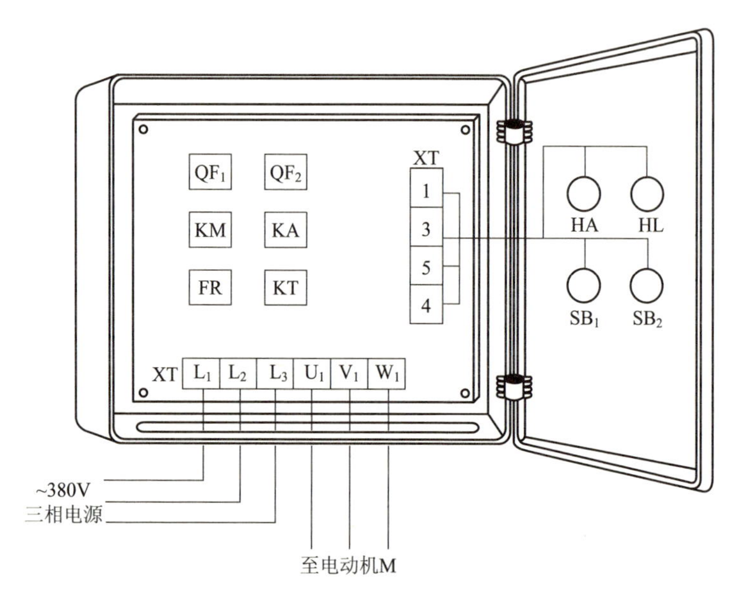

图 6.15　开机信号预警电路 (一) 元器件安装排列图及端子图

从图 6.15 中可以看出，断路器 QF_1、QF_2，交流接触器 KM，中间继电器 KA，得电延时时间继电器 KT，热继电器 FR 安装在配电箱内底板上；按钮开关 SB_1、SB_2，预警灯 HL，预警电铃 HA 安装在配电箱门面板上。

通过端子 L_1、L_2、L_3 将三相交流 380V 电源接入配电箱中。

端子 U_1、V_1、W_1 接至电动机接线盒中的 U_1、V_1、W_1 上。

端子 1、3、5、4 将配电箱内的器件与配电箱门面板上的按钮开关 SB_1、SB_2，预警灯 HL 和预警电铃 HA 连接起来。

6.6 开机信号预警电路(二)

工作原理(图 6.16)

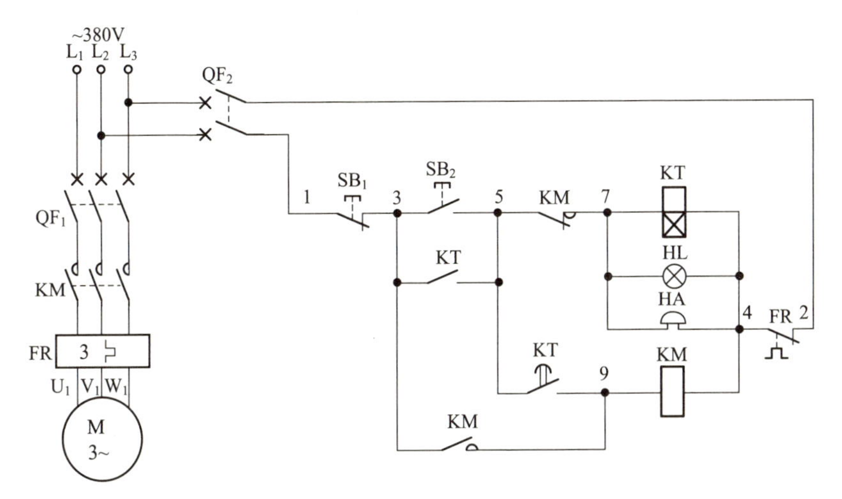

图 6.16 开机信号预警电路(二)原理图

启动时，按下启动按钮 SB_2(3-5)，得电延时时间继电器 KT 线圈得电吸合且 KT 不延时瞬动常开触点 (3-5) 闭合自锁，KT 开始延时。此时，预警电铃 HA 鸣响，预警灯 HL 点亮，进行开机信号预警。经 KT 一段时间延时后，KT 得电延时闭合的常开触点 (5-9) 闭合，接通交流接触器 KM 线圈回路电源，KM 线圈得电吸合且 KM 辅助常开触点 (3-9) 闭合自锁，KM 三相主触点闭合，电动机得电启动运转。与此同时，KM 串联在得电延时时间继电器 KT 线圈回路中的辅助常闭触点 (5-7) 断开，切断 KT 线圈回路电源，KT 线圈断电释放并解除自锁，预警电铃 HA 停止鸣响，预警灯 HL 熄灭，开机预警结束。

电路布线图（图 6.17）

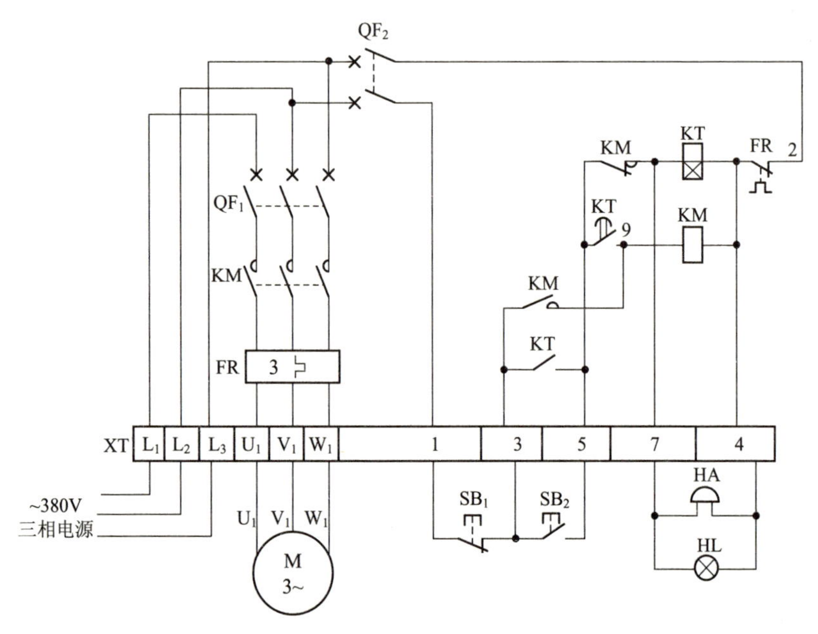

图 6.17　开机信号预警电路（二）布线图

从图 6.17 中可以看出，XT 为接线端子排，通过端子排 XT 来区分电气元件的安装位置，XT 的上方为放置在配电箱内底板上的电气元件，XT 的下方为外接或引至配电箱门面板上的电气元件。

从端子排 XT 上看，共有 11 个接线端子。其中，L_1、L_2、L_3 这 3 根线为由外引入配电箱的三相交流 380V 电源，并穿管引入；U_1、V_1、W_1 这 3 根线为电动机线，穿管接至电动机接线盒内的 U_1、V_1、W_1 上；1、3、5、7、4 这 5 根线为控制线，接至配电箱门面板上的按钮开关 SB_1、SB_2，预警电铃 HA，预警灯 HL 上。

元器件安装排列图及端子图（图 6.18）

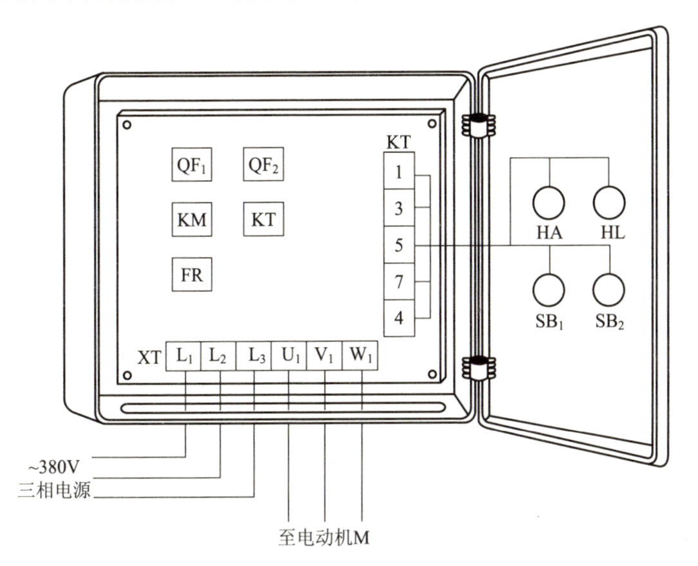

图 6.18 开机信号预警电路（二）元器件安装排列图及端子图

从图 6.18 中可以看出，断路器 QF_1、QF_2，交流接触器 KM，得电延时时间继电器 KT，热继电器 FR 安装在配电箱内底板上；按钮开关 SB_1、SB_2，预警灯 HL，预警电铃 HA 安装在配电箱门面板上。

通过端子 L_1、L_2、L_3 将三相交流 380V 电源接入配电箱中。

端子 U_1、V_1、W_1 接至电动机接线盒中的 U_1、V_1、W_1 上。

端子 1、3、5、7、4 将配电箱内的器件与配电箱门面板上的按钮开关 SB_1、SB_2，预警灯 HL，预警电铃 HA 连接起来。

6.7 开机信号预警电路（三）

工作原理（图 6.19）

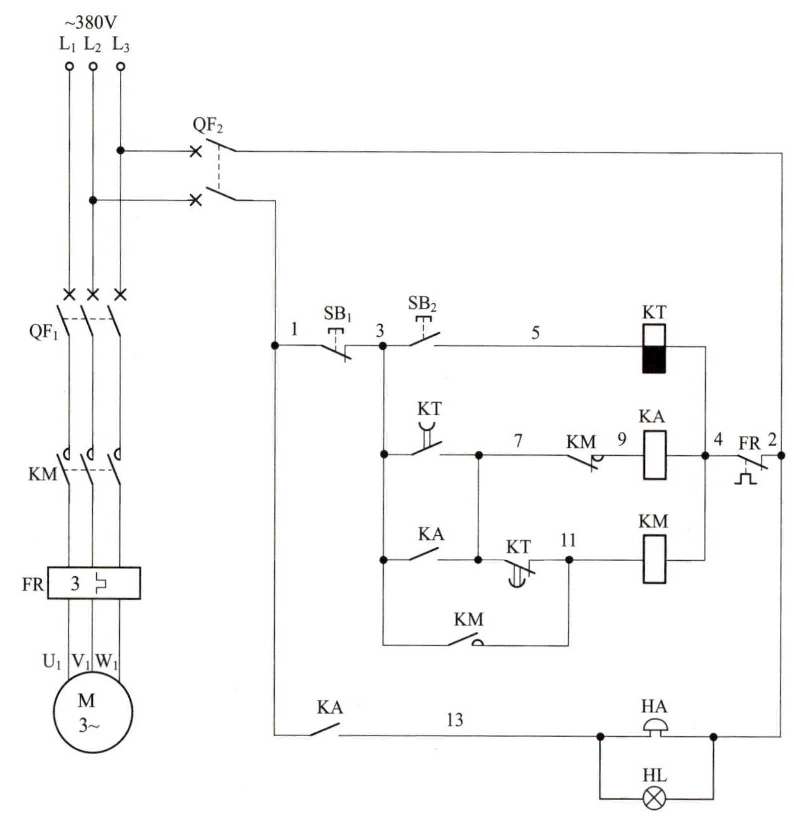

图 6.19 开机信号预警电路（三）原理图

开机时，按一下启动按钮 SB_2(3-5) 后松开，失电延时时间继电器 KT 线圈得电吸合后又断电释放，KT 开始延时。KT 失电延时闭合的常闭触点 (7-11) 立即断开，KT 失电延时断开的常开触点 (3-7) 立即闭合，接通了中间继电器 KA 线圈回路电源，KA 线圈得电吸合且 KA 常开触点 (3-7) 闭合自锁，KA 常开触点 (1-13) 闭合，接通了预警回路电源，预警电铃 HA 响、预警灯 HL 亮，以告知人们此设备准备启动，注意安全。

经 KT 一段时间延时后，KT 失电延时闭合的常闭触点 (7-11) 恢复常闭，接通了交流接触器 KM 线圈回路电源，KM 线圈得电吸合且 KM 辅助常开触点 (3-11) 闭合自锁，KM 三相主触点闭合，电动机得电启动运转。与此同时，KM 串联在中间继电器 KA 线圈回路中的辅助常闭触点 (7-9) 断开，切断了中间继电器 KA 线圈回路电源，KA 线圈断电释放，KA 常开触点 (1-13) 断开，切断预警回路电源，预警电铃 HA 停响、预警灯 HL 熄灭，开机预警信号解除。

电路布线图（图 6.20）

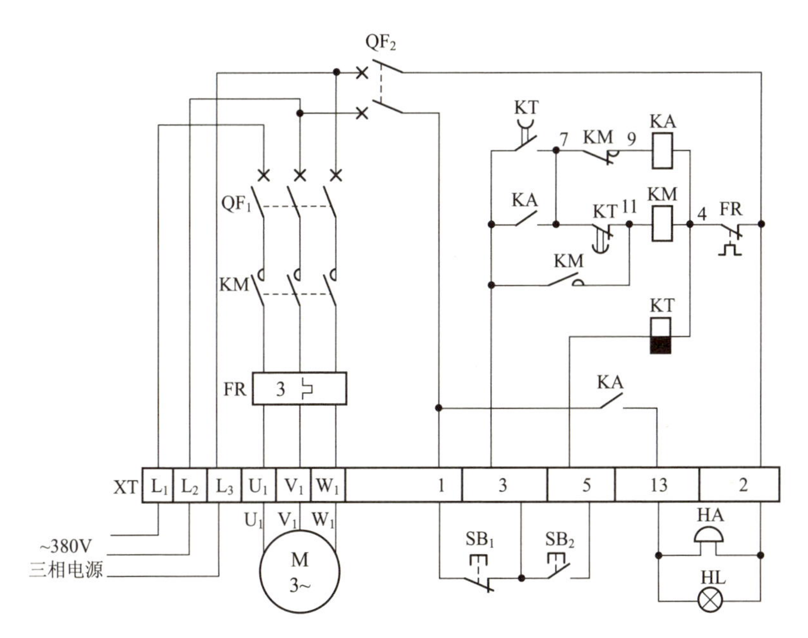

图 6.20 开机信号预警电路（三）布线图

从图 6.20 中可以看出，XT 为接线端子排，通过端子排 XT 来区分电气元件的安装位置，XT 的上方为放置在配电箱内底板上的电气元件，XT 的下方为外接或引至配电箱门面板上的电气元件。

从端子排 XT 上看，共有 11 个接线端子。其中，L_1、L_2、L_3 这 3 根线为由外引入配电箱的三相交流 380V 电源，并穿管引入；U_1、V_1、W_1 这 3 根线为电动机线，穿管接至电动机接线盒内的 U_1、V_1、W_1 上；

1、3、5、13、2 这 5 根线为控制线，接至配电箱门面板上的按钮开关 SB_1、SB_2，预警电铃 HA，预警灯 HL 上。

元器件安装排列图及端子图（图 6.21）

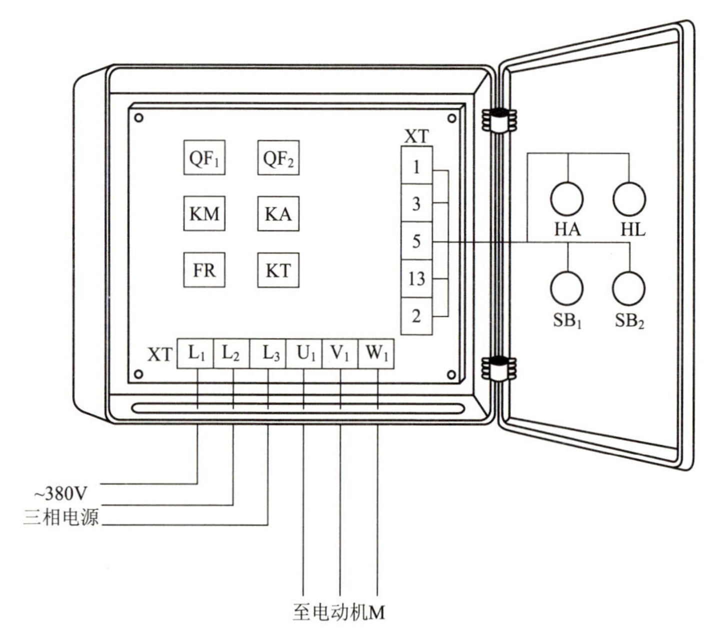

图 6.21　开机信号预警电路（三）元器件安装排列图及端子图

从图6.21中可以看出，断路器QF_1、QF_2，交流接触器KM，中间继电器KA，失电延时时间继电器KT，热继电器FR安装在配电箱内底板上；按钮开关SB_1、SB_2，预警电铃HA，预警灯HL安装在配电箱门面板上。

通过端子 L_1、L_2、L_3 将三相交流 380V 电源接入配电箱中。

端子 U_1、V_1、W_1 接至电动机接线盒中的 U_1、V_1、W_1 上。

端子 1、3、5、13、2 将配电箱内的器件与配电箱门面板上的按钮开关 SB_1、SB_2，预警电铃 HA，预警灯 HL 连接起来。

6.8 开机信号预警电路(四)

工作原理(图 6.22)

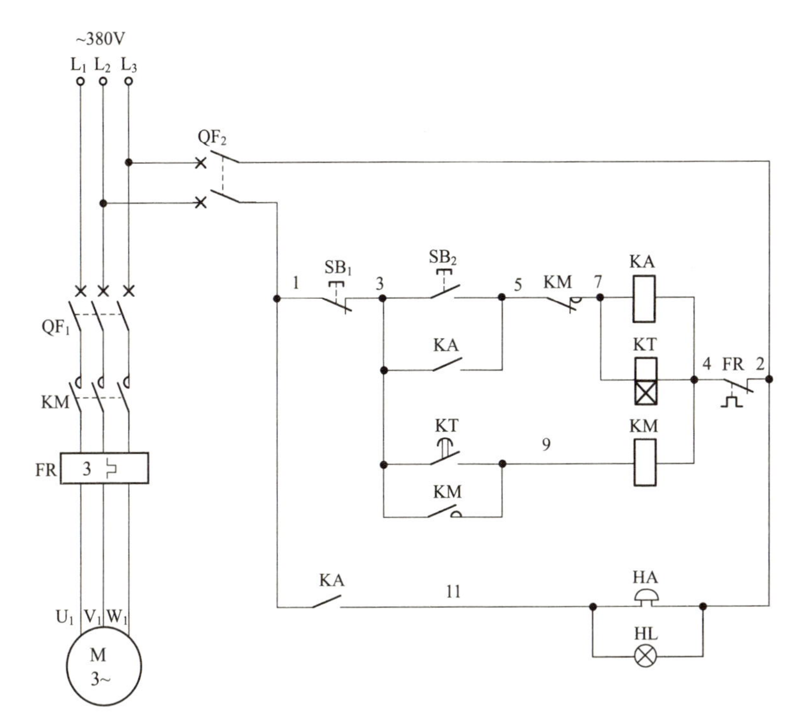

图 6.22 开机信号预警电路(四)原理图

开机时，按下启动按钮 SB_2(3-5)，中间继电器 KA 和得电延时时间继电器 KT 线圈得电吸合且 KA 常开触点 (3-5) 闭合自锁，KT 开始延时。此时 KA 常开触点 (1-11) 闭合，预警电铃 HA 响，预警灯 HL 亮，以告知人们此机要启动了，注意安全。

经 KT 一段时间延时后，KT 得电延时闭合的常开触点 (3-9) 闭合，接通交流接触器 KM 线圈回路电源，KM 线圈得电吸合且 KM 辅助常开触点 (3-9) 闭合自锁，KM 三相主触点闭合，电动机得电启动运转。与此同时，KM 辅助常闭触点 (5-7) 断开，使中间继电器 KA 和得电延时时间继电器 KT 线圈均断电释放，其各自的所有触点恢复原始状态，

KA 常开触点 (1-11) 断开，预警灯 HL 熄灭，预警电铃 HA 停响，预警信号解除。

电路布线图（图 6.23）

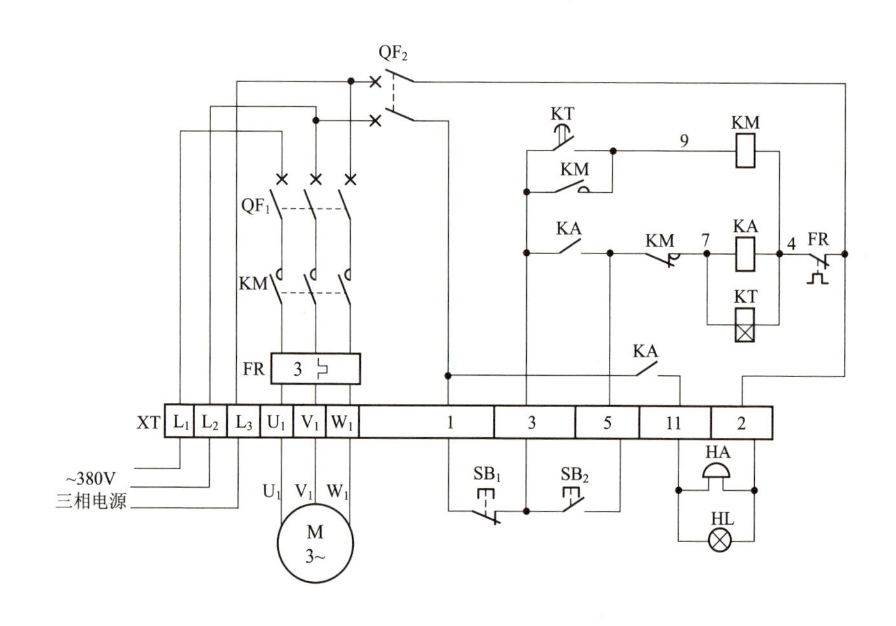

图 6.23　开机信号预警电路 (四) 布线图

从图 6.23 中可以看出，XT 为接线端子排，通过端子排 XT 来区分电气元件的安装位置，XT 的上方为放置在配电箱内底板上的电气元件，XT 的下方为外接或引至配电箱门面板上的电气元件。

从端子排 XT 上看，共有 11 个接线端子。其中，L_1、L_2、L_3 这 3 根线为由外引入配电箱的三相交流 380V 电源，并穿管引入；U_1、V_1、W_1 这 3 根线为电动机线，穿管接至电动机接线盒内的 U_1、V_1、W_1 上；1、3、5、11、2 这 5 根线为控制线，接至配电箱门面板上的按钮开关 SB_1、SB_2，预警电铃 HA，预警灯 HL 上。

元器件安装排列图及端子图（图 6.24）

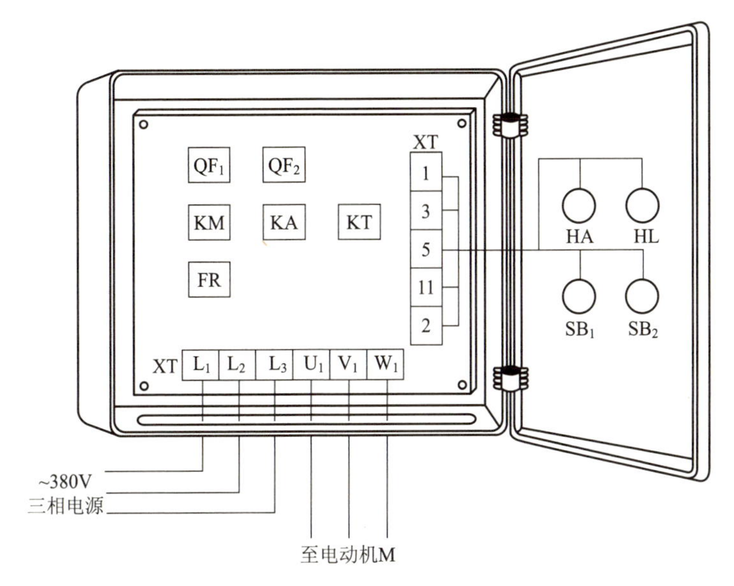

图 6.24　开机信号预警电路（四）元器件安装排列图及端子图

从图 6.24 中可以看出，断路器 QF_1、QF_2，交流接触器 KM，中间继电器 KA，得电延时时间继电器 KT，热继电器 FR 安装在配电箱内底板上；按钮开关 SB_1、SB_2，预警电铃 HA，预警灯 HL 安装在配电箱门面板上。

通过端子 L_1、L_2、L_3 将三相交流 380V 电源接入配电箱中。

端子 U_1、V_1、W_1 接至电动机接线盒中的 U_1、V_1、W_1 上。

端子 1、3、5、11、2 将配电箱内的器件与配电箱门面板上的按钮开关 SB_1、SB_2，预警电铃 HA，预警灯 HL 连接起来。

6.9 开机信号预警电路（五）

工作原理（图 6.25）

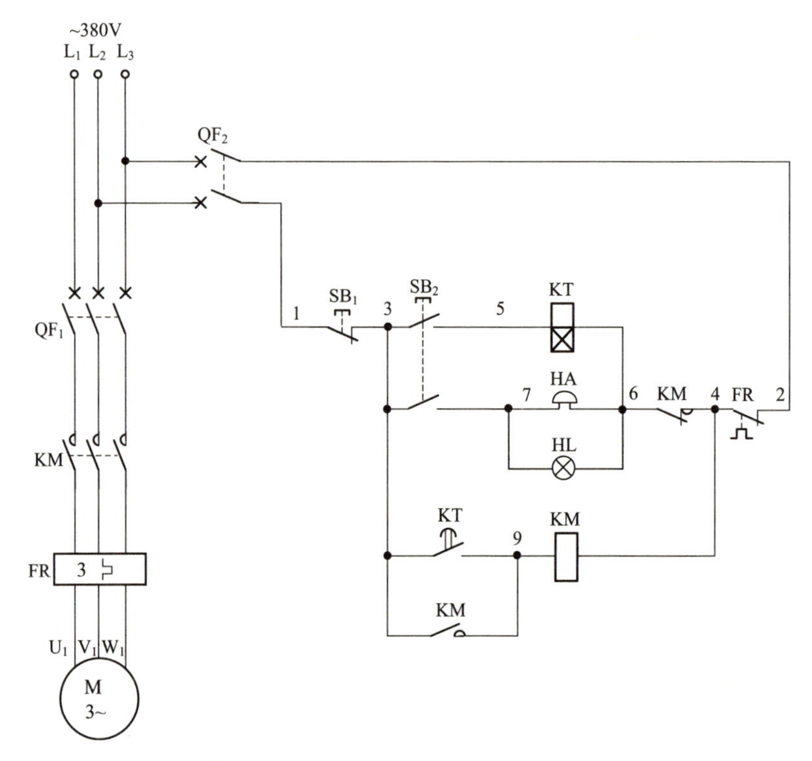

图 6.25　开机信号预警电路（五）原理图

启动时，按下启动按钮 SB_2 不放手，SB_2 的一组常开触点 (3-5) 闭合，接通了得电延时时间继电器 KT 线圈的回路电源并开始延时；SB_2 的另一组常开触点 (3-7) 闭合，使预警电铃 HA 和预警灯 HL 得电工作，铃响且灯亮，以告知人们此机马上启动，请注意安全。

经 KT 一段时间延时后，KT 得电延时闭合的常开触点 (3-9) 闭合，接通了交流接触器 KM 线圈回路电源，KM 线圈得电吸合且 KM 辅助常开触点 (3-9) 闭合自锁，KM 三相主触点闭合，电动机得电启动运转。此时，可松开被按下的启动按钮 SB_2，预警信号解除。若在电动机未启

动前松开 SB_2，也就是说 KT 未延时结束，电动机就无法实现启动操作，所以必须等到 KT 延时结束后，方可松开 SB_2。当电动机启动运转后，即使手未松开 SB_2，因 KM 辅助常闭触点 (4-6) 断开，切断预警信号回路，其预警信号仍自动停止工作。

电路布线图（图 6.26）

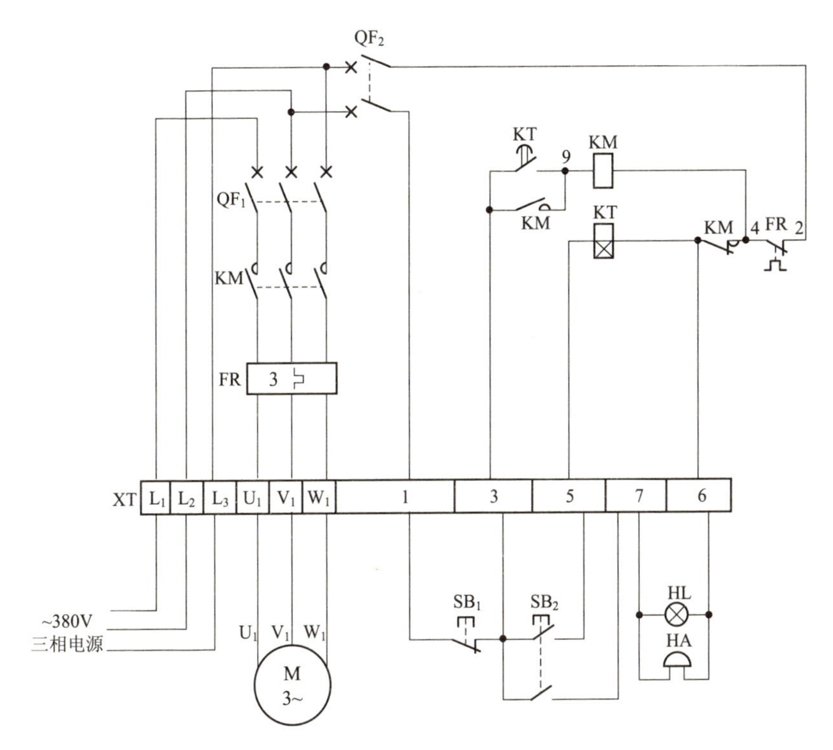

图 6.26　开机信号预警电路（五）布线图

从图 6.26 中可以看出，XT 为接线端子排，通过端子排 XT 来区分电气元件的安装位置，XT 的上方为放置在配电箱内底板上的电气元件，XT 的下方为外接或引至配电箱门面板上的电气元件。

从端子排 XT 上看，共有 11 个接线端子。其中，L_1、L_2、L_3 这 3 根线为由外引入配电箱的三相交流 380V 电源，并穿管引入；U_1、V_1、W_1 这 3 根线为电动机线，穿管接至电动机接线盒内的 U_1、V_1、W_1 上；1、

3、5、7、6 这 5 根线为控制线，接至配电箱门面板上的按钮开关 SB_1、SB_2，预警电铃 HA，预警灯 HL 上。

元器件安装排列图及端子图（图 6.27）

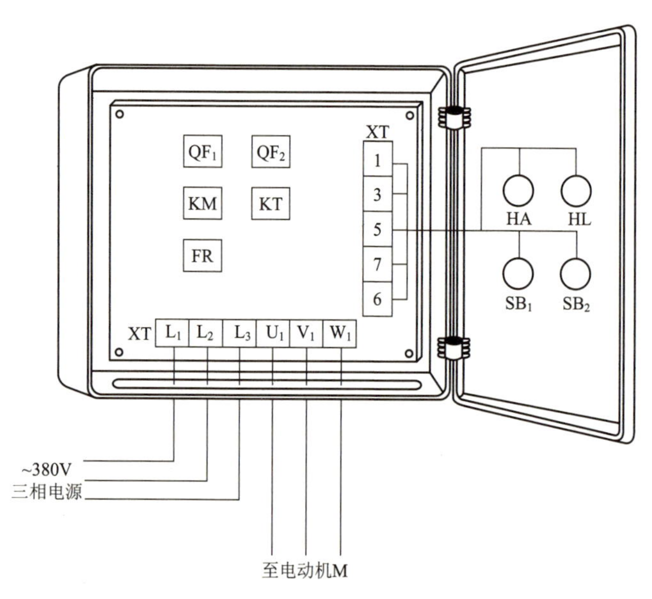

图 6.27　开机信号预警电路（五）元器件安装排列图及端子图

从图 6.27 中可以看出，断路器 QF_1、QF_2，交流接触器 KM，得电延时时间继电器 KT，热继电器 FR 安装在配电箱内底板上；按钮开关 SB_1、SB_2，预警电铃 HA，预警灯 HL 安装在配电箱门面板上。

通过端子 L_1、L_2、L_3 将三相交流 380V 电源接入配电箱中。

端子 U_1、V_1、W_1 接至电动机接线盒中的 U_1、V_1、W_1 上。

端子 1、3、5、7、6 将配电箱内的器件与配电箱门面板上的按钮开关 SB_1、SB_2，预警电铃 HA，预警灯 HL 连接起来。

第 7 章

供排水控制电路

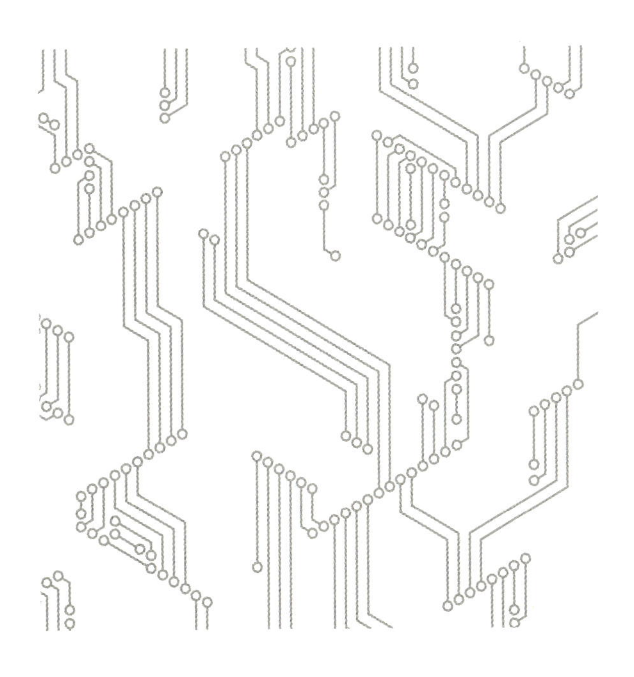

7.1 防止抽水泵空抽保护电路

工作原理（图 7.1）

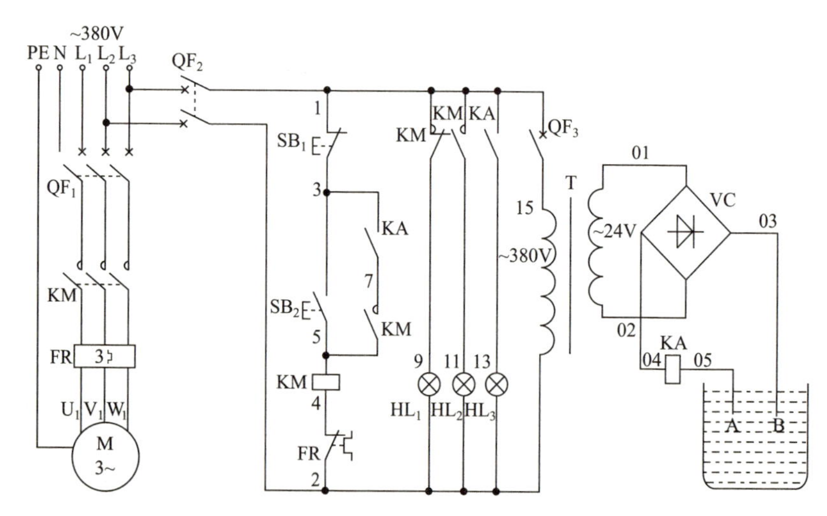

图 7.1　防止抽水泵空抽保护电路原理图

合上主回路保护断路器 QF_1、控制回路保护断路器 QF_2、控制变压器保护断路器 QF_3，电动机停止兼电源指示灯 HL_1 亮，说明电动机已停止运转且电源有电，若此时指示灯 HL_3 亮，则说明水池内有水。若水池有水，探头 A、B 被水短接，小型灵敏继电器 KA 线圈得电吸合，KA 的两组常开触点均闭合，一组常开触点 (1-13) 闭合，为水池有水指示，另一组常开触点 (3-7) 闭合，作为 KM 自锁信号，为允许自锁提供条件。启动时，按下启动按钮 SB_2(3-5)，交流接触器 KM 线圈得电吸合且 KM 辅助常开触点 (5-7) 闭合自锁，KM 三相主触点闭合，水泵电动机得电启动运转，带动水泵进行抽水；同时指示灯 HL_1 灭，HL_2 亮，说明水泵电动机已运转了。当水池内无水时，探头 A、B 悬空，小型灵敏继电器 KA 线圈断电释放，KA 的一组常开触点 (3-7) 断开，切断交流接触器 KM 线圈回路电源，KM 线圈断电释放，KM 三相主触点断开，水泵电动机失电停止运转，水泵停止抽水；同时，指示灯 HL_2 灭，HL_1 亮，说明水泵电动机已停止运转了；同时，KA 的另外一组常开触点 (1-13)

断开，指示灯 HL_3 灭，说明水池已无水。通过以上控制可有效地防止抽水泵出现空抽现象，起到保护作用。

电路布线图（图 7.2）

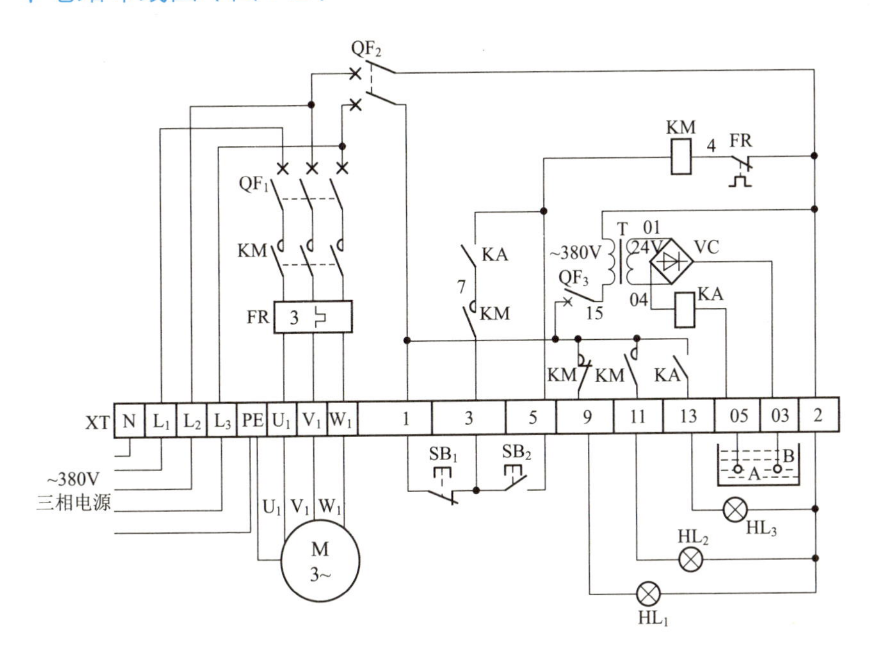

图 7.2 防止抽水泵空抽保护电路布线图

从图 7.2 中可以看出，XT 为接线端子排，通过端子排 XT 来区分电气元件的安装位置，XT 的上方为放置在配电箱内底板上的电气元件，XT 的下方为外接或引至配电箱门面板上的电气元件。

从端子排 XT 上看，共有 17 个接线端子。其中，L_1、L_2、L_3、N、PE 这 5 根线为由外引入配电箱的三相交流 380V 电源，并穿管引入；U_1、V_1、W_1、PE 这 4 根线为电动机线，穿管接至电动机接线盒内的 U_1、V_1、W_1 端子及外壳上；1、3、5、9、11、13、2 这 7 根线为控制线，接至配电箱门面板上的按钮开关 SB_1、SB_2，指示灯 HL_1、HL_2、HL_3 上；05、03 这 2 根线为探头线，穿管接至水池处。

元器件安装排列图及端子图（图 7.3）

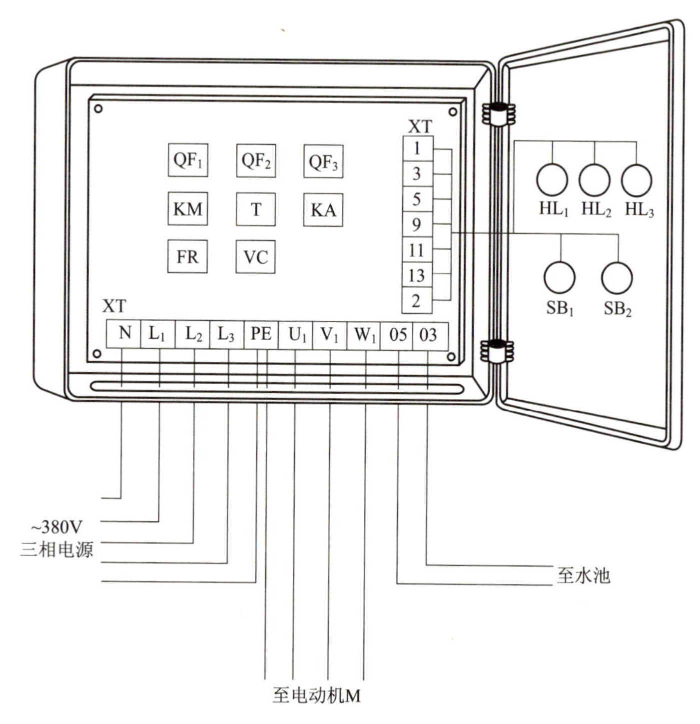

图 7.3　防止抽水泵空抽保护电路元器件安装排列图及端子图

从图 7.3 中可以看出，断路器 QF_1、QF_2、QF_3，交流接触器 KM，小型灵敏继电器 KA，变压器 T，整流桥 VC，热继电器 FR 安装在配电箱内底板上；按钮开关 SB_1、SB_2，指示灯 HL_1、HL_2、HL_3 安装在配电箱门面板上。

通过端子 L_1、L_2、L_3、N、PE 将三相交流 380V 电源接入配电箱中。

端子 U_1、V_1、W_1、PE 接至电动机接线盒中的 U_1、V_1、W_1 及外壳上。

端子 1、3、5、9、11、13、2 将配电箱内的器件与配电箱门面板上的按钮开关 SB_1、SB_2，指示灯 HL_1、HL_2、HL_3 连接起来。

端子 05、03 接至水池处。

7.2 供排水手动 / 定时控制电路

工作原理（图 7.4）

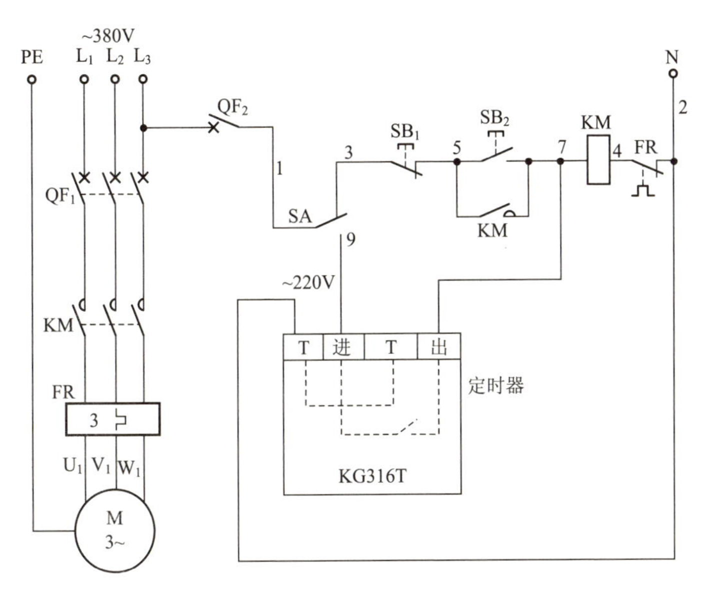

图 7.4 供排水手动 / 定时控制电路原理图

将手动 / 定时选择开关 SA 置于手动位置 (1-3)，按下启动按钮 SB_2(5-7)，交流接触器 KM 线圈得电吸合且 KM 辅助常开触点 (5-7) 闭合自锁，KM 三相主触点闭合，电动机得电启动运转。

将自动 / 定时选择开关 SA 置于定时位置 (1-9)，并将时控开关 KG316T 按要求参照说明书设置好。到了定时开机时间时，时控开关 KG316T 内部继电器线圈吸合动作，接通进、出两端，交流接触器 KM 线圈得电吸合，KM 三相主触点闭合，电动机得电启动运转工作；到了定时关机时间时，KG316T 内部继电器线圈断电释放，其触点断开进、出两端，从而切断了交流接触器 KM 线圈的回路电源，KM 线圈断电释放，KM 三相主触点断开，电动机失电停止运转。

电路布线图（图 7.5）

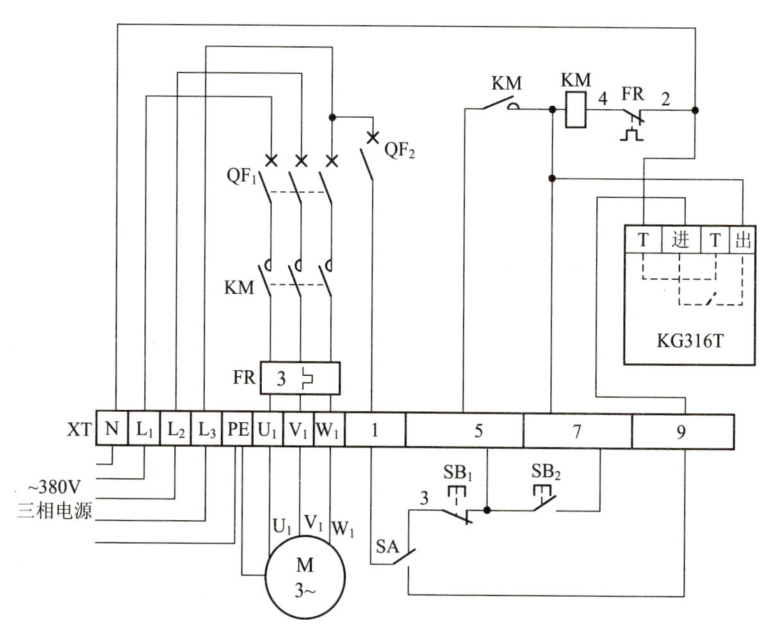

图 7.5　供排水手动 / 定时控制电路布线图

从图 7.5 中可以看出，XT 为接线端子排，通过端子排 XT 来区分电气元件的安装位置，XT 的上方为放置在配电箱内底板上的电气元件，XT 的下方为外接或引至配电箱门面板上的电气元件。

从端子排 XT 上看，共有 13 个接线端子。其中，L_1、L_2、L_3、N、PE 这 5 根线为由外引入配电箱的三相交流 380V 电源，并穿管引入；U_1、V_1、W_1、PE 这 4 根线为电动机线，穿管接至电动机接线盒内的 U_1、V_1、W_1 及外壳上；1、5、7、9 这 4 根线为控制线，接至配电箱门面板上的按钮开关 SB_1、SB_2，选择开关 SA 上。

元器件安装排列图及端子图（图 7.6）

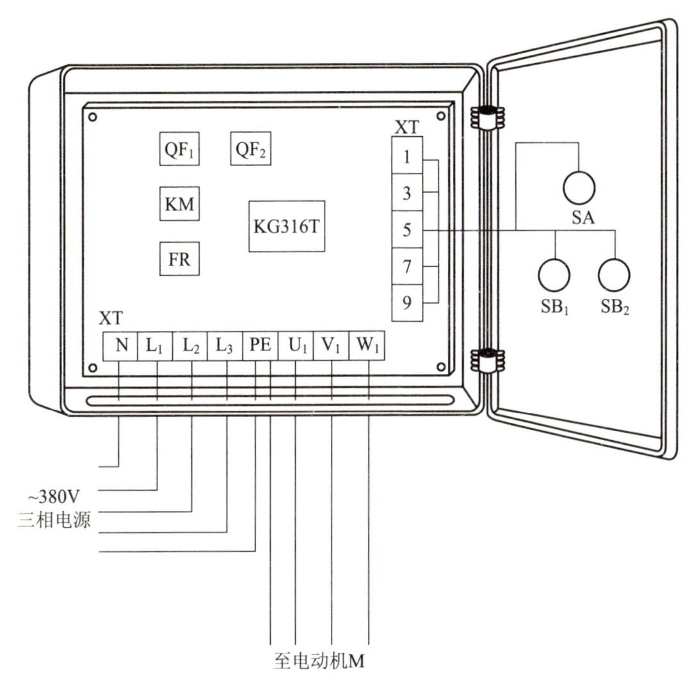

图 7.6 供排水手动 / 定时控制电路元器件安装排列图及端子图

从图 7.6 中可以看出，断路器 QF_1、QF_2，交流接触器 KM，定时器 KG316T，热继电器 FR 安装在配电箱内底板上；按钮开关 SB_1、SB_2 及选择开关 SA 安装在配电箱门面板上。

通过端子 L_1、L_2、L_3、N、PE 将三相交流 380V 电源接入配电箱中。

端子 U_1、V_1、W_1、PE 接至电动机接线盒中的 U_1、V_1、W_1 及外壳上。

端子 1、5、7、9 将配电箱内的器件与配电箱门面板上的按钮开关 SB_1、SB_2，选择开关 SA 连接起来。

7.3 排水泵故障时备用泵自投电路

工作原理（图 7.7）

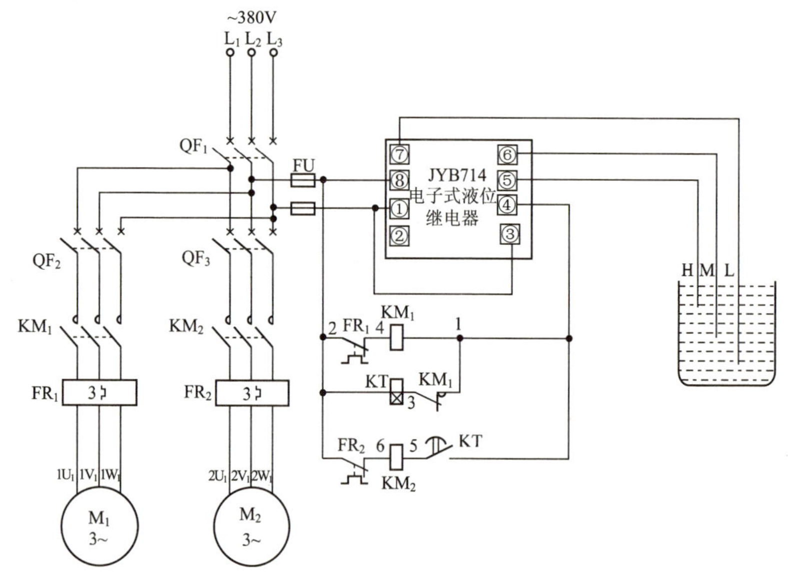

图 7.7 排水泵故障时备用泵自投电路原理图

在平时主排水泵无故障时，若水位升至高水位，则液位继电器控制交流接触器 KM_1 线圈得电吸合，KM_1 三相主触点闭合，主排水泵电动机 M_1 得电启动运转，开始排水。

在排水过程中主排水泵出现过载时，过载保护热继电器 FR_1 动作，FR_1 常闭控制触点 (2-4) 断开，切断交流接触器 KM_1 线圈的回路电源，KM_1 线圈断电释放，KM_1 三相主触点断开，主排水泵电动机 M_1 失电停止运转；串联在得电延时时间继电器 KT 线圈回路中的 KM_1 辅助常闭触点 (1-3) 恢复常闭状态（闭合），接通得电延时时间继电器 KT 线圈回路电源，KT 线圈得电吸合且开始延时。经 KT 延时 (5s) 后，KT 得电延时闭合的常开触点 (1-5) 闭合，接通备用泵控制交流接触器 KM_2 线圈回路电源，KM_2 线圈得电吸合，KM_2 三相主触点闭合，备用泵电动机 M_2 自动快速投入使用。

当排除主排水泵电动机 M_1 的过载故障后，主排水泵电动机 M_1 仍自动优先投入运转，而备用泵电动机 M_2 则继续待命。

电路布线图（图 7.8）

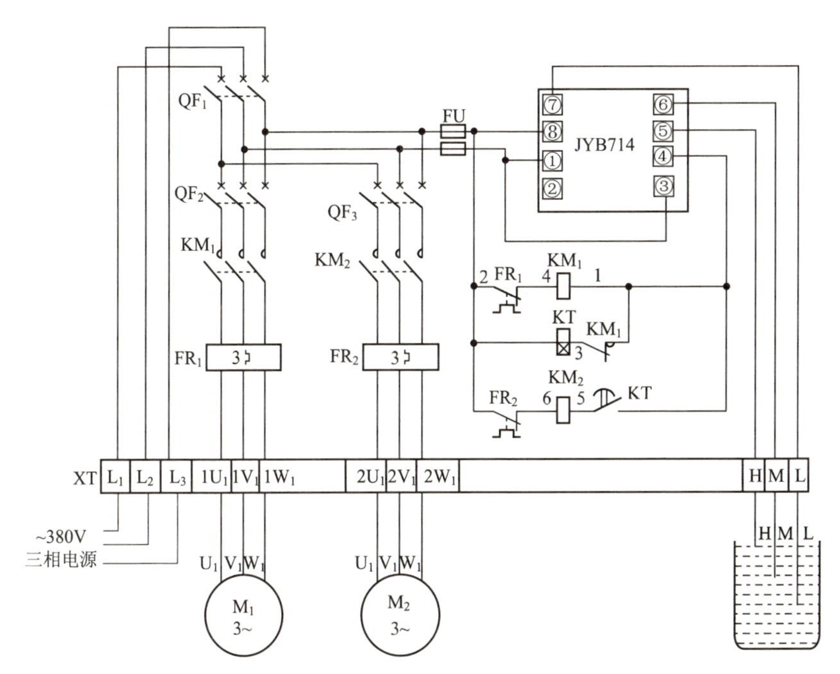

图 7.8　排水泵故障时备用泵自投电路布线图

从图 7.8 中可以看出，XT 为接线端子排，通过端子排 XT 来区分电气元件的安装位置，XT 的上方为放置在配电箱内底板上的电气元件，XT 的下方为外接或引至配电箱门面板上的电气元件。

从端子排 XT 上看，共有 12 个接线端子。其中，L_1、L_2、L_3 这 3 根线为由外引入配电箱的三相交流 380V 电源，并穿管引入；$1U_1$、$1V_1$、$1W_1$ 这 3 根线为电动机 M_1 电动机线，穿管接至电动机 M_1 接线盒内的 U_1、V_1、W_1 上，$2U_1$、$2V_1$、$2W_1$ 这 3 根线为电动机 M_2 电动机线，穿管接至电动机 M_2 接线盒内的 U_1、V_1、W_1 上；H、M、L 这 3 根线为水位探头线，穿管接至水池相应位置。

元器件安装排列图及端子图（图 7.9）

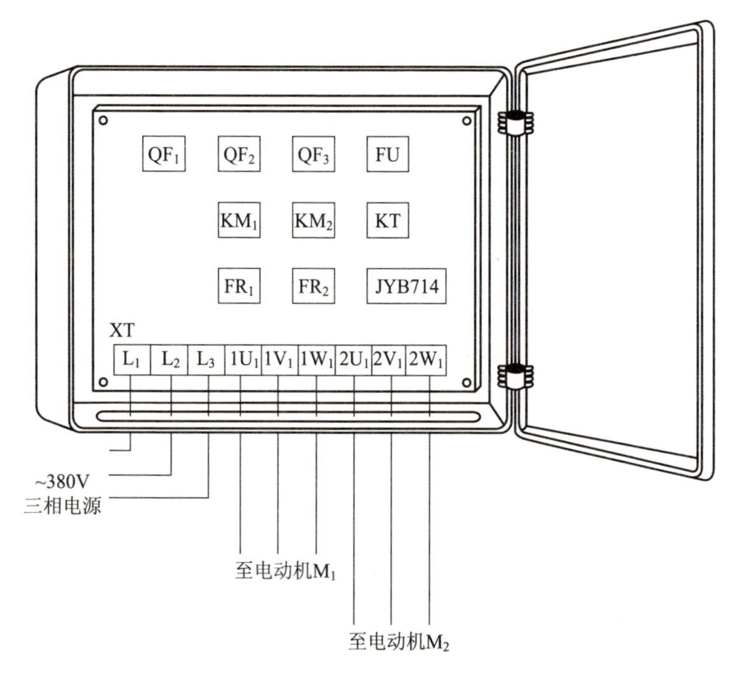

图 7.9　排水泵故障时备用泵自投电路元器件安装排列图及端子图

从图 7.9 中可以看出，断路器 QF_1、QF_2、QF_3，交流接触器 KM_1、KM_2，得电延时时间继电器 KT，熔断器 FU，液位继电器 JYB714，热继电器 FR_1、FR_2 安装在配电箱内底板上。

通过端子 L_1、L_2、L_3 将三相交流 380V 电源接入配电箱中。

端子 $1U_1$、$1V_1$、$1W_1$ 接至电动机 M_1 接线盒中的 U_1、V_1、W_1 上。

端子 $2U_1$、$2V_1$、$2W_1$ 接至电动机 M_2 接线盒中的 U_1、V_1、W_1 上。

端子 H、M、L 接至水池内。

7.4 可任意手动启停的自动补水控制电路

工作原理图（图 7.10）

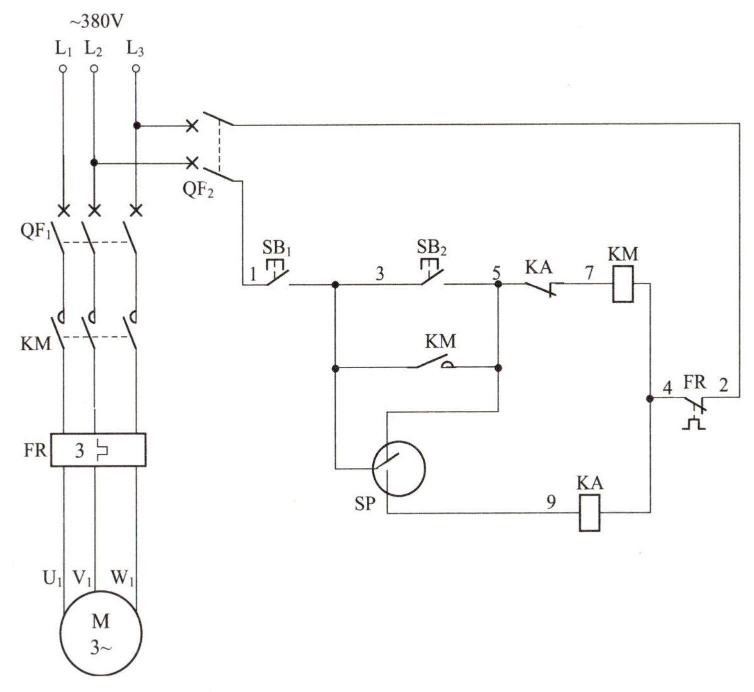

图 7.10 可任意手动启停的自动补水控制电路原理图

本电路实际上就是利用电接点压力表来实现的自动控制电路。它与其他同类电路不同之处是，在压力上限与下限之间可任意对控制电路进行手动启动、手动停止操作。

需注意的是，当压力低于下限时能自动启动、当压力高于上限时能自动停止。

电路布线图（图 7.11）

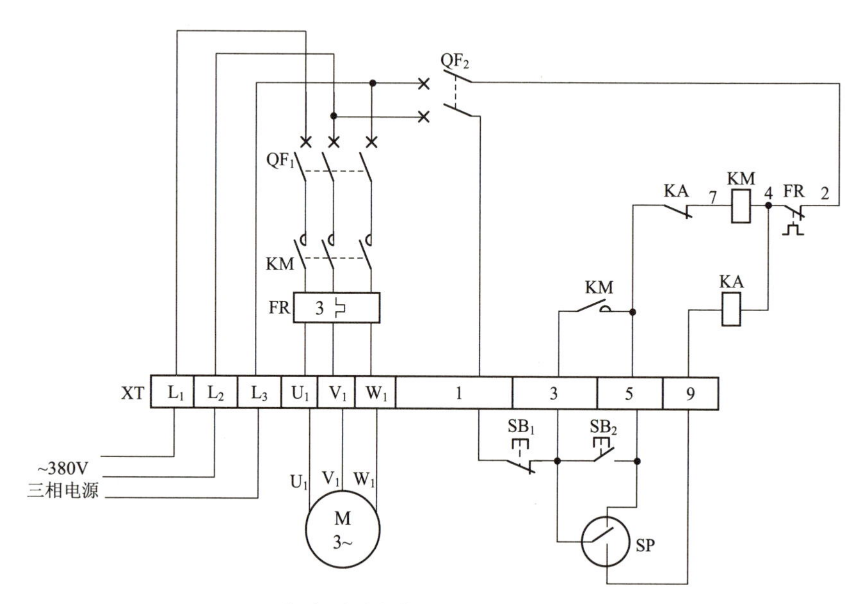

图 7.11　可任意手动启停的自动补水控制电路布线图

从图 7.11 中可以看出，XT 为接线端子排，通过端子排 XT 来区分电气元件的安装位置，XT 的上方为放置在配电箱内底板上或底部位置的电气元件，XT 的下方为外接或引至配电箱门面板上的电气元件。

从端子排 XT 上看，共有 10 个接线端子。其中，L_1、L_2、L_3 这 3 根线为由外引入配电箱的三相交流 380V 电源，并穿管引入；U_1、V_1、W_1 这 3 根线为电动机线，穿管接至电动机接线盒内的 U_1、V_1、W_1 上；1、3、5 这 3 根线为控制线，接至配电箱门面板上的按钮开关 SB_1、SB_2 上；3、5、9 这 3 根线为外接电接点压力表控制线，外引接至电接点压力表 SP 上。

元器件安装排列图及端子图（图 7.12）

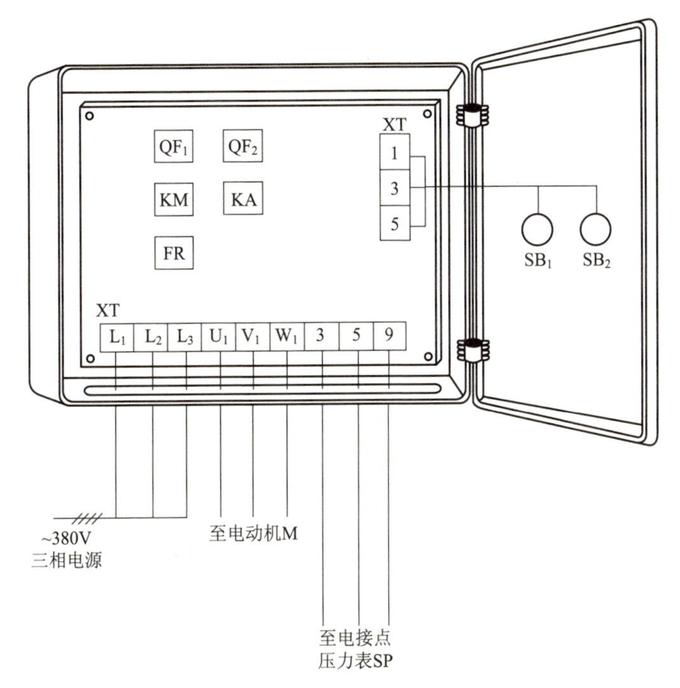

图 7.12　可任意手动启停的自动补水控制电路元器件安装排列图及端子图

从图 7.12 中可以看出，断路器 QF_1、QF_2，交流接触器 KM，中间继电器 KA，热继电器 FR 安装在配电箱内底板上；按钮开关 SB_1、SB_2 安装在配电箱门面板上。

通过端子 L_1、L_2、L_3 将三相交流 380V 电源接入配电箱中。

端子 U_1、V_1、W_1 接至电动机接线盒中的 U_1、V_1、W_1 上。

端子 1、3、5 将配电箱内的器件与配电箱门面板上的按钮开关 SB_1、SB_2 连接起来。

7.5 具有手动 / 自动控制功能的排水控制电路

工作原理（图 7.13）

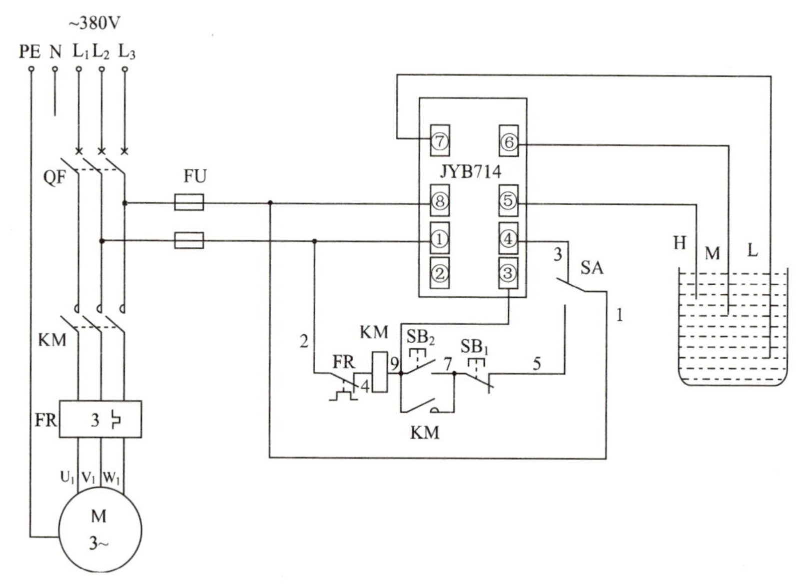

图 7.13　具有手动 / 自动控制功能的排水控制电路原理图

将自动 / 手动选择开关 SA 置于自动位置时，SA（1-3）闭合，利用 JYB714 电子式液位继电器来进行自动控制。当水位升至高水位时，液位继电器 JYB714 的内部继电器线圈断电释放，其③、④脚内部继电器常闭触点闭合，交流接触器 KM 线圈得电吸合，KM 三相主触点闭合，电动机得电启动运转，水泵进行排水。

当液位降至低水位时，液位继电器 JYB714 的内部继电器线圈得电吸合，其 ③、④脚断开，切断交流接触器 KM 线圈回路电源，KM 线圈断电释放，水泵电动机失电而停止排水。至此，实现自动排水控制。

将自动 / 手动选择开关 SA 置于手动位置时，SA（1-3）断开、（1-5）闭合，按下启动按钮 SB_2（7-9），交流接触器 KM 线圈得电吸合，KM 辅助常开触点（7-9）闭合自锁，KM 三相主触点闭合，电动机得电启动运转，水泵进行排水。

需手动停止时，按下停止按钮 SB_1（5-7），交流接触器 KM 线圈断电释放，KM 三相主触点断开，电动机失电而停止运转，水泵停止排水。

电路布线图（图 7.14）

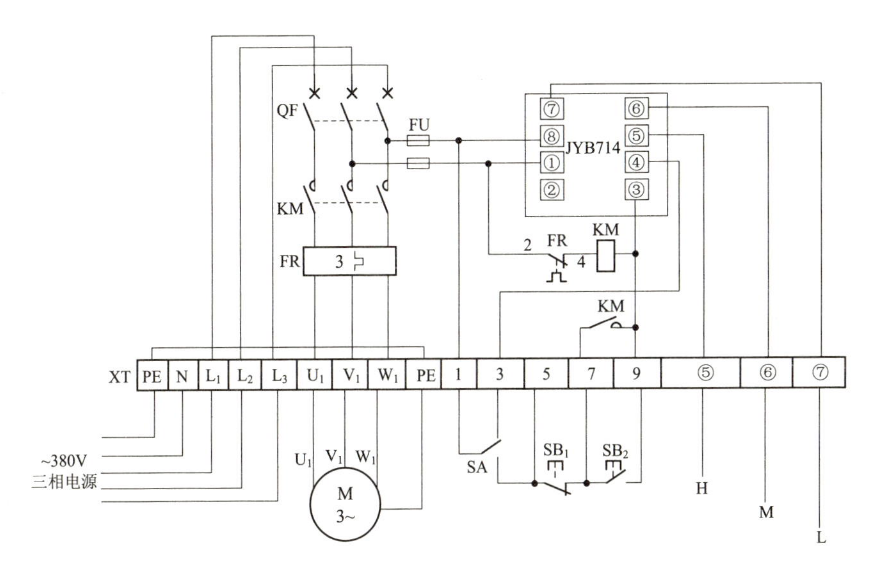

图 7.14 具有手动 / 自动控制功能的排水控制电路布线图

从图 7.14 中可以看出，XT 为接线端子排，通过端子排 XT 来区分电气元件的安装位置，XT 的上方为放置在配电箱内底板上或底部位置的电气元件，XT 的下方为外接或引至配电箱门面板上的电气元件。

从端子排 XT 上看，共有 17 个接线端子。其中 L_1、L_2、L_3、N、PE 这 5 根线为由外引入配电箱的三相交流 380V 电源，并穿管引入；U_1、V_1、W_1、PE 这 4 根线为电动机线，穿管接至电动机接线盒内的 U_1、V_1、W_1 及外壳上；1、3、5、7、9 这 5 根线为控制线，接至配电箱门面板上的按钮开关 SB_1、SB_2 及选择开关 SA 上；⑤、⑥、⑦这 3 根为液位探头线，外引至水池中的电极 H、M、L 上。

元器件安装排列图及端子图（图 7.15）

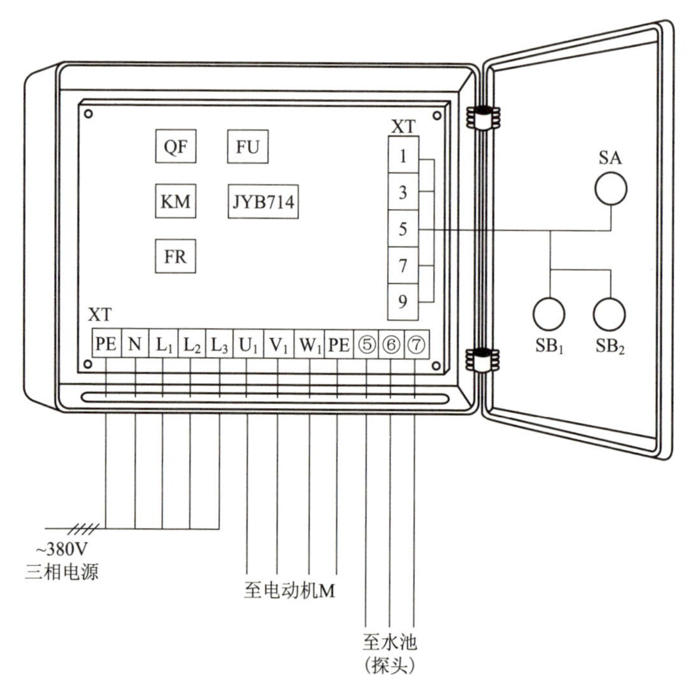

图 7.15　具有手动 / 自动控制功能的排水控制电路元器件安装排列图及端子图

从图 7.15 中可以看出，断路器 QF、熔断器 FU、交流接触器 KM、液位继电器 JYB714、热继电器 FR 安装在配电箱内底板或底部位置上；按钮开关 SB_1、SB_2 及选择开关 SA 安装在配电箱门面板上。

通过端子 L_1、L_2、L_3、N、PE 将三相交流 380V 电源接入配电箱中。

端子 U_1、V_1、W_1、PE 接至电动机接线盒中的 U_1、V_1、W_1 及外壳上。

端子 1、3、5、7、9 将配电箱内的器件与配电箱门面板上的按钮开关 SB_1、SB_2 及选择开关 SA 连接起来。

端子⑤、⑥、⑦为外接探头线，外引至水池探头 H、M、L 上。

7.6 具有手动操作定时、自动控制功能的供水控制电路

工作原理（图 7.16）

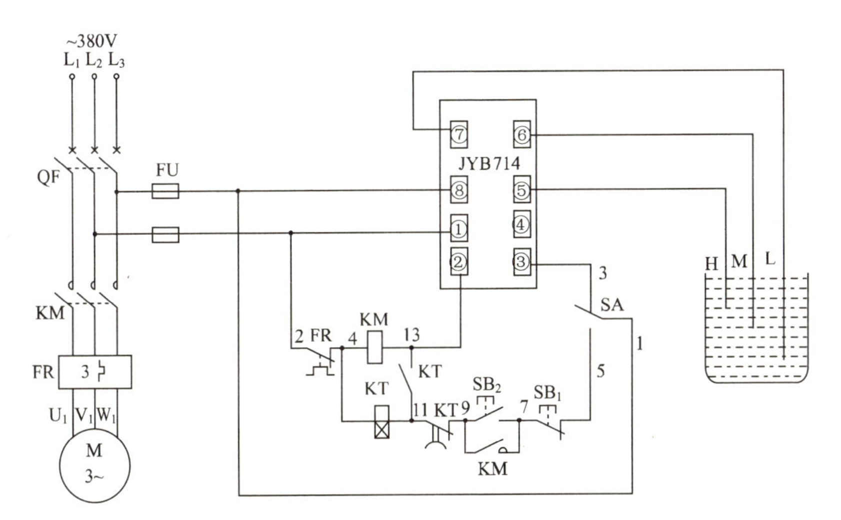

图 7.16 具有手动操作定时、自动控制功能的供水控制电路原理图

将手动 / 自动选择开关置于自动位置，SA（1-3）闭合。

当蓄水池处于低水位时，液位继电器内部继电器动作，其②、③脚（内部常开触点）闭合，交流接触器 KM 线圈得电吸合，KM 三相主触点闭合，电动机得电启动运转。

当水位升至高水位时，液位继电器内部继电器线圈断电释放，其②、③脚断开，交流接触器 KM 线圈断电释放，KM 三相主触点断开，电动机失电停止运转。

将手动 / 自动选择开关置于手动位置，SA（1-5）闭合。

启动时，按下启动按钮 SB_2（7-9），得电延时时间继电器 KT 线圈得电吸合且 KT 开始延时，KT 不延时瞬动常开触点（11-13）闭合，交流接触器 KM 线圈得电吸合，KM 辅助常开触点（7-9）闭合自锁，KM 三相主触点闭合，电动机得电启动运转。

在 KT 延时时间内，若要手动停止水泵供水，则按下停止按钮 SB_1（5-7），交流接触器 KM 线圈断电释放，KM 三相主触点断开，电动

机失电停止运转。

水泵电动机手动启动运转后，可按照预先设定的时间进行自动定时控制，经 KT 一段时间延时后，KT 得电延时断开的常闭触点（9-11）断开，切断交流接触器 KM、得电延时时间继电器 KT 线圈回路电源，KM、KT 线圈断电释放，KM 三相主触点断开，电动机失电停止运转。

电路布线图（图 7.17）

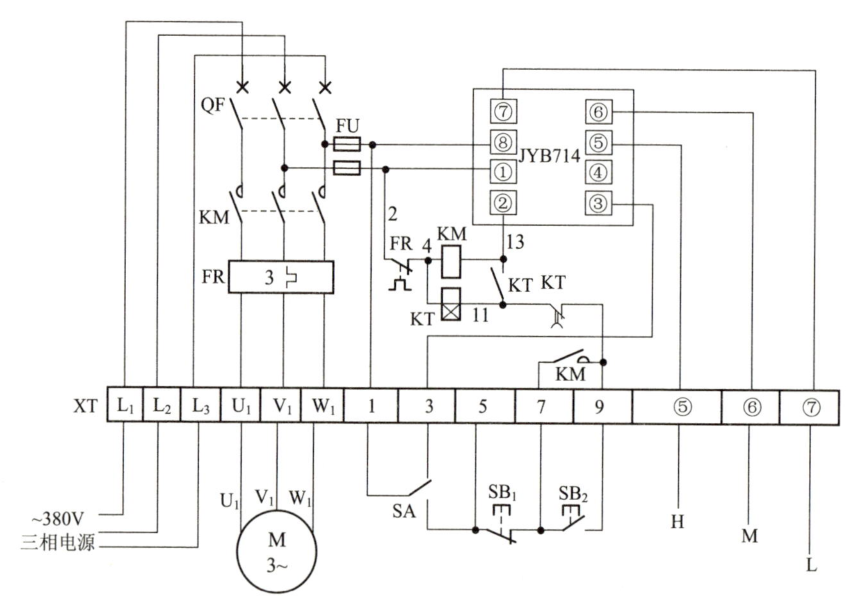

图 7.17　具有手动操作定时、自动控制功能的供水控制电路布线图

从图 7.17 中可以看出，XT 为接线端子排，通过端子排 XT 来区分电气元件的安装位置，XT 的上方为放置在配电箱内底板上或底部位置的电气元件，XT 的下方为外接或引至配电箱门面板上的电气元件。

从端子排 XT 上看，共有 14 个接线端子。其中，L_1、L_2、L_3 这 3 根线为由外引入配电箱的三相交流 380V 电源，并穿管引入；U_1、V_1、W_1 这 3 根线为电动机线，穿管接至电动机接线盒内的 U_1、V_1、W_1 上；1、3、5、7、9 这 5 根线为控制线，接至配电箱门面板上的按钮开关 SB_1、SB_2 及选择开关 SA 上；⑤、⑥、⑦这 3 根线为液位探头线，外引至水池中的电极 H、M、L 上。

元器件安装排列图及端子图（图 7.18）

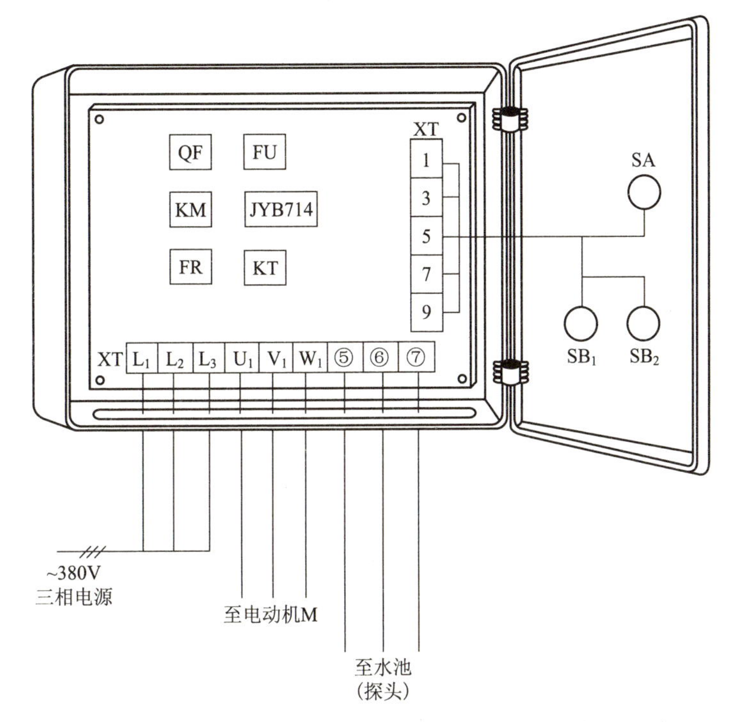

图 7.18 具有手动操作定时、自动控制功能的供水控制电路元器件安装排列图及端子图

从图 7.18 中可以看出，断路器 QF、熔断器 FU、交流接触器 KM、液位继电器 JYB714、得电延时时间继电器 KT、热继电器 FR 安装在配电箱内底板上；按钮开关 SB_1、SB_2 及选择开关 SA 安装在配电箱门面板上。

通过端子 L_1、L_2、L_3 将三相交流 380V 电源接入配电箱中。

端子 U_1、V_1、W_1 接至电动机接线盒中的 U_1、V_1、W_1 上。

端子 1、3、5、7、9 将配电箱内的器件与配电箱门面板上的按钮开关 SB_1、SB_2 及选择开关 SA 连接起来。

端子⑤、⑥、⑦将外引至水池中的探头 H、M、L 连接起来。

7.7 具有手动操作定时、自动控制功能的排水控制电路

工作原理（图 7.19）

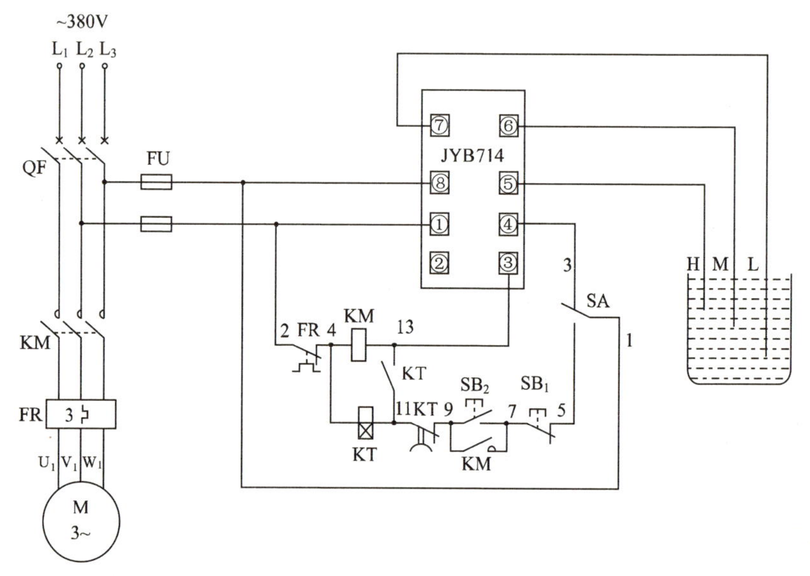

图 7.19　具有手动操作定时、自动控制功能的排水控制电路原理图

将手动 / 自动选择开关 SA 置于自动位置，SA（1-3）闭合。

高水位时，液位继电器 JYB714 内部继电器线圈断电释放，内部常闭触点恢复常闭状态，③、④脚接通，交流接触器 KM 线圈得电吸合，KM 三相主触点闭合，电动机得电启动运转，水泵进行排水。

低水位时，液位继电器 JYB714 内部继电器线圈得电吸合，内部常闭触点断开，切断交流接触器 KM 线圈回路电源，KM 三相主触点断开，电动机失电停止运转，水泵停止排水。

将手动 / 自动选择开关 SA 置于手动位置，SA（1-5）闭合。

按下启动按钮 SB_2（7-9），得电延时时间继电器 KT 线圈得电吸合且 KT 开始延时，KT 不延时瞬动常开触点（11-13）闭合，使交流接触器 KM 线圈得电吸合，KM 辅助常开触点（7-9）闭合自锁，KM 三相主触点闭合，电动机得电启动运转，水泵排水。

在 KT 延时时间内，若欲停止排水，则按下停止按钮 SB_1（5-7），交流接触器 KM 线圈断电释放，KM 三相主触点断开，电动机失电停止运转，水泵停止排水。经 KT 一段时间延时后，KT 得电延时断开的常闭触点（9-11）断开，切断得电延时时间继电器 KT、交流接触器 KM 线圈回路电源，KT、KM 线圈断电释放，KM 三相主触点断开，电动机失电停止运转，水泵停止排水。

电路布线图（图 7.20）

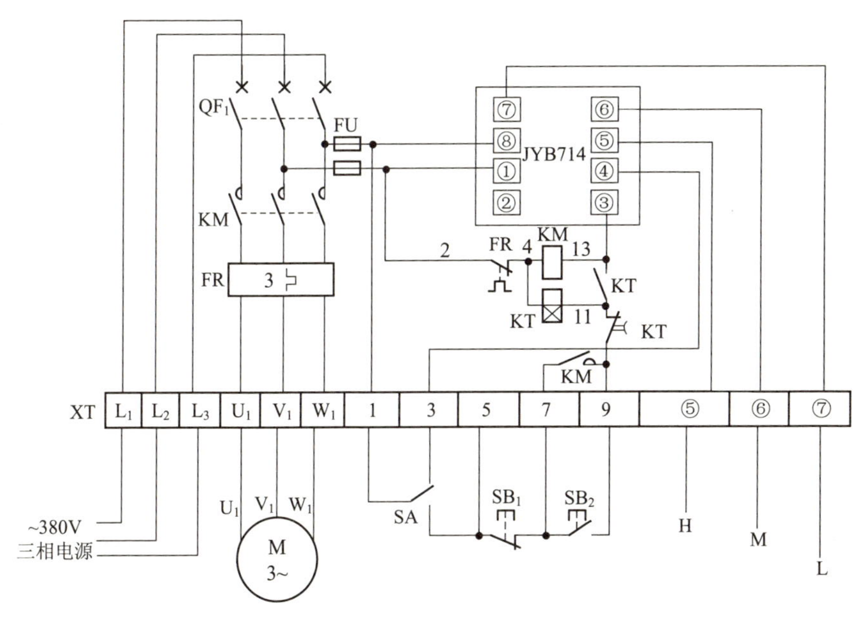

图 7.20 具有手动操作定时、自动控制功能的排水控制电路布线图

从图 7.20 中可以看出，XT 为接线端子排，通过端子排 XT 来区分电气元件的安装位置，XT 的上方为放置在配电箱内底板上或底部位置的电气元件，XT 的下方为外接或引至配电箱门面板上的电气元件。

从端子排XT上看，共有14个接线端子。其中，L_1、L_2、L_3这3根线为由外引入配电箱的三相交流380V电源，并穿管引入；U_1、V_1、W_1这3根线为电动机线穿管接至电动机接线盒内的U_1、V_1、W_1上；1、3、5、7、9这5根线为控制线，接至配电箱门面板上的按钮开关SB_1、SB_2及选择开关SA上；⑤、⑥、⑦这3根线为液位探头线，外引至水池中的电极H、M、L上。

元器件安装排列图及端子图（图 7.21）

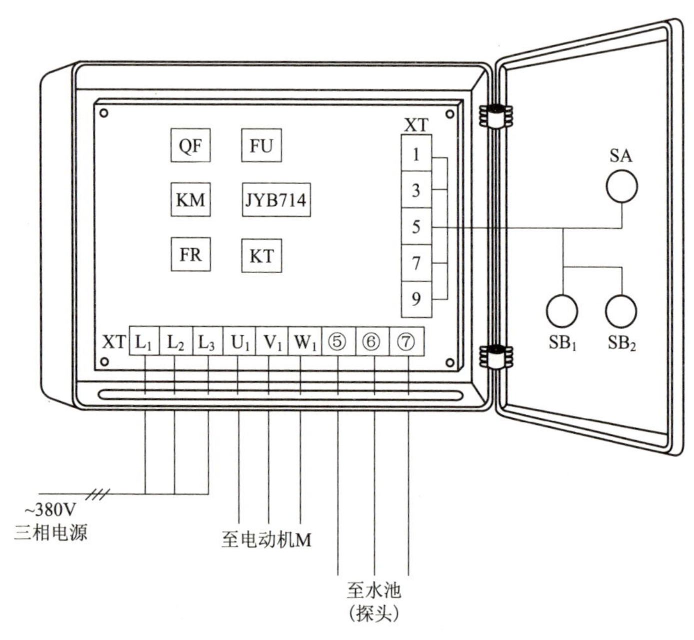

图 7.21　具有手动操作定时、自动控制功能的排水控制电路元器件安装排列图及端子图

从图 7.21 中可以看出，断路器 QF、熔断器 FU、交流接触器 KM、液位继电器 JYB714、得电延时时间继电器 KT、热继电器 FR 安装在配电箱内底板上；按钮开关 SB_1、SB_2 及选择开关 SA 安装在配电箱门面板上。

通过端子 L_1、L_2、L_3 将三相交流 380V 电源接入配电箱中。

端子 U_1、V_1、W_1 接至电动机接线盒中的 U_1、V_1、W_1 上。

端子 1、3、5、7、9 将配电箱内的器件与配电箱门面板上的按钮开关 SB_1、SB_2 及选择开关 SA 连接起来。

端子⑤、⑥、⑦将外引至水池中的探头 H、M、L 连接起来。

7.8 供水泵手动 / 自动控制电路

工作原理（图 7.22）

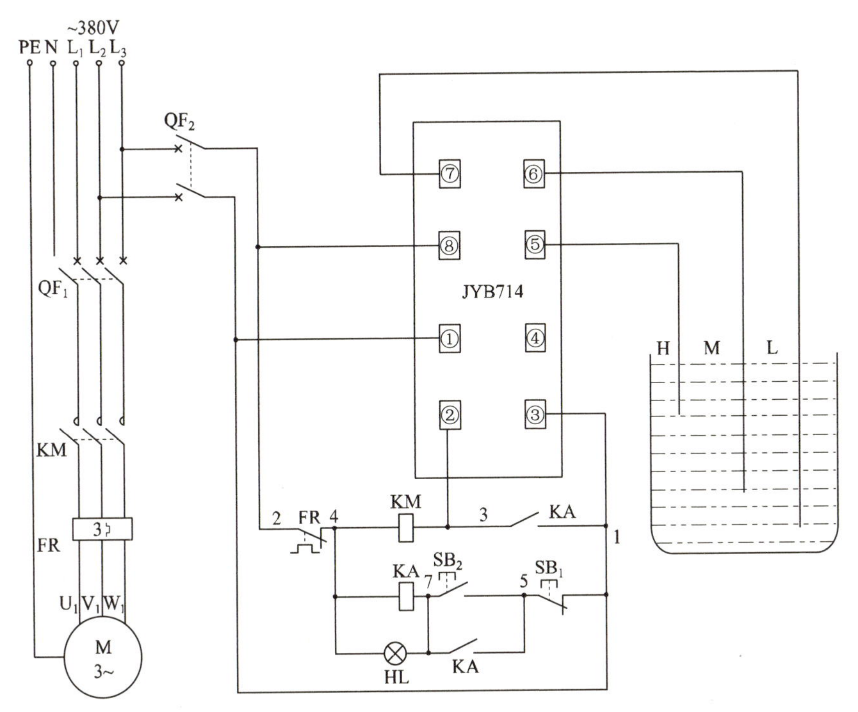

图 7.22 供水泵手动 / 自动控制电路原理图

当水池水位低至中水位 M 以下时，液位继电器 JYB714 内部继电器线圈吸合动作，其连至底座端子②、③上的常开触点闭合，接通交流接触器 KM 线圈的回路电源，KM 线圈得电吸合，KM 三相主触点闭合，供水泵电动机得电启动运转，带动供水泵向水池内供水；当水池内水位升至高水位 H 时，液位继电器 JYB714 内部继电器线圈断电释放，其连至底座端子②、③上的常开触点断开，切断交流接触器 KM 线圈回路电源，KM 线圈断电释放，KM 三相主触点断开，供水泵电动机失电停止运转，供水泵停止向水池内供水，从而完成自动供水控制。

启动时，按下启动按钮 SB_2（5-7），中间继电器 KA 线圈得电吸合且

KA 的两组常开触点（5-7，1-3）闭合自锁，接通交流接触器 KM 线圈的回路电源，KM 线圈得电吸合，KM 三相主触点闭合，供水泵电动机得电启动运转，带动供水泵向水池内供水，同时指示灯 HL 亮，说明供水泵已运转工作了。停止时，按下停止按钮 SB_1（1-5），中间继电器 KA 线圈断电释放，KA 的两组常开触点（5-7、1-3）断开，切断交流接触器 KM 线圈回路电源，KM 线圈断电释放，KM 三相主触点断开，供水泵电动机失电停止运转，供水泵停止向水池内供水，同时指示灯 HL 灭，说明供水泵已停止运转工作了，从而完成手动供水控制。

电路布线图（图 7.23）

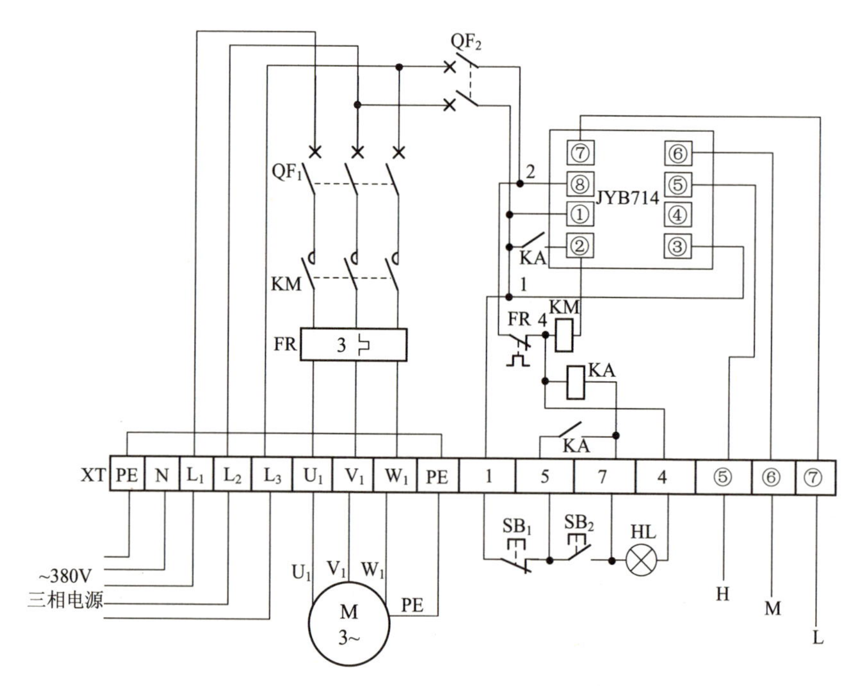

图 7.23　供水泵手动 / 自动控制电路布线图

从图 7.23 中可以看出，XT 为接线端子排，通过端子排 XT 来区分电气元件的安装位置，XT 的上方为放置在配电箱内底板上的电气元件，XT 的下方为外接或引至配电箱门面板上的电气元件。

从端子排 XT 上看，共有 16 个接线端子。其中，L_1、L_2、L_3、N、

PE这5根线为由外引入配电箱的三相交流380V电源，并穿管引入；U_1、V_1、W_1、PE这4根线为电动机线，穿管接至电动机接线盒内的U_1、V_1、W_1及外壳上；1、5、7、4这4根线为控制线，接至配电箱门面板上的按钮开关SB_1、SB_2及指示灯HL上；⑤、⑥、⑦这3根线为液位探头线，外引至水池中的电极H、M、L上。

元器件安装排列图及端子图（图7.24）

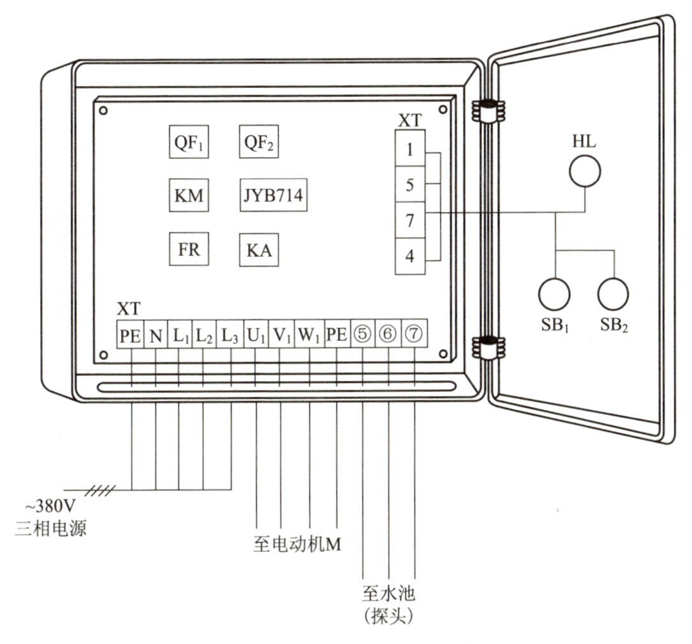

图7.24 供水泵手动/自动控制电路元器件安装排列图及端子图

从图7.24中可以看出，断路器QF_1、QF_2，交流接触器KM，液位继电器JYB714，中间继电器KA，热继电器FR安装在配电箱内底板上；按钮开关SB_1、SB_2及指示灯HL安装在配电箱门面板上。

通过端子L_1、L_2、L_3、N、PE将三相交流380V电源接入配电箱中。

端子U_1、V_1、W_1、PE接至电动机接线盒中的U_1、V_1、W_1及外壳上。

端子1、5、7、4将配电箱内的器件与配电箱门面板上的按钮开关SB_1、SB_2及指示灯HL连接起来。

端子⑤、⑥、⑦将外引至水池中的探头H、M、L连接起来。

7.9 排水泵手动 / 自动控制电路

工作原理（图 7.25）

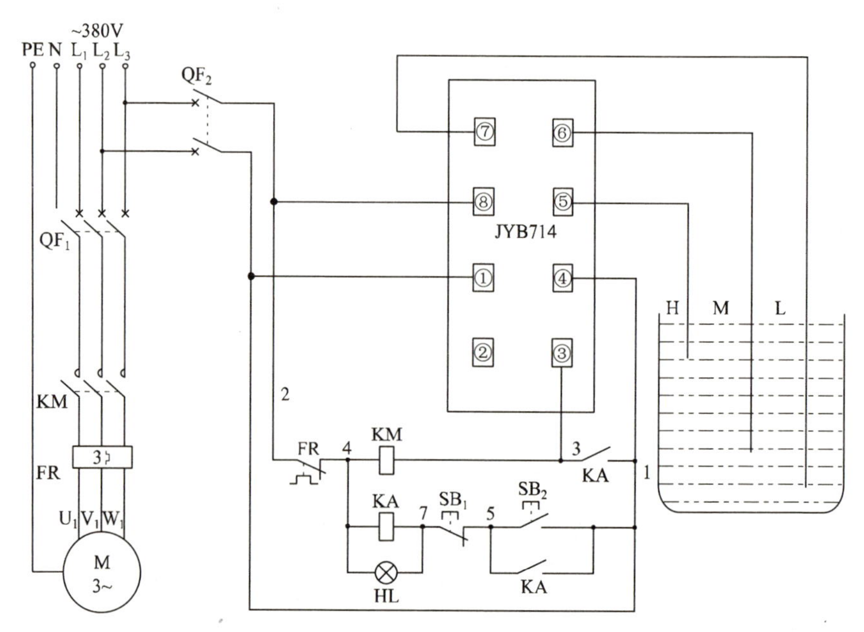

图 7.25　排水泵手动 / 自动控制电路原理图

手动排水时，按下排水启动按钮 SB_2（1-5), 中间继电器 KA 线圈得电吸合且 KA 的一组常开触点（1-5）闭合自锁，同时指示灯 HL 亮，说明已进行手动排水操作了。在 KA 线圈得电吸合的同时，KA 的另一组常开触点（1-3）也闭合，使交流接触器 KM 线圈得电吸合，KM 三相主触点闭合，电动机得电启动运转，拖动排水泵由水池向外排水。需停止排水时，按下排水停止按钮 SB_1（5-7），中间继电器 KA、交流接触器 KM 线圈均断电释放，KM 三相主触点断开，电动机失电停止运转，排水泵停止排水，同时指示灯 HL 灭，说明手动排水操作结束了。

自动排水时，当水升至高水位位置，探头探测高水位信号，使液位继电器 JYB714 内部继电器线圈断电释放，内部继电器连至底座端子③、④上的常闭触点恢复常闭状态，接通了交流接触器 KM 线圈回路电源，

KM 线圈得电吸合，KM 三相主触点闭合，电动机得电启动运转，拖动排水泵由水池向外自动排水。当水池内水位降至中水位以下时，探头探测出中水位以下信号，使液位继电器 JYB714 内部继电器线圈得电吸合，内部继电器连至底座端子③、④上的常闭触点断开，切断交流接触器 KM 线圈回路电源，KM 线圈断电释放，KM 三相主触点断开，电动机失电停止运转，排水泵自动停止排水。

电路布线图（图 7.26）

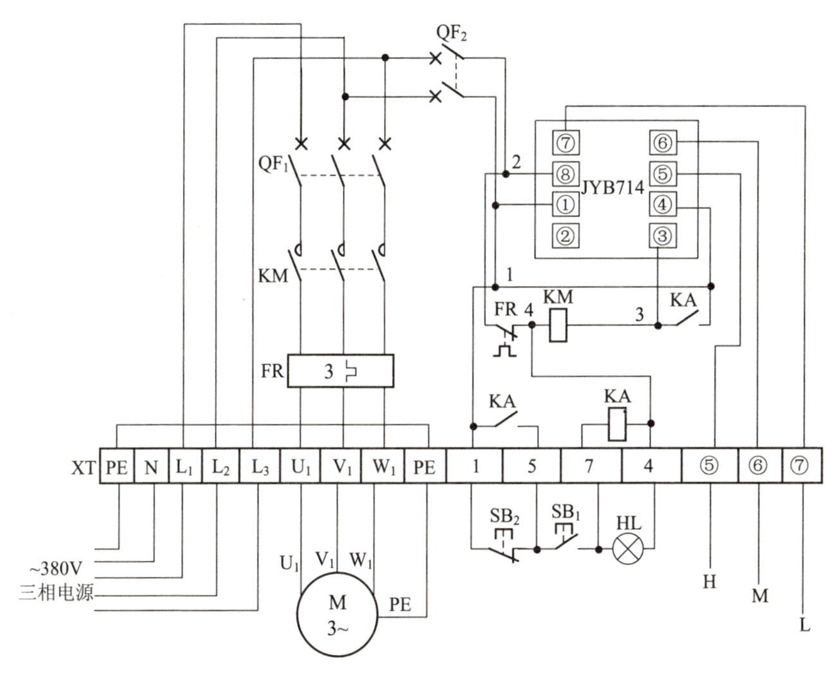

图 7.26 排水泵手动/自动控制电路布线图

从图 7.26 中可以看出，XT 为接线端子排，通过端子排 XT 来区分电气元件的安装位置，XT 的上方为放置在配电箱内底板上的电气元件，XT 的下方为外接或引至配电箱门面板上的电气元件。

从端子排 XT 上看，共有 16 个接线端子。其中 L_1、L_2、L_3、N、PE 这 5 根线为由外引入配电箱的三相交流 380V 电源，并穿管引入；U_1、V_1、W_1、PE 这 4 根线为电动机线；穿管接至电动机接线盒内的

U_1、V_1、W_1 及外壳上；1、5、7、4 这 4 根线为控制线，接至配电箱门面板上的按钮开关 SB_1、SB_2 及指示灯 HL 上；⑤、⑥、⑦这 3 根线为液位探头线，外引至水池中的电极 H、M、L 上。

元器件安装排列图及端子图（图 7.27）

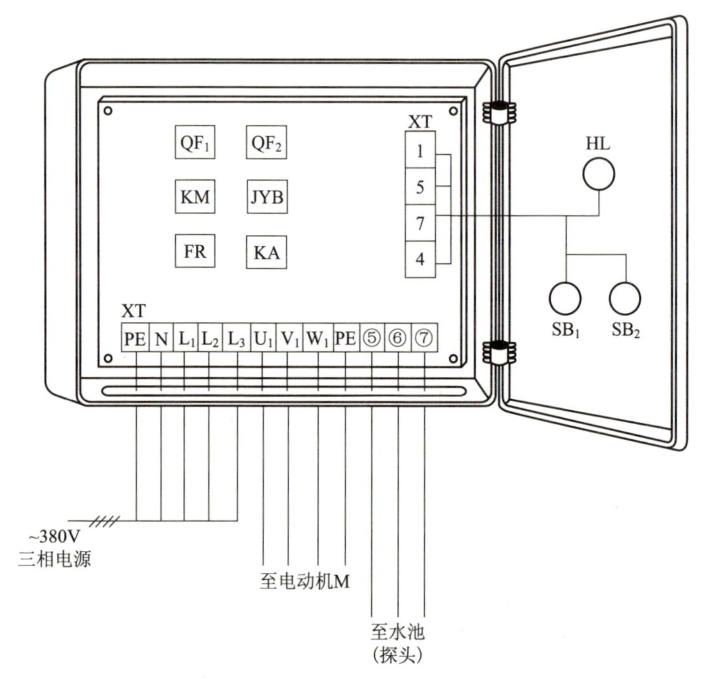

图 7.27　排水泵手动 / 自动控制电路元器件安装排列图及端子图

从图 7.27 中可以看出，断路器 QF_1、QF_2，交流接触器 KM，液位继电器 JYB714，中间继电器 KA，热继电器 FR 安装在配电箱内底板上；按钮开关 SB_1、SB_2 及指示灯 HL 安装在配电箱门面板上。

通过端子 L_1、L_2、L_3、N、PE 将三相交流 380V 电源接入配电箱中。

端子 U_1、V_1、W_1、PE 接至电动机接线盒中的 U_1、V_1、W_1 及外壳上。

端子 1、5、7、4 将配电箱内的器件与配电箱门面板上的按钮开关 SB_1、SB_2 及指示灯 HL 连接起来。

端子⑤、⑥、⑦将外引至水池中的探头 H、M、L 连接起来。

第 8 章

电动机保护器应用电路

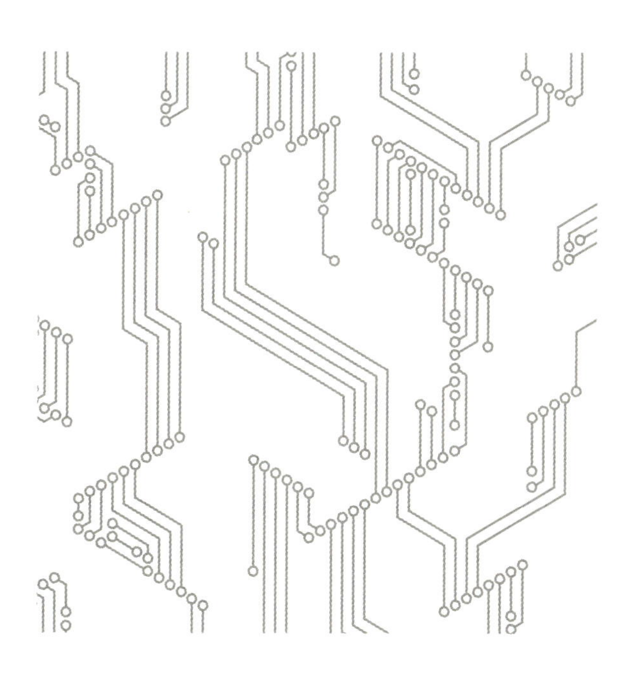

8.1 SSPORR 固态断相继电器应用电路

工作原理（图 8.1）

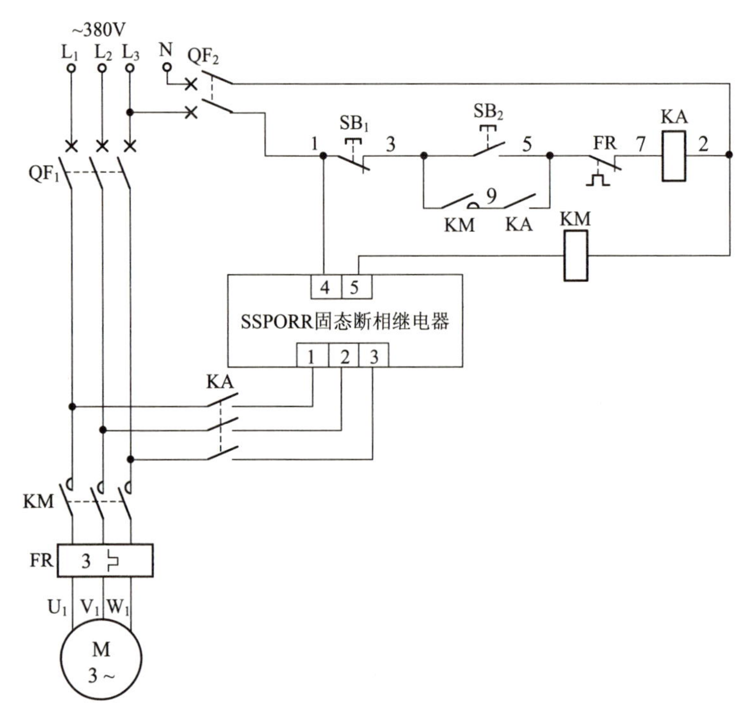

图 8.1　SSPORR 固态断相继电器应用电路原理图

正常工作时，按下启动按钮 SB_2，中间继电器 KA 线圈得电吸合，KA 所有常开触点全部闭合，其中 KA 的三组常开触点闭合，将电源 L_1、L_2、L_3 分别与 SSPORR 固态继电器端子上的 1、2、3 连接，SSPORR 通电工作，其端子 4、5 接通，使交流接触器 KM 线圈得电吸合，KM 辅助常开触点闭合，与早已闭合的 KA 常开触点共同将中间继电器 KA 线圈回路自锁起来，KM 三相主触点闭合，电动机得电正常启动运转。

当电源出现断相故障时，SSPORR 固态断相继电器将检测到故障信号，其端子 4、5 关断，从而切断交流接触器 KM 线圈回路电源，KM 线圈断电释放，KA 辅助常开触点断开，切断中间继电器 KA 线圈的自锁回路，KA 线圈断电释放，同时 KM 三相主触点断开，电动机失电停止运转，起到断相保护作用。

电路布线图（图 8.2）

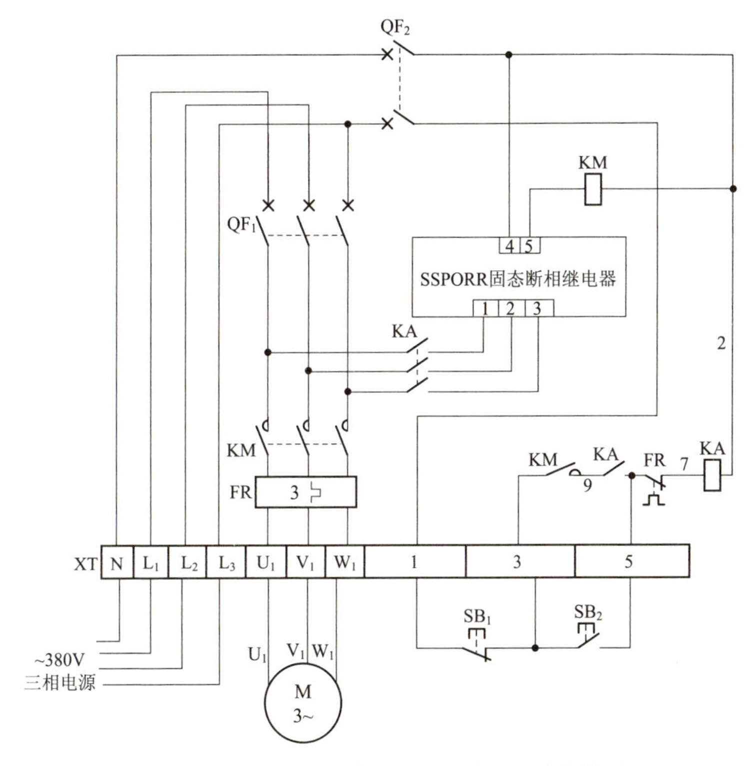

图 8.2 SSPORR 固态断相继电器应用电路布线图

从图 8.2 中可以看出，XT 为接线端子排，通过端子排 XT 来区分电气元件的安装位置，XT 的上方为放置在配电箱内底板上的电气元件，XT 的下方为外接或引至配电箱门面板上的电气元件。

从端子排 XT 上看，共有 12 个接线端子。其中，L_1、L_2、L_3、N 这 4 根线为由外引入配电箱的三相交流 380V 电源，并穿管引入；U_1、V_1、W_1 这 3 根线为电动机线，穿管接至电动机接线盒内的 U_1、V_1、W_1 上；1、3、5 这 3 根线为控制线，接至配电箱门面板上的按钮开关 SB_1、SB_2 上。

元器件安装排列图及端子图（图 8.3）

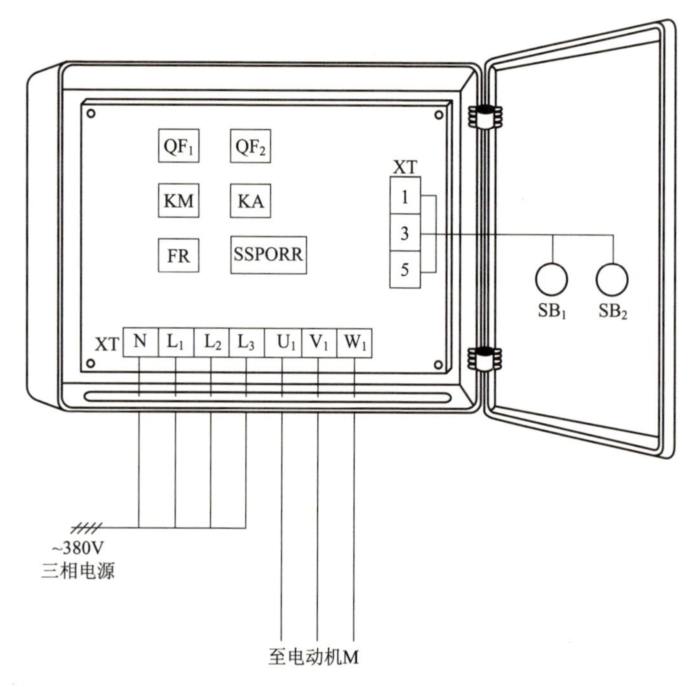

图 8.3 SSPORR 固态断相继电器应用电路元器件安装排列图及端子图

从图 8.3 中可以看出，断路器 QF_1、QF_2，交流接触器 KM，中间继电器 KA，保护器 SSPORR，热继电器 FR 安装在配电箱内底板上；按钮开关 SB_1、SB_2 安装在配电箱门面板上。

通过端子 L_1、L_2、L_3、N 将三相交流 380V 电源接入配电箱中。

端子 U_1、V_1、W_1 接至电动机接线盒中的 U_1、V_1、W_1 上。

端子 1、3、5 将配电箱内的器件与配电箱门面板上的按钮开关 SB_1、SB_2 连接起来。

8.2 XJ11 系列断相与相序保护继电器应用电路

工作原理（图 8.4）

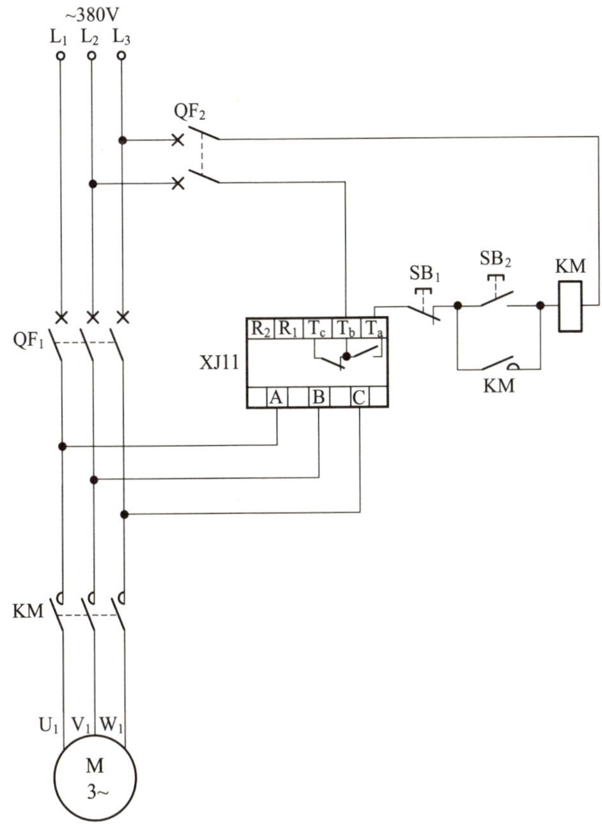

图 8.4 XJ11 系列断相与相序保护继电器应用电路原理图

电路布线图（图 8.5）

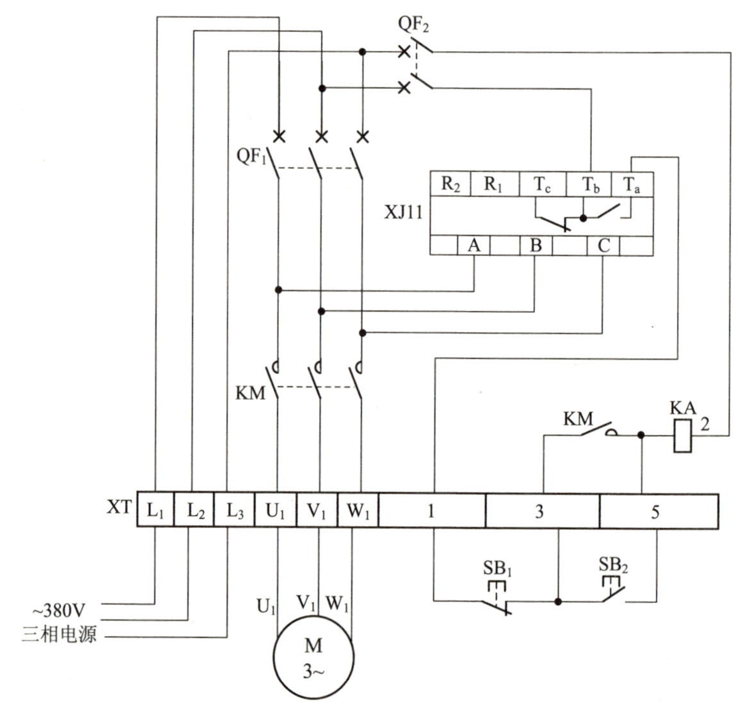

图 8.5　XJ11 系列断相与相序保护继电器应用电路布线图

从图 8.5 中可以看出，XT 为接线端子排，通过端子排 XT 来区分电气元件的安装位置，XT 的上方为放置在配电箱内底板上的电气元件，XT 的下方为外接或引至配电箱门面板上的电气元件。

从端子排 XT 上看，共有 9 个接线端子。其中，L_1、L_2、L_3 这 3 根线为由外引入配电箱的三相交流 380V 电源，并穿管引入；U_1、V_1、W_1 这 3 根线为电动机线，穿管接至电动机接线盒内的 U_1、V_1、W_1 上；1、3、5 这 3 根线为控制线，接至配电箱门面板上的按钮开关 SB_1、SB_2 上。

元器件安装排列图及端子图（图 8.6）

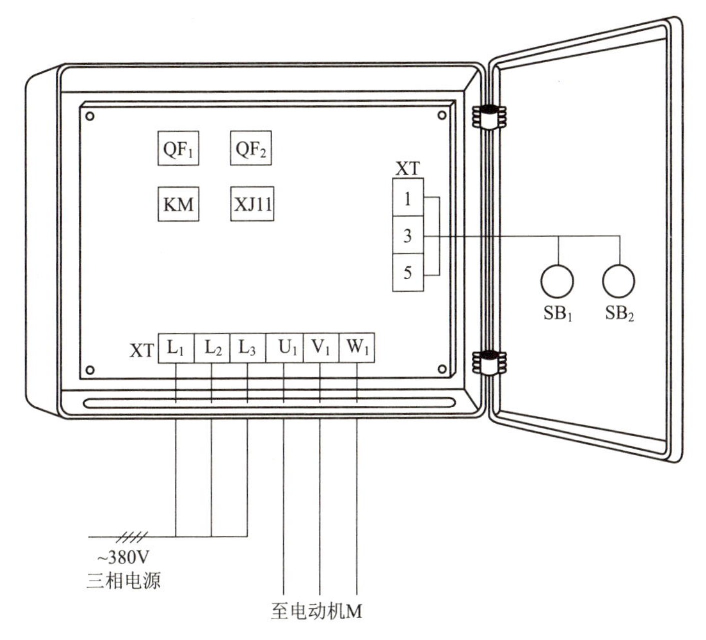

图 8.6 XJ11 系列断相与相序保护继电器应用电路元器件安装排列图及端子图

从图 8.6 中可以看出，断路器 QF_1、QF_2，交流接触器 KM，断相与相序保护继电器 XJ11 安装在配电箱内底板上；按钮开关 SB_1、SB_2 安装在配电箱门面板上。

通过端子 L_1、L_2、L_3 将三相交流 380V 电源接入配电箱中。

端子 U_1、V_1、W_1 接至电动机接线盒中的 U_1、V_1、W_1 上。

端子 1、3、5 将配电箱内的器件与配电箱门面板上的按钮开关 SB_1、SB_2 连接起来。

8.3 XJ3 系列断相与相序保护继电器应用电路

工作原理（图 8.7）

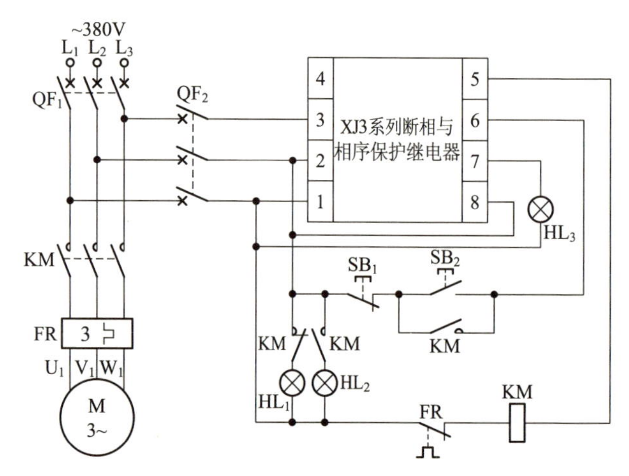

图 8.7　XJ3 系列断相与相序保护继电器应用电路原理图

图 8.7 中，XJ_3 端子 1、2、3 分别接至三相电源 L_1、L_2、L_3 相上，端子 5、6 为保护继电器内部常开触点，端子 7、8 为故障报警外接触点。HL_1 为电源兼电动机停止指示灯；HL_2 为电动机运转指示灯；HL_3 为故障外接指示灯。

电路布线图（图 8.8）

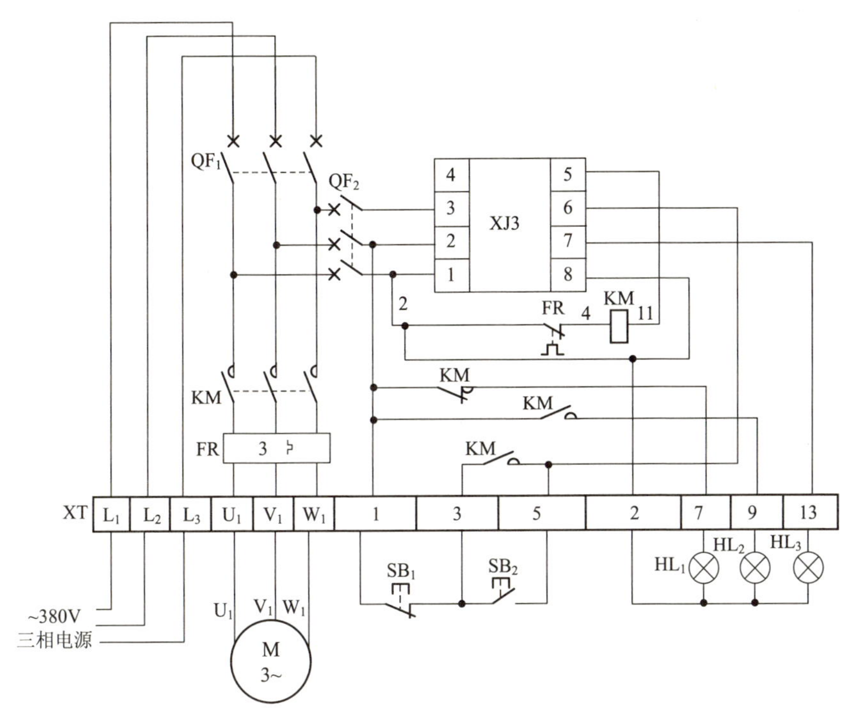

图 8.8 XJ3 系列断相与相序保护继电器应用电路布线图

从图 8.8 中可以看出，XT 为接线端子排，通过端子排 XT 来区分电气元件的安装位置，XT 的上方为放置在配电箱内底板上的电气元件，XT 的下方为外接或引至配电箱门面板上的电气元件。

从端子排 XT 上看，共有 13 个接线端子。其中，L_1、L_2、L_3 这 3 根线为由外引入配电箱的三相交流 380V 电源，并穿管引入；U_1、V_1、W_1 这 3 根线为电动机线，穿管接至电动机接线盒内的 U_1、V_1、W_1 上；1、3、5、7、9、13、2 这 7 根线为控制线，接至配电箱门面板上的按钮开关 SB_1、SB_2 及指示灯 HL_1、HL_2、HL_3 上。

元器件安装排列图及端子图（图 8.9）

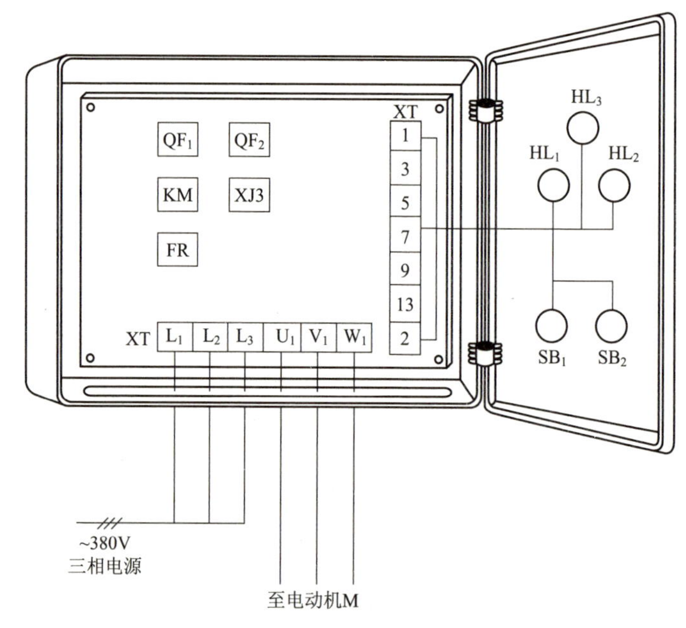

图 8.9 XJ3 系列断相与相序保护继电器应用电路元器件安装排列图及端子图

从图 8.9 中可以看出，断路器 QF_1、QF_2，交流接触器 KM，断相与相序保护继电器 XJ3，热继电器 FR 安装在配电箱内底板上；按钮开关 SB_1、SB_2 及指示灯 HL_1、HL_2、HL_3 安装在配电箱门面板上。

通过端子 L_1、L_2、L_3 将三相交流 380V 电源接入配电箱中。

端子 U_1、V_1、W_1 接至电动机接线盒中的 U_1、V_1、W_1 上。

端子 1、3、5、7、9、13、2 将配电箱内的器件与配电箱门面板上的按钮开关 SB_1、SB_2 及指示灯 HL_1、HL_2、HL_3 连接起来。

8.4 XJ2 断相与相序保护继电器应用电路

工作原理（图 8.10）

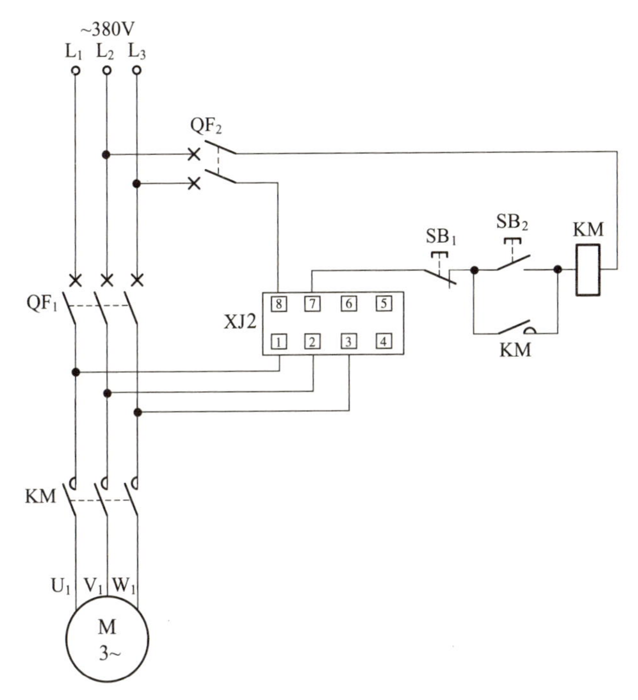

图 8.10 XJ2 断相与相序保护继电器应用电路原理图

首先，合上主回路断路器 QF_1 和控制回路断路器 QF_2，为电路工作提供准备条件。

此时若电源相序正常，XJ2 断相与相序保护器工作正常，其端子 7、8 常闭触点仍处于闭合状态，为控制回路工作提供条件。启动时，按下启动按钮 SB_2，其常开触点（5-7）闭合，接通交流接触器 KM 线圈回路电源，KM 线圈得电吸合且 KM 辅助常开触点（5-7）闭合自锁，KM 三相主触点闭合，电动机得电启动运转。

当电动机回路出现断相或错相时，XJ2 断相与相序保护器动作，其内部继电器动作，端子 7、8 常闭触点立即断开，切断交流接触器 KM

线圈回路电源，KM 线圈断电释放，KM 辅助常开触点（5-7）断开，解除自锁，KM 三相主触点断开，电动机失电停止运转，从而起到保护作用。

电路布线图（图 8.11）

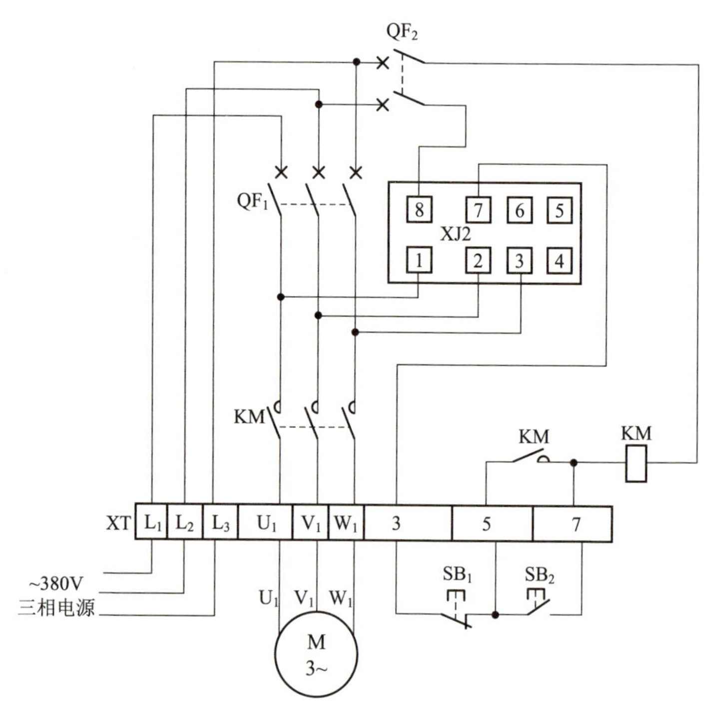

图 8.11　XJ2 断相与相序保护继电器应用电路布线图

从图 8.11 中可以看出，XT 为接线端子排，通过端子排 XT 来区分电气元件的安装位置，XT 的上方为放置在配电箱内底板上的电气元件，XT 的下方为外接或引至配电箱门面板上的电气元件。

从端子排 XT 上看，共有 9 个接线端子。其中，L_1、L_2、L_3 这 3 根线为由外引入配电箱的三相交流 380V 电源，并穿管引入；U_1、V_1、W_1 这 3 根线为电动机线，穿管接至电动机接线盒内的 U_1、V_1、W_1 上；3、5、7 这 3 根线为控制线，接至配电箱门面板上的按钮开关 SB_1、SB_2 上。

元器件安装排列图及端子图（图 8.12）

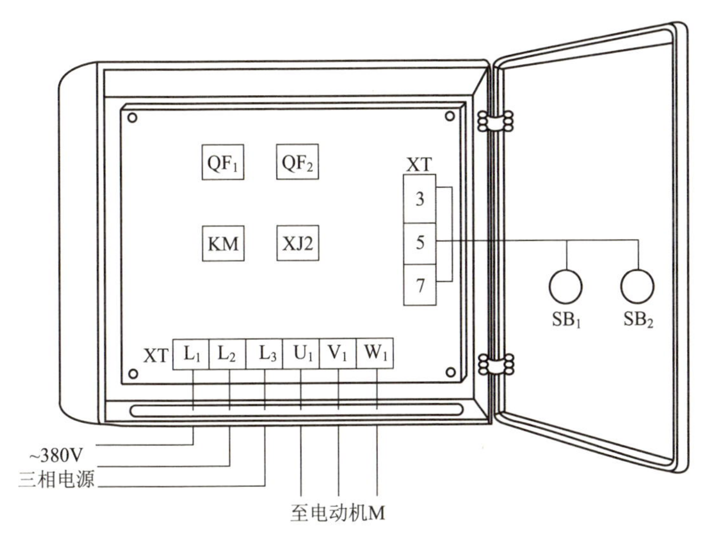

图 8.12 XJ2 断相与相序保护继电器应用电路元器件安装排列图及端子图

从图 8.12 中可以看出，断路器 QF_1、QF_2，交流接触器 KM，XJ_2 断相与相序保护器，热继电器 FR 安装在配电箱内底板上；按钮开关 SB_1、SB_2 安装在配电箱门面板上。

通过端子 L_1、L_2、L_3 将三相交流 380V 电源接入配电箱中。

端子 U_1、V_1、W_1 接至电动机接线盒中的 U_1、V_1、W_1 上。

端子 3、5、7 将配电箱内的器件与配电箱门面板上的按钮开关 SB_1、SB_2 连接起来。

8.5 JD-5 电动机综合保护器应用电路

工作原理（图 8.13）

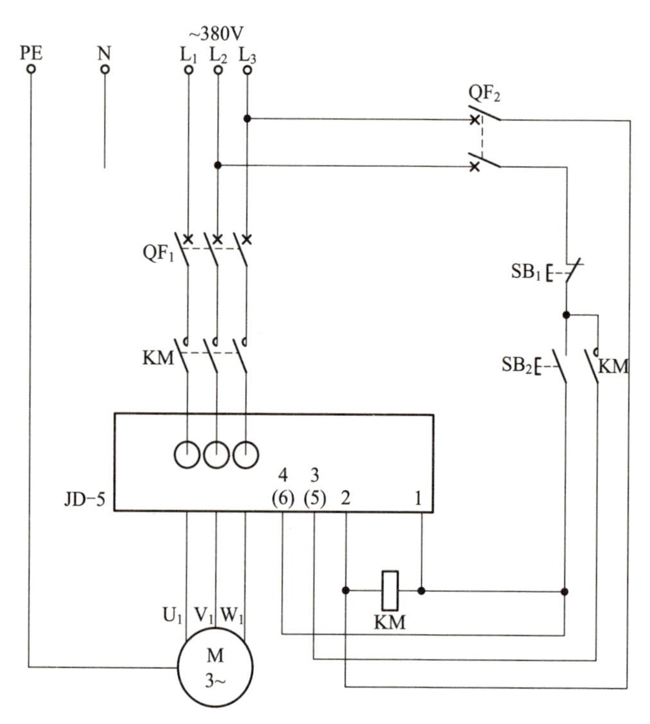

图 8.13　JD-5 电动机综合保护器应用电路原理图

JD-5 电动机综合保护器应用非常广泛，当电动机在运转过程中出现断相、过流等故障时，综合保护器内部触点动作，切断控制交流接触器 KM 线圈的回路电源，KM 线圈断电释放，KM 三相主触点断开，从而及时切断电动机电源，使其失电停止运转，起到保护作用。

电路布线图（图 8.14）

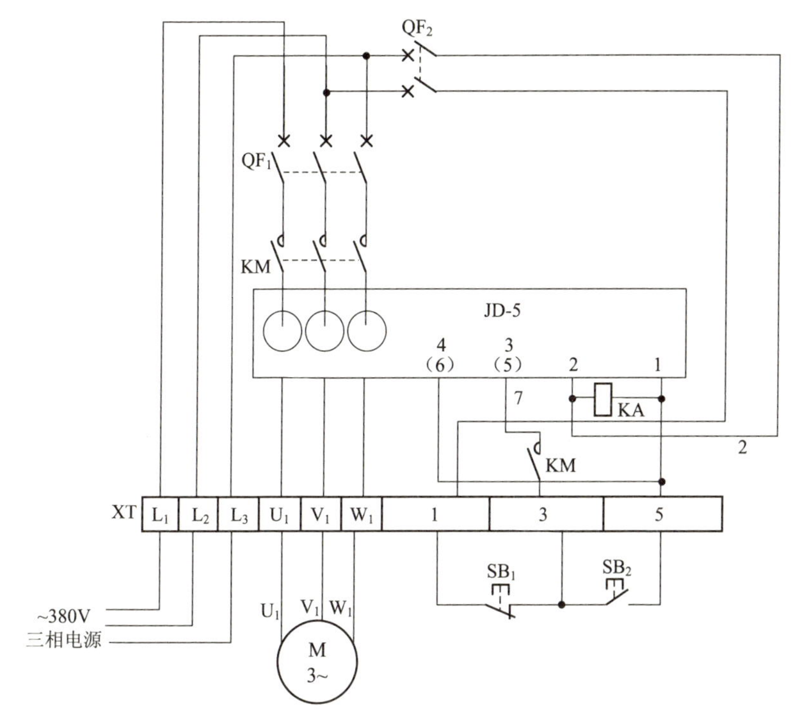

图 8.14 JD-5 电动机综合保护器应用电路布线图

从图 8.14 中可以看出，XT 为接线端子排，通过端子排 XT 来区分电气元件的安装位置，XT 的上方为放置在配电箱内底板上的电气元件，XT 的下方为外接或引至配电箱门面板上的电气元件。

从端子排 XT 上看，共有 9 个接线端子。其中，L_1、L_2、L_3 这 3 根线为由外引入配电箱的三相交流 380V 电源，并穿管引入；U_1、V_1、W_1 这 3 根线为电动机线，穿管接至电动机接线盒内的 U_1、V_1、W_1 上；1、3、5 这 3 根线为控制线，接至配电箱门面板上的按钮开关 SB_1、SB_2 上。

元器件安装排列图及端子图（图 8.15）

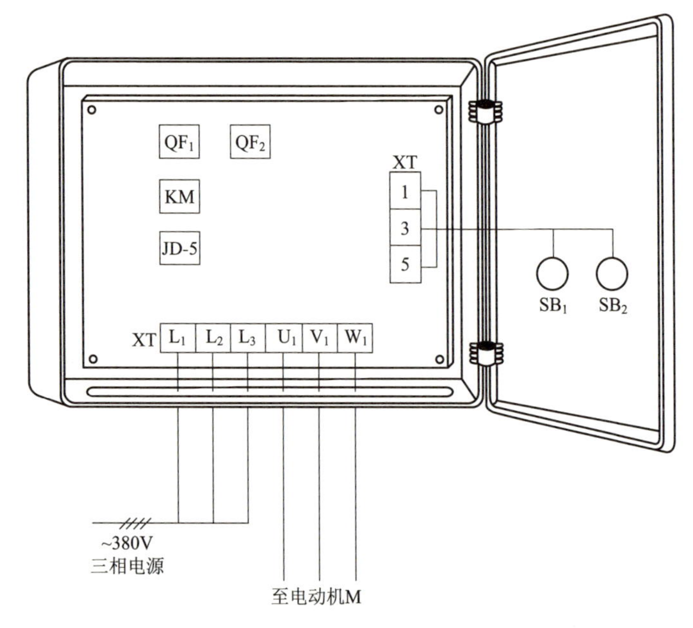

图 8.15　JD-5 电动机综合保护器应用电路元器件安装排列图及端子图

从图 8.15 中可以看出，断路器 QF_1、QF_2，交流接触器 KM，电动机综合保护器 JD-5 安装在配电箱内底板上；按钮开关 SB_1、SB_2 安装在配电箱门面板上。

通过端子 L_1、L_2、L_3 将三相交流 380V 电源接入配电箱中。

端子 U_1、V_1、W_1 接至电动机接线盒中的 U_1、V_1、W_1 上。

端子 1、3、5 将配电箱内的器件与配电箱门面板上的按钮开关 SB_1、SB_2 连接起来。

8.6 CDS11 系列电动机保护器应用电路

工作原理（图 8.16）

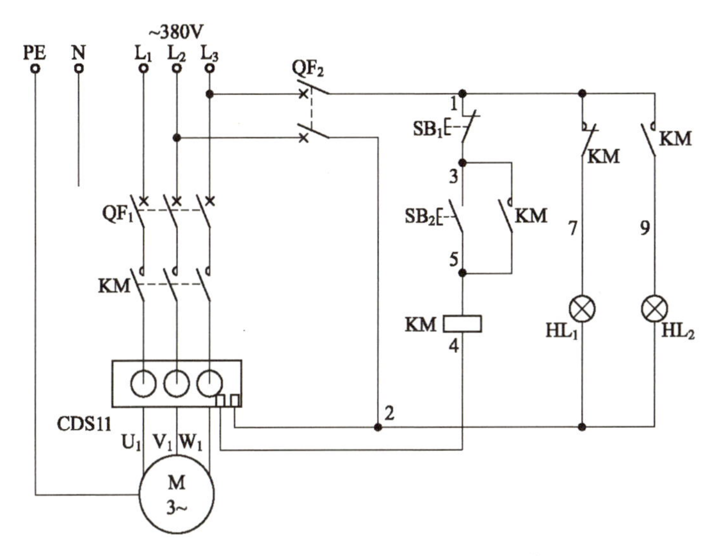

图 8.16　CDS11 系列电动机保护器应用电路原理图

启动时，按下启动按钮 SB_2（3-5），交流接触器 KM 线圈得电吸合且 KM 辅助常开触点（3-5）闭合自锁，KM 三相主触点闭合，电动机得电启动运转，此时，电动机保护器投入电路运行；同时，KM 辅助常闭触点（1-7）断开，指示灯 HL_1 灭，KM 辅助常开触点（1-9）闭合，指示灯 HL_2 亮，说明电动机已启动运转了。

当电动机在运转过程中出现过载、堵转、断相或三相不平衡等故障时，CDS11 电动机保护器内部继电器动作，其内部常闭触点断开，切断交流接触器 KM 线圈的回路电源，KM 线圈断电释放，KM 三相主触点断开，电动机失电停止运转。同时，KM 辅助常开触点（1-9）断开，指示灯 HL_2 灭，KM 辅助常闭触点（1-7）闭合，指示灯 HL_1 亮，说明电动机已停止运转了。

电路布线图（图 8.17）

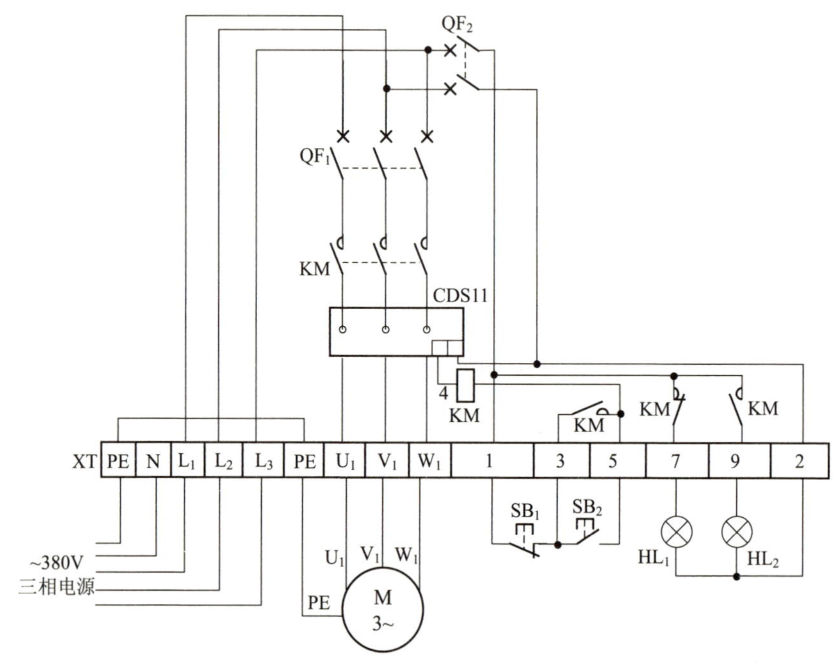

图 8.17　CDS11 系列电动机保护器应用电路布线图

从图 8.17 中可以看出，XT 为接线端子排，通过端子排 XT 来区分电气元件的安装位置，XT 的上方为放置在配电箱内底板上的电气元件，XT 的下方为外接或引至配电箱门面板上的电气元件。

从端子排 XT 上看，共有 15 个接线端子。其中 L_1、L_2、L_3、N、PE 这 5 根线为由外引入配电箱的三相交流 380V 电源，并穿管引入；U_1、V_1、W_1、PE 这 4 根线为电动机线，穿管接至电动机接线盒内的 U_1、V_1、W_1 及外壳上；1、3、5、7、9、2 这 6 根线为控制线，接至配电箱门面板上的按钮开关 SB_1、SB_2 及指示灯 HL_1、HL_2 上。

◆元器件安装排列图及端子图（图 8.18）

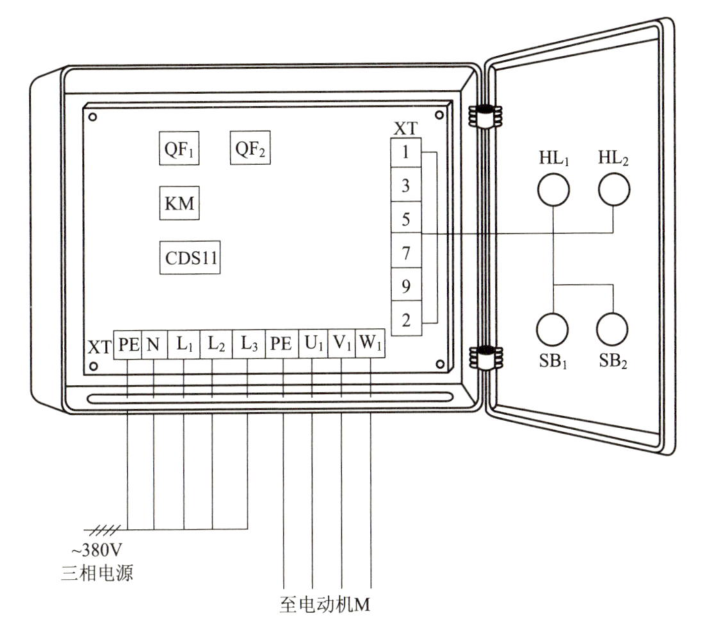

图 8.18 CDS11 系列电动机保护器应用电路元器件安装排列图及端子图

从图 8.18 中可以看出，断路器 QF_1、QF_2，交流接触器 KM，电动机保护器 CDS11 安装在配电箱内底板上；按钮开关 SB_1、SB_2 及指示灯 HL_1、HL_2 安装在配电箱门面板上。

通过端子 L_1、L_2、L_3、N、PE 将三相交流 380V 电源接入配电箱中。

端子 U_1、V_1、W_1、PE 接至电动机接线盒中的 U_1、V_1、W_1 及外壳上。

端子 1、3、5、7、9、2 将配电箱内的器件与配电箱门面板上的按钮开关 SB_1、SB_2 及指示灯 HL_1、HL_2 连接起来。

8.7 CDS8 系列电动机保护器应用电路

工作原理（图 8.19）

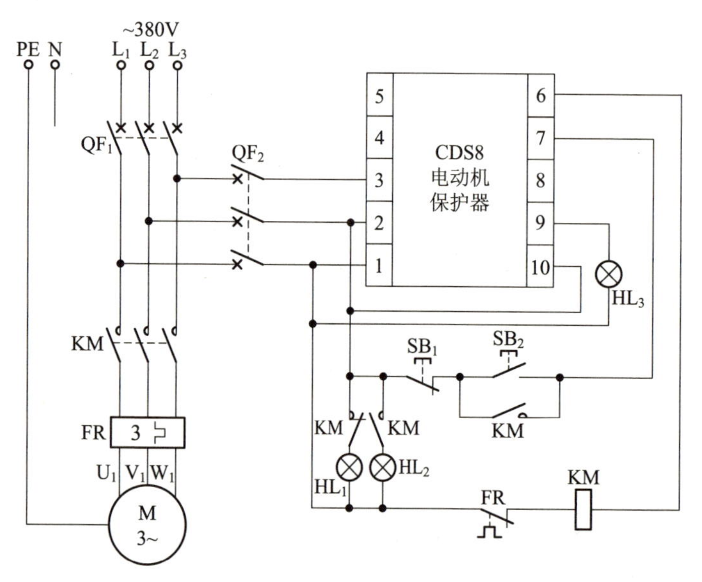

图 8.19　CDS8 系列电动机保护器应用电路原理图

图 8.19 中，HL_1 为电源兼作电动机停止指示灯；HL_2 为电动机运转指示灯；HL_3 为电动机断相、相序错误故障外接指示灯。

电路布线图（图 8.20）

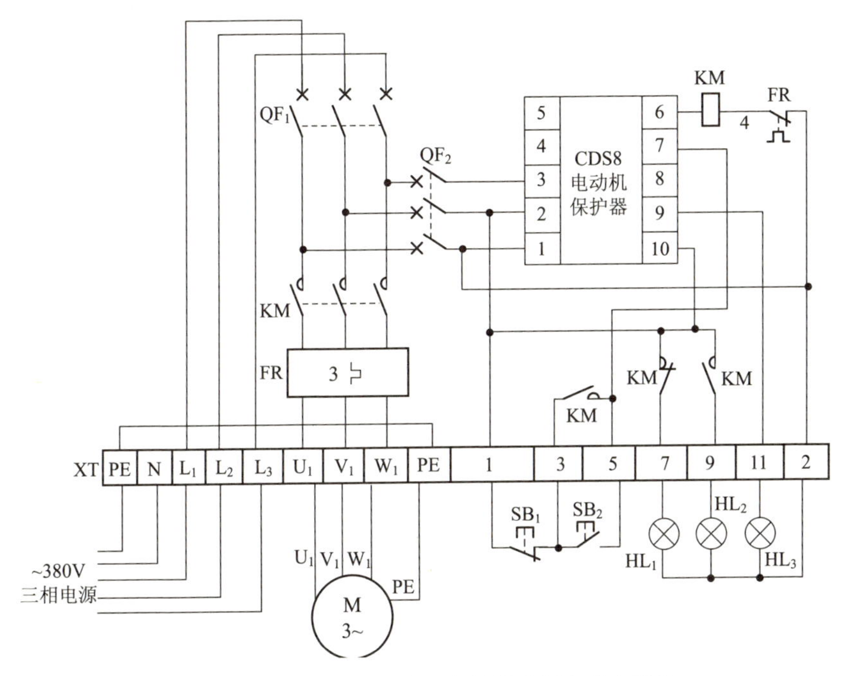

图 8.20　CDS8 系列电动机保护器应用电路布线图

从图 8.20 中可以看出，XT 为接线端子排，通过端子排 XT 来区分电气元件的安装位置，XT 的上方为放置在配电箱内底板上的电气元件，XT 的下方为外接或引至配电箱门面板上的电气元件。

从端子排 XT 上看，共有 16 个接线端子。其中，L_1、L_2、L_3、N、PE 这 5 根线为由外引入配电箱的三相交流 380V 电源，并穿管引入；U_1、V_1、W_1、PE 这 4 根线为电动机线，穿管接至电动机接线盒内的 U_1、V_1、W_1 及外壳上；1、3、5、7、9、11、2 这 7 根线为控制线，接至配电箱门面板上的按钮开关 SB_1、SB_2 或指示灯 HL_1、HL_2、HL_3 上。

元器件安装排列图及端子图（图 8.21）

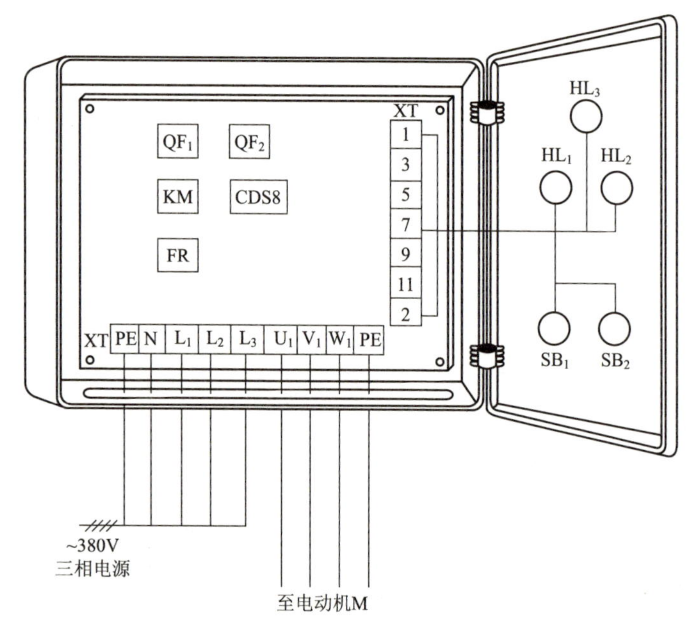

图 8.21　CDS8 系列电动机保护器应用电路元器件安装排列图及端子图

从图 8.21 中可以看出，断路器 QF_1、QF_2，交流接触器 KM，电动机保护器 CDS8，热继电器 FR 安装在配电箱内底板上；按钮开关 SB_1、SB_2 及指示灯 HL_1、HL_2、HL_3 安装在配电箱门面板上。

通过端子 L_1、L_2、L_3、N、PE 将三相交流 380V 电源接入配电箱中。

端子 U_1、V_1、W_1、PE 接至电动机接线盒中的 U_1、V_1、W_1 及外壳上。

端子 1、3、5、7、9、11、2 将配电箱内的器件与配电箱门面板上的按钮开关 SB_1、SB_2 及指示灯 HL_1、HL_2、HL_3 连接起来。

8.8 普乐特 MAM-A 系列电动机微电脑保护器应用电路

工作原理（图 8.22）

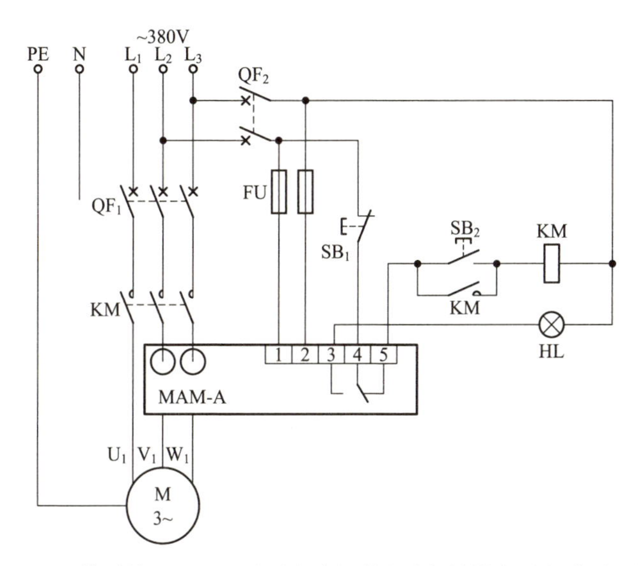

图 8.22　普乐特 MAM-A 系列电动机微电脑保护器应用电路原理图

启动时，合上断路器 QF_1、QF_2，接通电路电源，按下启动按钮 SB_2，交流接触器 KM 线圈通过保护器内部常闭触点 4、5 形成回路而得电吸合且 KM 辅助常开触点闭合自锁，KM 三相主触点闭合，电动机得电启动运转。

当电动机出现过载、断相、堵转、短路、三相不平衡等故障时，保护器内部触点 4、5 断开，切断交流接触器 KM 线圈的回路电源，KM 线圈断电释放，KM 三相主触点断开，电动机失电停止运转，起到保护作用。同时保护器内部触点 3、4 接通，故障指示灯 HL 点亮，告知电动机出现故障。

当有定时停机功能时，按下启动按钮 SB_2，交流接触器 KM 线圈得电吸合且 KM 辅助常开触点闭合自锁，KM 三相主触点闭合，电动机得电启动运转。当定时停机时间结束时，保护器内部触点 4、5 断开，切断交流接触器 KM 线圈的回路电源，KM 线圈断电释放，KM 三相主触点断开，电动机失电停止运转，从而完成定时停机控制。

当有欠载功能时，按下启动按钮 SB_2，交流接触器 KM 线圈得电吸合且 KM 辅助常开触点闭合自锁，KM 三相主触点闭合，电动机得电启动运转。当保护器检测电流小于设定的欠载电流时，保护器延时 10s 后，其内部触点 4、5 断开，切断交流接触器 KM 线圈的回路电源，KM 线圈断电释放，KM 三相主触点断开，电动机失电停止运转。同时内部触点 3、4 接通，指示灯 HL 点亮，说明电动机已出现欠载故障。

电路布线图（图 8.23）

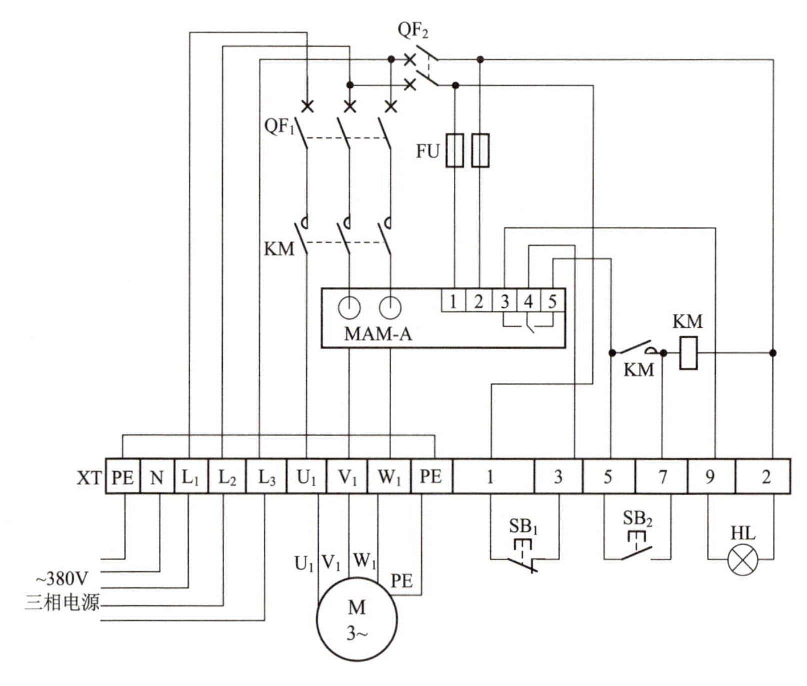

图 8.23　普乐特 MAM-A 系列电动机微电脑保护器应用电路布线图

从图 8.23 中可以看出，XT 为接线端子排，通过端子排 XT 来区分电气元件的安装位置，XT 的上方为放置在配电箱内底板上的电气元件，XT 的下方为外接或引至配电箱门面板上的电气元件。

从端子排 XT 上看，共有 15 个接线端子。其中 L_1、L_2、L_3、N、PE 这 5 根线为由外引入配电箱的三相交流 380V 电源，并穿管引入；

U_1、V_1、W_1、PE 这 4 根线为电动机线，穿管接至电动机接线盒内的 U_1、V_1、W_1 及外壳上；1、3、5、7、9、2 这 6 根线为控制线，接至配电箱门面板上的按钮开关 SB_1、SB_2 及指示灯 HL 上。

元器件安装排列图及端子图（图 8.24）

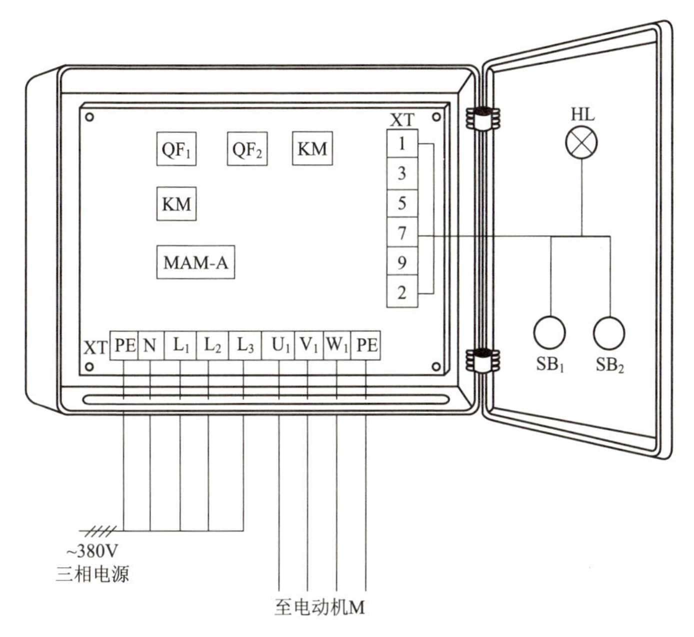

图 8.24　普乐特 MAM-A 系列电动机微电脑保护器应用电路元器件安装排列图及端子图

从图 8.24 中可以看出，断路器 QF_1、QF_2，交流接触器 KM，微电脑保护器 MAM-A，熔断器 FU 安装在配电箱内底板上；按钮开关 SB_1、SB_2 及指示灯 HL 安装在配电箱门面板上。

通过端子 L_1、L_2、L_3、N、PE 将三相交流 380V 电源接入配电箱中。

端子 U_1、V_1、W_1、PE 接至电动机接线盒中的 U_1、V_1、W_1 及外壳上。

端子 1、3、5、7、9、2 将配电箱内的器件与配电箱门面板上的按钮开关 SB_1、SB_2 及指示灯 HL 连接起来。

第 9 章

得电延时头及失电延时头应用电路

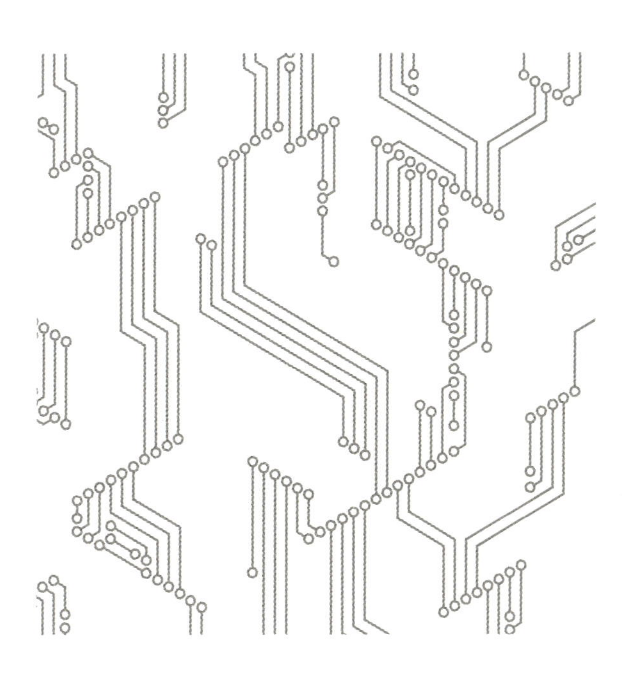

9.1 得电延时头配合接触器控制电抗器降压启动电路

工作原理（图 9.1）

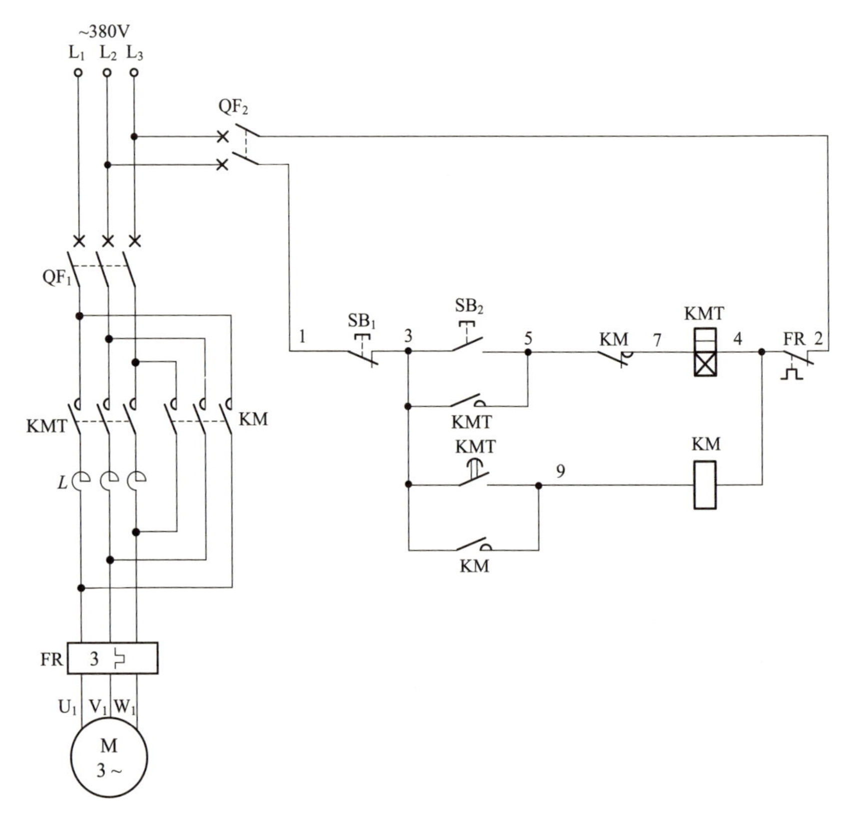

图 9.1　得电延时头配合接触器控制电抗器降压启动电路原理图

启动时，按下启动按钮 SB_2（3-5），带得电延时头的交流接触器 KMT 线圈得电吸合且 KMT 辅助常开触点（3-5）闭合自锁，同时，KMT 开始延时，KMT 三相主触点闭合，电动机串电抗器 L 进行降压启动。经过 KMT 一段时间延时后，电动机的转速升至接近额定转速，KMT 得电延时闭合的常开触点（3-9）闭合，接通了交流接触器 KM 线圈回路电源，KM 线圈得电吸合且 KM 辅助常开触点（3-9）闭合自锁，KM 辅助常闭触点（5-7）断开，切断了 KMT 线圈回路电源，KMT 线圈断电释放，KMT 三相主触点断开，切断降压启动电抗器 L 的电源；与此同时，KM 三相主触点闭合，电动机得电全压运转。

电路布线图（图 9.2）

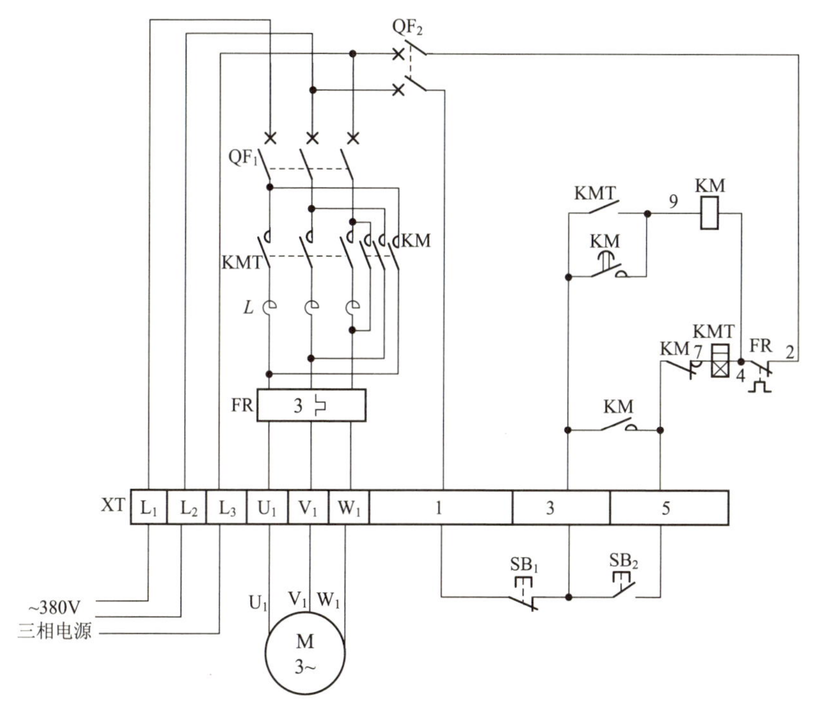

图 9.2 得电延时头配合接触器控制电抗器降压启动电路布线图

从图 9.2 中可以看出，XT 为接线端子排，通过端子排 XT 来区分电气元件的安装位置，XT 的上方为放置在配电箱内底板上或底部位置的电气元件，XT 的下方为外接或引至配电箱门面板上的电气元件。

从端子排 XT 上看，共有 9 个接线端子。其中，L_1、L_2、L_3 这 3 根线为由外引入配电箱的三相交流 380V 电源，并穿管引入；U_1、V_1、W_1 这 3 根线为电动机线，穿管接至电动机接线盒内的 U_1、V_1、W_1 上；1、3、5 这 3 根线为控制线，接至配电箱门面板上的按钮开关 SB_1、SB_2 上。

元器件安装排列图及端子图（图 9.3）

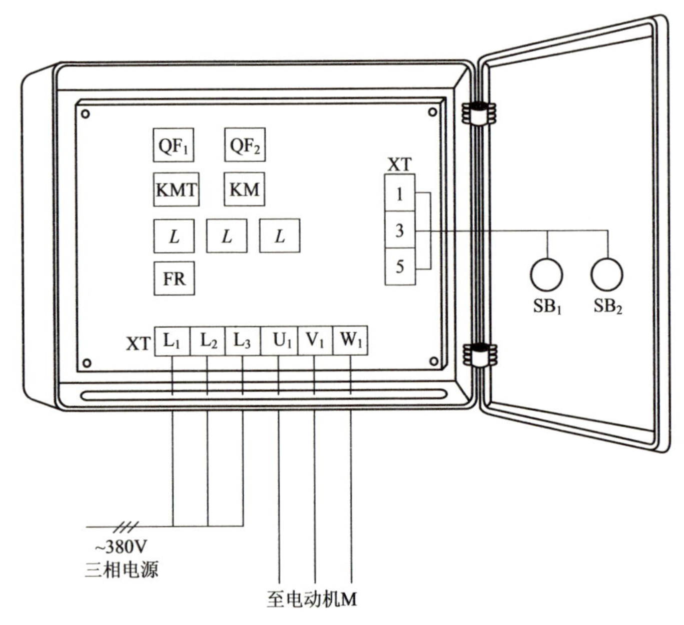

图 9.3　得电延时头配合接触器控制电抗器降压启动电路元器件安装排列图及端子图

从图 9.3 中可以看出，断路器 QF_1、QF_2，交流接触器 KM，带得电延时头的交流接触器 KMT，电抗器 *L*，热继电器 FR 安装在配电箱内底板上；按钮开关 SB_1、SB_2 安装在配电箱门面板上。

通过端子 L_1、L_2、L_3 将三相交流 380V 电源接入配电箱中。

端子 U_1、V_1、W_1 接至电动机接线盒中的 U_1、V_1、W_1 上。

端子 1、3、5 将配电箱内的器件与配电箱门面板上的按钮开关 SB_1、SB_2 连接起来。

9.2 得电延时头配合接触器完成延边三角形降压启动控制电路

工作原理（图 9.4）

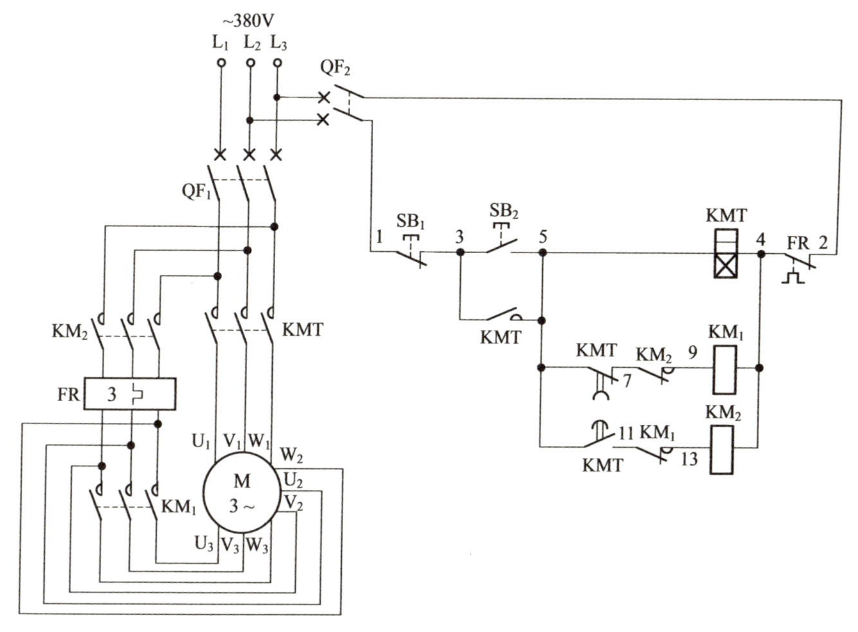

图 9.4 得电延时头配合接触器完成延边三角形降压启动控制电路原理图

启动时，按下启动按钮 SB_2（3-5），带得电延时头的交流接触器 KMT 和交流接触器 KM_1 线圈均得电吸合，且 KMT 辅助常开触点（3-5）闭合自锁，KMT 开始延时。KM_1 辅助常闭触点（11-13）断开，起互锁保护作用。此时，KMT 和 KM_1 各自的三相主触点闭合，电动机绕组连接成延边三角形进行降压启动。当电动机的转速逐渐升高后，也就是 KMT 的延时时间结束，KMT 得电延时断开的常闭触点（5-7）断开，切断 KM_1 线圈回路电源，KM_1 线圈断电释放，KM_1 三相主触点断开，解除电动机绕组延边三角形连接；同时 KMT 得电延时闭合的常开触点（5-11）闭合，接通了交流接触器 KM_2 线圈回路电源，KM_2 线圈得电吸合，KM_2 三相主触点闭合，电动机绕组接成三角形正常运转。

停止时，按下停止按钮 SB_1（1-3），带得电延时头的交流接触器

KMT 和交流接触器 KM_2 线圈均断电释放，KMT 和 KM_2 各自的三相主触点均断开，电动机失电停止运转。

电路布线图（图 9.5）

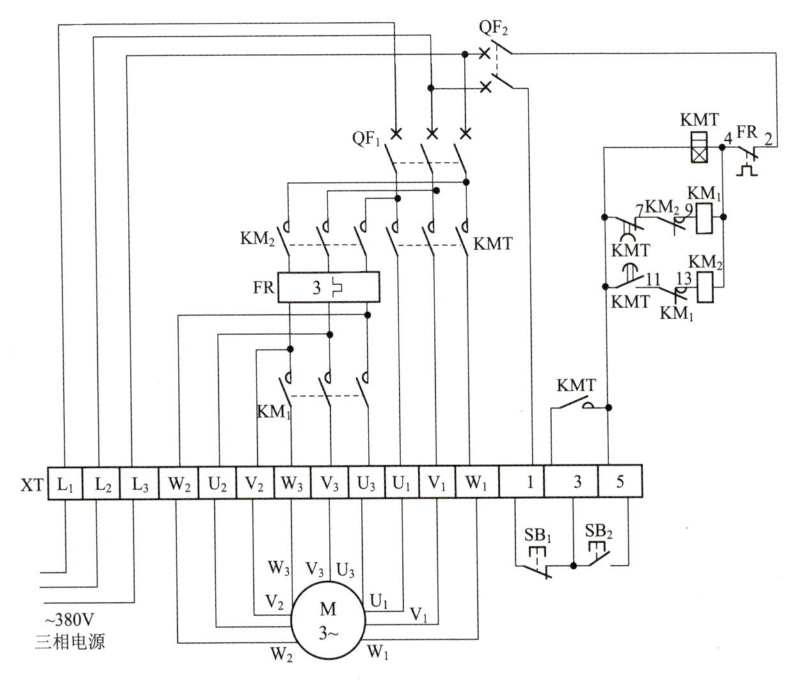

图 9.5　得电延时头配合接触器完成延边三角形降压启动控制电路布线图

从图 9.5 中可以看出，XT 为接线端子排，通过端子排 XT 来区分电气元件的安装位置，XT 的上方为放置在配电箱内底板上或底部位置的电气元件，XT 的下方为外接或引至配电箱门面板上的电气元件。

从端子排 XT 上看，共有 15 个接线端子。其中，L_1、L_2、L_3 这 3 根线为由外引入配电箱的三相交流 380V 电源，并穿管引入；U_1、V_1、W_1、U_2、V_2、W_2、U_3、V_3、W_3 这 9 根线为电动机线，穿管接至电动机接线盒内的 U_1、V_1、W_1、U_2、V_2、W_2、U_3、V_3、W_3 上；1、3、5 这 3 根线为控制线，接至配电箱门面板上的按钮开关 SB_1、SB_2 上。

元器件安装排列图及端子图（图 9.6）

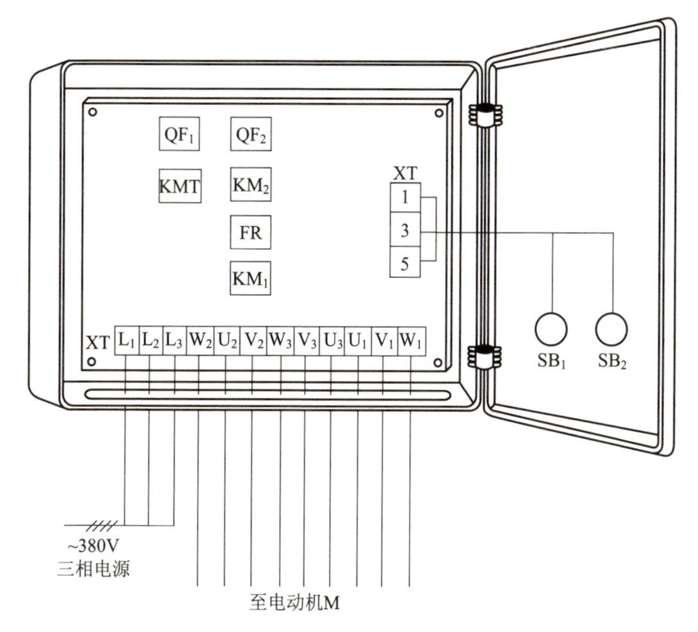

图 9.6 得电延时头配合接触器完成延边三角形降压启动控制电路元器件安装排列图及端子图

从图 9.6 中可以看出，断路器 QF_1、QF_2，交流接触器 KM_1、KM_2，带得电延时头的交流接触器 KMT，热继电器 FR 安装在配电箱内底板上；按钮开关 SB_1、SB_2 安装在配电箱门面板上。

通过端子 L_1、L_2、L_3 将三相交流 380V 电源接入配电箱中。

端子 U_1、V_1、W_1、U_2、V_2、W_2、U_3、V_3、W_3 接至电动机接线盒中的 U_1、V_1、W_1、U_2、V_2、W_2、U_3、V_3、W_3 上。

端子 1、3、5 将配电箱内的器件与配电箱门面板上的按钮开关 SB_1、SB_2 连接起来。

9.3 得电延时头配合接触器完成双速电动机自动加速控制电路

工作原理（图 9.7）

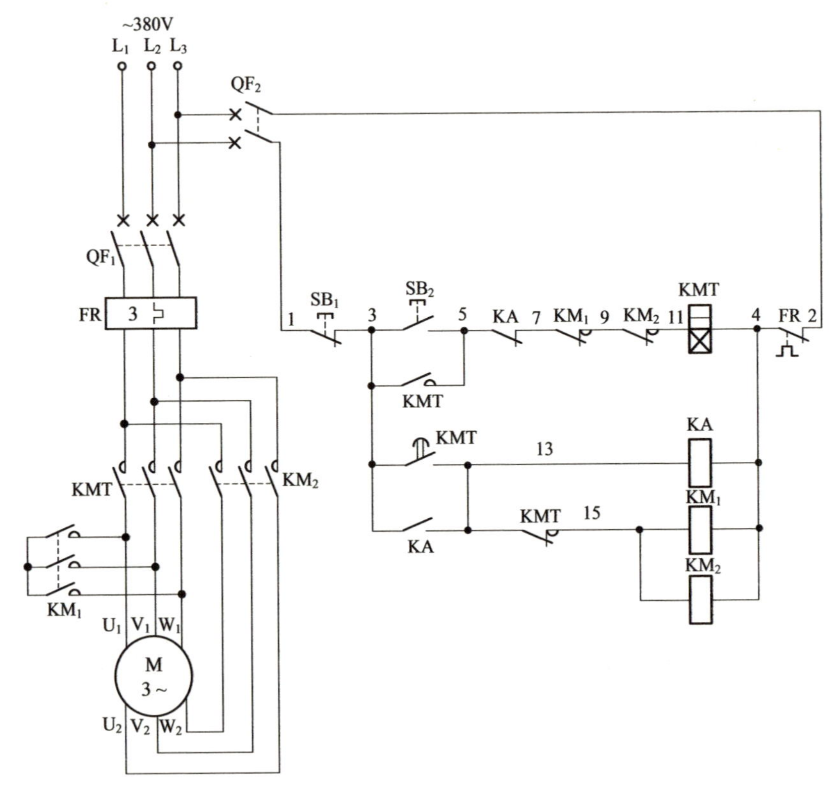

图 9.7　得电延时头配合接触器完成双速电动机自动加速控制电路原理图

启动时，按下启动按钮SB_2（3-5），带得电延时头的交流接触器KMT线圈得电吸合且KMT辅助常开触点（3-5）闭合自锁，KMT三相主触点闭合，电动机绕组接成△形低速运转，同时KMT开始延时。经KMT一段时间延时后，KMT得电延时闭合的常开触点（3-13）闭合，使中间继电器KA线圈得电吸合，KA常开触点（3-13）闭合自锁，KA常闭触点（5-7）断开，切断了KMT线圈的回路电源，KMT线圈断电释放，KMT三相主触点断开，电动机绕组△形连接解除，电动机低速运转停止；与此同时，交流接触器KM_1和KM_2线圈均得电吸合，KM_1、KM_2各自的三相主触点闭合，电动机绕组接成2Y形，电动机由低速自动加速到高速运转。

停止时，按下停止按钮SB_1（1-3），交流接触器KM_1和KM_2线圈断电释放，KM_1和KM_2各自的三相主触点断开，电动机失电停止运转。

电路布线图（图 9.8）

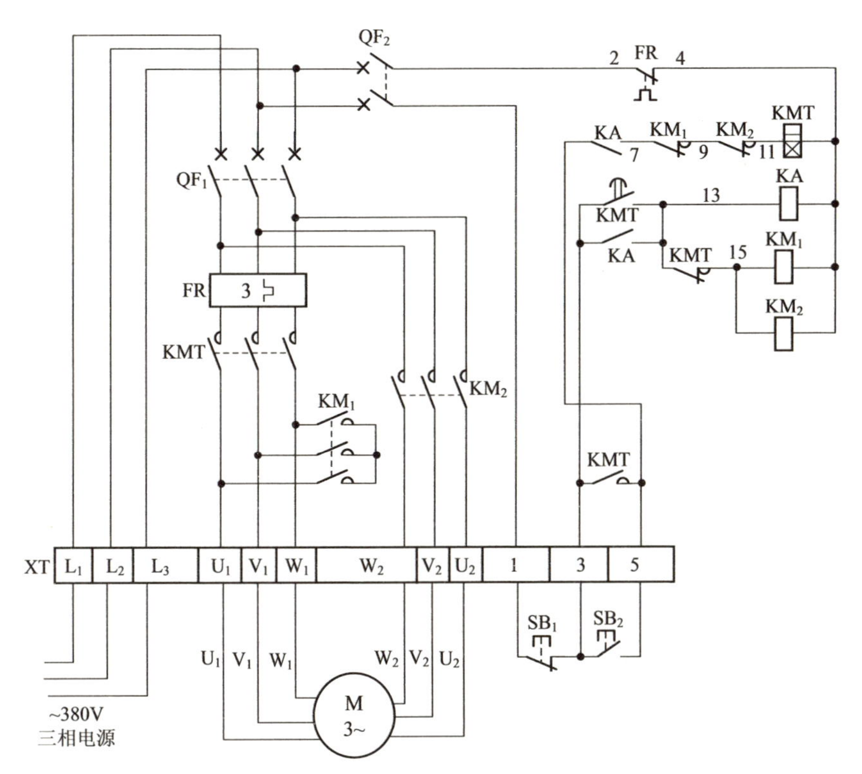

图 9.8 得电延时头配合接触器完成双速电动机自动加速控制电路布线图

从图 9.8 中可以看出，XT 为接线端子排，通过端子排 XT 来区分电气元件的安装位置，XT 的上方为放置在配电箱内底板上或底部位置的电气元件，XT 的下方为外接或引至配电箱门面板上的电气元件。

从端子排 XT 上看，共有 12 个接线端子。其中，L_1、L_2、L_3 这 3 根线为由外引入配电箱的三相交流 380V 电源，并穿管引入；U_1、V_1、

W_1、U_2、V_2、W_2 这 6 根线为电动机线，穿管接至电动机接线盒内的 U_1、V_1、W_1、U_2、V_2、W_2 上；1、3、5 这 3 根线为控制线，接至配电箱门面板上的按钮开关 SB_1、SB_2 上。

元器件安装排列图及端子图（图 9.9）

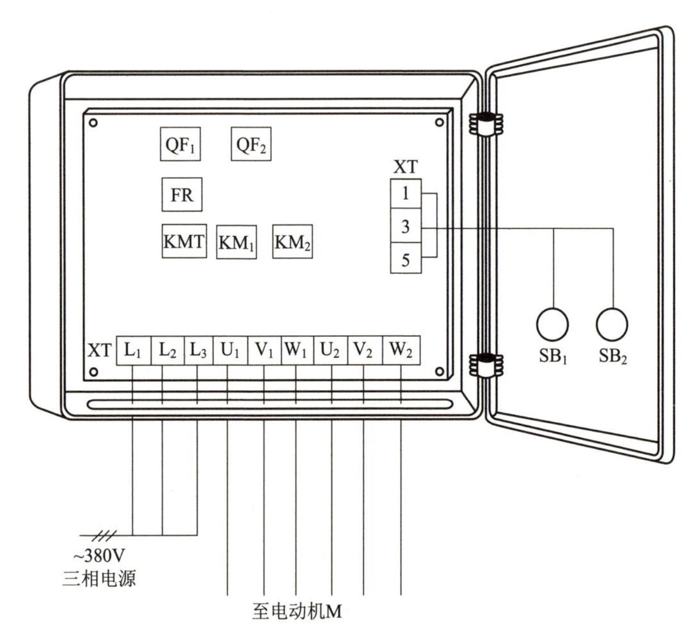

图 9.9　得电延时头配合接触器完成双速电动机自动加速控制电路元器件安装排列图及端子图

从图 9.9 中可以看出，断路器 QF_1、QF_2，交流接触器 KM_1、KM_2，带得电延时头的交流接触器 KMT，热继电器 FR 安装在配电箱内底板上；按钮开关 SB_1、SB_2 安装在配电箱门面板上。

通过端子 L_1、L_2、L_3 将三相交流 380V 电源接入配电箱中。

端子 U_1、V_1、W_1、U_2、V_2、W_2 接至电动机接线盒中的 U_1、V_1、W_1、U_2、V_2、W_2 上。

端子 1、3、5 将配电箱内的器件与配电箱门面板上的按钮开关 SB_1、SB_2 连接起来。

9.4 得电延时头配合接触器式继电器完成开机预警控制电路

工作原理（图 9.10）

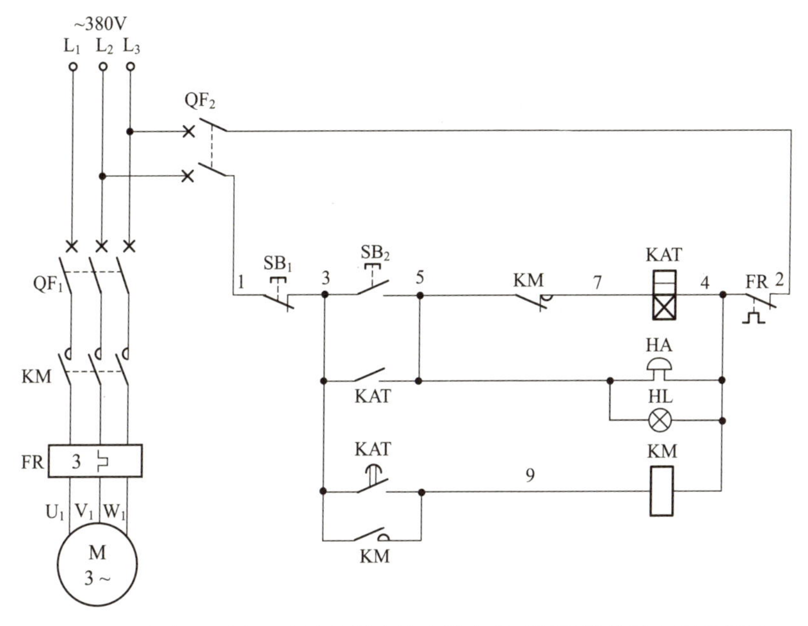

图 9.10 得电延时头配合接触器式继电器完成开机预警控制电路原理图

开机时，按下启动按钮 SB_2（3-5），带得电延时头的接触器式继电器 KAT 线圈得电吸合且 KAT 常开触点（3-5）闭合自锁，KAT 开始延时。此时，预警电铃 HA 响，预警灯 HL 亮，以告知此机正在进行开机。经过 KAT 一段时间延时后，KAT 得电延时闭合的常开触点（3-9）闭合，接通了交流接触器 KM 线圈回路电源，KM 线圈得电吸合且 KM 辅助常开触点（3-9）闭合自锁，KM 三相主触点闭合，电动机得电启动运转。与此同时，KM 串联在 KAT 线圈回路中的辅助常闭触点（5-7）断开，切断了 KAT 线圈的回路电源，KAT 线圈断电释放，KAT 所有触点恢复原始状态，预警电铃 HA 停止鸣响，预警灯 HL 熄灭。

停机时，按下停止按钮 SB_1（1-3），交流接触器 KM 线圈断电释放，KM 三相主触点断开，电动机失电停止运转。

电路布线图（图 9.11）

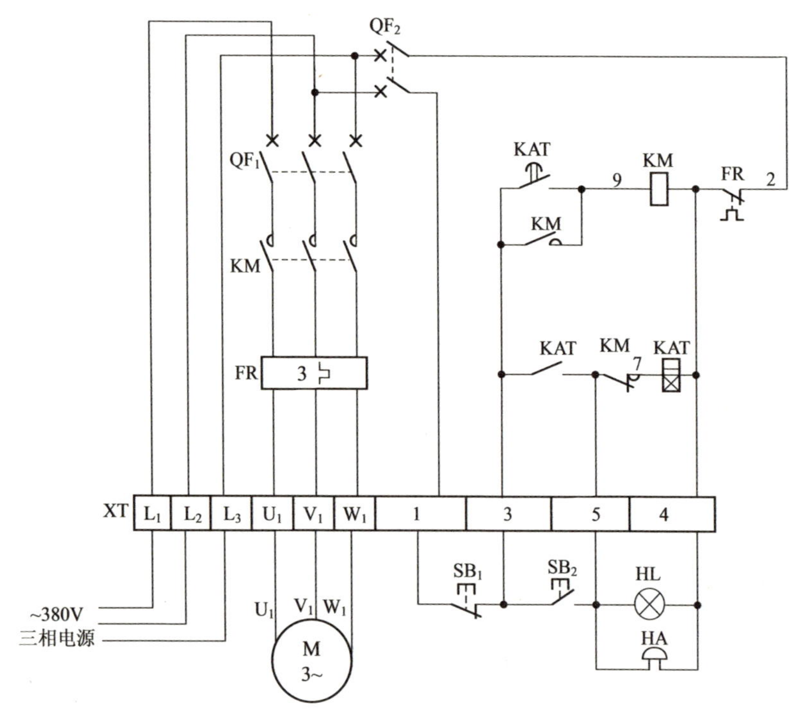

图 9.11　得电延时头配合接触器式继电器完成开机预警控制电路布线图

从图 9.11 中可以看出，XT 为接线端子排，通过端子排 XT 来区分电气元件的安装位置，XT 的上方为放置在配电箱内底板上或底部位置的电气元件，XT 的下方为外接或引至配电箱门面板上的电气元件。

从端子排 XT 上看，共有 10 个接线端子。其中，L_1、L_2、L_3 这 3 根线为由外引入配电箱的三相交流 380V 电源，并穿管引入；U_1、V_1、W_1 这 3 根线为电动机线，穿管接至电动机接线盒内的 U_1、V_1、W_1 上；1、3、5、4 这 4 根线为控制线，接至配电箱门面板上的按钮开关 SB_1、SB_2 及预警灯 HL、预警电铃 HA 上。

元器件安装排列图及端子图（图 9.12）

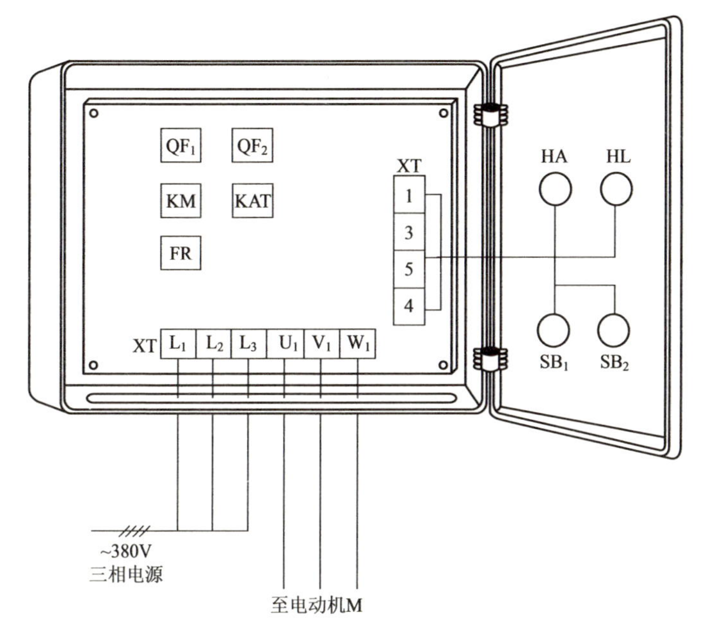

图 9.12 得电延时头配合接触器式继电器完成开机预警控制电路元器件安装排列图及端子图

从图 9.12 中可以看出，断路器 QF_1、QF_2，交流接触器 KM，带得电延时头的接触器式继电器，热继电器 FR 安装在配电箱内底板上；按钮开关 SB_1、SB_2 及预警灯 HL、预警电铃 HA 安装在配电箱门面板上。

通过端子 L_1、L_2、L_3 将三相交流 380V 电源接入配电箱中。

端子 U_1、V_1、W_1 接至电动机接线盒中的 U_1、V_1、W_1 上。

端子 1、3、5、4 将配电箱内的器件与配电箱门面板上的按钮开关 SB_1、SB_2 及预警灯 HL、预警电铃 HA 连接起来。

9.5 得电延时头配合接触器完成自耦减压启动控制电路

工作原理（图 9.13）

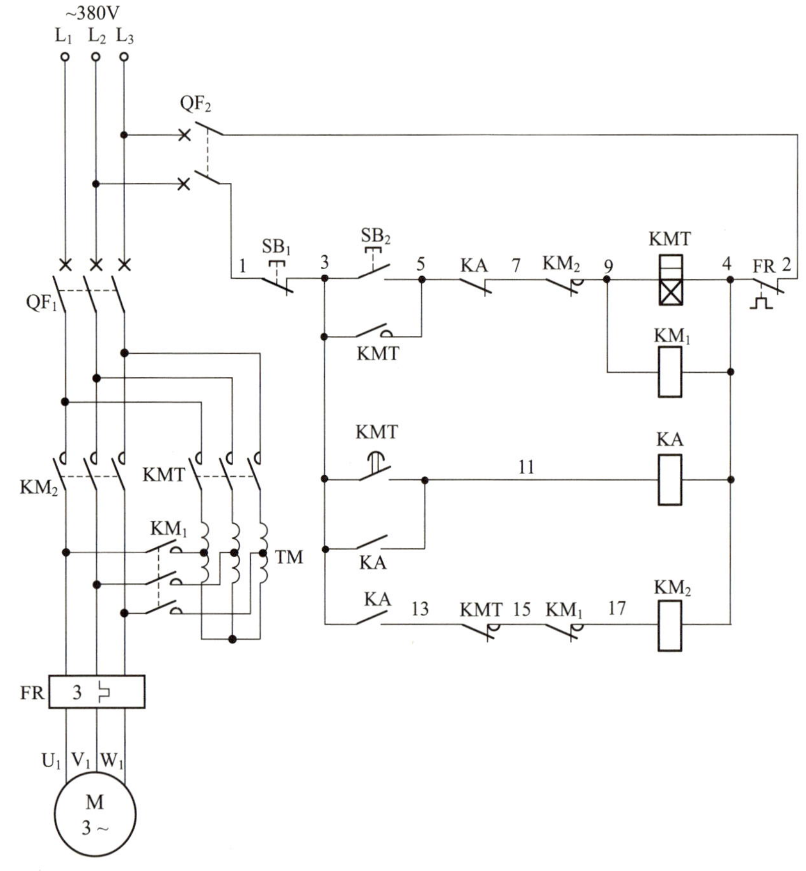

图 9.13　得电延时头配合接触器完成自耦减压启动控制电路原理图

启动时，按下启动按钮 SB_2（3-5），带得电延时头的交流接触器 KMT 和交流接触器 KM_1 线圈均得电吸合，且 KMT 辅助常开触点（3-5）闭合自锁，KMT 开始延时。与此同时，KMT、KM_1 各自的三相主触点均闭合，电动机绕组串入自耦变压器 TM 进行降压启动。随着电动机转速的逐渐升高，也就是 KMT 的延时结束时间，首先，KA 串联在 KMT

和 KM_1 的线圈回路中的常闭触点（5-7）断开，切断了 KMT 和 KM_1 线圈的回路电源，KMT 和 KM_1 线圈断电释放，KMT 和 KM_1 各自的三相主触点断开，切除启动用自耦变压器 TM；同时 KA 串联在交流接触器 KM_2 线圈回路中的常开触点(3-13)闭合，接通了 KM_2 的线圈的回路电源，KM_2 线圈得电吸合，KM_2 三相主触点闭合，电动机得电全压正常运转。

停止时，按下停止按钮 SB_1（1-3），中间继电器 KA 和交流接触器 KM_2 线圈断电释放，KM_2 三相主触点断开，电动机失电停止运转。

电路布线图（图 9.14）

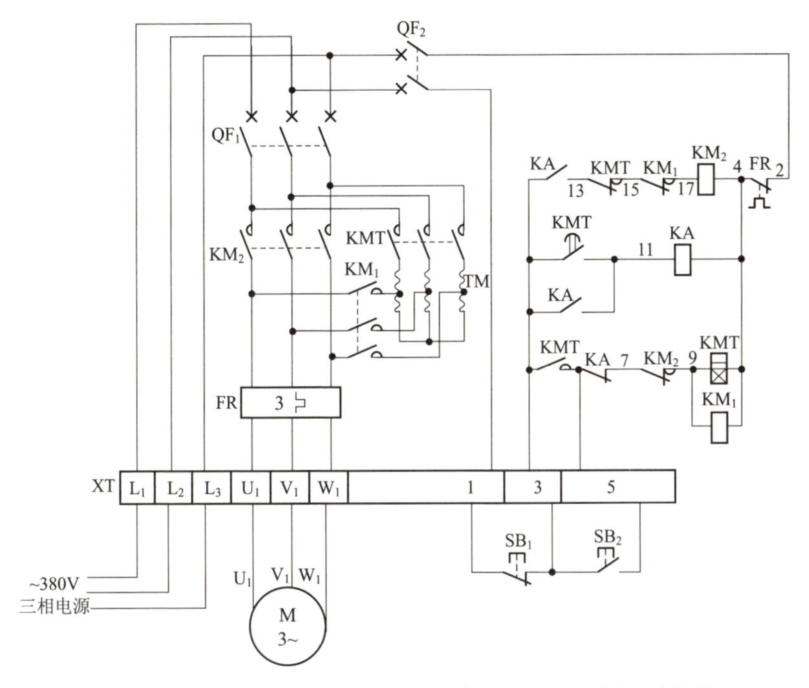

图 9.14 得电延时头配合接触器完成自耦减压启动控制电路布线图

从图 9.14 中可以看出，XT 为接线端子排，通过端子排 XT 来区分电气元件的安装位置，XT 的上方为放置在配电箱内底板上或底部位置的电气元件，XT 的下方为外接或引至配电箱门面板上的电气元件。

从端子排 XT 上看，共有 9 个接线端子。其中，L_1、L_2、L_3 这 3 根线为由外引入配电箱的三相交流 380V 电源，并穿管引入；U_1、V_1、W_1

这 3 根线为电动机线，穿管接至电动机接线盒内的 U_1、V_1、W_1 上；1、3、5 这 3 根线为控制线，接至配电箱门面板上的按钮开关 SB_1、SB_2 上。

元器件安装排列图及端子图（图 9.15）

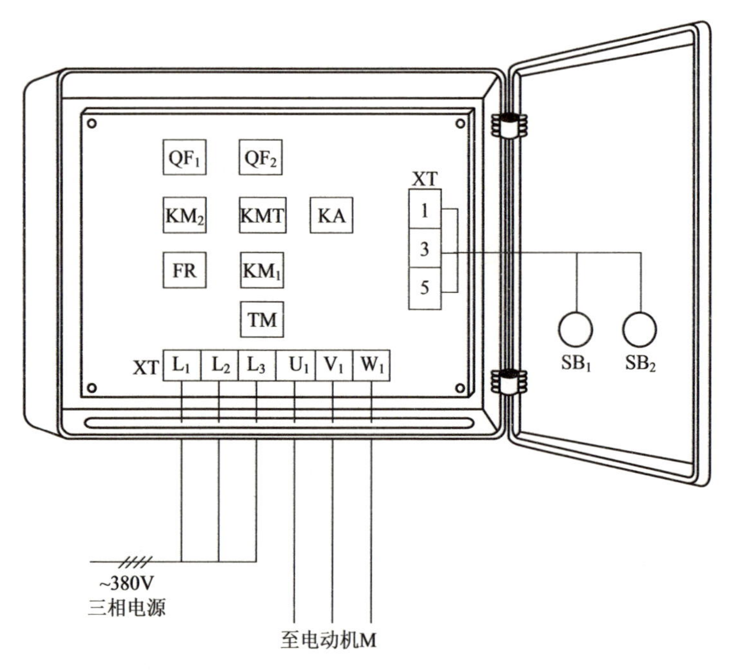

图 9.15　得电延时头配合接触器完成自耦减压启动控制电路元器件安装排列图及端子图

从图 9.15 中可以看出，断路器 QF_1、QF_2，交流接触器 KM_1、KM_2，带得电延时头的交流接触器 KMT，中间继电器 KA，自耦变压器 TM，热继电器 FR 安装在配电箱内底板或底部位置上；按钮开关 SB_1、SB_2 安装在配电箱门面板上。

通过端子 L_1、L_2、L_3 将三相交流 380V 电源接入配电箱中。

端子 U_1、V_1、W_1 接至电动机接线盒中的 U_1、V_1、W_1 上。

端子 1、3、5 将配电箱内的器件与配电箱门面板上的按钮开关 SB_1、SB_2 连接起来。

9.6 得电延时头配合接触器完成重载启动控制电路(一)

工作原理（图 9.16）

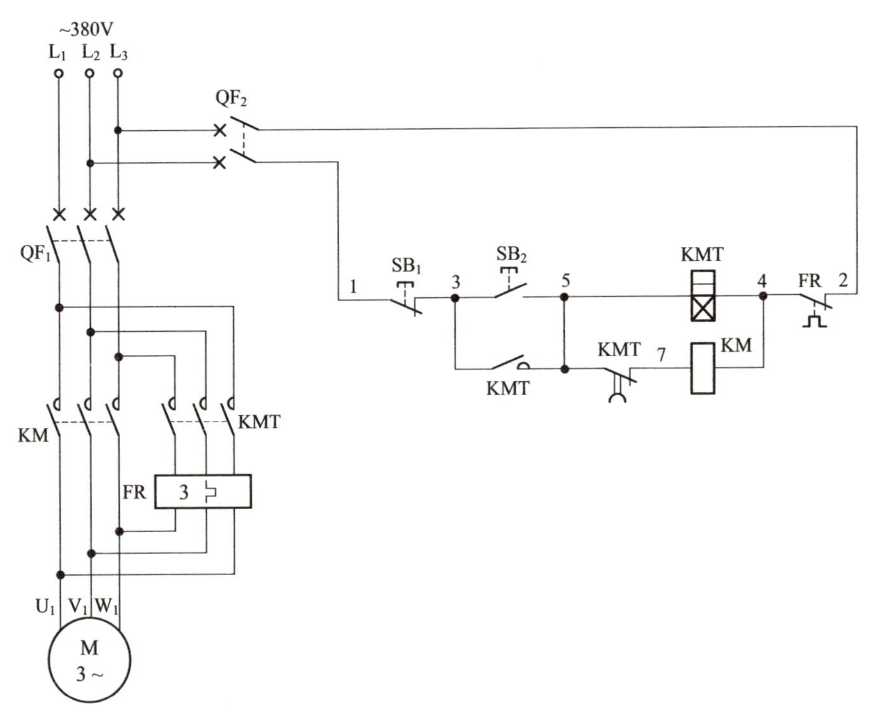

图 9.16 得电延时头配合接触器完成重载启动控制电路（一）原理图

启动时，按下启动按钮 SB_2（3-5），带得电延时头的交流接触器 KMT 和交流接触器 KM 线圈均得电吸合，且 KMT 辅助常开触点（3-5）闭合自锁，KMT 开始延时。与此同时，KMT、KM 各自的三相主触点均闭合，电动机实际上是接入无过载保护的直通三相交流 380V 电源进行重载启动。随着电动机转速的升高，接近额定转速时，电动机的工作电流小于额定电流，也就是 KMT 的设定延时时间结束，KMT 得电延时断开的常闭触点（5-7）断开，切断了交流接触器 KM 线圈回路电源，KM 线圈断电释放，KM 三相主触点断开，解除直通电源以及对热继电器热元件 FR 的短接作用，热继电器 FR 投入电路中工作。这样在启动结束后将热继电器 FR 投入到电路中，一是可以避免热继电器在启动时出现误动作，二是当电动机启动完毕后转为正常运转时，倘若出现电动机过载情况，热继电器 FR 的热元件会发热弯曲，推动控制触点（2-4）动作断开，切断 KMT 线圈回路电源，KMT 线圈断电释放，KMT 三相主触点断开，电动机失电停止运转，起到过载保护作用。

电路布线图（图 9.17）

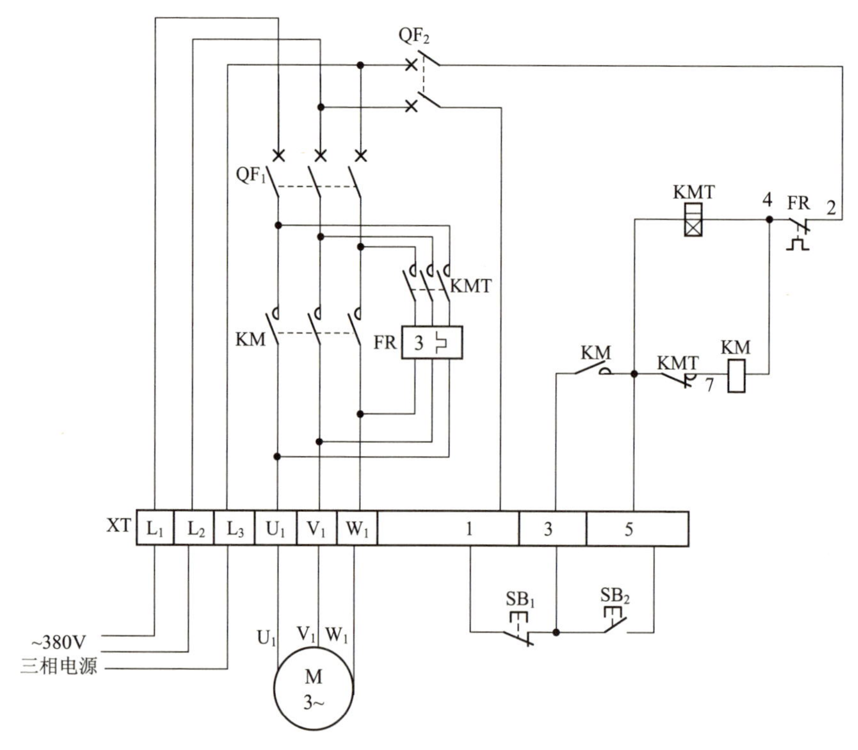

图 9.17　得电延时头配合接触器完成重载启动控制电路（一）布线图

从图 9.17 中可以看出，XT 为接线端子排，通过端子排 XT 来区分电气元件的安装位置，XT 的上方为放置在配电箱内底板上或底部位置的电气元件，XT 的下方为外接或引至配电箱门面板上的电气元件。

从端子排 XT 上看，共有 9 个接线端子。其中，L_1、L_2、L_3 这 3 根线为由外引入配电箱的三相交流 380V 电源，并穿管引入；U_1、V_1、W_1

这3根线为电动机线，穿管接至电动机接线盒内的U_1、V_1、W_1上；1、3、5这3根线为控制线，接至配电箱门面板上的按钮开关SB_1、SB_2上。

元器件安装排列图及端子图（图9.18）

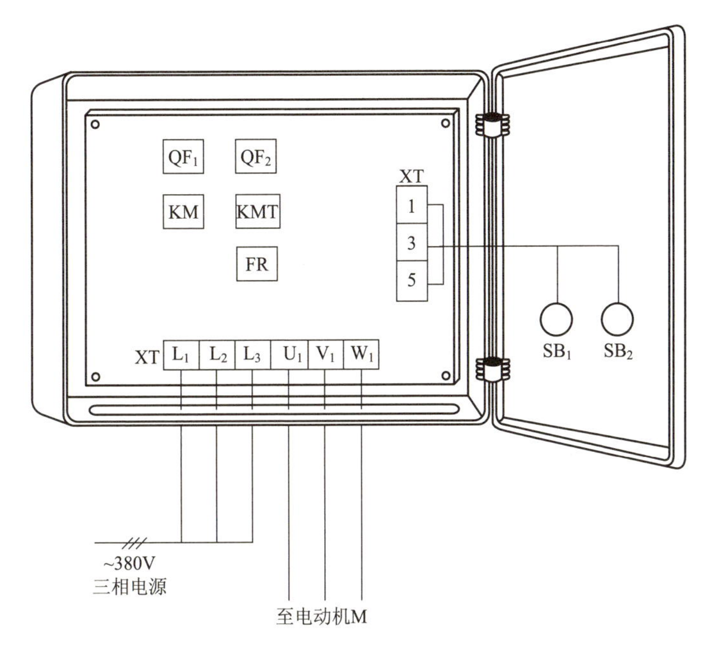

图9.18　得电延时头配合接触器完成重载启动控制电路（一）元器件安装排列图及端子图

从图9.18中可以看出，断路器QF_1、QF_2，交流接触器KM，带得电延时头的交流接触器KMT，热继电器FR安装在配电箱内底板上；按钮开关SB_1、SB_2安装在配电箱门面板上。

通过端子L_1、L_2、L_3将三相交流380V电源接入配电箱中。

端子U_1、V_1、W_1接至电动机接线盒中的U_1、V_1、W_1上。

端子1、3、5将配电箱内的器件与配电箱门面板上的按钮开关SB_1、SB_2连接起来。

9.7 得电延时头配合接触器完成重载启动控制电路(二)

工作原理(图 9.19)

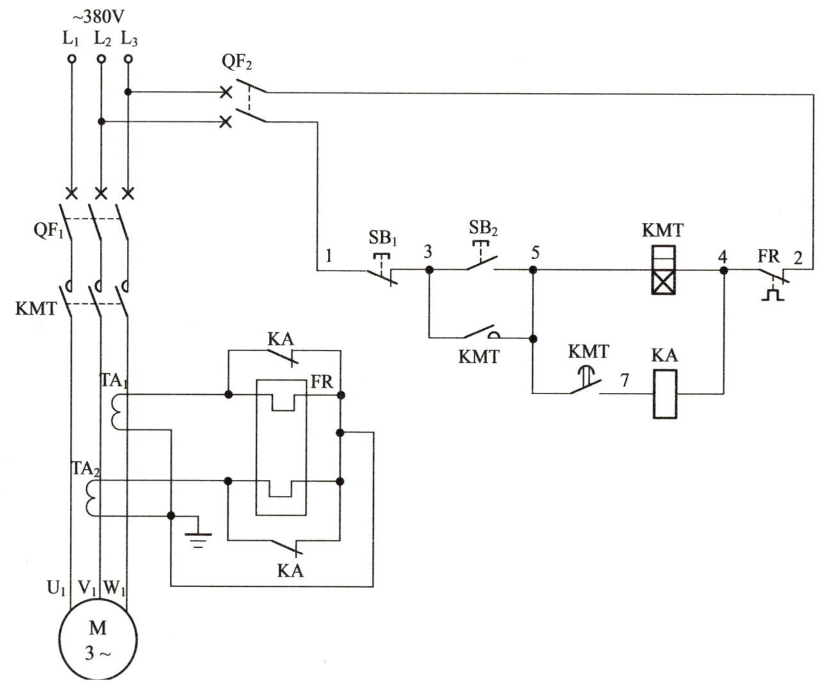

图 9.19　得电延时头配合接触器完成重载启动控制电路(二)原理图

启动时，按下启动按钮 SB_2(3-5)，带得电延时头的交流接触器 KMT 线圈得电吸合且 KMT 辅助常开触点(3-5)闭合自锁，KMT 开始延时，KMT 三相主触点闭合，电动机得电重载启动运转。由于电动机重载启动时间长，启动电流大，很容易造成过载保护热继电器 FR 出现过载动作，导致启动失败。从电路图上看，此时热继电器 FR 的两组热元件均被中间继电器 KA 的两组常闭触点短接起来，所以在启动时，热继电器 FR 热元件不会动作。待电动机启动完毕，电动机的工作电流小于额定电流后，也就是 KMT 的延时设定时间结束，KMT 得电延时闭合的常开触点(5-7)闭合，接通了中间继电器 KA 线圈回路电源，KA

线圈得电吸合，KA 并联在热元件 FR 上的两组常闭触点断开，解除对热元件 FR 的短接作用，使热继电器 FR 投入电路起到保护作用。

电路布线图（图 9.20）

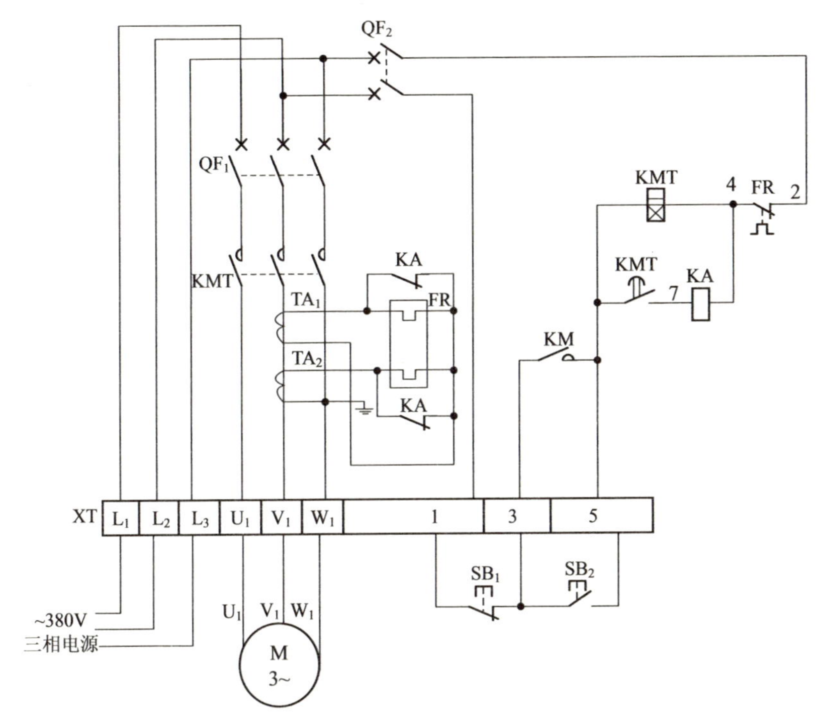

图 9.20 得电延时头配合接触器完成重载启动控制电路（二）布线图

从图 9.20 中可以看出，XT 为接线端子排，通过端子排 XT 来区分电气元件的安装位置，XT 的上方为放置在配电箱内底板上或底部位置的电气元件，XT 的下方为外接或引至配电箱门面板上的电气元件。

从端子排 XT 上看，共有 9 个接线端子。其中，L_1、L_2、L_3 这 3 根线为由外引入配电箱的三相交流 380V 电源，并穿管引入；U_1、V_1、W_1 这 3 根线为电动机线，穿管接至电动机接线盒内的 U_1、V_1、W_1 上；1、3、5 这 3 根线为控制线，接至配电箱门面板上的按钮开关 SB_1、SB_2 上。

元器件安装排列图及端子图（图 9.21）

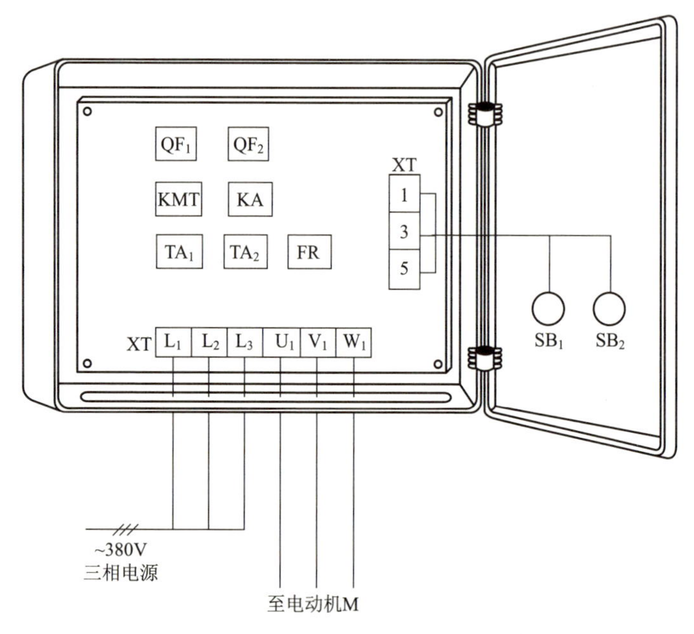

图 9.21　得电延时头配合接触器完成重载启动控制电路（二）
元器件安装排列图及端子图

从图 9.21 中可以看出，断路器 QF_1、QF_2，带得电延时头的交流接触器 KMT，中间继电器 KA，电流互感器 TA_1、TA_2，热继电器 FR 安装在配电箱内底板上；按钮开关 SB_1、SB_2 安装在配电箱门面板上。

通过端子 L_1、L_2、L_3 将三相交流 380V 电源接入配电箱中。

端子 U_1、V_1、W_1 接至电动机接线盒中的 U_1、V_1、W_1 上。

端子 1、3、5 将配电箱内的器件与配电箱门面板上的按钮开关 SB_1、SB_2 连接起来。

9.8 得电延时头配合接触器控制频敏变阻器启动电路

工作原理（图 9.22）

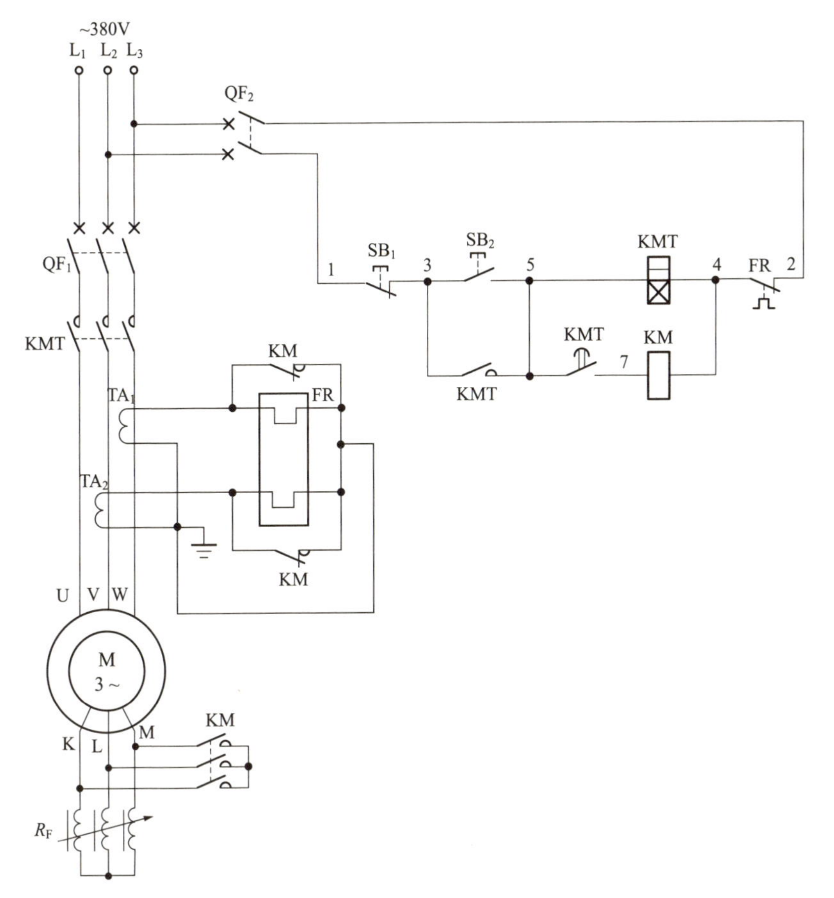

图 9.22 得电延时头配合接触器控制频敏变阻器启动电路原理图

启动时，按下启动按钮 SB_2（3-5），带得电延时头的交流接触器 KMT 线圈得电吸合且 KMT 辅助常开触点（3-5）闭合自锁，KMT 三相主触点闭合，绕线转子电动机得电串频敏变阻器 R_F 进行启动。与此同时，KMT 开始延时。

当电动机转速升至额定转速时，也就是 KMT 的延时结束时间，

KMT 得电延时闭合的常开触点（5-7）闭合，接通交流接触器 KM 线圈回路电源，KM 线圈得电吸合，KM 三相主触点闭合，将转子启动用频敏变阻器 R_F 短接起来，绕线转子电动机全压正常运转。在 KM 线圈得电吸合后，KM 的两组分别并联在过载保护热继电器 FR 热元件上的辅助常闭触点均断开，使 FR 投入电路中起过载保护作用。

电路布线图（图 9.23）

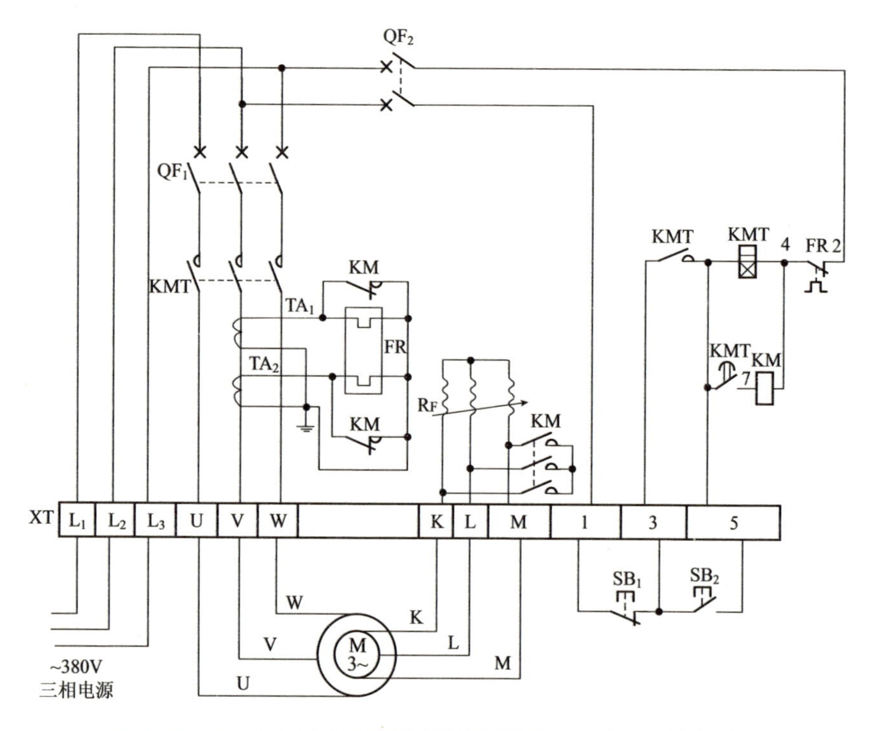

图 9.23　得电延时头配合接触器控制频敏变阻器启动电路布线图

从图 9.23 中可以看出，XT 为接线端子排，通过端子排 XT 来区分电气元件的安装位置，XT 的上方为放置在配电箱内底板上或底部位置的电气元件，XT 的下方为外接或引至配电箱门面板上的电气元件。

从端子排 XT 上看，共有 12 个接线端子。其中，L_1、L_2、L_3 这 3 根线为由外引入配电箱的三相交流 380V 电源，并穿管引入；U、V、W、K、L、M 这 6 根线为电动机线，穿管接至电动机接线盒内的 U、V、W、K、

L、M上；1、3、5这3根线为控制线，接至配电箱门面板上的按钮开关SB_1、SB_2上。

元器件安装排列图及端子图（图9.24）

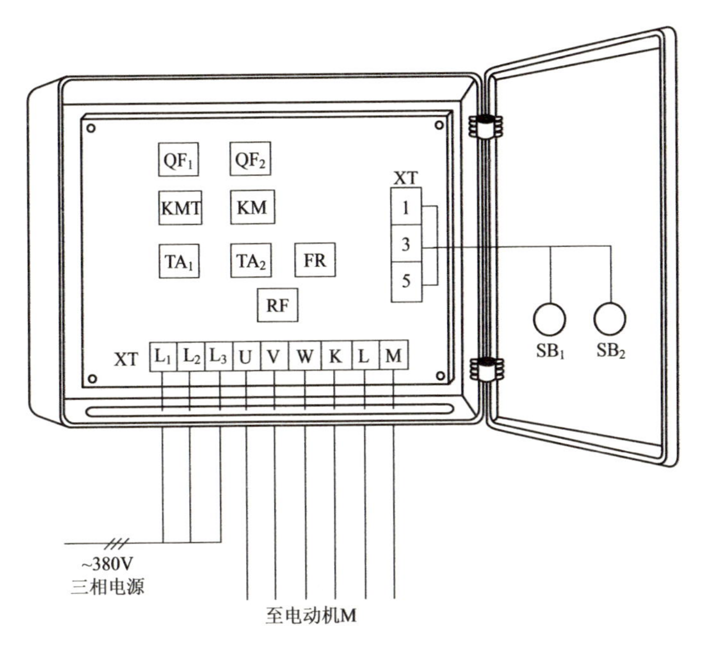

图9.24 得电延时头配合接触器控制频敏变阻器启动电路元器件安装排列图及端子图

从图9.24中可以看出，断路器QF_1、QF_2，交流接触器KM，带得电延时头的交流接触器KMT，电流互感器TA_1、TA_2，频敏变阻器R_F，热继电器FR安装在配电箱内底板或底部位置上；按钮开关SB_1、SB_2安装在配电箱门面板上。

通过端子L_1、L_2、L_3将三相交流380V电源接入配电箱中。

端子U、V、W、K、L、M接至电动机接线盒中的U、V、W、K、L、M上。

端子1、3、5将配电箱内的器件与配电箱门面板上的按钮开关SB_1、SB_2连接起来。

9.9 得电延时头配合接触器控制电动机串电阻器启动电路

工作原理（图 9.25）

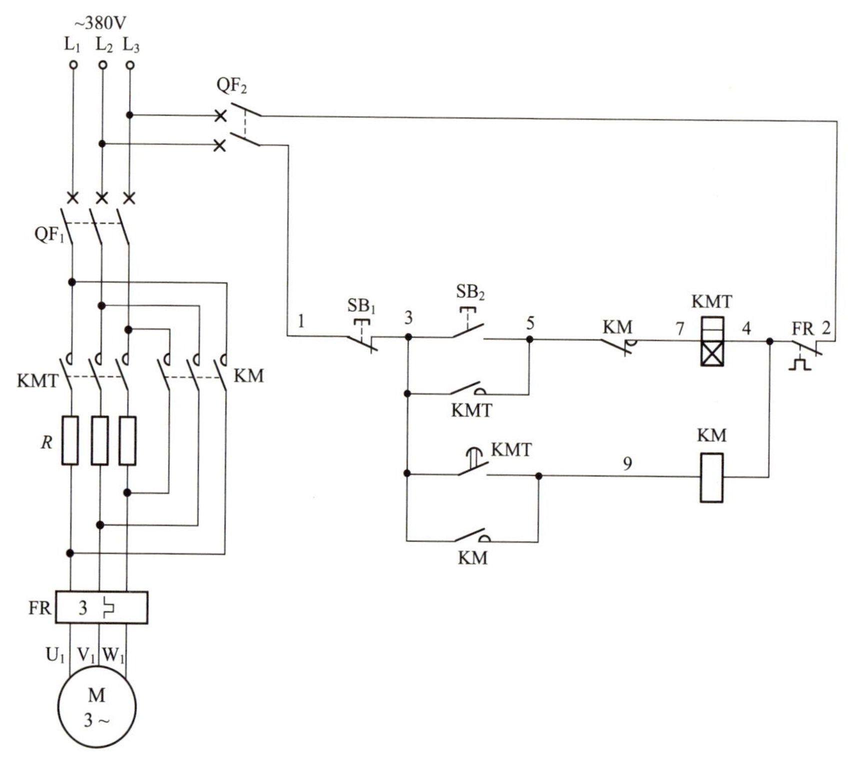

图 9.25　得电延时头配合接触器控制电动机串电阻器启动电路原理图

启动时，按下启动按钮 SB_2（3-5），带得电延时头的交流接触器 KMT 线圈得电吸合且其辅助常开触点（3-5）闭合自锁，KMT 上的延时头开始延时，KMT 三相主触点闭合，电动机串电阻器 R 进行降压启动；经过 KMT 一段时间延时后，其得电延时闭合的常开触点（3-9）闭合，接通交流接触器 KM 线圈回路电源，KM 线圈得电吸合且 KM 辅助常开触点（3-9）闭合自锁，KM 三相主触点闭合，电动机得电全压正常运转；同时 KM 辅助常闭触点（5-7）断开，切断 KMT 线圈回路电源，KMT 线圈断电释放，KMT 三相主触点断开，KMT 及电阻器 R 退出运行。

停止时，按下停止按钮 SB_1（1-3），交流接触器 KM 线圈断电释放，KM 三相主触点断开，电动机失电停止运转。

电路布线图（图 9.26）

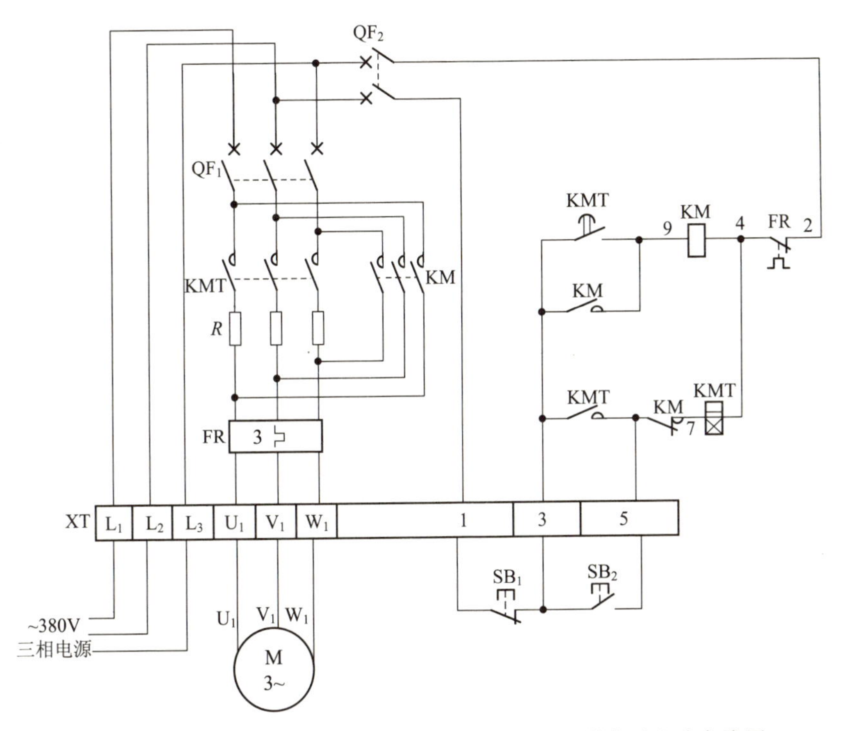

图 9.26 得电延时头配合接触器控制电动机串电阻器启动电路布线图

从图 9.26 中可以看出，XT 为接线端子排，通过端子排 XT 来区分电气元件的安装位置，XT 的上方为放置在配电箱内底板上或底部位置的电气元件，XT 的下方为外接或引至配电箱门面板上的电气元件。

从端子排 XT 上看，共有 9 个接线端子。其中，L_1、L_2、L_3 这 3 根线为由外引入配电箱的三相交流 380V 电源，并穿管引入；U_1、V_1、W_1 这 3 根线为电动机线，穿管接至电动机接线盒内的 U_1、V_1、W_1 上；1、3、5 这 3 根线为控制线，接至配电箱门面板上的按钮开关 SB_1、SB_2 上。

元器件安装排列图及端子图（图 9.27）

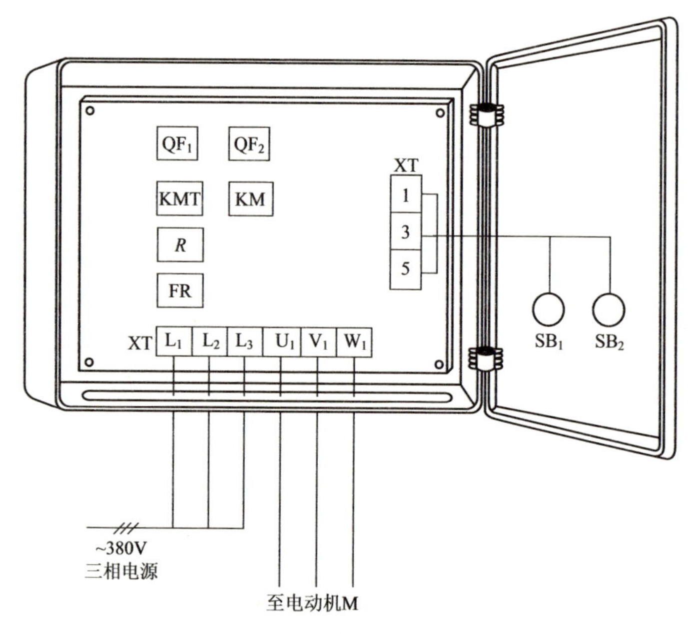

图 9.27　得电延时头配合接触器控制电动机串电阻器启动电路元器件安装排列图及端子图

从图 9.27 中可以看出，断路器 QF_1、QF_2，交流接触器 KM，带得电延时头的交流接触器 KMT，启动电阻器 *R*，热继电器 FR 安装在配电箱内底板或底部位置上；按钮开关 SB_1、SB_2 安装在配电箱门面板上。

通过端子 L_1、L_2、L_3 将三相交流 380V 电源接入配电箱中。

端子 U_1、V_1、W_1 接至电动机接线盒中的 U_1、V_1、W_1 上。

端子 1、3、5 将配电箱内的器件与配电箱门面板上的按钮开关 SB_1、SB_2 连接起来。

9.10 得电延时头配合接触器控制电动机Y-△启动电路

工作原理（图 9.28）

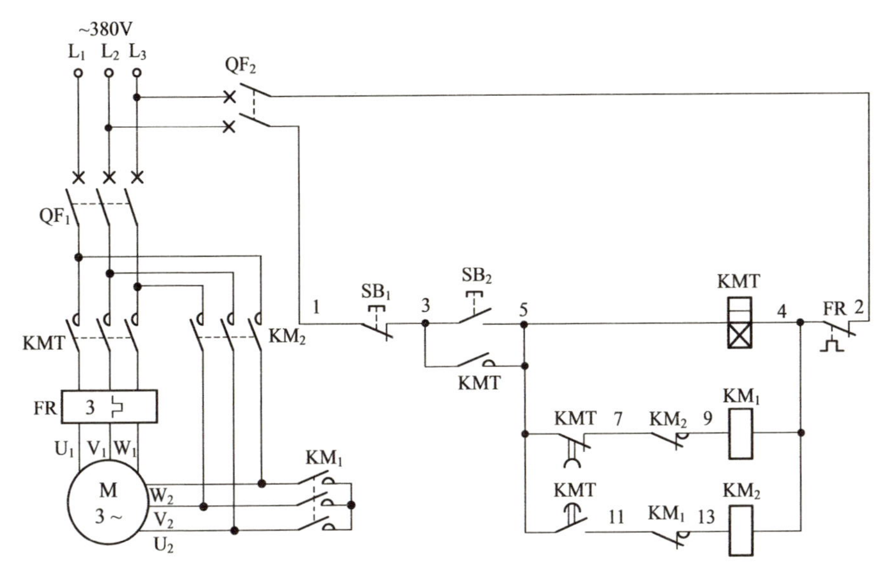

图 9.28 得电延时头配合接触器控制电动机Y－△启动电路原理图

启动时，按下启动按钮 SB_2（3-5），带得电延时头的交流接触器 KMT 和交流接触器 KM_1 线圈同时得电吸合，且 KMT 辅助常开触点（3-5）闭合自锁，KM_1 辅助常闭触点（11-13）断开，起互锁作用；KMT、KM_1 各自的三相主触点闭合，电动机绕组被连接成Y形启动。与此同时，KMT 开始延时。

经 KTM 一段时间延时后，首先 KMT 串联在交流接触器 KM_1 线圈回路中的得电延时断开的常闭触点（5-7）断开，切断了交流接触器 KM_1 线圈回路电源，KM_1 线圈断电释放，KM_1 三相主触点断开，解除电动机绕组的Y形连接；然后 KMT 串联在交流接触器 KM_2 线圈回路中的得电延时闭合的常开触点（5-11）闭合，接通了交流接触器 KM_2 线圈回路电源，KM_2 线圈得电吸合，KM_2 三相主触点闭合，电动机绕组被连接成△形正常运转。

停止时，按下停止按钮 SB_1（1-3），带得电延时头的交流接触器 KMT 和交流接触器 KM_2 线圈断电释放，KMT、KM_2 各自的三相主触点均断开，电动机失电停止运转。

电路布线图（图 9.29）

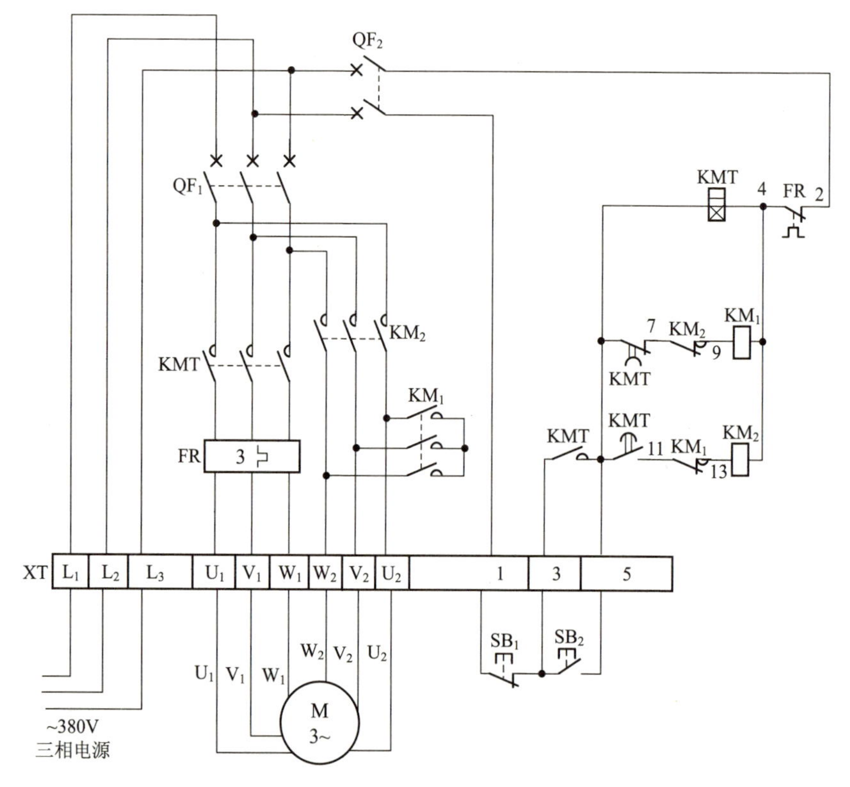

图 9.29　得电延时头配合接触器控制电动机Y－△启动电路布线图

从图 9.29 中可以看出，XT 为接线端子排，通过端子排 XT 来区分电气元件的安装位置，XT 的上方为放置在配电箱内底板上或底部位置的电气元件，XT 的下方为外接或引至配电箱门面板上的电气元件。

从端子排 XT 上看，共有 12 个接线端子。其中，L_1、L_2、L_3 这 3 根线为由外引入配电箱的三相交流 380V 电源，并穿管引入；U_1、V_1、W_1、U_2、V_2、W_2 这 6 根线为电动机线，穿管接至电动机接线盒内的

U_1、V_1、W_1、U_2、V_2、W_2 上；1、3、5 这 3 根线为控制线，接至配电箱门面板上的按钮开关 SB_1、SB_2 上。

元器件安装排列图及端子图（图 9.30）

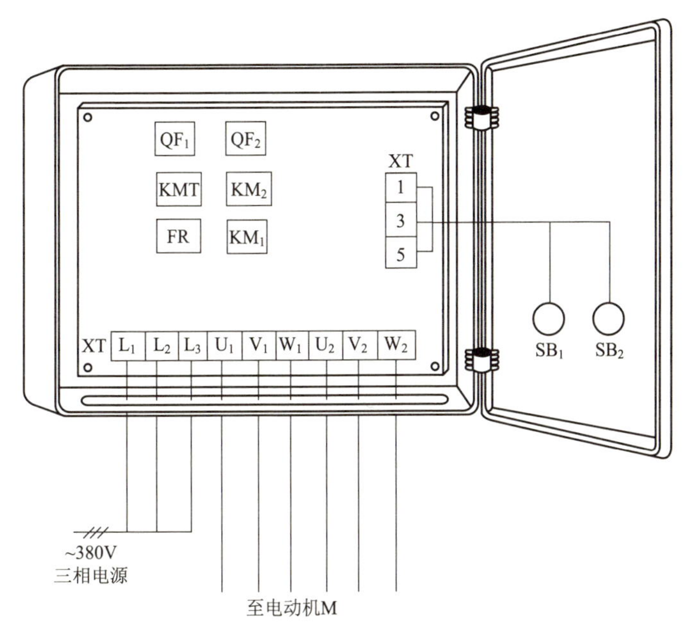

图 9.30 得电延时头配合接触器控制电动机Y－△启动电路元器件安装排列图及端子图

从图 9.30 中可以看出，断路器 QF_1、QF_2，交流接触器 KM_1、KM_2，带得电延时头的交流接触器 KMT，热继电器 FR 安装在配电箱内底板上；按钮开关 SB_1、SB_2 安装在配电箱门面板上。

通过端子 L_1、L_2、L_3 将三相交流 380V 电源接入配电箱中。

端子 U_1、V_1、W_1、U_2、V_2、W_2 接至电动机接线盒中的 U_1、V_1、W_1、U_2、V_2、W_2 上。

端子 1、3、5 将配电箱内的器件与配电箱门面板上的按钮开关 SB_1、SB_2 连接起来。

9.11 得电延时头配合接触器实现电动机定时停机控制电路

工作原理（图 9.31）

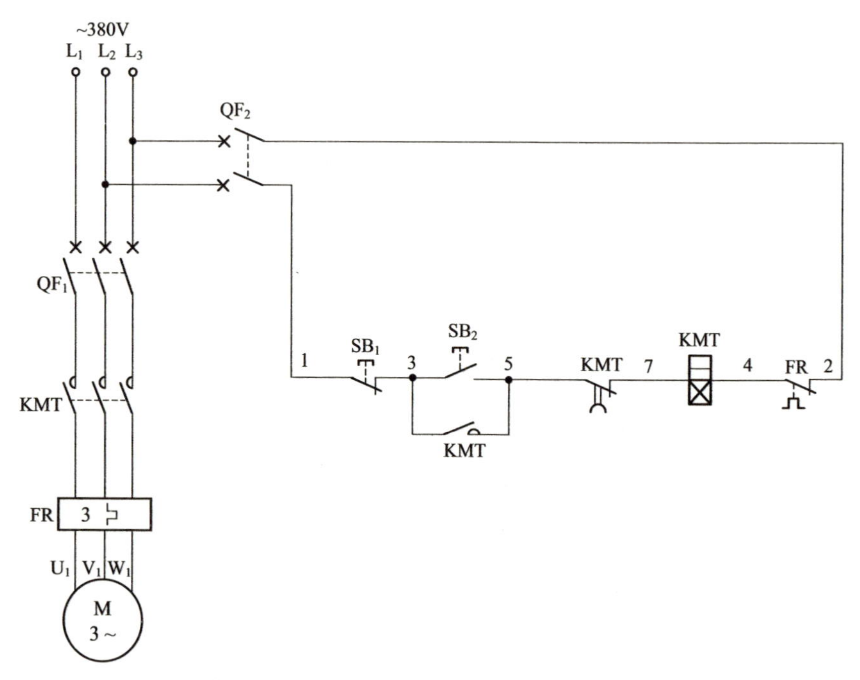

图 9.31　得电延时头配合接触器实现电动机定时停机控制电路原理图

启动时，按下启动按钮 SB_2（3-5），带得电延时头的交流接触器 KMT 线圈得电吸合且 KMT 辅助常开触点（3-5）闭合自锁，KMT 开始定时，KMT 三相主触点闭合，电动机得电启动运转。经 KMT 设定定时时间后，KMT 得电延时断开的常闭触点（5-7）断开，切断了 KMT 线圈回路电源，KMT 线圈断电释放，KMT 三相主触点断开，电动机失电停止运转，至此完成定时停机控制。

若从按下启动按钮 SB_2（3-5）后到 KMT 的定时时间未结束前需进行停机，可直接按下停机按钮 SB_1（1-3），KMT 线圈断电释放，KMT 三相主触点断开，电动机失电停止运转，至此完成手动停机控制。

电路布线图（图 9.32）

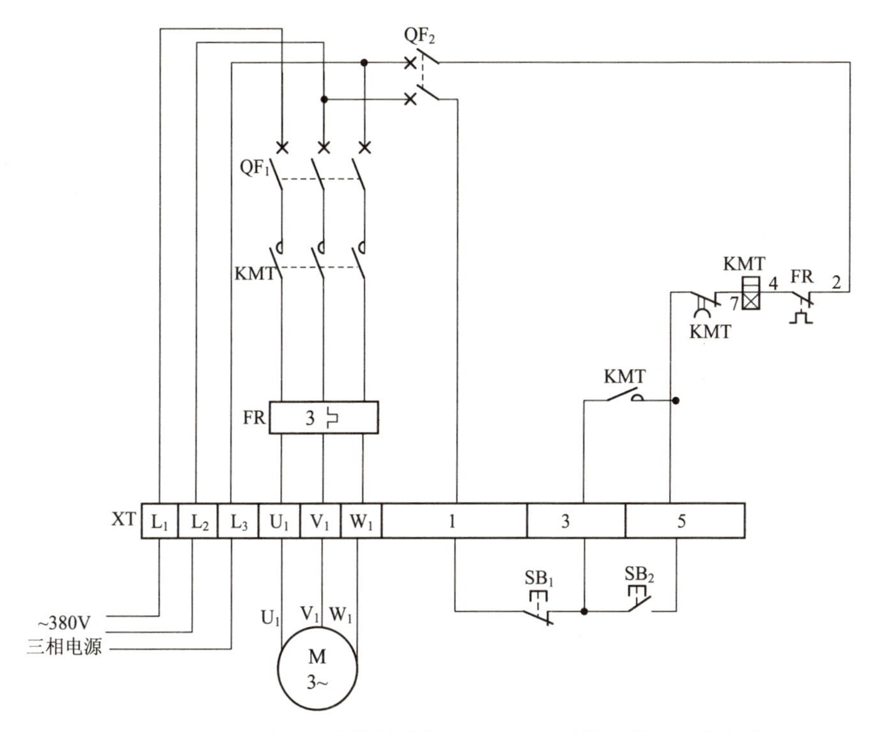

图 9.32 得电延时头配合接触器实现电动机定时停机控制电路布线图

从图 9.32 中可以看出，XT 为接线端子排，通过端子排 XT 来区分电气元件的安装位置，XT 的上方为放置在配电箱内底板上或底部位置的电气元件，XT 的下方为外接或引至配电箱门面板上的电气元件。

从端子排 XT 上看，共有 9 个接线端子。其中，L_1、L_2、L_3 这 3 根线为由外引入配电箱的三相交流 380V 电源，并穿管引入；U_1、V_1、W_1 这 3 根线为电动机线，穿管接至电动机接线盒内的 U_1、V_1、W_1 上；1、3、5 这 3 根线为控制线，接至配电箱门面板上的按钮开关 SB_1、SB_2 上。

元器件安装排列图及端子图（图 9.33）

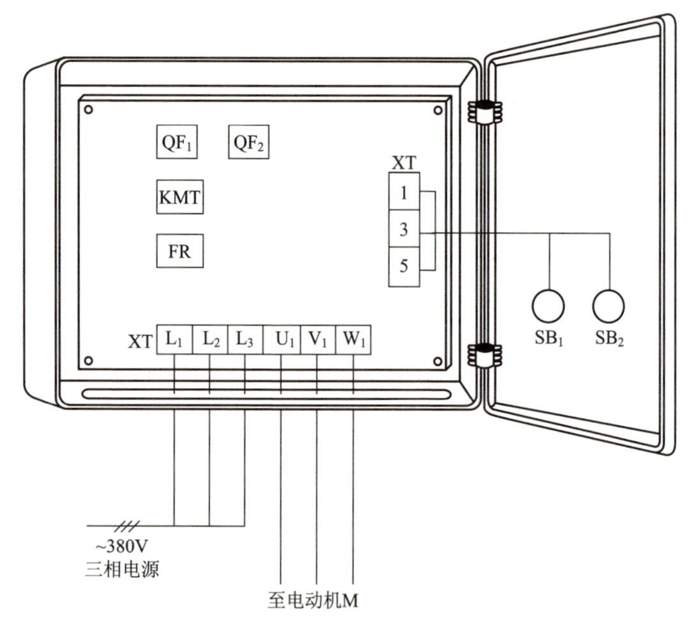

图 9.33　得电延时头配合接触器实现电动机定时停机控制电路元器件安装排列图及端子图

从图 9.33 中可以看出，断路器 QF_1、QF_2，带得电延时头的交流接触器 KMT，热继电器 FR 安装在配电箱内底板上；按钮开关 SB_1、SB_2 安装在配电箱门面板上。

通过端子 L_1、L_2、L_3 将三相交流 380V 电源接入配电箱中。

端子 U_1、V_1、W_1 接至电动机接线盒中的 U_1、V_1、W_1 上。

端子 1、3、5 将配电箱内的器件与配电箱门面板上的按钮开关 SB_1、SB_2 连接起来。

9.12 得电延时头配合接触器控制电动机间歇运转电路

工作原理（图 9.34）

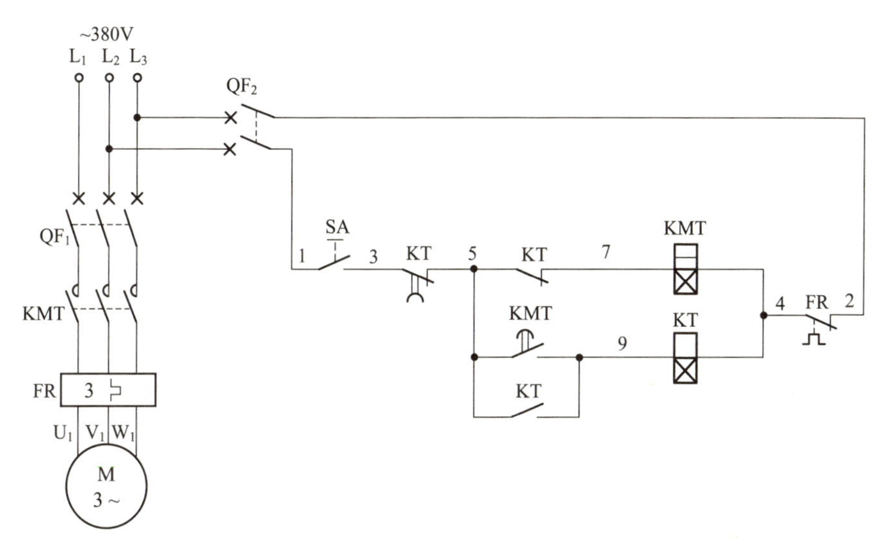

图 9.34　得电延时头配合接触器控制电动机间歇运转电路原理图

合上控制开关 SA（1-3），带得电延时头的交流接触器 KMT 线圈得电吸合并开始延时，KMT 三相主触点闭合，电动机得电启动运转。经 KMT 一段时间延时后，KMT 得电延时闭合的常开触点（5-9）闭合，接通了得电延时时间继电器 KT 线圈回路电源，KT 线圈得电吸合且 KT 的一组不延时瞬动常开触点（5-9）闭合自锁，KT 开始延时，KT 的另一组不延时瞬动常闭触点（5-7）断开，切断了带得电延时头的交流接触器 KMT 线圈回路电源，KMT 线圈断电释放，KMT 三相主触点断开，电动机失电停止运转。经 KT 一段时间延时后，KT 得电延时断开的常闭触点（3-5）断开，切断了 KT 线圈回路电源，KT 线圈断电释放，KT 所有触点恢复原始状态。这样，带得电延时头的交流接触器 KMT 线圈又重新得电吸合并开始延时，KMT 三相主触点闭合，电动机又重新得电启动运转了，从而完成间歇运转控制。实际上，KMT 的延时时间为电动机的运转时间，KT 的延时时间为电动机的停止运转时间。

电路布线图（图 9.35）

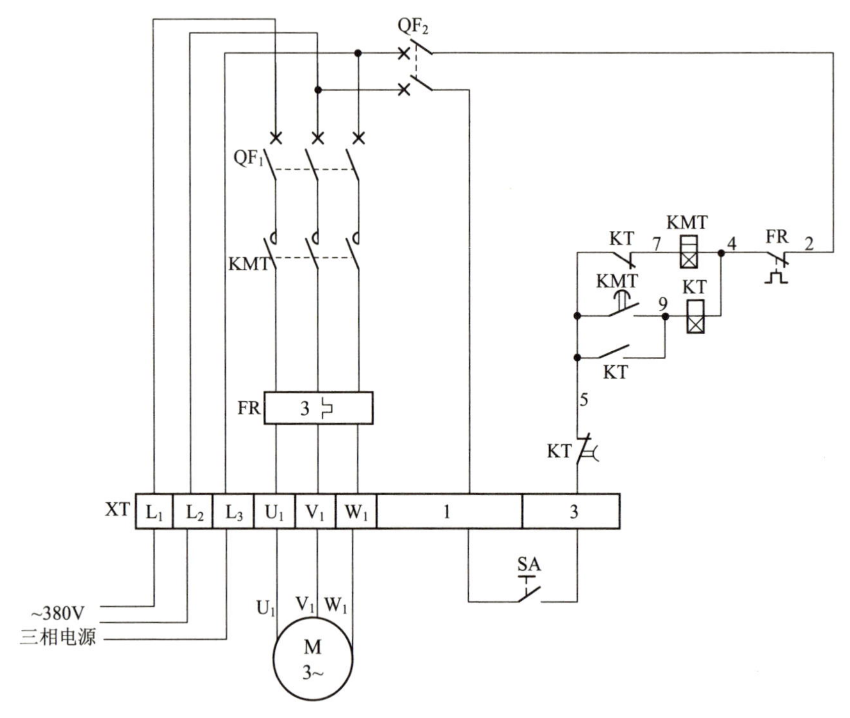

图 9.35　得电延时头配合接触器控制电动机间歇运转电路布线图

从图 9.35 中可以看出，XT 为接线端子排，通过端子排 XT 来区分电气元件的安装位置，XT 的上方为放置在配电箱内底板上的电气元件，XT 的下方为外接或引至配电箱门面板上的电气元件。

从端子排 XT 上看，共有 8 个接线端子。其中，L_1、L_2、L_3 这 3 根线为由外引入配电箱的三相交流 380V 电源，并穿管引入；U_1、V_1、W_1 这 3 根线为电动机线，穿管接至电动机接线盒内的 U_1、V_1、W_1 上；1、3 这 2 根线为控制线，接至配电箱门面板上的按钮开关 SA 上。

元器件安装排列图及端子图（图 9.36）

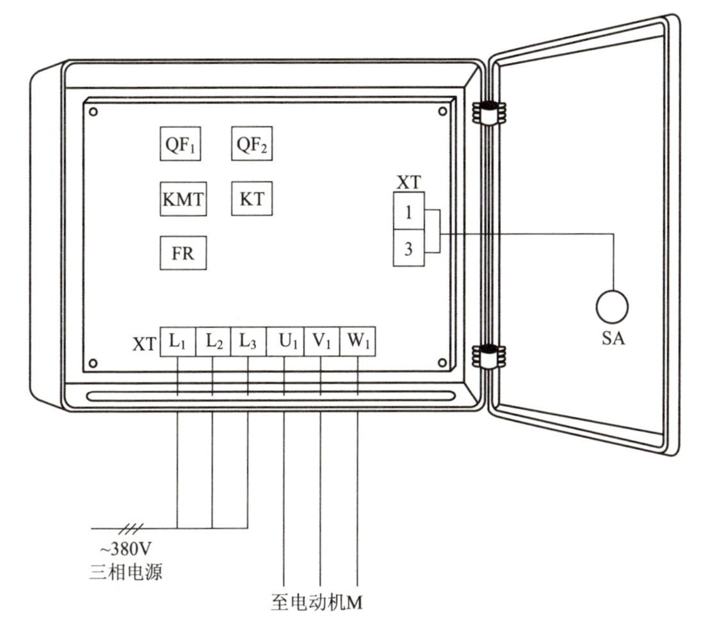

图 9.36 得电延时头配合接触器控制电动机间歇运转电路元器件安装排列图及端子图

从图 9.36 中可以看出，断路器 QF_1、QF_2，带得电延时头的交流接触器 KMT，得电延时时间继电器 KT，热继电器 FR 安装在配电箱内底板上；按钮开关 SB_1、SB_2 安装在配电箱门面板上。

通过端子 L_1、L_2、L_3 将三相交流 380V 电源接入配电箱中。

端子 U_1、V_1、W_1 接至电动机接线盒中的 U_1、V_1、W_1 上。

端子 1、3 将配电箱内的器件与配电箱门面板上的控制开关 SA 连接起来。

9.13 失电延时头配合接触器控制电动机单向能耗制动电路

工作原理（图 9.37）

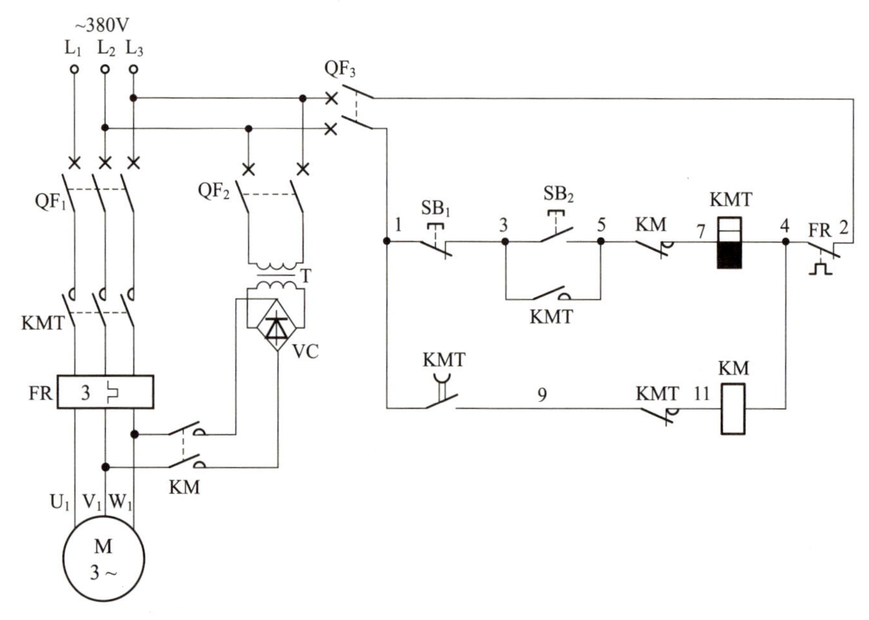

图 9.37　失电延时头配合接触器控制电动机单向能耗制动电路原理图

启动时，按下启动按钮 SB_2（3-5），接通了带失电延时头的交流接触器 KMT 线圈回路电源，KMT 线圈得电吸合且 KMT 辅助常开触点闭合自锁。在 KMT 线圈得电时，首先 KMT 串联在交流接触器 KM 线圈回路中的辅助常闭触点（9-11）先断开，切断 KM 线圈回路电源，起到互锁保护作用；KMT 失电延时断开的常开触点（1-9）立即闭合，为停止时能耗制动做准备。此时 KMT 三相主触点闭合，电动机得电启动运转。

能耗制动时，按下停止按钮 SB_1（1-3），切断了带失电延时头的交流接触器 KMT 线圈回路电源，KMT 线圈断电释放，KMT 开始延时，KMT 三相主触点断开，电动机失电但仍靠惯性继续转动。当 KMT 线圈断电释放时，KMT 串联在交流接触器 KM 线圈回路中的互锁保护辅助常闭触点（9-11）恢复常闭，接通了KM线圈回路电源，KM线圈得电吸合，KM三相主触点闭合，接通通入电动机绕组内的直流电源，使电动机绕组内产生一静止制动磁场，电动机在静止制动磁场的作用下迅速制动停止运转。经KMT一段时间延时后，KMT失电延时断开的常开触点（1-9）断开，切断了KM线圈回路电源，KM线圈断电释放，KM三相主触点断开，解除了通入电动机绕组内的直流电源，能耗制动结束。

电路布线图（图9.38）

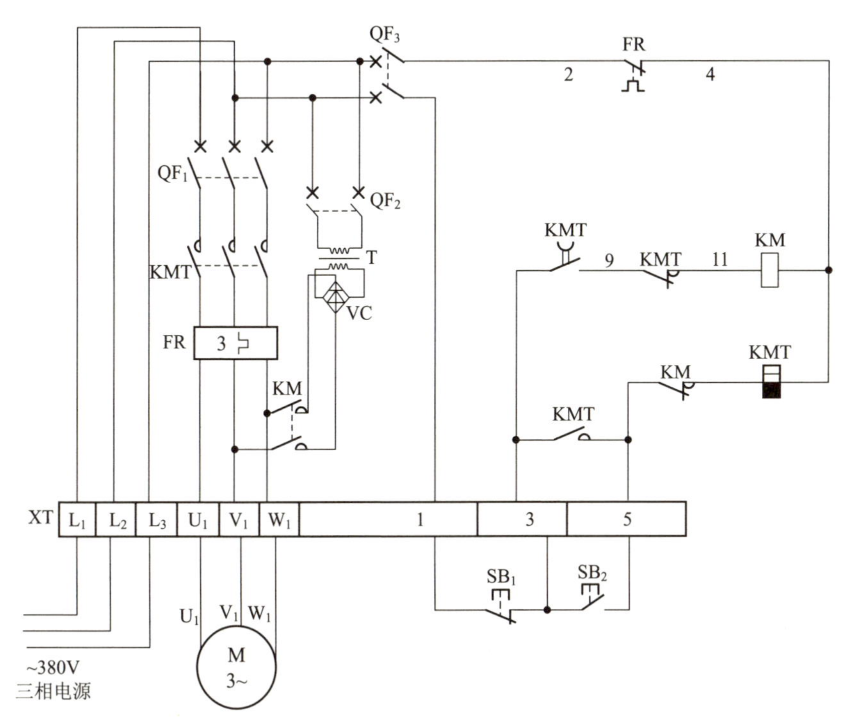

图9.38 失电延时头配合接触器控制电动机单向能耗制动电路布线图

从图9.38中可以看出，XT为接线端子排，通过端子排XT来区分电气元件的安装位置，XT的上方为放置在配电箱内底板上或底部位置的电气元件，XT的下方为外接或引至配电箱门面板上的电气元件。

从端子排XT上看，共有9个接线端子。其中，L_1、L_2、L_3这3根线为由外引入配电箱的三相交流 380V 电源，并穿管引入；U_1、V_1、W_1 这 3 根线为电动机线，穿管接至电动机接线盒内的 U_1、V_1、W_1 上；1、3、5 这 3 根线为控制线，接至配电箱门面板上的按钮开关 SB_1、SB_2 上。

元器件安装排列图及端子图（图 9.39）

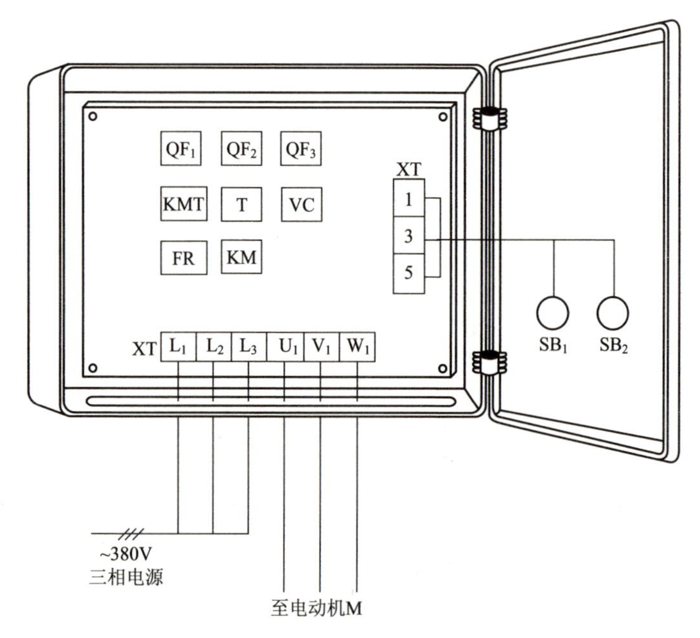

图 9.39　失电延时头配合接触器控制电动机单向能耗制动电路元器件安装排列图及端子图

从图 9.39 中可以看出，断路器 QF_1、QF_2、QF_3，交流接触器 KM，带失电延时头的交流接触器 KMT，小型电源变压器 T，整流桥 VC，热继电器 FR 安装在配电箱内底板上；按钮开关 SB_1、SB_2 安装在配电箱门面板上。

通过端子 L_1、L_2、L_3 将三相交流 380V 电源接入配电箱中。

端子 U_1、V_1、W_1 接至电动机接线盒中的 U_1、V_1、W_1 上。

端子 1、3、5 将配电箱内的器件与配电箱门面板上的按钮开关 SB_1、SB_2 连接起来。

9.14 失电延时头配合接触器完成短暂停电自动再启动电路

工作原理（图 9.40）

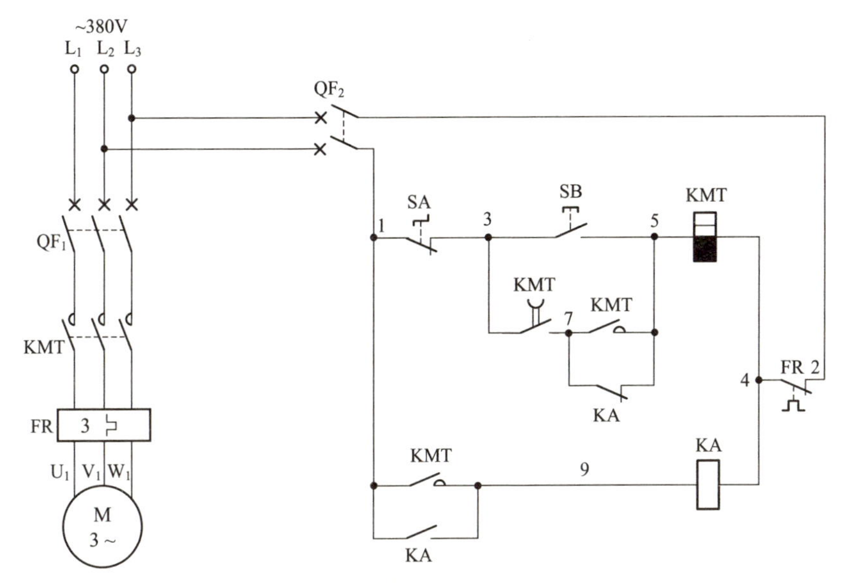

图 9.40　失电延时头配合接触器完成短暂停电自动再启动电路原理图

启动时，按下启动按钮 SB（3-5），带失电延时头的交流接触器 KMT 线圈得电吸合，KMT 失电延时断开的常开触点（3-7）立即闭合，为电网出现短暂停电允许再启动做准备；KMT 辅助常开触点（5-7）闭合自锁，KMT 三相主触点闭合，电动机得电启动运转。与此同时，KMT 的另一组常开触点（1-9）闭合，接通了中间继电器 KA 线圈回路电源，KA 线圈得电吸合且 KA 常开触点（1-9）闭合自锁，KA 并联在 KMT 自锁常开触点（5-7）上的常闭触点（5-7）断开，也为电网出现短暂停电提供自动启动回路。

当电网出现短暂停电时，KMT、KA线圈均断电释放，KMT开始延时。倘若在KMT设定延时时间内电网又恢复供电，电源L_2→QF_2→SA 常闭触点（1-3）→KMT失电延时断开的常开触点（3-7）（此时仍处于闭合状态）→KA常开触点（5-7）→KMT线圈→FR常闭触点（2-4）

→QF_2→电源L_3形成自启动回路，KMT线圈又重新得电吸合，KMT失电延时断开的常开触点（3-7）立即闭合，KMT辅助常开触点（5-7）闭合自锁，KMT的另一组辅助常开触点（1-9）闭合，KA线圈得电吸合且KA常开触点（1-9）闭合自锁，KA常闭触点（5-7）断开，KMT三相主触点闭合，电动机重新得电启动运转。

若电网停止再来电的时间超出 KT 的设定延时时间，KT 失电延时断开的常开触点（3-7）断开，切断其自启动回路，即使电网再来电也无法进行自动再启动。

电路布线图（图 9.41）

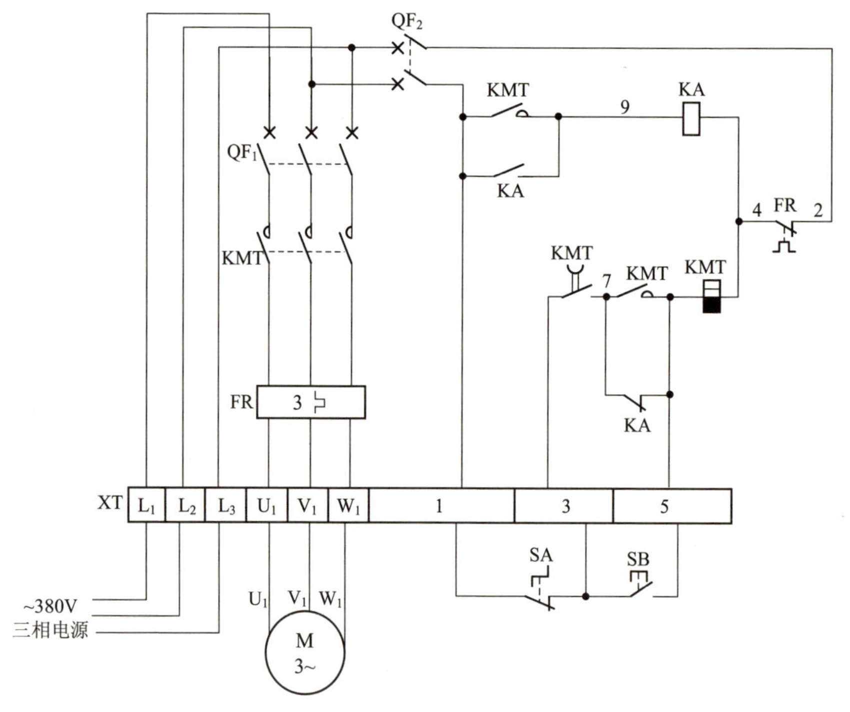

图 9.41　失电延时头配合接触器完成短暂停电自动再启动电路布线图

从图 9.41 中可以看出，XT 为接线端子排，通过端子排 XT 来区分电气元件的安装位置，XT 的上方为放置在配电箱内底板上或底部位置的电气元件，XT 的下方为外接或引至配电箱门面板上的电气元件。

从端子排 XT 上看，共有 9 个接线端子。其中，L_1、L_2、L_3 这 3 根线为由外引入配电箱的三相交流 380V 电源，并穿管引入；U_1、V_1、W_1 这 3 根线为电动机线，穿管接至电动机接线盒内的 U_1、V_1、W_1 上；1、3、5 这 3 根线为控制线，接至配电箱门面板上的按钮开关 SB、选择开关 SA 上。

元器件安装排列图及端子图（图 9.42）

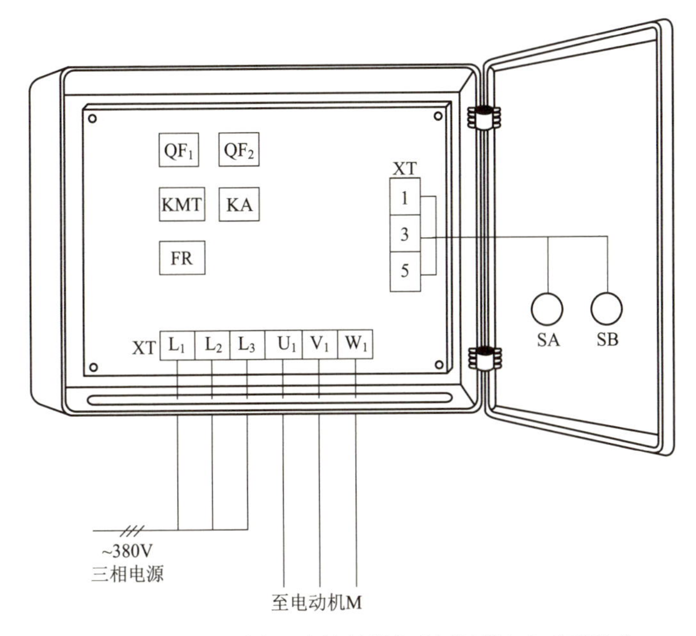

图 9.42 失电延时头配合接触器完成短暂停电自动再启动电路元器件安装排列图及端子图

从图 9.42 中可以看出，断路器 QF_1、QF_2，带失电延时头的交流接触器 KMT，中间继电器 KA，热继电器 FR 安装在配电箱内底板上；按钮开关 SB、转换开关 SA 安装在配电箱门面板上。

通过端子 L_1、L_2、L_3 将三相交流 380V 电源接入配电箱中。

端子 U_1、V_1、W_1 接至电动机接线盒中的 U_1、V_1、W_1 上。

端子 1、3、5 将配电箱内的器件与配电箱门面板上的按钮开关 SB、转换开关 SA 连接起来。

9.15 失电延时头配合接触器实现可逆四重互锁保护控制电路

工作原理（图 9.43）

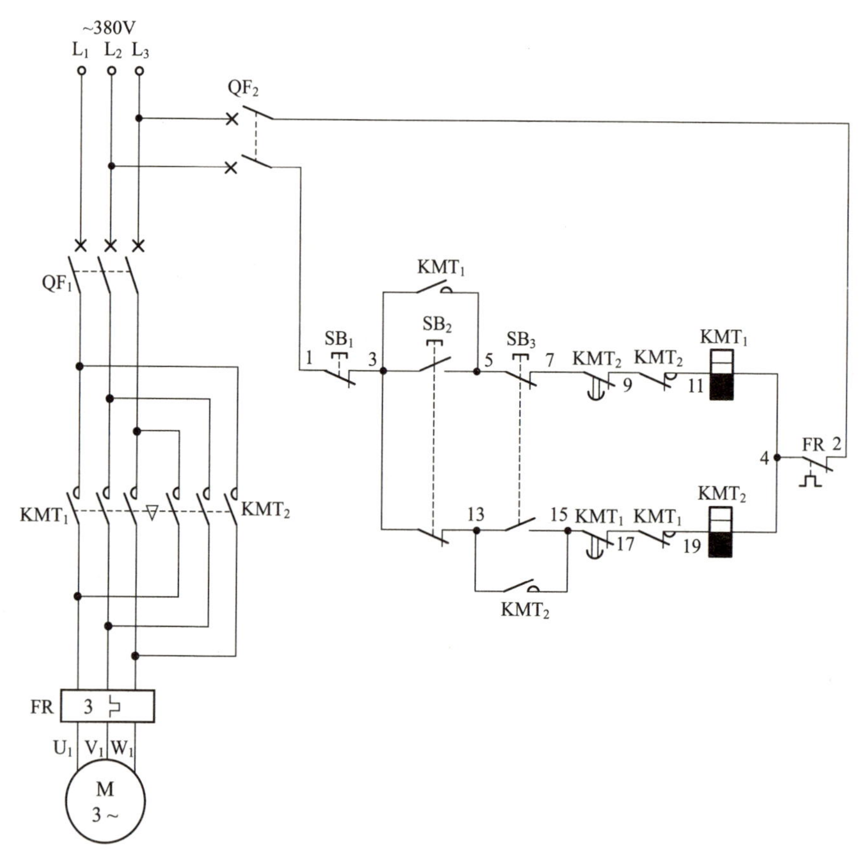

图 9.43　失电延时头配合接触器实现可逆四重互锁保护控制电路原理图

正转启动时，按下正转启动按钮 SB_2，SB_2 串联在反转带失电延时头的交流接触器 KMT_2 线圈回路中的常闭触点（3-13）断开，为二重互锁保护；SB_2 的另一组常开触点（3-5）闭合，接通正转带失电延时头的交流接触器 KMT_1 线圈回路电源，KMT_1 线圈得电吸合，KMT_1 不延时瞬动常开触点（17-19）断开，为三重互锁保护；KMT_1 失电延时闭合的常闭触点（15-17）立即断开，为四重互锁保护。此时，KMT_1 辅助常开触点(3-5)闭合自锁，KMT_1 三相主触点闭合，电动机得电正转启动运转。电动机正转启动运转后，不需按停止按钮 SB_1（1-3），可直接操作反转启动按钮 SB_3 进行反转启动。

电路布线图（图 9.44）

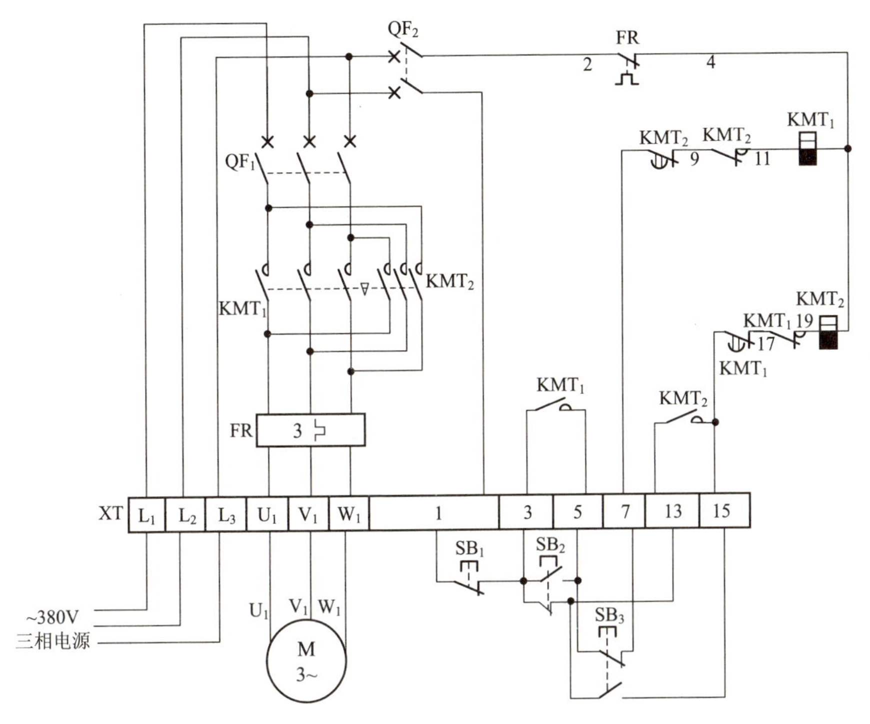

图 9.44 失电延时头配合接触器实现可逆四重互锁保护控制电路布线图

从图 9.44 中可以看出，XT 为接线端子排，通过端子排 XT 来区分电气元件的安装位置，XT 的上方为放置在配电箱内底板上或底部位置的电气元件，XT 的下方为外接或引至配电箱门面板上的电气元件。

从端子排 XT 上看，共有 12 个接线端子。其中，L_1、L_2、L_3 这 3 根线为由外引入配电箱的三相交流 380V 电源，并穿管引入；U_1、V_1、W_1 这 3 根线为电动机线，穿管接至电动机接线盒内的 U_1、V_1、W_1 上；1、3、5、7、13、15 这 6 根线为控制线，接至配电箱门面板上的按钮开关 SB_1、SB_2、SB_3 上。

元器件安装排列图及端子图（图 9.45）

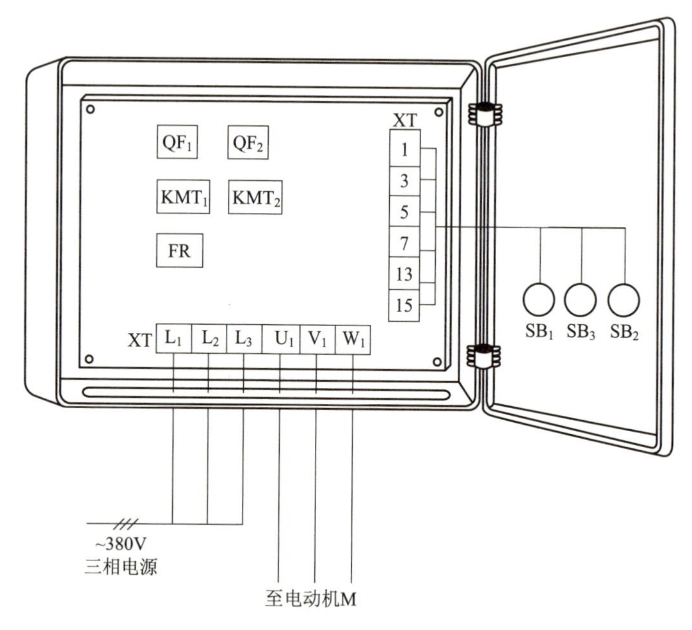

图 9.45　失电延时头配合接触器实现可逆四重互锁保护控制电路元器件安装排列图及端子图

从图 9.45 中可以看出，断路器 QF_1、QF_2 带失电延时头的交流接触器 KMT_1、KMT_2，热继电器 FR 安装在配电箱内底板上；按钮开关 SB_1、SB_2、SB_3 安装在配电箱门面板上。

通过端子 L_1、L_2、L_3 将三相交流 380V 电源接入配电箱中。

端子 U_1、V_1、W_1 接至电动机接线盒中的 U_1、V_1、W_1 上。

端子 1、3、5、7、13、15 将配电箱内的器件与配电箱门面板上的按钮开关 SB_1、SB_2、SB_3 连接起来。

第 10 章

其他实用电工电路

10.1 异地同时开机控制电路

工作原理（图 10.1）

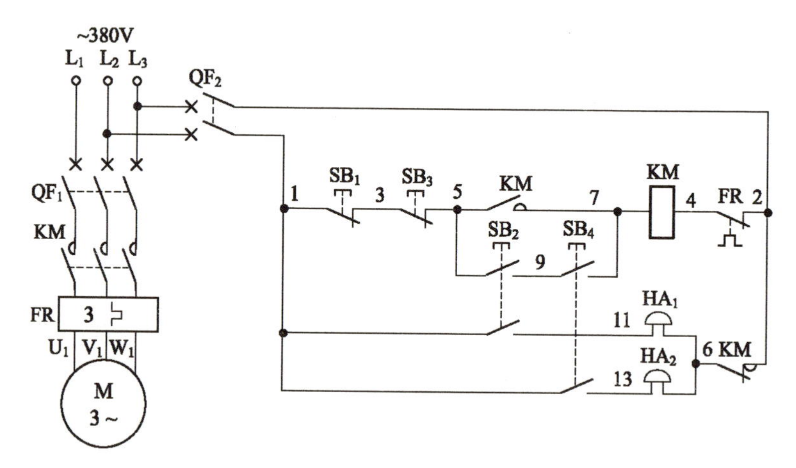

图 10.1　异地同时开机控制电路原理图

启动时，倘若甲地先按下甲地启动按钮 SB_2，SB_2 的一组常开触点（5-9）闭合，为接通交流接触器 KM 线圈做准备；SB_2 的另一组常开触点（1-11）闭合，电铃 HA_1 鸣响，告知乙地同时开机启动。当乙地听到甲地开机电铃鸣响后，随即按下乙地启动按钮 SB_4，SB_4 的一组常开触点（1-13）闭合，电铃 HA_2 响，以告知甲地正在进行异地同时开机；SB_4 的另一组常开触点（7-9）闭合，使交流接触器 KM 线圈得电吸合且 KM 辅助常开触点（5-7）闭合自锁，KM 三相主触点闭合，电动机得电启动运转。松开启动按钮 SB_2、SB_4 后，电铃 HA_1、HA_2 停止鸣响。从而完成异地同时开机控制。

停止时，任意按下甲地或乙地停止按钮 SB_1（1-3）或 SB_3（3-5），切断了交流接触器 KM 线圈回路电源，KM 线圈断电释放，KM 三相主触点断开，电动机失电停止运转。

电路布线图（图 10.2）

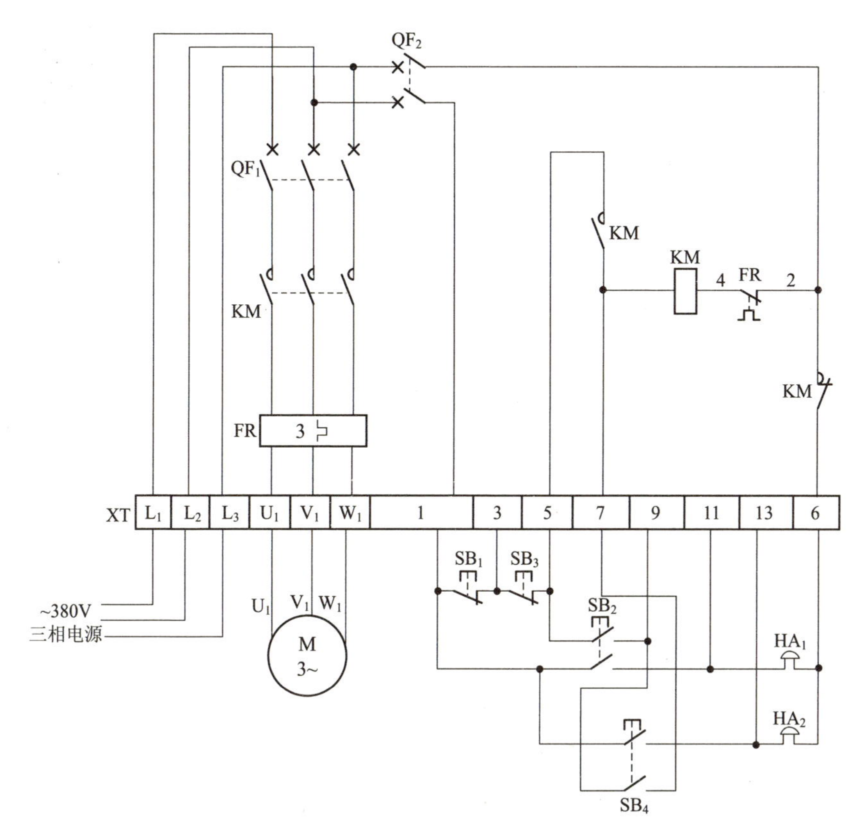

图 10.2 异地同时开机控制电路布线图

从图 10.2 中可以看出，XT 为接线端子排，通过端子排 XT 来区分电气元件的安装位置，XT 的上方为放置在配电箱内底板上或底部位置的电气元件，XT 的下方为外接或引至配电箱门面板上的电气元件。

从端子排 XT 上看，共有 14 个接线端子。其中，L_1、L_2、L_3 这 3 根线为由外引入配电箱的三相交流 380V 电源，并穿管引入；U_1、V_1、W_1 这 3 根线为电动机线，穿管接至电动机接线盒内的 U_1、V_1、W_1 上；1、3、5、9、11、6 这 6 根线为控制线，接至配电箱门面板上的按钮开关 SB_1、SB_2，电铃 HA_1 上；7、9、13、6 这 4 根线为控制线，接至乙地操作箱处的按钮开关 SB_3、SB_4，电铃 HA_2 上。

元器件安装排列图及端子图（图 10.3）

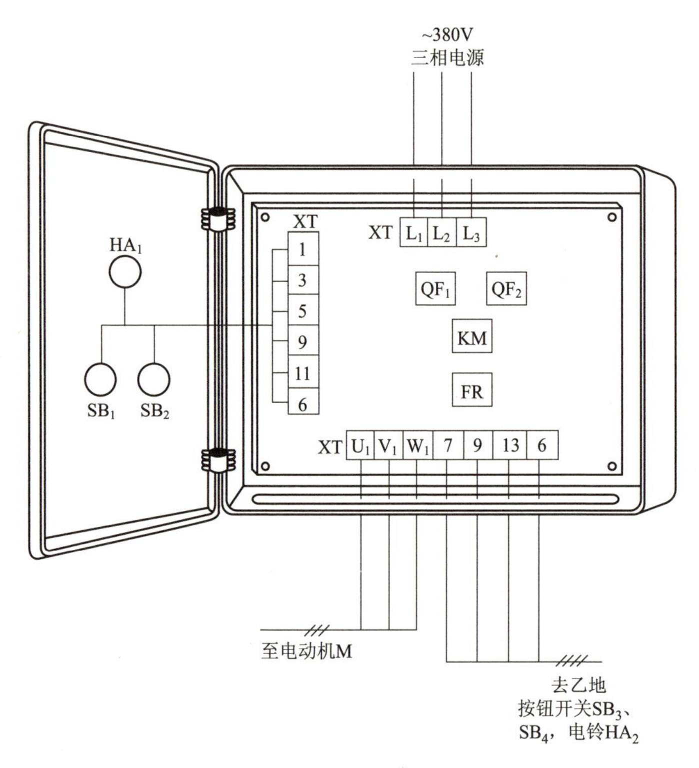

图 10.3　异地同时开机控制电路元器件安装排列图及端子图

从图 10.3 中可以看出，断路器 QF_1、QF_2，交流接触器 KM，热继电器 FR 安装在配电箱内底板上；按钮开关 SB_1、SB_2，电铃 HA_1 安装在配电箱门面板上。

通过端子 L_1、L_2、L_3 将三相交流 380V 电源接入配电箱中。

端子 U_1、V_1、W_1 接至电动机接线盒中的 U_1、V_1、W_1 上。

端子 1、3、5、9、11、6 将配电箱内的器件与配电箱门面板上的按钮开关 SB_1、SB_2，电铃 HA_1 连接起来。

端子 7、9、13、6 将接至乙地操作箱处的按钮开关 SB_3、SB_4，电铃 HA_2 上。

10.2 卷扬机控制电路（一）

工作原理（图 10.4）

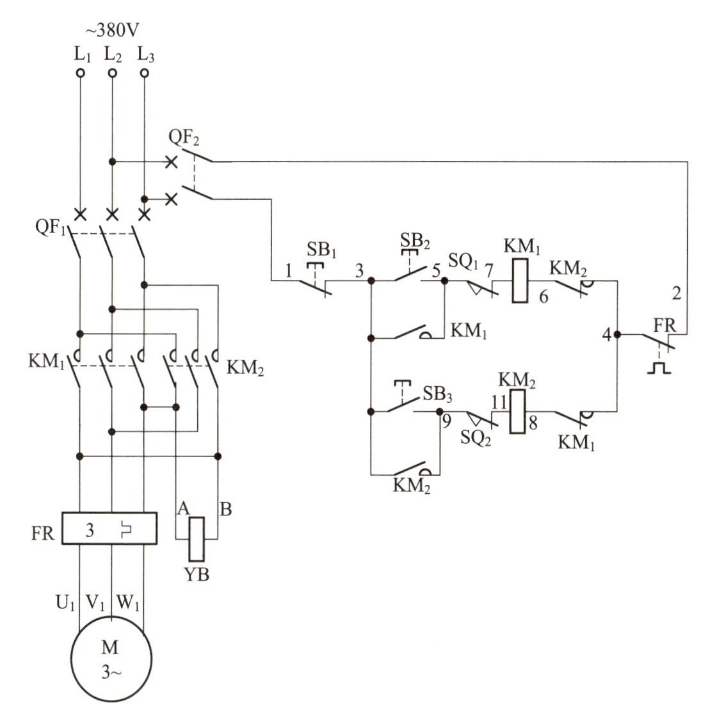

图 10.4　卷扬机控制电路（一）原理图

按下上升（正转）启动按钮 SB_2(3-5)，交流接触器 KM_1 线圈得电吸合且 KM_1 辅助常开触点 (3-5) 闭合自锁，KM_1 三相主触点闭合，电磁抱闸线圈得电，抱闸打开，电动机得电正转启动运转。欲停止时，则按下停止按钮 SB_1(1-3)，交流接触器 KM_1 线圈断电释放，KM_1 三相主触点断开，电动机失电停止运转且电磁抱闸线圈断电，抱闸抱住电动机转轴进行制动。

下降（反转）过程与上升（正转）类似，请读者自行分析。

电路布线图（图 10.5）

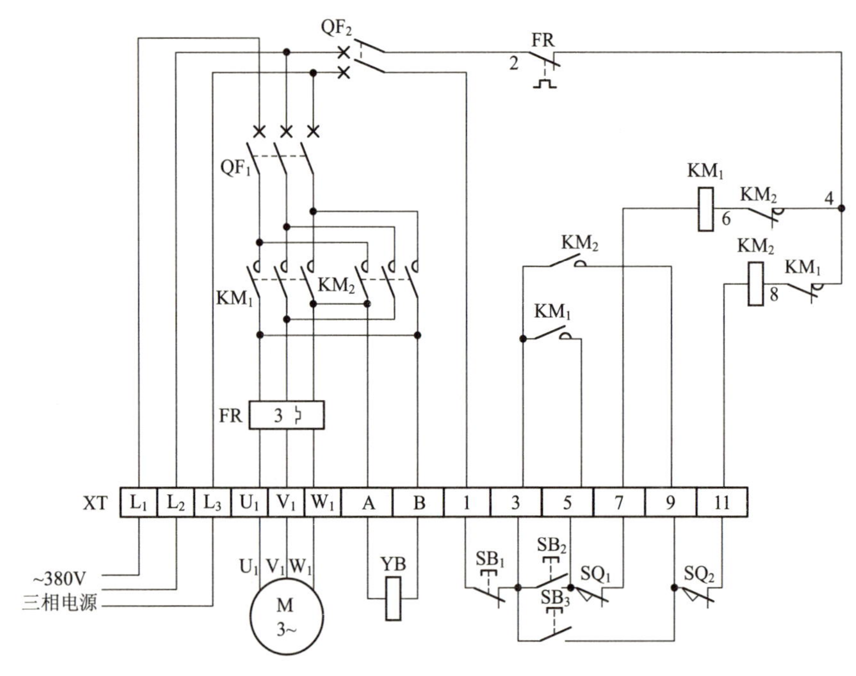

图 10.5　卷扬机控制电路 (一) 布线图

从图 10.5 中可以看出，XT 为接线端子排，通过端子排 XT 来区分电气元件的安装位置，XT 的上方为放置在配电箱内底板上的电气元件，XT 的下方为外接或引至配电箱门面板上的电气元件。

从端子排 XT 上看，共有 14 个接线端子。其中，L_1、L_2、L_3 这 3 根线为由外引入配电箱的三相交流 380V 电源，并穿管引入；U_1、V_1、W_1 这 3 根线为电动机线，穿管接至电动机接线盒内的 U_1、V_1、W_1 上；1、3、5、9 这 4 根线为控制线，接至配电箱门面板上的按钮开关 SB_1、SB_2、SB_3 上；5、7、9、11 这 4 根线为行程开关控制线，穿管分别接至行程开关 SQ_1、SQ_2 处；A、B 这 2 根线为电磁抱闸 YB 线圈线，穿管接至电磁抱闸 YB 线圈上。

元器件安装排列图及端子图（图 10.6）

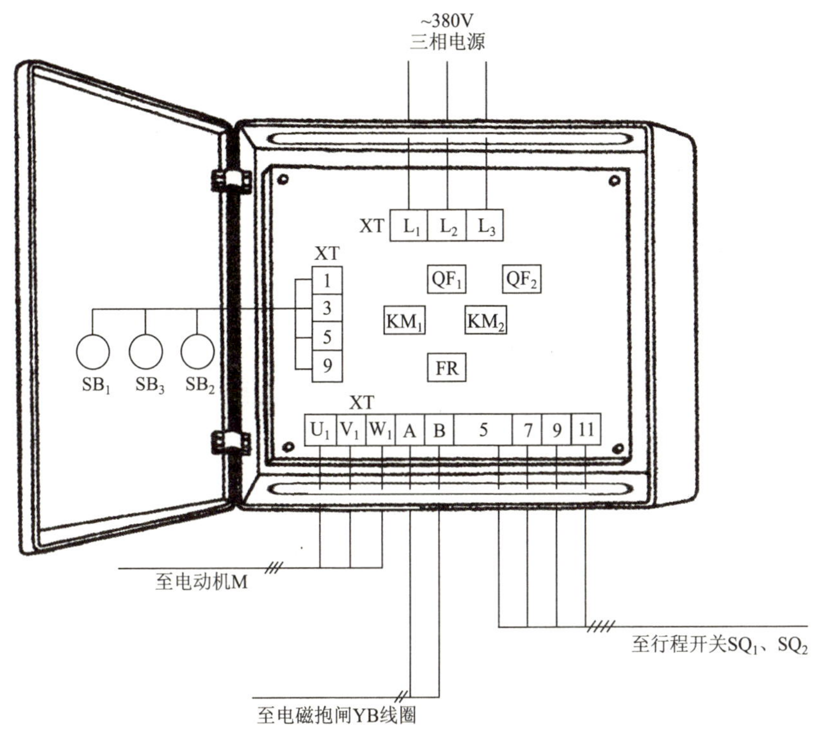

图 10.6 卷扬机控制电路（一）元器件安装排列图及端子图

从图 10.6 中可以看出，断路器 QF_1、QF_2，交流接触器 KM_1、KM_2，热继电器 FR 安装在配电箱内底板上；按钮开关 SB_1、SB_2、SB_3 安装在配电箱门面板上。

通过端子 L_1、L_2、L_3 将三相交流 380V 电源接入配电箱中。

端子 U_1、V_1、W_1 接至电动机接线盒中的 U_1、V_1、W_1 上。

端子 1、3、5、9 将配电箱内的器件与配电箱门面板上的按钮开关 SB_1、SB_2、SB_3 连接起来。

端子 5、7 接至行程开关 SQ_1 上。

端子 9、11 接至行程开关 SQ_2 上。

端子 A、B 接至制动电磁抱闸 YB 线圈上。

10.3 卷扬机控制电路（二）

工作原理（图 10.7）

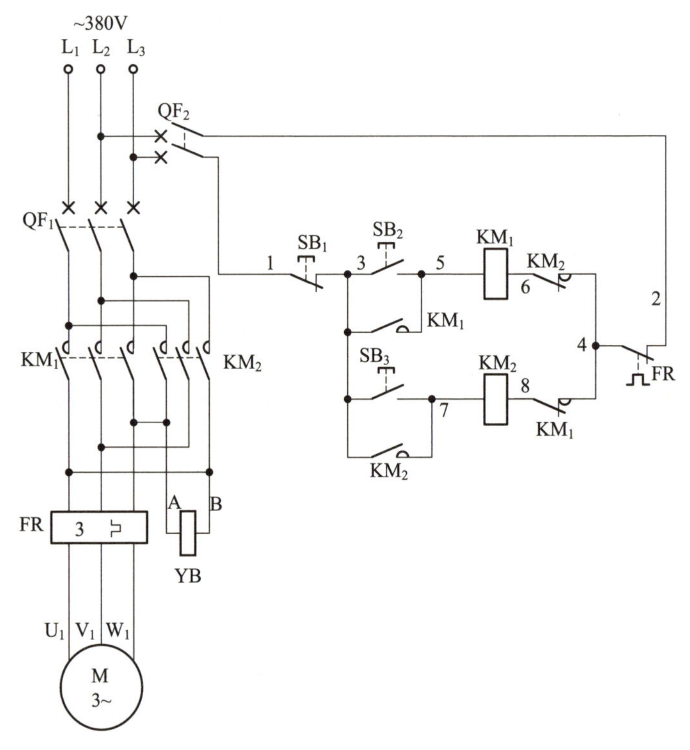

图 10.7　卷扬机控制电路（二）原理图

需提升时，按下正转启动按钮 SB_2(3-5)，正转交流接触器 KM_1 线圈得电吸合且 KM_1 辅助常开触点 (3-5) 闭合自锁，KM_1 三相主触点闭合，电动机及电磁抱闸 YB 线圈同时通电，电磁衔铁被吸合到铁心上，衔铁通过停挡压在制动杆上迫使制动杆移动，使制动器闸瓦松开，电动机得电正转运转，拖动装置上升。

提升过程需停止时，按下停止按钮 SB_1(1-3)，正转交流接触器 KM_1 线圈断电释放，KM_1 三相主触点断开，电动机失电停止运转，同时电磁抱闸线圈断电，制动器在弹簧的作用下使衔铁离开铁心，制动器闸瓦抱住电动机转轴进行刹车，拖动装置上升停止。

需下降时，按下反转启动按钮 SB_3(3-7)，反转交流接触器 KM_2 线圈得电吸合且 KM_2 辅助常开触点 (3-7) 闭合自锁，KM_2 三相主触点闭合，电动机及电磁抱闸 YB 线圈同时通电，电动机得电反转运转，拖动装置下降。

下降过程需停止时，按下停止按钮 SB_1(1-3)，反转交流接触器 KM_2 线圈断电释放，KM_2 三相主触点断开，电动机失电停止运转。

电路布线图（图 10.8）

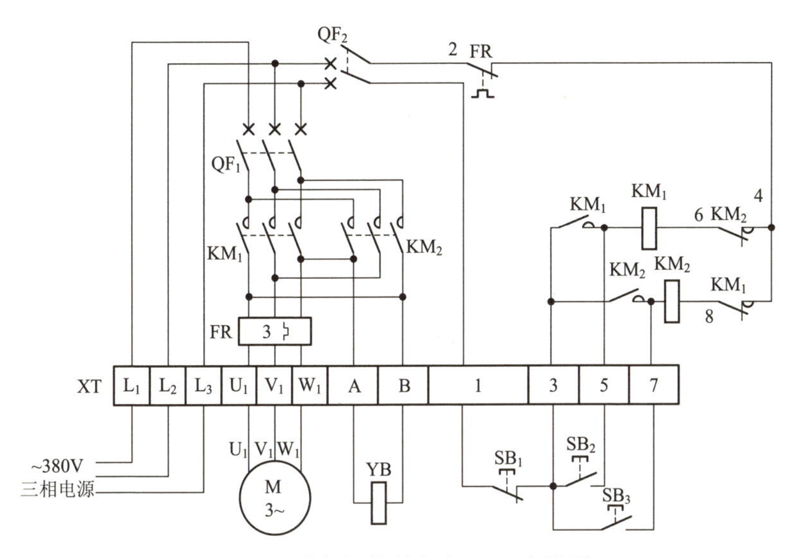

图 10.8 卷扬机控制电路（二）布线图

从图 10.8 中可以看出，XT 为接线端子排，通过端子排 XT 来区分电气元件的安装位置，XT 的上方为放置在配电箱内底板上的电气元件，XT 的下方为外接或引至配电箱门面板上的电气元件。

从端子排 XT 上看，共有 12 个接线端子。其中，L_1、L_2、L_3 这 3 根线为由外引入配电箱的三相交流 380V 电源，并穿管引入；U_1、V_1、W_1 这 3 根线为电动机线，穿管接至电动机接线盒内的 U_1、V_1、W_1 上；A、B 这 2 根线为电磁抱闸线圈线，穿管接至电磁抱闸 YB 线圈上；1、3、5、7 这 4 根线为控制线，接至配电箱门面板上的按钮开关 SB_1、SB_2、SB_3 上。

元器件安装排列图及端子图（图 10.9）

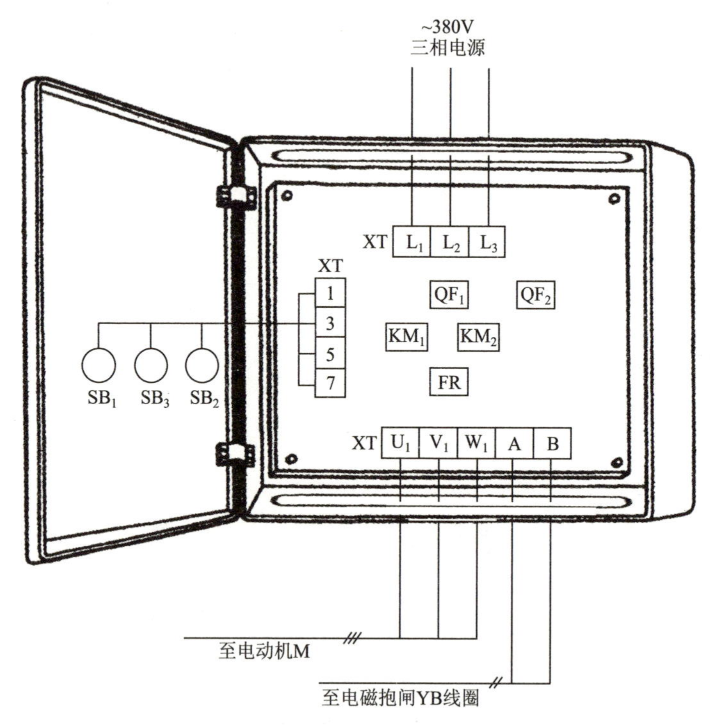

图 10.9　卷扬机控制电路（二）元器件安装排列图及端子图

从图 10.9 中可以看出，断路器 QF_1、QF_2，交流接触器 KM_1、KM_2，热继电器 FR 安装在配电箱内底板上；按钮开关 SB_1、SB_2、SB_3 安装在配电箱门面板上。

通过端子 L_1、L_2、L_3 将三相交流 380V 电源接入配电箱中。

端子 U_1、V_1、W_1 接至电动机接线盒中的 U_1、V_1、W_1 上。

端子 1、3、5、7 将配电箱内的器件与配电箱门面板上的按钮开关 SB_1、SB_2、SB_3 连接起来。

端子 A、B 将接至制动电磁抱闸 YB 线圈上。

10.4 电动机固定转向控制电路

工作原理（图 10.10）

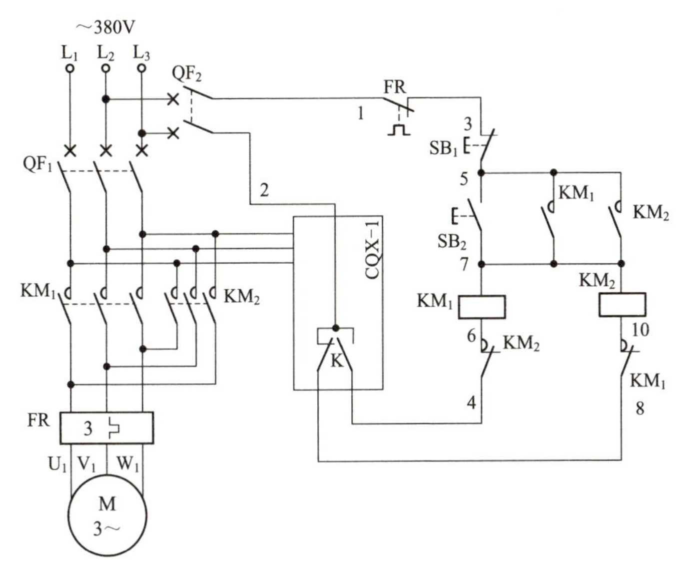

图 10.10 电动机固定转向控制电路原理图

首先合上主回路断路器 QF_1、控制回路断路器 QF_2，为电路工作提供准备条件。

正相序时，CQX-1 动作，其内部继电器 K 动作，K 常闭触点断开，常开触点闭合，此时按下启动按钮 SB_2(5-7)，交流接触器 KM_1 线圈得电吸合且 KM_1 辅助常开触点 (5-7) 闭合自锁，KM_1 三相主触点闭合，电动机得电（正相序）运转，拖动设备正常工作。

逆相序时，CQX-1 不动作，其内部继电器 K 恢复原始状态，K 常闭触点恢复常闭，此时按下启动按钮 SB_2(5-7)，交流接触器 KM_2 线圈得电吸合且 KM_2 辅助常开触点 (5-7) 闭合自锁，KM_2 三相主触点闭合，电动机得电（因电网已反相序，再通过 KM_2 将反相序又纠正了过来，即反反得正，又成为正相序了）正常运转，拖动设备正常工作。

电路布线图（图 10.11）

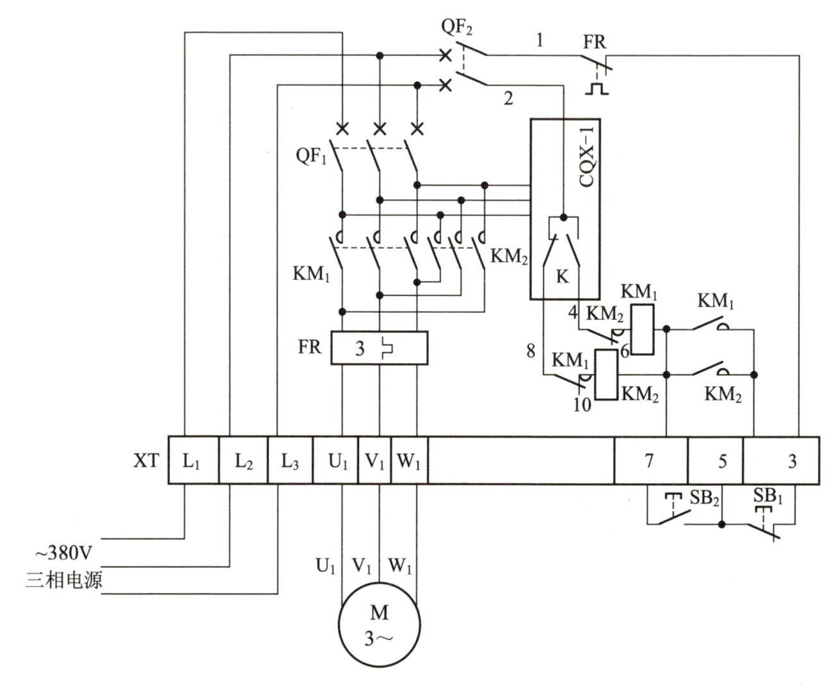

图 10.11　电动机固定转向控制电路布线图

从图 10.11 中可以看出，XT 为接线端子排，通过端子排 XT 来区分电气元件的安装位置，XT 的上方为放置在配电箱内底板上的电气元件，XT 的下方为外接或引至配电箱门面板上的电气元件。

从端子排 XT 上看，共有 9 个接线端子。其中，L_1、L_2、L_3 这 3 根线为由外引入配电箱的三相交流 380V 电源，并穿管引入；U_1、V_1、W_1 这 3 根线为电动机线，穿管接至电动机接线盒内的 U_1、V_1、W_1 上；3、5、7 这 3 根线为控制线，接至配电箱门面板上的按钮开关 SB_1、SB_2 上。

元器件安装排列图及端子图（图 10.12）

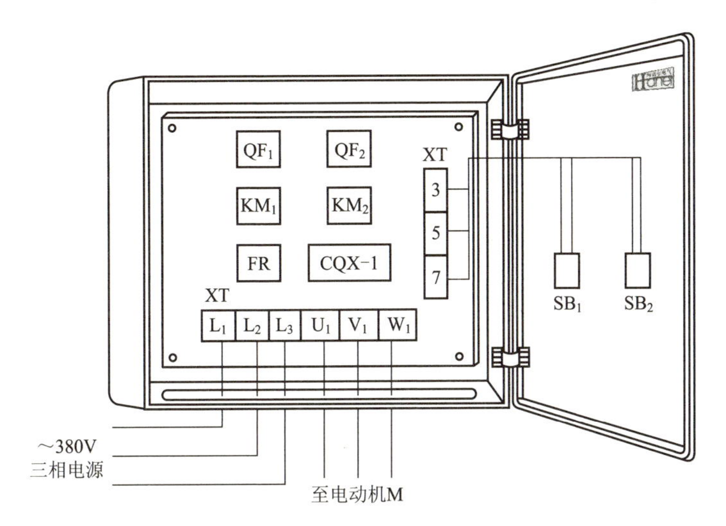

图 10.12　电动机固定转向控制电路元器件安装排列图及端子图

从图 10.12 中可以看出，断路器 QF_1、QF_2，交流接触器 KM_1、KM_2，热继电器 FR，CQX-1 错缺相保护器安装在配电箱内底板上；按钮开关 SB_1、SB_2 安装在配电箱门面板上。

通过端子 L_1、L_2、L_3 将三相交流 380V 电源接入配电箱中。

端子 U_1、V_1、W_1 接至电动机接线盒中的 U_1、V_1、W_1 上。

端子 3、5、7 将配电箱内的器件与配电箱门面板上的按钮开关 SB_1、SB_2 连接起来。

10.5 电动门控制电路(一)

工作原理(图 10.13)

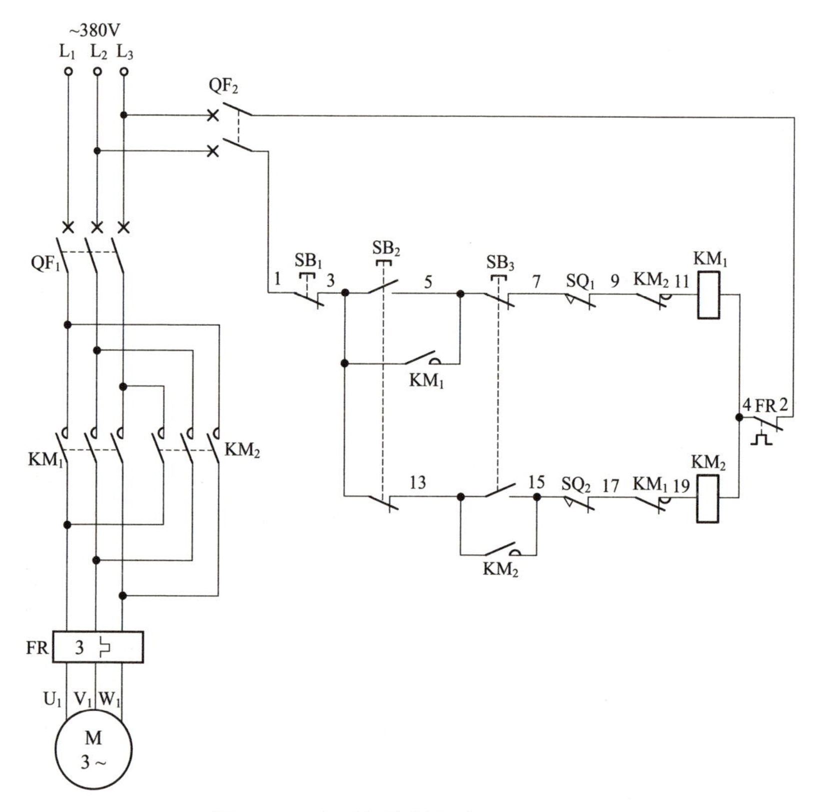

图 10.13　电动门控制电路(一)原理图

开门时，按下启动按钮 SB_2，SB_2 的一组常开触点 (3-5) 闭合，使交流接触器 KM_1 线圈得电吸合且 KM_1 辅助常开触点 (3-5) 闭合自锁，KM_1 三相主触点闭合，电动机得电正转运转，电动门打开。当电动门全部打开到位碰触到限位开关 SQ_1 时，SQ_1 常闭触点 (7-9) 断开，切断交流接触器 KM_1 线圈回路电源，KM_1 线圈断电释放，KM_1 三相主触点断开，电动机失电停止运转。按下开门启动按钮 SB_2 后，若需中途停止，按下停止按钮 SB_1 即可实现。

关门时，按下启动按钮 SB_3，SB_3 的一组常开触点 (13-15) 闭合，使交流接触器 KM_2 线圈得电吸合且 KM_2 辅助常开触点 (13-15) 闭合自锁，KM_2 三相主触点闭合，电动机得电反转运转，电动门关闭。当电动门全部关闭到位碰触到限位开关 SQ_2 时，SQ_2 常闭触点 (15-17) 断开，切断交流接触器 KM_2 线圈回路电源，KM_2 线圈断电释放，KM_2 三相主触点断开，电动机失电停止运转。按下关门启动按钮 SB_3 后，若需中途停止，按下停止按钮 SB_1 即可实现。

电路布线图（图 10.14）

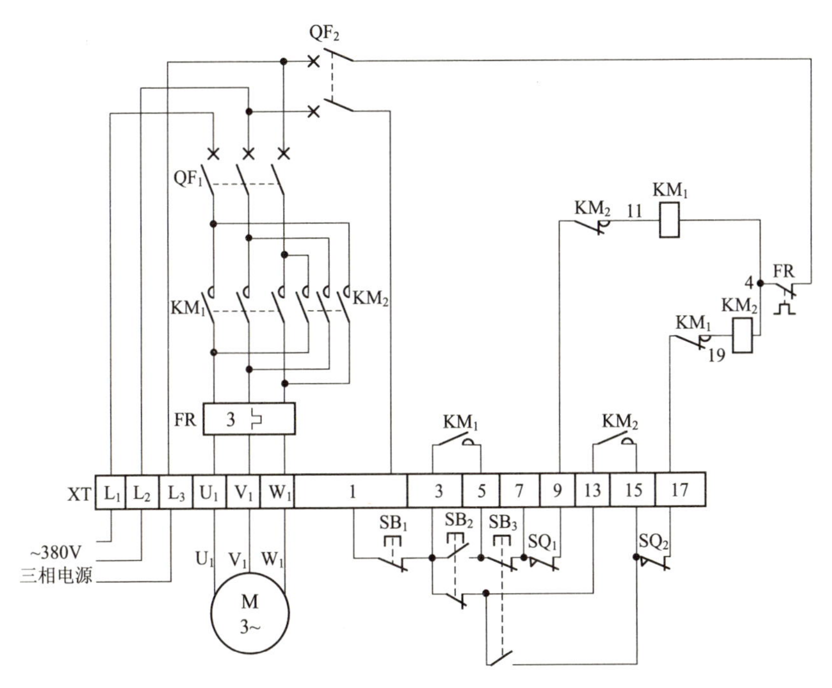

图 10.14 电动门控制电路(一)布线图

从图 10.14 中可以看出，XT 为接线端子排，通过端子排 XT 来区分电气元件的安装位置，XT 的上方为放置在配电箱内底板上的电气元件，XT 的下方为外接或引至配电箱门面板上的电气元件。

从端子排 XT 上看，共有 14 个接线端子。其中，L_1、L_2、L_3 这 3

根线为由外引入配电箱的三相交流 380V 电源，并穿管引入；U_1、V_1、W_1 这 3 根线为电动机线，穿管接至电动机接线盒内的 U_1、V_1、W_1 上；7、9、15、17 这 4 根线为外接行程开关线，分别穿管接至行程开关 SQ_1、SQ_2 上；1、3、5、7、13、15 这 6 根线为控制线，接至配电箱门面板上的按钮开关 SB_1、SB_2、SB_3 上。

元器件安装排列图及端子图（图 10.15）

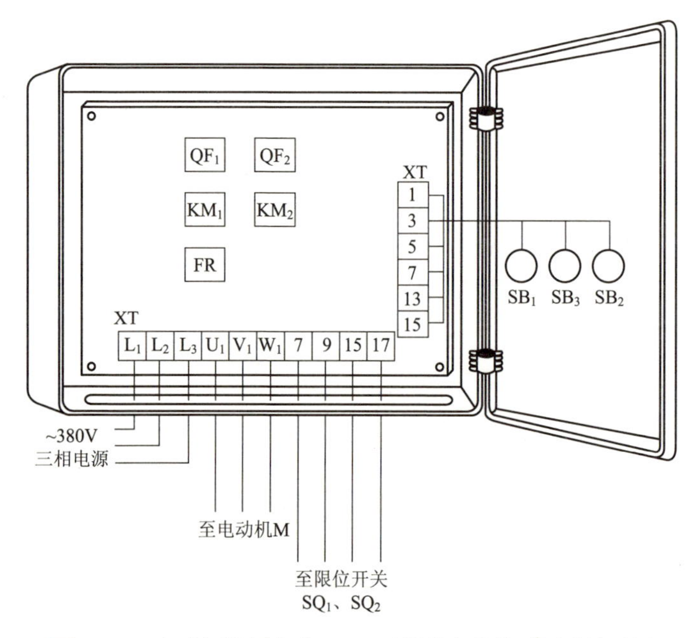

图 10.15　电动门控制电路（一）元器件安装排列图及端子图

从图 10.15 中可以看出，断路器 QF_1、QF_2，交流接触器 KM_1、KM_2，热继电器 FR 安装在配电箱内底板上；按钮开关 SB_1、SB_2、SB_3 安装在配电箱门面板上；行程开关 SQ_1、SQ_2 外接至相应位置上。

通过端子 L_1、L_2、L_3 将三相交流 380V 电源接入配电箱中。

端子 U_1、V_1、W_1 接至电动机接线盒中的 U_1、V_1、W_1 上。

端子 7、9、15、17 接至行程开关 SQ_1、SQ_2 上。

端子 1、3、5、7、13、15 将配电箱内的器件与配电箱门面板上的按钮开关 SB_1、SB_2、SB_3 连接起来。

10.6 电动门控制电路（二）

工作原理（图 10.16）

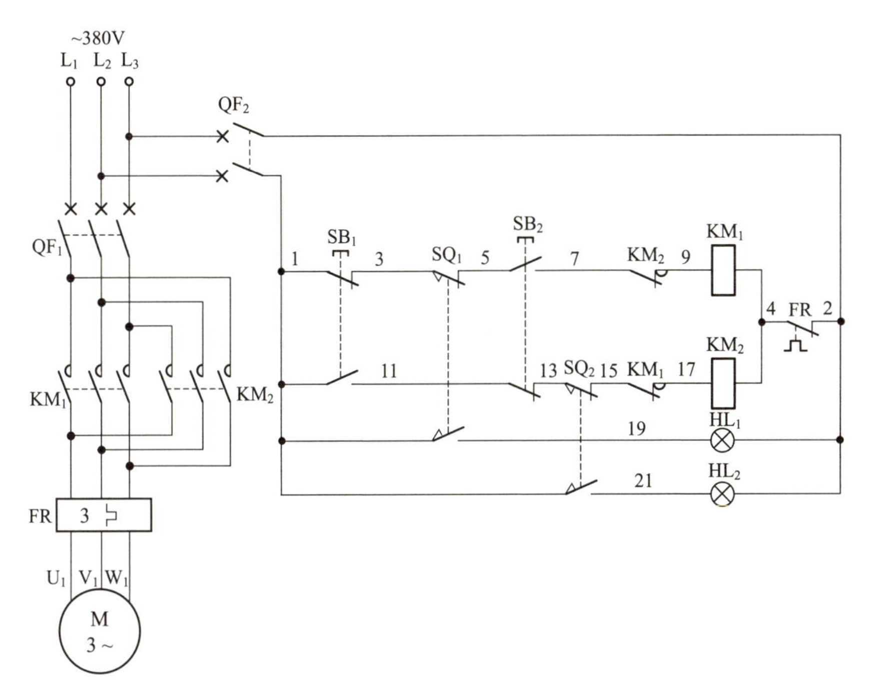

图 10.16　电动门控制电路（二）原理图

需开门时，按住启动按钮 SB_2 不放，SB_2 的一组常开触点 (5-7) 闭合，交流接触器 KM_1 线圈得电吸合，KM_1 三相主触点闭合，电动机得电正转运转，电动门打开。当电动门完全打开至限位位置时，挡块碰触开门限位开关 SQ_1，SQ_1 动作转态，SQ_1 的一组常闭触点 (3-5) 断开，切断交流接触器 KM_1 线圈回路电源，KM_1 线圈断电释放，KM_1 三相主触点断开，电动机失电停止运转。

需关门时，按住启动按钮 SB_1 不放，SB_1 的一组常开触点 (1-11) 闭合，交流接触器 KM_2 线圈得电吸合，KM_2 三相主触点闭合，电动机得电反转运转，电动门关闭。当电动门完全关闭至限位位置时，挡块碰触关门限位开关 SQ_2，SQ_2 动作转态，SQ_2 的一组常闭触点 (13-15) 断开，切断交

流接触器 KM_2 线圈回路电源，KM_2 线圈断电释放，KM_2 三相主触点断开，电动机失电停止运转。

电路布线图（图 10.17）

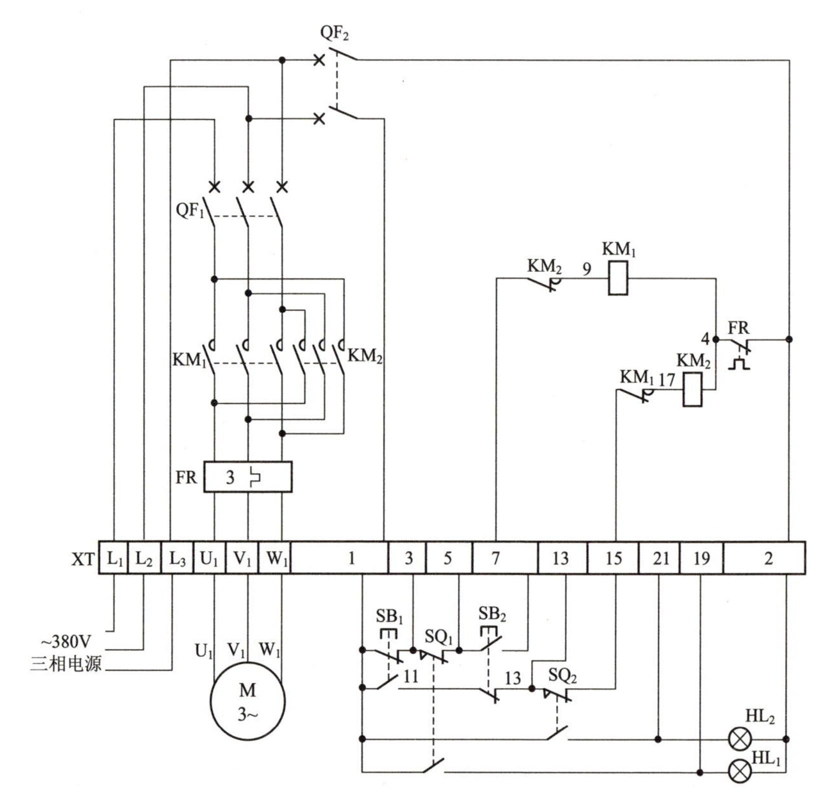

图 10.17　电动门控制电路（二）布线图

从图 10.17 中可以看出，XT 为接线端子排，通过端子排 XT 来区分电气元件的安装位置，XT 的上方为放置在配电箱内底板上的电气元件，XT 的下方为外接或引至配电箱门面板上的电气元件。

从端子排 XT 上看，共有 15 个接线端子。其中，L_1、L_2、L_3 这 3 根线为由外引入配电箱的三相交流 380V 电源，并穿管引入；U_1、V_1、W_1 这 3 根线为电动机线，穿管接至电动机接线盒内的 U_1、V_1、W_1 上；1、3、5、13、15、19、21 这 7 根线为行程开关线，穿管分别接至行程

开关 SQ_1、SQ_2 上；1、3、5、7、13、19、21、2 这 8 根线为控制线，接至配电箱门面板上的按钮开关 SB_1、SB_2，指示灯 HL_1、HL_2 上。

元器件安装排列图及端子图（图 10.18）

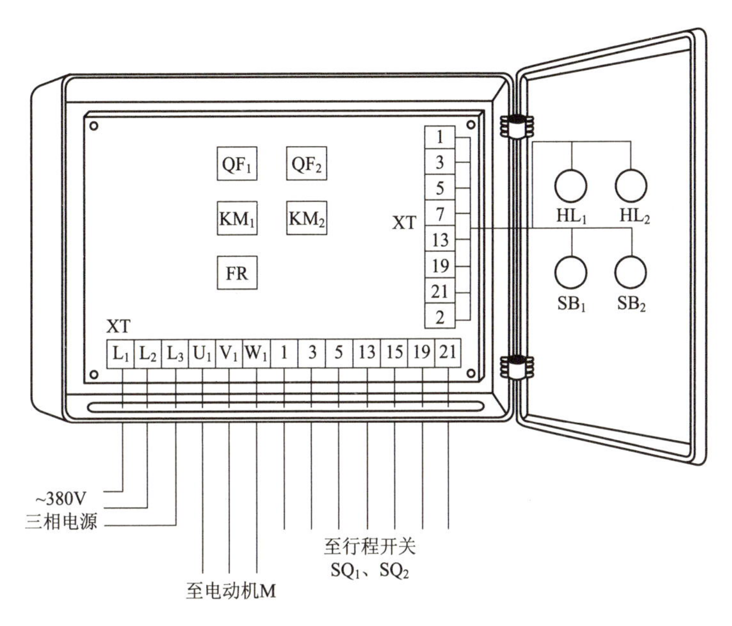

图 10.18 电动门控制电路（二）元器件安装排列图及端子图

从图 10.18 中可以看出，断路器 QF_1、QF_2，交流接触器 KM_1、KM_2，热继电器 FR 安装在配电箱内底板上；按钮开关 SB_1、SB_2，指示灯 HL_1、HL_2 安装在配电箱门面板上；行程开关 SQ_1、SQ_2 外接至相应位置上。

通过端子 L_1、L_2、L_3 将三相交流 380V 电源接入配电箱中。

端子 U_1、V_1、W_1 接至电动机接线盒中的 U_1、V_1、W_1 上。

端子 1、3、5、7、13、19、21、2 将配电箱内的器件与配电箱门面板上的按钮开关 SB_1、SB_2，指示灯 HL_1、HL_2 连接起来。

端子 1、3、5、13、15、19、21 外接至行程开关 SQ_1、SQ_2 处。

10.7 重载设备启动控制电路（一）

工作原理（图 10.19）

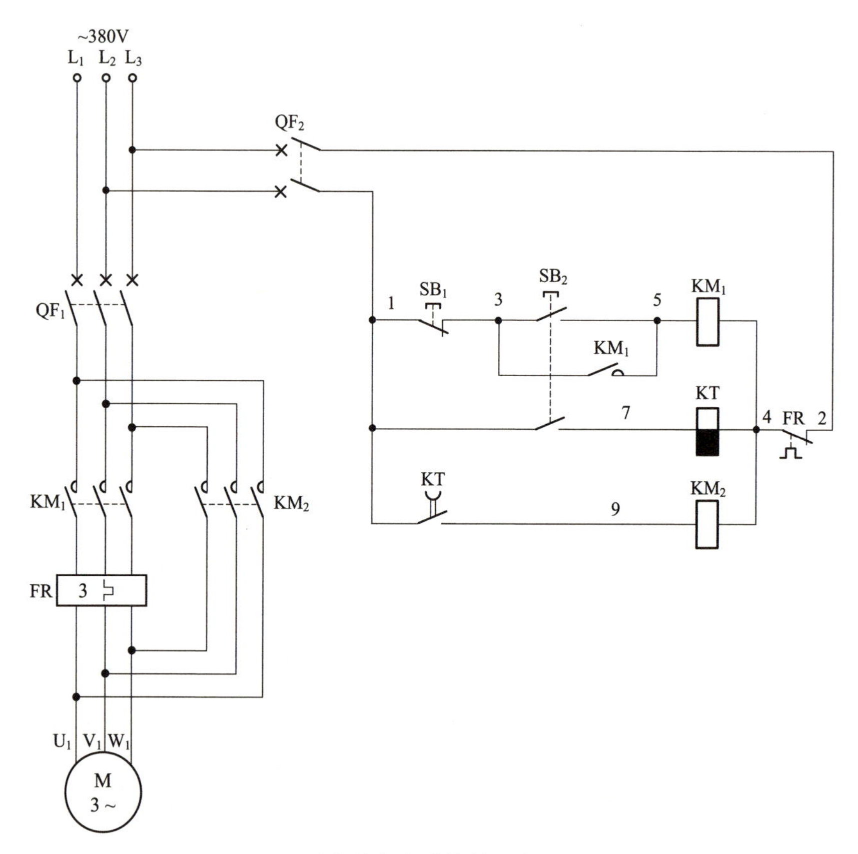

图 10.19　重载设备启动控制电路（一）原理图

启动时，按下启动按钮 SB_2，SB_2 的一组常开触点 (3-5) 闭合，接通交流接触器 KM_1 线圈回路电源，KM_1 线圈得电吸合且 KM_1 辅助常开触点 (3-5) 闭合自锁。与此同时，失电延时时间继电器 KT 线圈得电吸合后又断电释放并开始延时，KT 失电延时断开的常开触点 (1-9) 立即闭合，使交流接触器 KM_2 线圈得电吸合，KM_1 和 KM_2 各自的三相主触点同时闭合 (KM_2 三相主触点将 KM_1 三相主触点与热继电器 FR 热元件短接起来，使热继电器 FR 热元件在重载启动时失去作用，以防出现误动作），电动机得电重载进行启动。随着电动机转速的不断提高，达到额定转速时，KT 失电延时断开的常开触点 (1-9) 断开，切断交流接触器 KM_2 线圈回路电源，KM_2 线圈断电释放，KM_2 三相主触点断开，解除对热继电器 FR 热元件的短接作用，将热继电器 FR 投入电路，在电动机出现过载时起到保护作用，从而完成电动机重载启动控制。

停止时，按下停止按钮 SB_1(1-3)，交流接触器 KM_1 线圈断电释放，KM_1 三相主触点断开，电动机失电停止运转。

电路布线图（图 10.20）

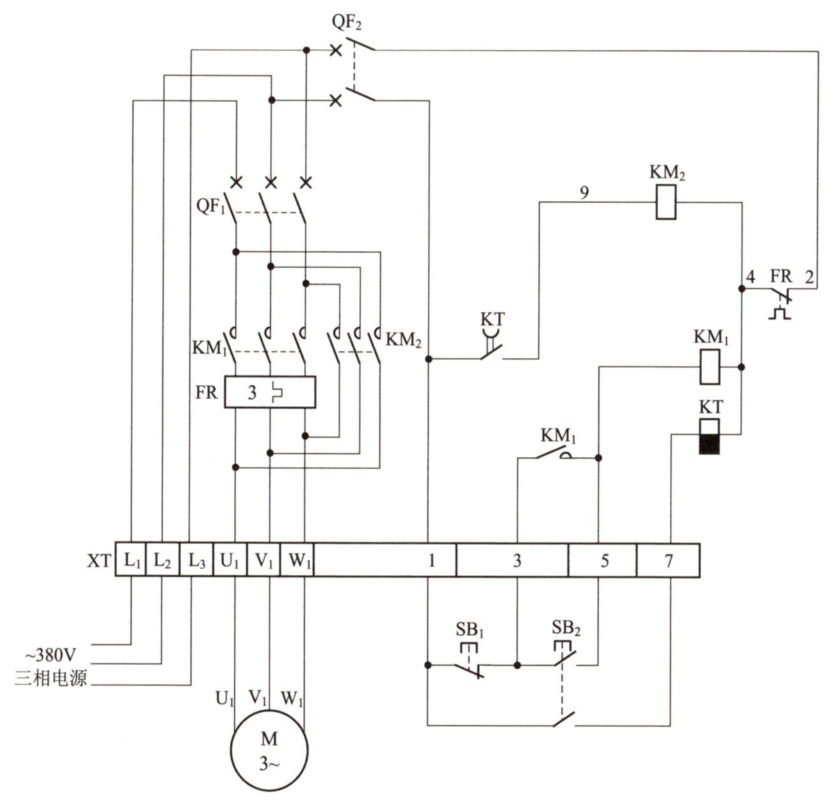

图 10.20 重载设备启动控制电路（一）布线图

从图 10.20 中可以看出，XT 为接线端子排，通过端子排 XT 来区分电气元件的安装位置，XT 的上方为放置在配电箱内底板上的电气元件，XT 的下方为外接或引至配电箱门面板上的电气元件。

从端子排 XT 上看，共有 10 个接线端子。其中，L_1、L_2、L_3 这 3 根线为由外引入配电箱的三相交流 380V 电源，并穿管引入；U_1、V_1、W_1 这 3 根线为电动机线，穿管接至电动机接线盒内的 U_1、V_1、W_1 上；1、3、5、7 这 4 根线为控制线，接至配电箱门面板上的按钮开关 SB_1、SB_2 上。

元器件安装排列图及端子图（图 10.21）

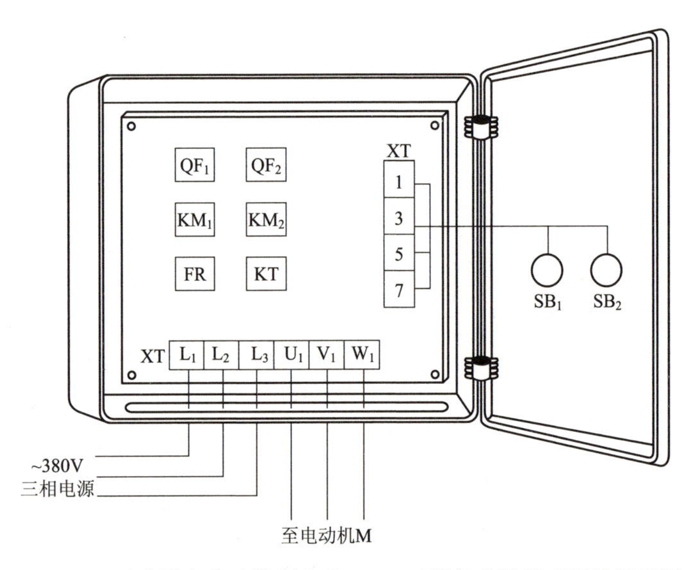

图 10.21 重载设备启动控制电路(一)元器件安装排列图及端子图

从图 10.21 中可以看出，断路器 QF_1、QF_2，交流接触器 KM_1、KM_2，失电延时时间继电器 KT，热继电器 FR 安装在配电箱内底板上；按钮开关 SB_1、SB_2 安装在配电箱门面板上。

通过端子 L_1、L_2、L_3 将三相交流 380V 电源接入配电箱中。

端子 U_1、V_1、W_1 接至电动机接线盒中的 U_1、V_1、W_1 上。

端子 1、3、5、7 将配电箱内的器件与配电箱门面板上的按钮开关 SB_1、SB_2 连接起来。

10.8 重载设备启动控制电路(二)

工作原理(图 10.22)

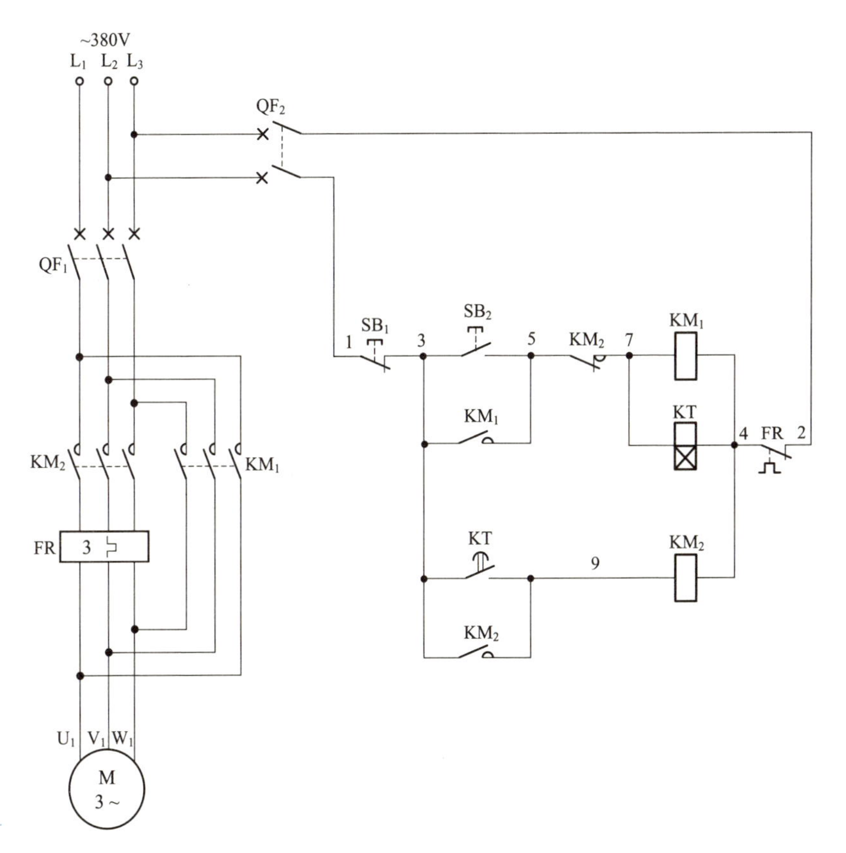

图 10.22 重载设备启动控制电路(二)原理图

启动时，按下启动按钮SB_2(3-5)，交流接触器KM_1和得电延时时间继电器KT线圈均得电吸合且KM_1辅助常开触点(3-5)闭合自锁，KM_1三相主触点闭合，将过载保护用热继电器FR短接起来，电动机通入三相交流380V电源，进行重载启动；与此同时，KT开始延时。随着电动机转速的逐渐升高，达到额定转速时，KT得电延时闭合的常开触点(3-9)闭合，交流接触器KM_2线圈得电吸合且KM_2辅助常开触点(3-9)闭合自锁，KM_2三相主触点投入电路，为解除KM_1主触点做准备。此时KM_2串联在KM_1线圈回路中的辅助常闭触点(5-7)断开，切断KM_1、KT线圈回路电源，KM_1线圈断电释放，KM_1三相主触点断开，解除对热继电器FR的短接作用，电动机绕组回路串入过载保护热继电器FR正常运转工作。

停止时，按下停止按钮 SB_1(1-3)，交流接触器 KM_2 线圈断电释放，KM_2 三相主触点断开，电动机失电停止运转。

当电动机在运转中出现过载时，热继电器 FR 热元件发热弯曲，推动其控制常闭触点 (2-4) 断开，切断交流接触器 KM_2 线圈回路电源，KM_2 线圈断电释放，KM_2 三相主触点断开，电动机失电停止运转，起到过载保护作用。

电路布线图（图 10.23）

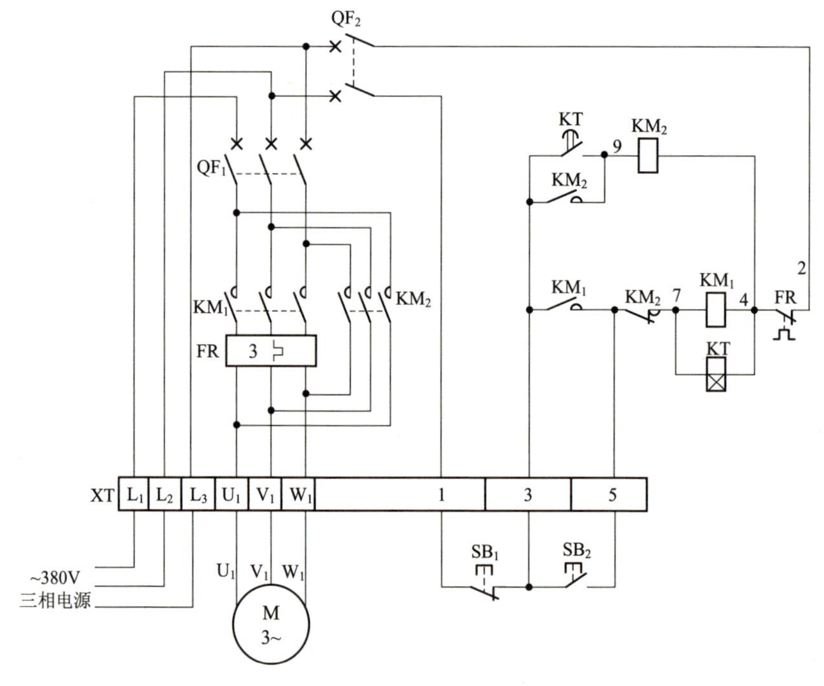

图 10.23　重载设备启动控制电路 (二) 布线图

从图 10.23 中可以看出，XT 为接线端子排，通过端子排 XT 来区分电气元件的安装位置，XT 的上方为放置在配电箱内底板上的电气元件，XT 的下方为外接或引至配电箱门面板上的电气元件。

从端子排 XT 上看，共有 9 个接线端子。其中，L_1、L_2、L_3 这 3 根线为由外引入配电箱的三相交流 380V 电源，并穿管引入；U_1、V_1、W_1 这 3 根线为电动机线，穿管接至电动机接线盒内的 U_1、V_1、W_1 上；1、3、5 这 3 根线为控制线，接至配电箱门面板上的按钮开关 SB_1、SB_2 上。

元器件安装排列图及端子图（图 10.24）

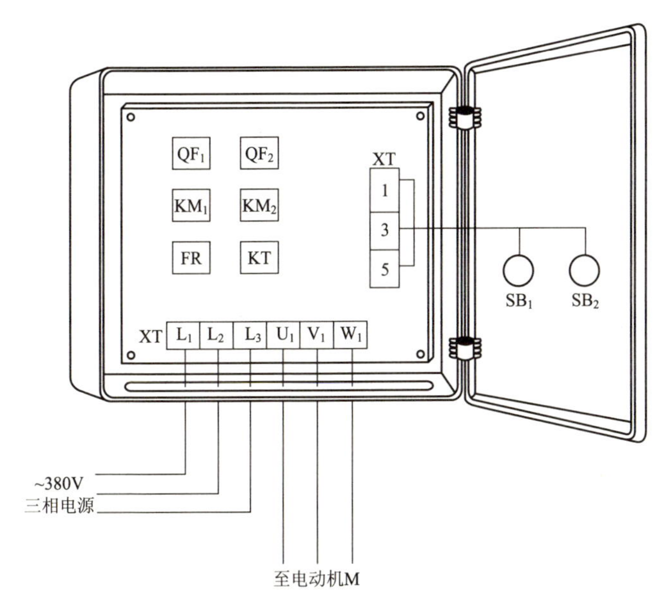

图 10.24 重载设备启动控制电路（二）元器件安装排列图及端子图

从图 10.24 中可以看出，断路器 QF_1、QF_2，交流接触器 KM_1、KM_2，得电延时时间继电器 KT，热继电器 FR 安装在配电箱内底板上；按钮开关 SB_1、SB_2 安装在配电箱门面板上。

通过端子 L_1、L_2、L_3 将三相交流 380V 电源接入配电箱中。

端子 U_1、V_1、W_1 接至电动机接线盒中的 U_1、V_1、W_1 上。

端子 1、3、5 将配电箱内的器件与配电箱门面板上的按钮开关 SB_1、SB_2 连接起来。

10.9 重载设备启动控制电路(三)

工作原理(图 10.25)

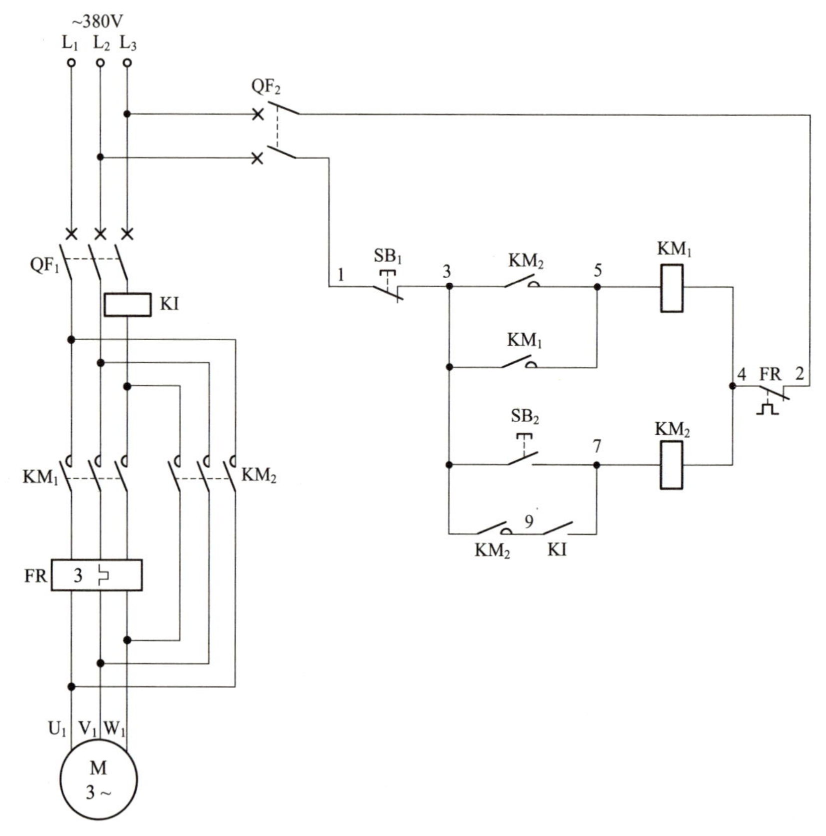

图 10.25　重载设备启动控制电路(三)原理图

启动时，按下启动按钮 SB_2(3-7)，交流接触器 KM_2 线圈得电吸合，KM_2 三相主触点闭合，电动机绕组串入电流继电器 KI 进行重载启动。随着电动机转速的逐渐升高，达到额定转速时，电动机的电流也随之降了下来，KI 动作释放，KI 常开触点(7-9)断开，使交流接触器 KM_2 线圈断电释放，KM_2 三相主触点断开，解除对热继电器 FR 三相热元件回路的短接，同时 KM_2 辅助常开触点(3-5)恢复原始状态，为停止时做准备。这样，电动机绕组串入过载保护热继电器 FR 正常运转工作，至此完成重载启动控制。

停止时，按下停止按钮 SB_1（1-3），交流接触器 KM_1 线圈断电释放，KM_1 三相主触点断开，电动机失电停止运转。

电路布线图（图 10.26）

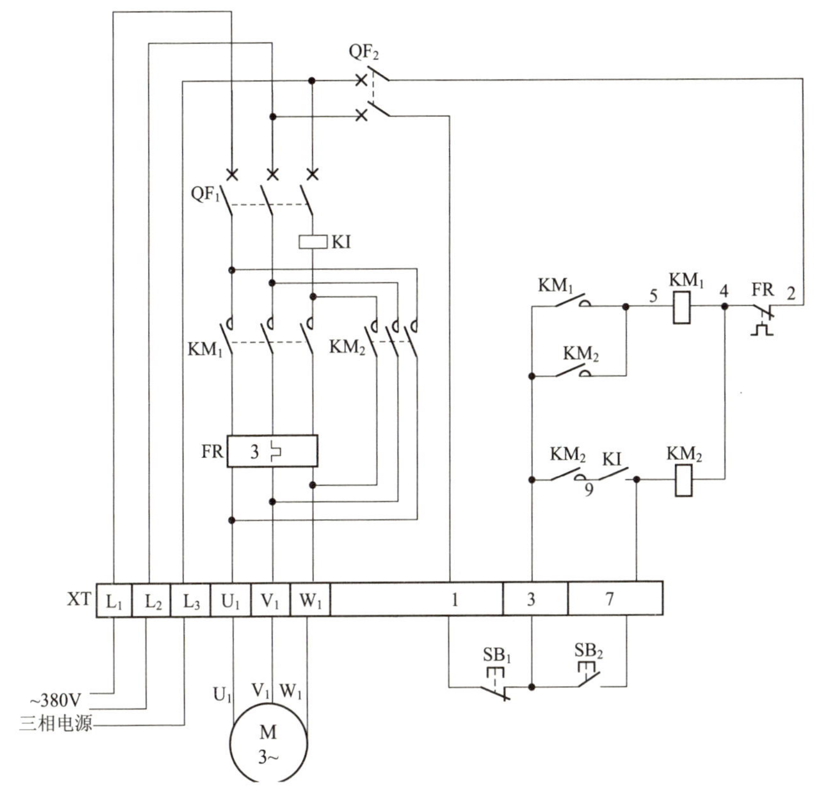

图 10.26　重载设备启动控制电路（三）布线图

从图 10.26 中可以看出，XT 为接线端子排，通过端子排 XT 来区分电气元件的安装位置，XT 的上方为放置在配电箱内底板上或底部位置的电气元件，XT 的下方为外接或引至配电箱门面板上的电气元件。

从端子排 XT 上看，共有 9 个接线端子。其中，L_1、L_2、L_3 这 3 根线为由外引入配电箱的三相交流 380V 电源，并穿管引入；U_1、V_1、W_1

这 3 根线为电动机线，穿管接至电动机接线盒内的 U_1、V_1、W_1 上；1、3、7 这 3 根线为控制线，接至配电箱门面板上的按钮开关 SB_1、SB_2 上。

元器件安装排列图及端子图（图 10.27）

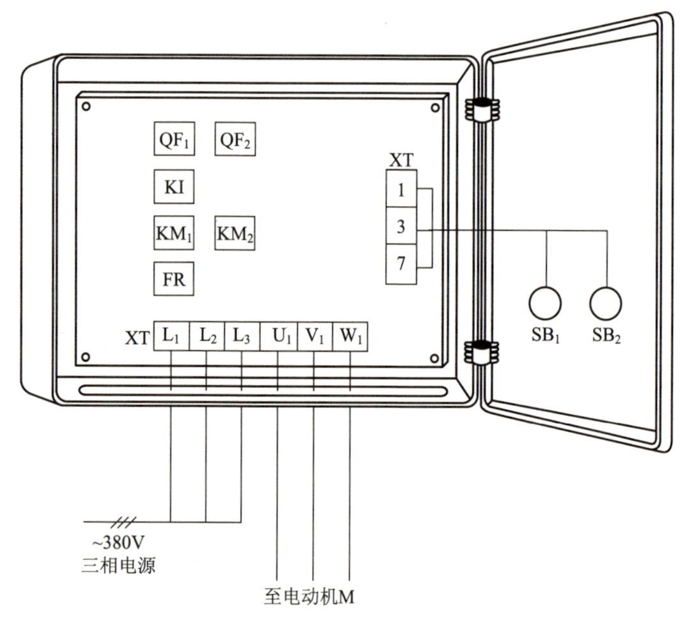

图 10.27　重载设备启动控制电路（三）元器件安装排列图及端子图

从图 10.27 中可以看出，断路器 QF_1、QF_2，交流接触器 KM_1、KM_2，电流继电器 KI，热继电器 FR 安装在配电箱内底板上；按钮开关 SB_1、SB_2 安装在配电箱门面板上。

通过端子 L_1、L_2、L_3 将三相交流 380V 电源接入配电箱中。

端子 U_1、V_1、W_1 接至电动机接线盒中的 U_1、V_1、W_1 上。

端子 1、3、7 将配电箱内的器件与配电箱门面板上的按钮开关 SB_1、SB_2 连接起来。

10.10 重载设备启动控制电路（四）

工作原理（图 10.28）

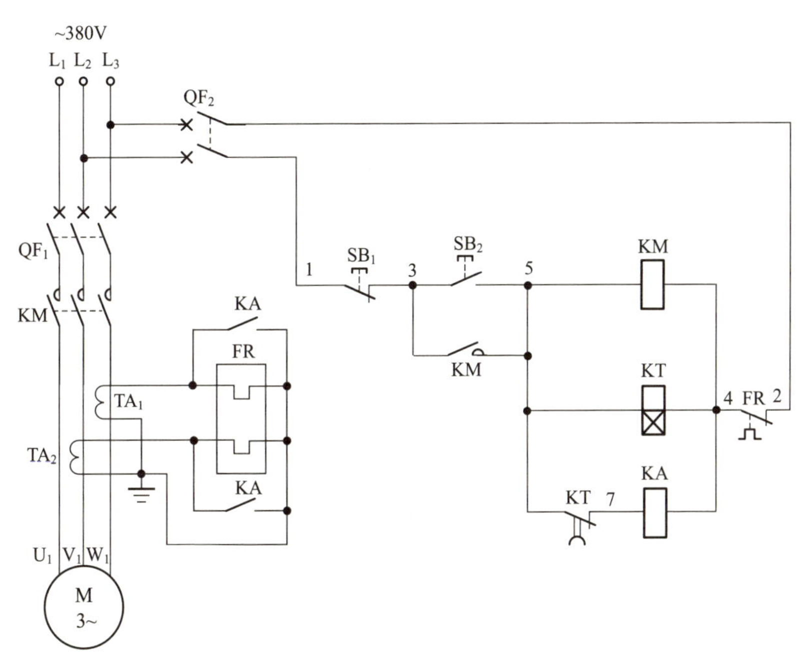

图 10.28　重载设备启动控制电路（四）原理图

启动时，按下启动按钮 SB_2（3-5），交流接触器 KM、得电延时时间继电器 KT 和中间继电器 KA 线圈同时得电吸合且 KM 辅助常开触点（3-5）闭合自锁，KT 开始延时。KA 分别并联在过载保护热继电器 FR 两只热元件上的常开触点闭合，将热元件分别短接起来，以防止电动机重载启动时，出现电流过大造成 FR 误动作。与此同时，KM 三相主触点闭合，电动机得电重载进行启动，此时无论电动机启动多长时间、电流多大，热继电器热元件 FR 都因被短接而不会动作。随着电动机转速的不断升高，升至额定转速时（也就是 KT 的延时时间），电动机的电流降至额定电流以下，KT 得电延时断开的常闭触点（5-7）断开，切断中间继电器 KA 线圈回路电源，KA 线圈断电释放，KA 并联在热继电器 FR 热元件上的常开触点断开，将热继电器投入电路工作，起到过载保护作用。至此，完成了重载设备启动控制。

电路布线图（图 10.29）

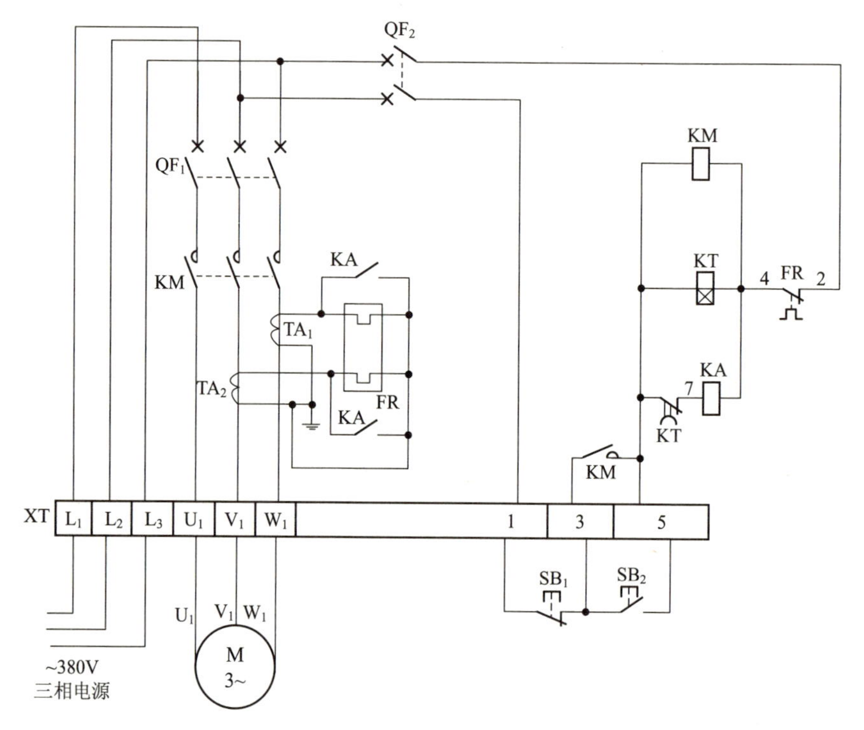

图 10.29　重载设备启动控制电路（四）布线图

从图 10.29 中可以看出，XT 为接线端子排，通过端子排 XT 来区分电气元件的安装位置，XT 的上方为放置在配电箱内底板上或底部位置的电气元件，XT 的下方为外接或引至配电箱门面板上的电气元件。

从端子排 XT 上看，共有 9 个接线端子。其中，L_1、L_2、L_3 这 3 根线为由外引入配电箱的三相交流 380V 电源，并穿管引入；U_1、V_1、W_1 这 3 根线为电动机线，穿管接至电动机接线盒内的 U_1、V_1、W_1 上；1、3、5 这 3 根线为控制线，接至配电箱门面板上的按钮开关 SB_1、SB_2 上。

元器件安装排列图及端子图（图 10.30）

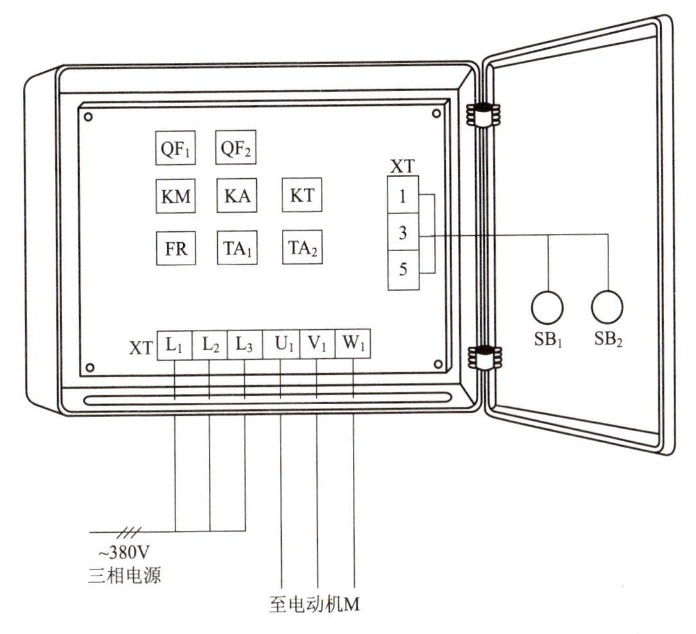

图 10.30 重载设备启动控制电路（四）元器件安装排列图及端子图

从图 10.30 中可以看出，断路器 QF_1、QF_2，交流接触器 KM，中间继电器 KA，得电延时时间继电器 KT，电流互感器 TA_1、TA_2，热继电器 FR 安装在配电箱内底板上；按钮开关 SB_1、SB_2 安装在配电箱门面板上。

通过端子 L_1、L_2、L_3 将三相交流 380V 电源接入配电箱中。

端子 U_1、V_1、W_1 接至电动机接线盒中的 U_1、V_1、W_1 上。

端子 1、3、5 将配电箱内的器件与配电箱门面板上的按钮开关 SB_1、SB_2 连接起来。

10.11 重载设备启动控制电路（五）

工作原理（图 10.31）

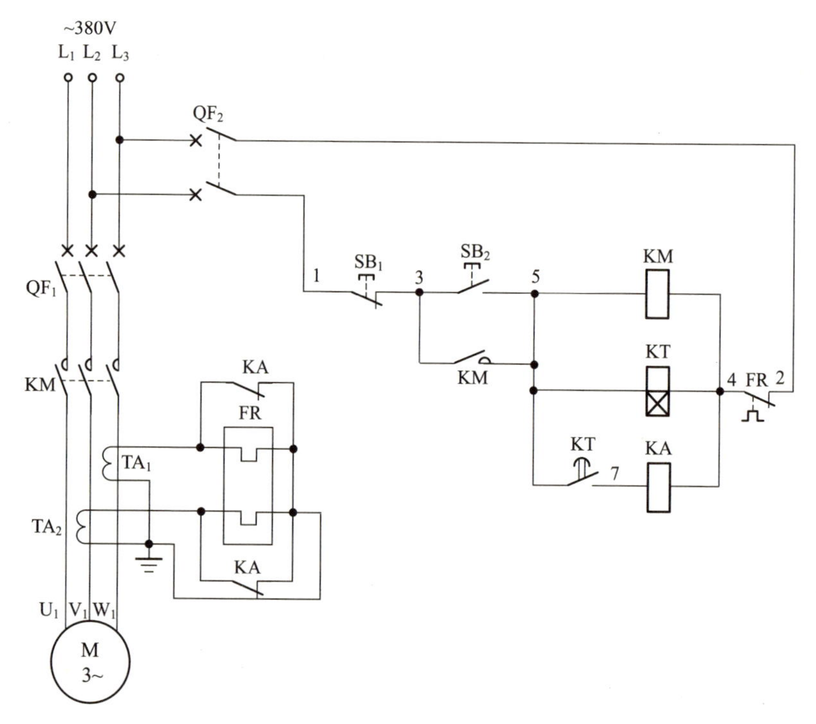

图 10.31　重载设备启动控制电路（五）原理图

启动时，按下启动按钮 SB_2（3-5），交流接触器 KM 和得电延时时间继电器 KT 线圈均得电吸合且 KM 辅助常开触点（3-5）闭合自锁，KT 开始延时。为了保证在重载启动时热继电器 FR 不会出现误动作，利用中间继电器 KA 的两组常闭触点将热继电器 FR 的热元件分别短接起来，使其不能动作。与此同时，KM 三相主触点闭合，电动机得电重载启动。当电动机的转速升至额定转速时，电动机的电流也随之下降。经 KT 一段时间延时后，KT 得电延时闭合的常开触点（5-7）闭合，接通中间继电器 KA 线圈回路电源，KA 线圈得电吸合，KA 分别并联在热继电器 FR 热元件上的两组常闭触点断开，将热元件投入电路工作，以保证在电动机启动运转后出现过载时，FR 动作起到保护作用。至此，启动过程结束。

电路布线图（图 10.32）

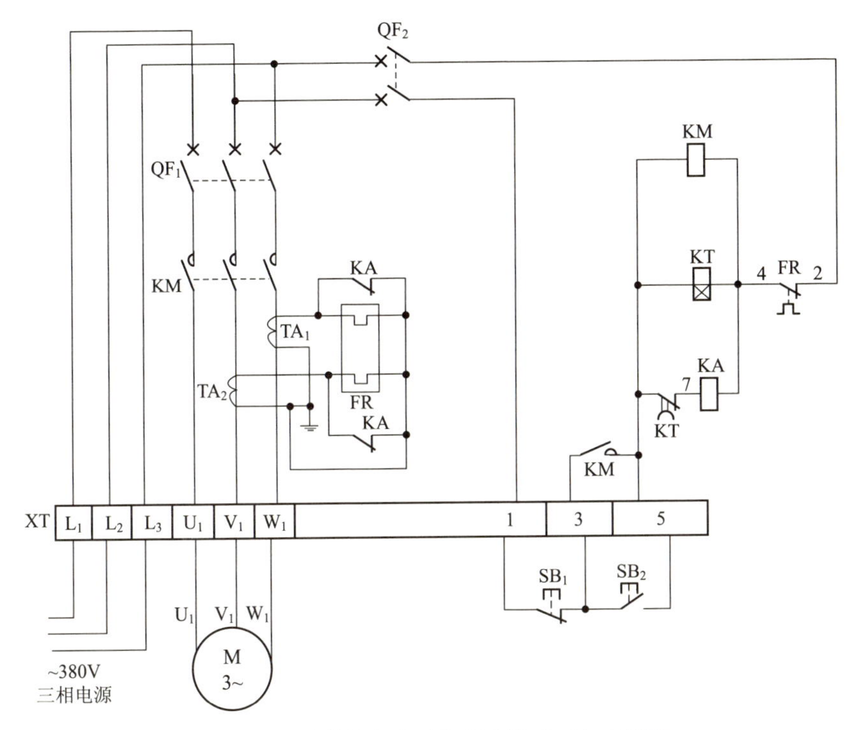

图 10.32　重载设备启动控制电路（五）布线图

从图 10.32 中可以看出，XT 为接线端子排，通过端子排 XT 来区分电气元件的安装位置，XT 的上方为放置在配电箱内底板上或底部位置的电气元件，XT 的下方为外接或引至配电箱门面板上的电气元件。

从端子排 XT 上看，共有 9 个接线端子。其中，L_1、L_2、L_3 这 3 根线为由外引入配电箱的三相交流 380V 电源，并穿管引入；U_1、V_1、W_1 这 3 根线为电动机线，穿管接至电动机接线盒内的 U_1、V_1、W_1 上；1、3、5 这 3 根线为控制线，接至配电箱门面板上的按钮开关 SB_1、SB_2 上。

元器件安装排列图及端子图（图 10.33）

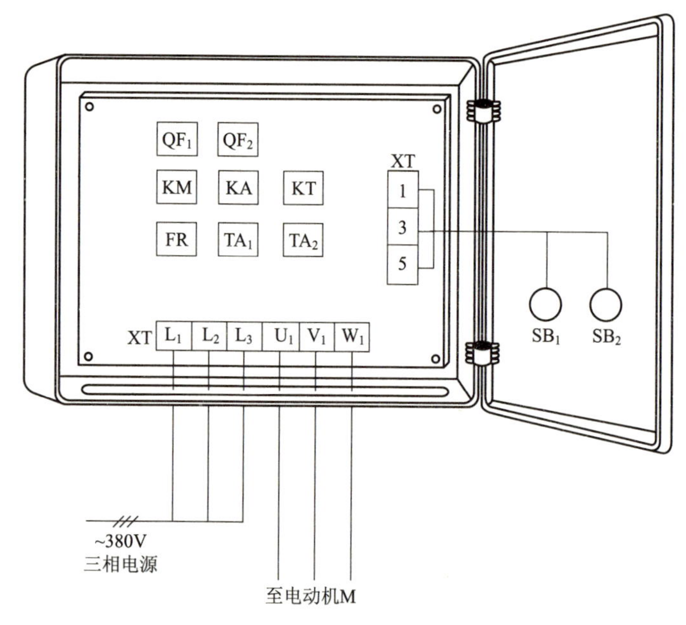

图 10.33　重载设备启动控制电路（五）元器件安装排列图及端子图

从图 10.33 中可以看出，断路器 QF_1、QF_2，交流接触器 KM，中间继电器 KA，得电延时时间继电器 KT，电流互感器 TA_1、TA_2，热继电器 FR 安装在配电箱内底板上；按钮开关 SB_1、SB_2 安装在配电箱门面板上。

通过端子 L_1、L_2、L_3 将三相交流 380V 电源接入配电箱中。

端子 U_1、V_1、W_1 接至电动机接线盒中的 U_1、V_1、W_1 上。

端子 1、3、5 将配电箱内的器件与配电箱门面板上的按钮开关 SB_1、SB_2 连接起来。

10.12 重载设备启动控制电路（六）

工作原理（图 10.34）

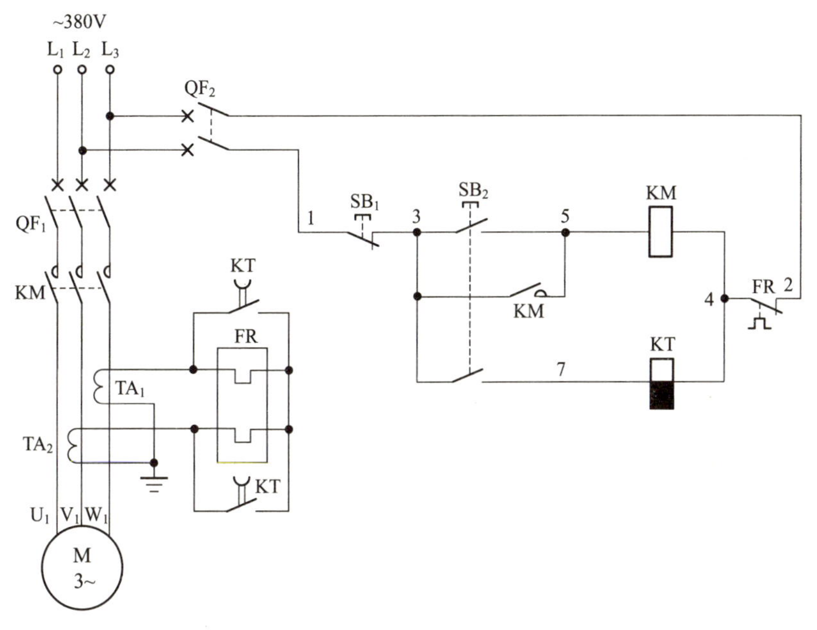

图 10.34 重载设备启动控制电路（六）原理图

启动时，按下启动按钮 SB_2，SB_2 的一组常开触点（3-7）闭合后又断开，失电延时时间继电器 KT 线圈得电吸合后又断电释放且 KT 开始延时，KT 并联在热继电器 FR 热元件上的失电延时断开的两组常开触点立即闭合，分别将 FR 热元件短接起来，以防止重载启动时启动电流过大，出现 FR 误动作情况。在按下启动按钮 SB_2 的同时，SB_2 的另一组常开触点（3-5）闭合，使交流接触器 KM 线圈得电吸合且 KM 辅助常开触点（3-5）闭合自锁，KM 三相主触点闭合，电动机得电重载启动。经 KT 一段时间延时后，也就是电动机重载启动完毕转为正常运转后，电动机的电流降了下来，当小于额定电流时，KT 失电延时断开的常开触点断开，解除对热继电器 FR 热元件的短接，使其投入电路工作。当电动机出现过载时，热继电器 FR 热元件发热弯曲，推动其常闭触点（2-4）

断开，切断交流接触器 KM 线圈回路电源，KM 线圈断电释放，KM 三相主触点断开，电动机失电停止运转，起到过载保护作用。

电路布线图（图 10.35）

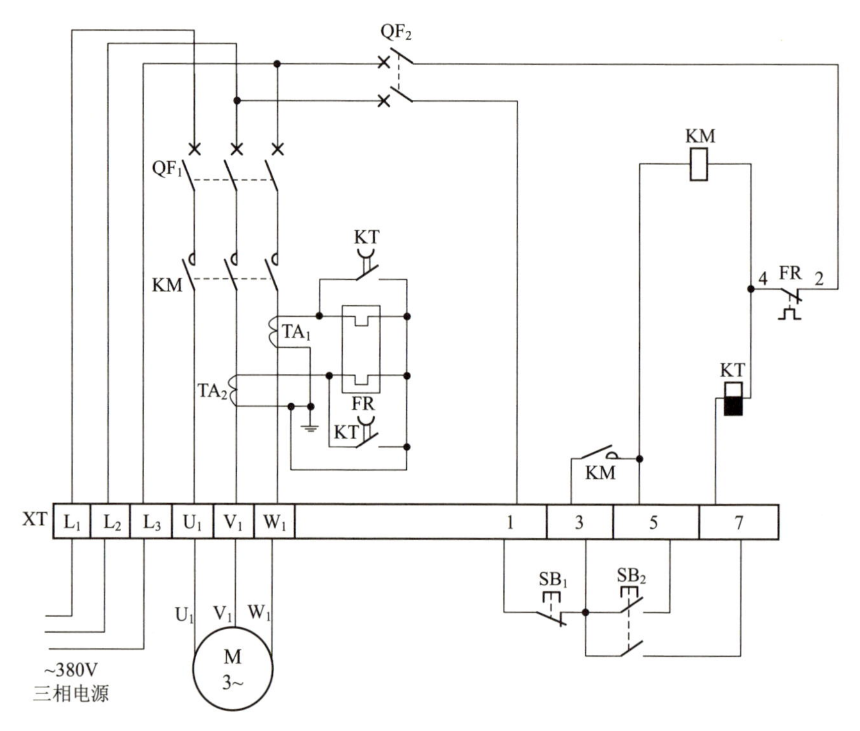

图 10.35　重载设备启动控制电路（六）布线图

从图 10.35 中可以看出，XT 为接线端子排，通过端子排 XT 来区分电气元件的安装位置，XT 的上方为放置在配电箱内底板上或底部位置的电气元件，XT 的下方为外接或引至配电箱门面板上的电气元件。

从端子排 XT 上看，共有 10 个接线端子。其中，L_1、L_2、L_3 这 3 根线为由外引入配电箱的三相交流 380V 电源，并穿管引入；U_1、V_1、W_1 这 3 根线为电动机线，穿管接至电动机接线盒内的 U_1、V_1、W_1 上；1、3、5、7 这 4 根线为控制线，接至配电箱门面板上的按钮开关 SB_1、SB_2 上。

元器件安装排列图及端子图（图 10.36）

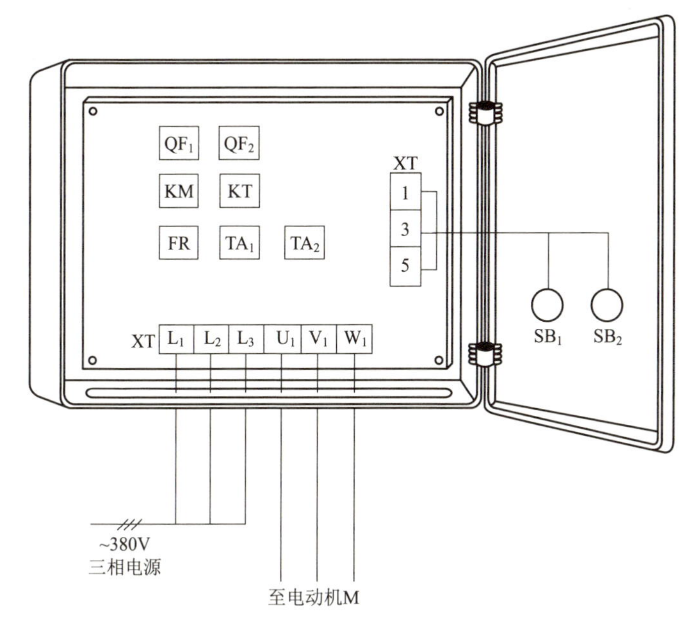

图 10.36 重载设备启动控制电路（六）元器件安装排列图及端子图

从图 10.36 中可以看出，断路器 QF_1、QF_2，交流接触器 KM，失电延时时间继电器 KT，电流互感器 TA_1、TA_2，热继电器 FR 安装在配电箱内底板上；按钮开关 SB_1、SB_2 安装在配电箱门面板上。

通过端子 L_1、L_2、L_3 将三相交流 380V 电源接入配电箱中。

端子 U_1、V_1、W_1 接至电动机接线盒中的 U_1、V_1、W_1 上。

端子 1、3、5 将配电箱内的器件与配电箱门面板上的按钮开关 SB_1、SB_2 连接起来。

10.13 重载设备启动控制电路（七）

工作原理（图 10.37）

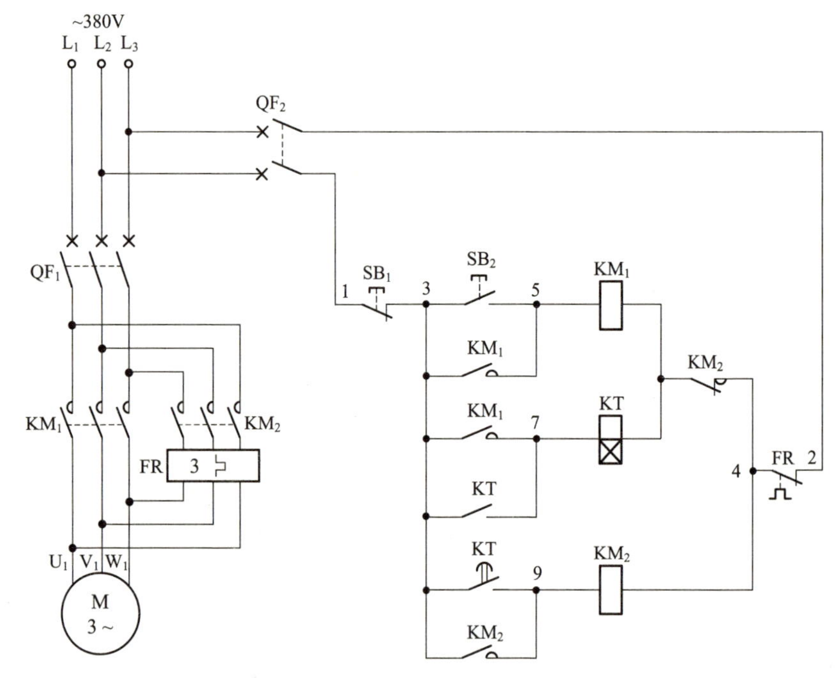

图 10.37　重载设备启动控制电路（七）原理图

启动时，按下启动按钮 SB_2（3-5），交流接触器 KM_1 线圈得电吸合且 KM_1 辅助常开触点（3-5）闭合自锁，KM_1 的另一组辅助常开触点（3-7）闭合，接通得电延时时间继电器 KT 线圈回路电源，KT 线圈得电吸合且 KT 不延时瞬动常开触点（3-7）闭合自锁，KT 开始延时。与此同时，KM_1 三相主触点闭合，电动机得电在没有过载保护装置的情况下进行启动。因重载设备启动时间较长，电流较大降不下来，很容易造成过载保护装置动作，出现启动失败的情况。为此，通常采用的方法是启动时先脱开过载保护装置，待启动完毕后再将保护装置接入电路中进行保护，也就是说，要过载保护装置避开较长时间的启动电流。随着电动机转速的逐渐提高，接近额定转速时，也就是 KT 的延时时间，

KT 得电延时闭合的常开触点（3-9）闭合，接通交流接触器 KM_2 线圈回路电源，KM_2 线圈得电吸合且 KM_2 辅助常开触点（3-9）闭合自锁，KM_2 串联在 KM_1 和 KT 线圈回路中的辅助常闭触点（4-6）断开，切断 KM_1 和 KT 线圈回路电源，KM_1 和 KT 线圈断电释放，KM_1 三相主触点断开，解除没有过载保护而直接通入电动机绕组的三相交流 380V 电源。同时，KM_2 三相主触点闭合，串接过载保护装置继续给电动机供电。这样，电动机在启动完毕后其电流小于额定电流，过载保护装置可投入电路正常工作，在电动机运转后出现过载时能起到保护作用。

电路布线图（图 10.38）

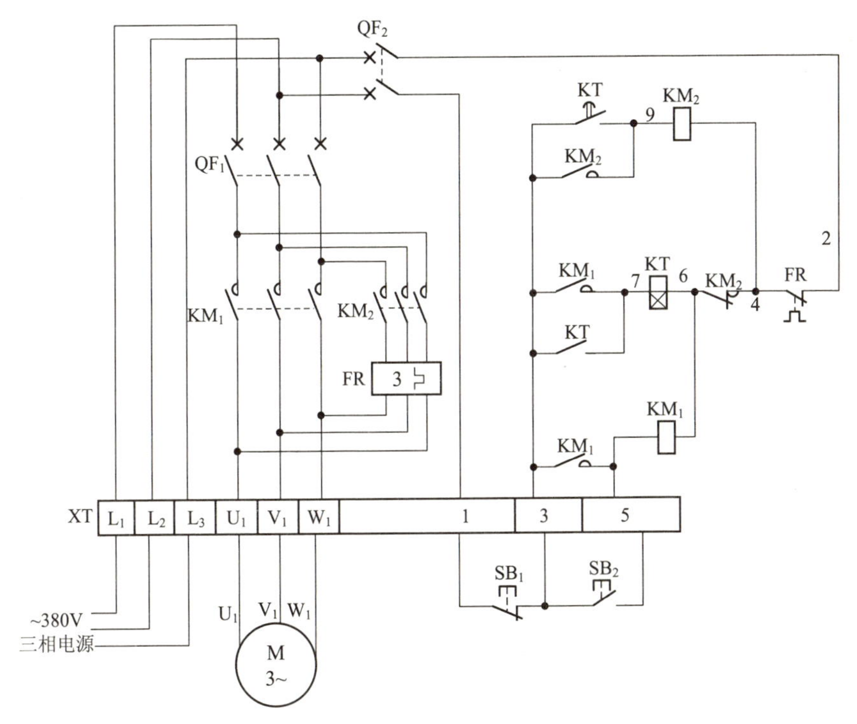

图 10.38　重载设备启动控制电路（七）布线图

从图 10.38 中可以看出，XT 为接线端子排，通过端子排 XT 来区分电气元件的安装位置，XT 的上方为放置在配电箱内底板上或底部位置的电气元件，XT 的下方为外接或引至配电箱门面板上的电气元件。

从端子排 XT 上看，共有 9 个接线端子。其中，L_1、L_2、L_3 这 3 根线为由外引入配电箱的三相交流 380V 电源，并穿管引入；U_1、V_1、W_1 这 3 根线为电动机线，穿管接至电动机接线盒内的 U_1、V_1、W_1 上；1、3、5 这 3 根线为控制线，接至配电箱门面板上的按钮开关 SB_1、SB_2 上。

元器件安装排列图及端子图（图 10.39）

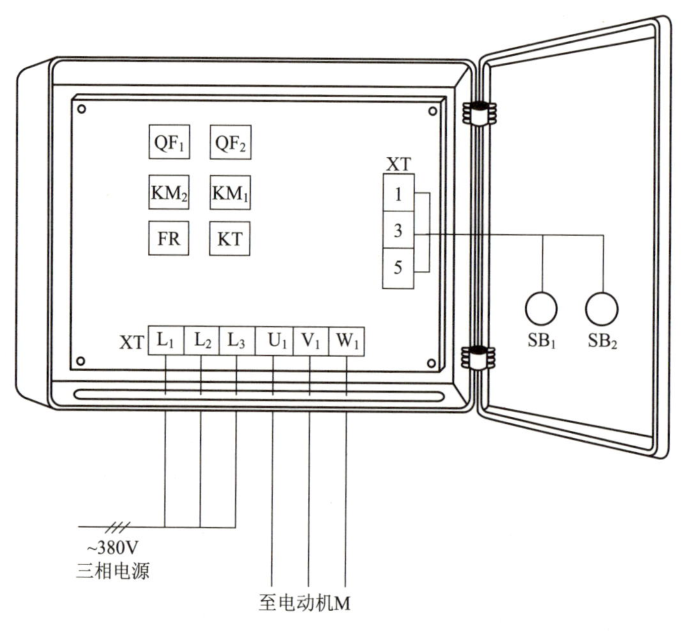

图 10.39　重载设备启动控制电路（七）元器件安装排列图及端子图

从图 10.39 中可以看出，断路器 QF_1、QF_2，交流接触器 KM_1、KM_2，得电延时时间继电器 KT，热继电器 FR 安装在配电箱内底板上；按钮开关 SB_1、SB_2 安装在配电箱门面板上。

通过端子 L_1、L_2、L_3 将三相交流 380V 电源接入配电箱中。

端子 U_1、V_1、W_1 接至电动机接线盒中的 U_1、V_1、W_1 上。

端子 1、3、5 将配电箱内的器件与配电箱门面板上的按钮开关 SB_1、SB_2 连接起来。

10.14 双路熔断器启动控制电路

工作原理（图 10.40）

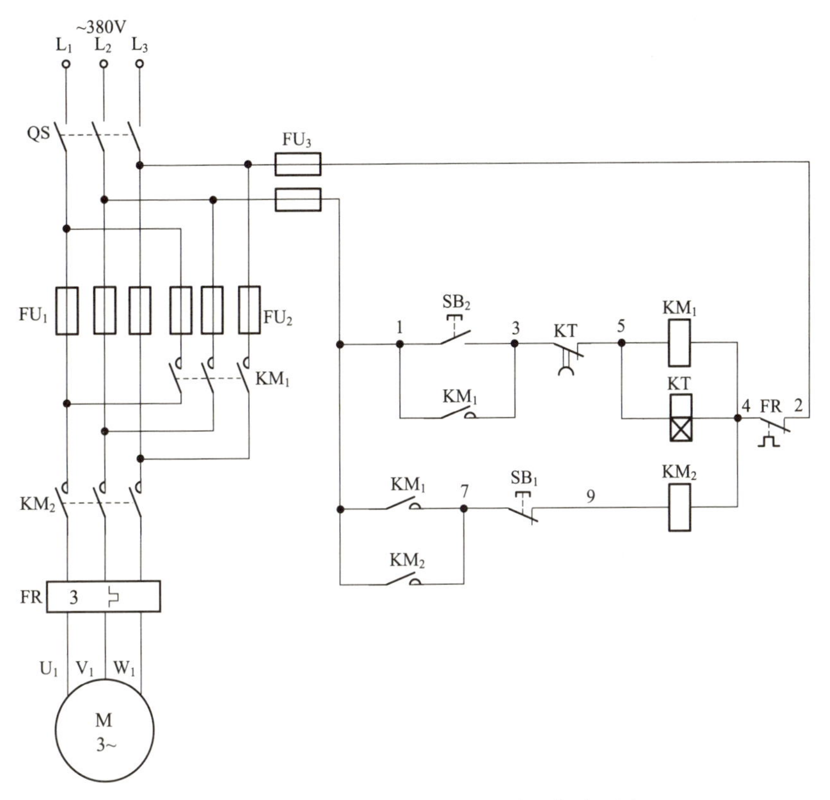

图 10.40　双路熔断器启动控制电路原理图

启动时，按下启动按钮 SB_2(1-3)，交流接触器 KM_1 和得电延时时间继电器 KT 线圈得电吸合且 KM_1 的一组辅助常开触点 (1-3) 闭合自锁，KT 开始延时；同时，KM_1 三相主触点闭合，先将启动用熔断器 FU_2 投入启动电路中进行启动，KM_1 的另一组辅助常开触点 (1-7) 闭合，接通交流接触器 KM_2 线圈回路电源，KM_2 线圈得电吸合且 KM_2 辅助常开触点 (1-7) 闭合自锁，KM_2 三相主触点闭合，电动机得电进行启动。经 KT 一段时间延时后，也就是电动机串启动熔断器 FU_2 正常启动之后，需转为正常运转时，KT 得电延时断开的常闭触点 (3-5) 断开，切断 KM_1 和 KT 线圈回路电源，KM_1 和 KT 线圈断电释放，KM_1 三相主触点断开，切除启动熔断器 FU_2，使其退出运行，运转熔断器 FU_1 投入电路正常运转工作。

停止时，按下停止按钮 SB_1(7-9)，切断交流接触器 KM_2 线圈回路电源，KM_2 线圈断电释放，KM_2 三相主触点断开，电动机失电停止运转。

电路布线图（图 10.41）

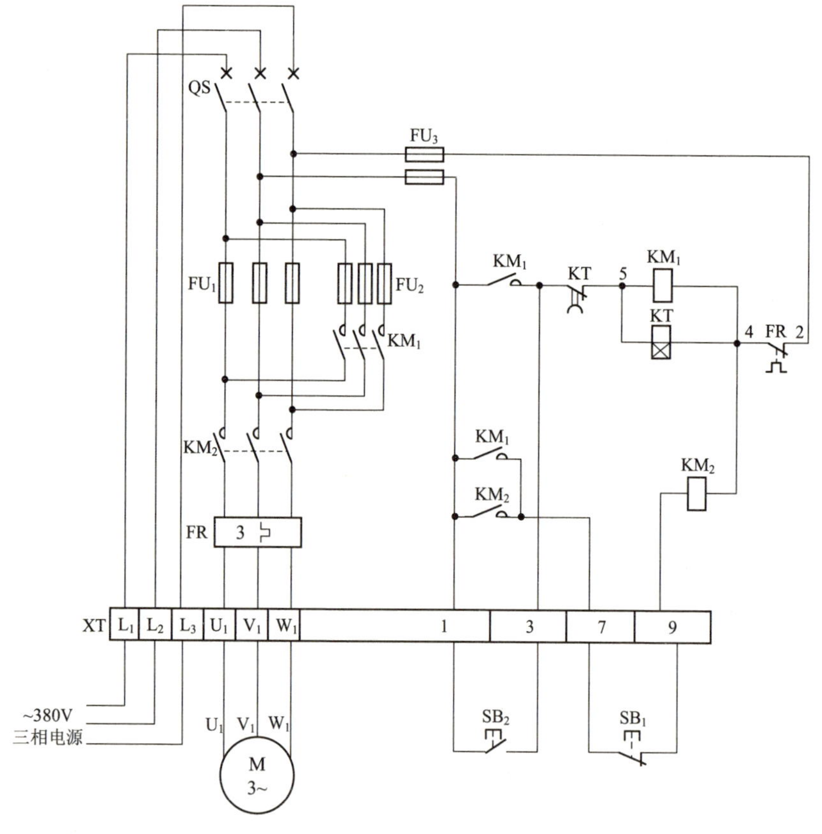

图 10.41 双路熔断器启动控制电路布线图

从图 10.41 中可以看出，XT 为接线端子排，通过端子排 XT 来区分电气元件的安装位置，XT 的上方为放置在配电箱内底板上的电气元件，XT 的下方为外接或引至配电箱门面板上的电气元件。

从端子排 XT 上看，共有 10 个接线端子。其中，L_1、L_2、L_3 这 3 根线为由外引入配电箱的三相交流 380V 电源，并穿管引入；U_1、V_1、W_1 这 3 根线为电动机线，穿管接至电动机接线盒内的 U_1、V_1、W_1 上；1、3、7、9 这 4 根线为控制线，接至配电箱门面板上的按钮开关 SB_1、SB_2 上。

元器件安装排列图及端子图（图 10.42）

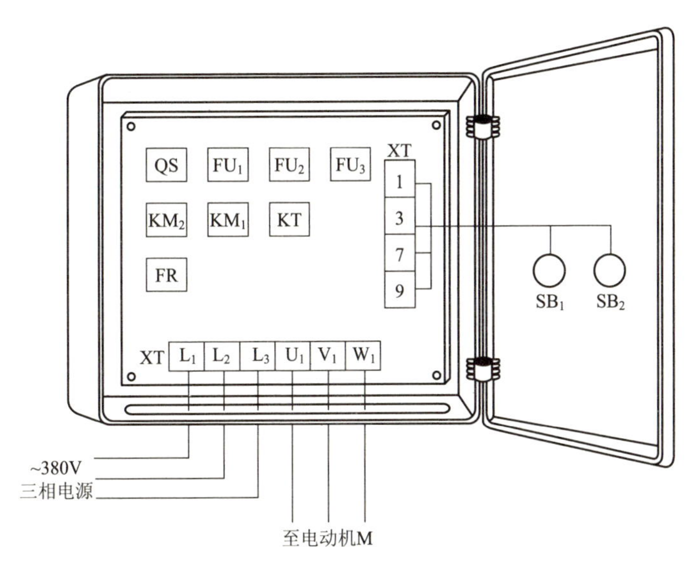

图 10.42 双路熔断器启动控制电路元器件安装排列图及端子图

从图 10.42 中可以看出，隔离开关 QS，熔断器 FU_1、FU_2、FU_3，交流接触器 KM_1、KM_2，得电延时时间继电器 KT，热继电器 FR 安装在配电箱内底板上；按钮开关 SB_1、SB_2 安装在配电箱门面板上。

通过端子 L_1、L_2、L_3 将三相交流 380V 电源接入配电箱中。

端子 U_1、V_1、W_1 接至电动机接线盒中的 U_1、V_1、W_1 上。

端子 1、3、7、9 将配电箱内的器件与配电箱门面板上的按钮开关 SB_1、SB_2 连接起来。

10.15 简易限电器应用电路

工作原理（图 10.43）

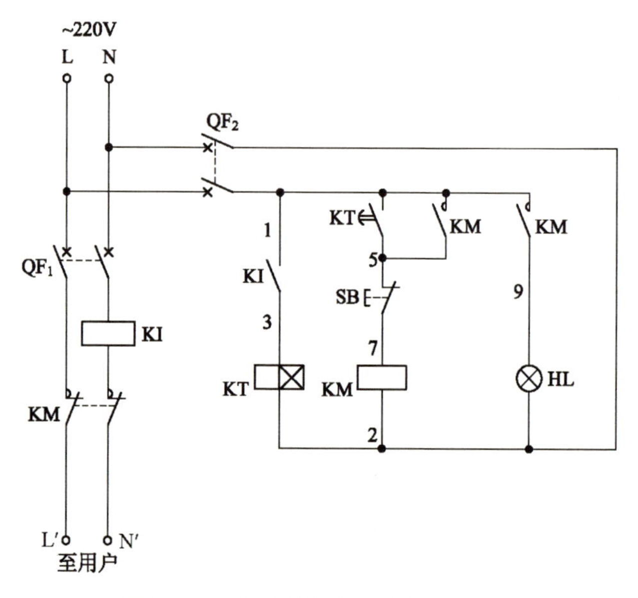

图 10.43　简易限电器应用电路原理图

合上断路器 QF_1，用户线路有电。合上控制回路断路器 QF_2，电路处于热备用状态。

当用户负载电流超过过电流继电器动作值时，KI 动作，KI 常开触点（1-3）闭合，得电延时时间继电器 KT 线圈得电吸合并开始延时。若在 KT 延时时间内用户负载降至电流 KI 动作值以下，则 KI 常开触点（1-3）断开，切断得电延时时间继电器 KT 线圈电源，KT 线圈断电释放，不对用户电路进行控制。

当用户负载电流超过过电流继电器 KI 动作值且时间超过 KT 延时整定值时，KT 得电延时闭合的常开触点（1-5）闭合，接通交流接触器 KM 线圈回路电源，KM 线圈得电吸合，KM 辅助常开触点（1-5）闭合自锁，KM 串联在用户电源中的常闭触点断开，从而切断用户电源，停止给用户供电；同时 KM 辅助常开触点（1-9）闭合，指示灯 HL 点亮，告知该用户超负载了。

若需恢复供电，只需按下复位按钮 SB（5-7），交流接触器 KM 线圈断电释放，KM 辅助常闭触点恢复常闭，重新向用户供电，同时 KM 辅助常开触点（1-9）断开，指示灯 HL 灭。

电路布线图（图 10.44）

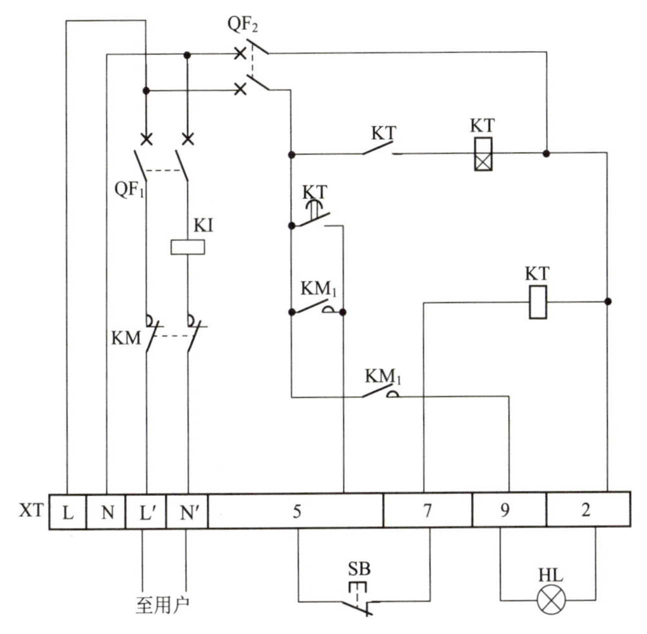

图 10.44 简易限电器应用电路布线图

从图 10.44 中可以看出，XT 为接线端子排，通过端子排 XT 来区分电气元件的安装位置，XT 的上方为放置在配电箱内底板上或底部位置的电气元件，XT 的下方为外接或引至配电箱门面板上的电气元件。

从端子排 XT 上看，共有 8 个接线端子。其中，L、N 这 2 根线为由外引入配电箱单相交流 220V 电源，并穿管引入；L′ 、N′ 这 2 根线为外引用户端子上；5、7、9、2 这 4 根线为控制线，接至配电箱门面板上的按钮开关 SB_1 及指示灯 HL 上。

元器件安装排列图及端子图（图 10.45）

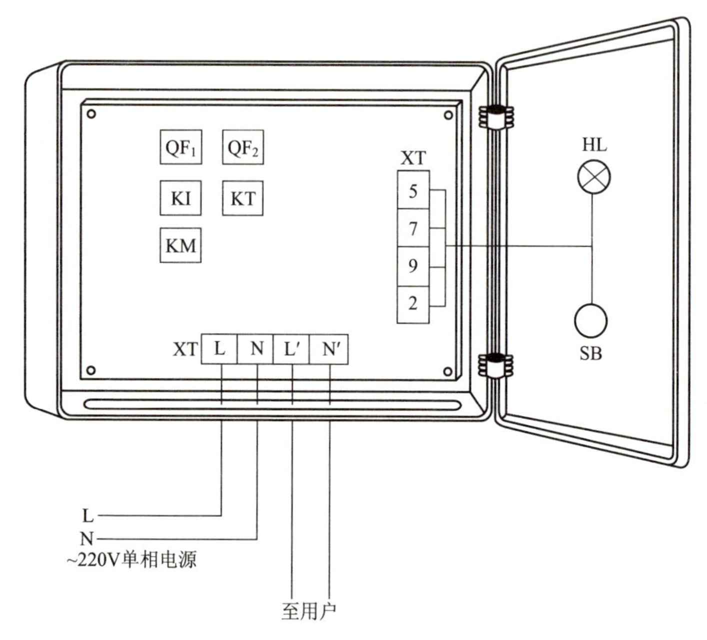

图 10.45　简易限电器应用电路元器件安装排列图及端子图

从图 10.45 中可以看出，断路器 QF_1、QF_2，交流接触器 KM，过电流继电器 KI，得电延时时间继电器 KT 安装在配电箱内底板上；按钮开关 SB、指示灯 HL 安装在配电箱门面板上。

通过端子 L、N 将单相交流 220V 电源接入配电箱中。

端子 L′ 、N′ 接至外引用户端子上。

端子 5、7、9、2 将配电箱内的器件与配电箱门面板上的按钮开关 SB 及指示灯 HL 连接起来。

科学出版社

科龙图书读者意见反馈表

书　　名 ____________________

个人资料

姓　　名：________ 年　　龄：________ 联系电话：________

专　　业：________ 学　　历：________ 所从事行业：________

通信地址：____________________ 邮　　编：________

E-mail：____________________

宝贵意见

◆ 您能接受的此类图书的定价

20 元以内□　30 元以内□　50 元以内□　100 元以内□　均可接受□

◆ 您购本书的主要原因有（可多选）

学习参考□　教材□　业务需要□　其他 ________

◆ 您认为本书需要改进的地方（或者您未来的需要）

____

____

◆ 您读过的好书（或者对您有帮助的图书）

____

____

◆ 您希望看到哪些方面的新图书

____

____

◆ 您对我社的其他建议

____

____

谢谢您关注本书！您的建议和意见将成为我们进一步提高工作的重要参考。我社承诺对读者信息予以保密，仅用于图书质量改进和向读者快递新书信息工作。对于已经购买我社图书并回执本“科龙图书读者意见反馈表”的读者，我们将为您建立服务档案，并定期给您发送我社的出版资讯或目录；同时将定期抽取幸运读者，赠送我社出版的新书。如果您发现本书的内容有个别错误或纰漏，烦请另附勘误表。

回执地址：北京市朝阳区华严北里 11 号楼 3 层

科学出版社东方科龙图文有限公司电工电子编辑部（收）

邮编：100029